COLEÇÃO BIOTECNOLOGIA INDUSTRIAL

Blucher

Coordenadores da coleção

Flávio Alterthum

Willibaldo Schmidell

Urgel de Almeida Lima

Iracema de Oliveira Moraes

COLEÇÃO BIOTECNOLOGIA INDUSTRIAL

VOLUME 1

FUNDAMENTOS

2ª edição

Organizador deste volume

Flávio Alterthum

Coleção Biotecnologia Industrial, Volume 1 – Fundamentos, 2ª edição

© 2020 Flávio Alterthum (organizador do volume)

Flávio Alterthum, Willibaldo Schmidell, Urgel de Almeida Lima e Iracema de Oliveira Moraes (coordenadores da coleção)

Editora Edgard Blücher Ltda.

1ª edição – 2001

Imagem da capa: iStockphoto

Blucher

Rua Pedroso Alvarenga, 1245, 4º andar
04531-934 – São Paulo – SP – Brasil
Tel.: 55 11 3078-5366
contato@blucher.com.br
www.blucher.com.br

Segundo o Novo Acordo Ortográfico, conforme 5. ed. do *Vocabulário Ortográfico da Língua Portuguesa*, Academia Brasileira de Letras, março de 2009.

É proibida a reprodução total ou parcial por quaisquer meios sem autorização escrita da editora.

Todos os direitos reservados pela Editora Edgard Blücher Ltda.

Dados Internacionais de Catalogação na Publicação (CIP)
Angélica Ilacqua CRB-8/7057

Fundamentos / organização de Flávio Alterthum.- 2. ed. – São Paulo : Blucher, 2020.

464 p. : il. (Coleção Biotecnologia Industrial, coordenada por Flávio Alterthum, Willibaldo Schmidell, Urgel de Almeida Lima, Iracema de Oliveira Moraes)

Bibliografia
ISBN 978-85-212-1898-2 (impresso)
ISBN 978-85-212-1897-5 (e-book)

1. Biotecnologia 2. Biotecnologia industrial
3. Microbiologia industrial 4. Engenharia química
I. Alterthum, Flávio. II. Schmidell, Willibaldo.
III. Lima, Urgel de Almeida. IV. Moraes, Iracema de Oliveira. V. Série.

19-2270   CDD 606.6

Índice para catálogo sistemático:
1. Biotecnologia

Dedicamos este livro à memória dos professores Eugênio Aquarone e Walter Borzani, predecessores desta série

APRESENTAÇÃO

Esta é a segunda edição da coleção Biotecnologia Industrial. A primeira foi publicada em 2001, em quatro volumes, e foi coordenada por quatro professores da Universidade de São Paulo. Ela secundou a coleção Biotecnologia, iniciada em 1975 e continuada em 1983, com cinco volumes editados.

Coordenada por três professores da Universidade de São Paulo (USP) e por uma professora da Universidade Estadual de Campinas (Unicamp), esta edição segue a orientação inicial, tratando de assuntos de natureza multidisciplinar, visando satisfazer aos interesses de profissionais engajados com temas de biotecnologia, de candidatos a uma especialização profissional, e de estudantes de pós-graduação e de graduação de diferentes formações.

O termo "biotecnologia" tem três origens: *bios* (vida), *tecno* (técnica) e *logos* (razão), e significa "conjunto de conhecimentos, especialmente princípios científicos, que se aplicam a uma determinada atividade biológica". O significado é genérico, pois a tecnologia está presente em todas as atividades em que há vida e qualquer definição estará limitada a um setor de conhecimentos.

Como dizia a primeira edição, "para o estudo de tecnologias de transformação de matérias-primas há diversas definições aplicáveis, emitidas por profissionais ou por instituições". "A característica multidisciplinar não significa a justaposição de conhecimentos de profissionais especializados em áreas específicas, mas a integração das técnicas de cada campo de atuação." Observa-se na biotecnologia uma integração entre ciência e técnicas e, para entendê-la, é necessário identificar quais são as atividades envolvidas e a estudar.

Nesta edição, procuramos ater-nos à "Biotecnologia Industrial, em que as matérias-primas a trabalhar são produtos ao natural ou são um material derivado de processamento biotecnológico prévio. Como exemplo, a transformação direta de sucos de frutas em bebidas alcoólicas fermentadas e, posteriormente, seu uso como matérias-primas elaboradas, para obter outros produtos, tais como os fermentados acéticos."

Nosso objetivo foi procurar atualizar os itens abordados pela primeira edição que sofreram modernização e introduzir novos temas de interesse imediato, assim como distribuir a matéria de forma mais ajustada a cada volume. São apresentados novos assuntos de responsabilidade de colaboradores especializados e altamente capacitados.

Em muitos capítulos deixou de ser usada a terminologia "fermentação", a qual foi substituída por "bioprocesso", mais consentânea com as técnicas utilizadas na conservação de produtos, para obtenção de novos manufaturados e na ação de agentes causadores das modificações da matéria-prima ou de sua transformação em produtos econômica e tecnicamente adequados. O termo "fermentação" continua a ser usado na descrição dos processos clássicos, como a obtenção de etanol, vinho, cerveja, vinagre e produtos correlatos.

As fermentações propriamente ditas são bioprocessos com intervenção de microrganismos, mas as atividades que levam à produção de enzimas comerciais, os processos enzimáticos que presidem determinadas atividades do processo biológico e que propiciam transformações sem ação direta de microrganismos, são bioprocessos não caracterizados como fermentação.

São exemplos o escurecimento do chá durante seu beneficiamento, a alteração de produtos alimentares, a obtenção de macromoléculas, como antibióticos e vitaminas, e processos de multiplicação celular, síntese de lipídeos, polissacarídeos e surfactantes.

A presente coleção, como a anterior, é constituída de quatro volumes.

O primeiro – *Fundamentos* – aborda temas fundamentais, indispensáveis ao estudo de bioprocessos.

O segundo – *Engenharia bioquímica* – engloba problemas de engenharia envolvidos nos bioprocessos e outros complementares para o desenvolvimento industrial.

O terceiro – *Processos fermentativos e enzimáticos* – e o quarto – *Biotecnologia na produção de alimentos* – volumes, como na edição anterior, foram destinados à descrição de bioprocessos de interesse e importância industrial.

Todos os temas foram tratados de modo a fornecer informações julgadas relevantes para os que desejam conhecimentos técnicos sobre processos biotecnológicos, para a iniciação e formação de profissionais e para o aperfeiçoamento de técnicos já engajados na industrialização de produtos obtidos por meio de bioprocessos.

Os coordenadores

2019

CONTEÚDO

1. ELEMENTOS DE MICROBIOLOGIA — 15

1.1	Introdução à microbiologia	15
1.2	Morfologia e estrutura	19
1.3	Nutrição microbiana	32
1.4	Meios de cultura	35
1.5	Crescimento microbiano	39
1.6	Controle dos microrganismos pela ação de agentes físicos	46
1.7	Controle dos microrganismos pela ação de agentes químicos	49
	Referências	51
	Leituras complementares recomendadas	51

2. TÉCNICAS BÁSICAS EM MICROBIOLOGIA — 53

2.1	Segurança no laboratório	53
2.2	Técnicas de esterilização e desinfecção de material	57
2.3	Técnicas de cultivo e semeadura	57
2.4	Técnicas de medida do crescimento microbiano	60
2.5	Técnicas de isolamento de microrganismos	60
2.6	Técnicas de identificação de microrganismos	61
2.7	Técnicas de biologia molecular aplicadas a microbiologia	78
	Referências	85

3. ELEMENTOS DE GENÉTICA DE MICRORGANISMOS — 87

3.1	Introdução	87
3.2	Mutação	88
3.3	Recombinação	96
3.4	Herança extracromossômica	111
3.5	Elementos transponíveis e seu papel na recombinação e na engenharia genética	114
3.6	Tecnologia do DNA recombinante e seu valor biotecnológico	119
3.7	Novas perspectivas em estudos da genética de microrganismos	133
3.8	Considerações finais	135
	Referências	135

4. ELEMENTOS DE ENGENHARIA GENÉTICA — 139

4.1	Introdução	139
4.2	Enzimas de restrição: as tesouras moleculares que cortam a molécula de DNA em pontos específicos	142
4.3	Vetores genéticos: as moléculas de DNA que veiculam a propagação dos fragmentos de DNA de interesse	146
4.4	Construção da molécula de DNA recombinante: diferentes estratégias	152
4.5	Expressão da informação genética heteróloga	158
4.6	Identificação do gene clonado de interesse	162
4.7	Transformação genética da célula viva: diferentes sistemas hospedeiros do DNA recombinante	168
4.8	Questões de biossegurança	171
4.9	Engenharia genômica ou edição genômica	173
	Referências	175

Conteúdo

5. PATRIMÔNIO BIOLÓGICO: OBTENÇÃO, CULTIVO E MANUTENÇÃO DE MICRORGANISMOS DE INTERESSE EM BIOPROCESSOS — 179

5.1	Introdução	179
5.2	Microrganismos de interesse industrial	180
5.3	A importância de preservar o patrimônio biológico	188
5.4	Considerações finais	192
	Referências	192

6. ELEMENTOS DE ENZIMOLOGIA — 195

6.1	Introdução	195
6.2	Estrutura das enzimas	200
6.3	Ação catalítica das enzimas	207
6.4	Inibição da atividade enzimática	208
6.5	Regulação da atividade enzimática	209
6.6	Influência do meio sobre a atividade enzimática	211
6.7	Cofatores e coenzimas	213
6.8	Medida da atividade enzimática	216
6.9	Classificação e nomenclatura	217
6.10	Aplicações biotecnológicas	218
	Leituras complementares recomendadas	219

7. CAMINHOS METABÓLICOS — 221

7.1	Introdução	221
7.2	Processos de obtenção de energia	222
7.3	Biossíntese	237
7.4	Biossistemas sintéticos	240
	Referências	242
	Leituras complementares recomendadas	242

8. ASPECTOS FISIOLÓGICOS E BIOQUÍMICOS DA FERMENTAÇÃO ETANÓLICA NAS DESTILARIAS BRASILEIRAS ... **243**

8.1 Introdução ... 243

8.2 Breve histórico ... 244

8.3 Cana-de-açúcar: matéria-prima adequada à produção de etanol ... 244

8.4 Aspectos fisiológicos e bioquímicos da levedura *Saccharomyces cerevisiae* ... 246

8.5 O processo industrial brasileiro de produção de etanol ... 257

8.6 As linhagens iniciadoras ("starter") tradicionalmente empregadas no processo industrial de produção de etanol até início da década de 1990 ... 268

8.7 Dinâmica populacional de leveduras no ambiente da fermentação industrial de produção de etanol ... 269

8.8 Seleção de linhagens de *S. cerevisiae* a partir da biodiversidade encontrada nas destilarias brasileiras ... 270

8.9 Estratégias de engenharia metabólica para aumento da eficiência na conversão de açúcares em etanol ... 274

Referências ... 276

9. INTRODUÇÃO À ENGENHARIA METABÓLICA ... **281**

9.1 Introdução ... 281

9.2 Breve histórico ... 282

9.3 Ferramentas ... 284

9.4 Exemplos de aplicações ... 291

9.5 Perspectivas futuras ... 297

Referências ... 298

10. CINÉTICA DE REAÇÕES ENZIMÁTICAS ... **301**

10.1 Introdução ... 301

10.2 Medida da velocidade ... 302

10.3 Influência das concentrações da enzima e do substrato (lei de Michaelis e Menten)	304
10.4 Influência da presença de um inibidor	311
10.5 Influência da temperatura	318
10.6 Influência do pH	319
10.7 Considerações finais	320
Leituras complementares recomendadas	321

11. ESTEQUIOMETRIA E CINÉTICA DE BIOPROCESSOS — **323**

11.1 Introdução	323
11.2 Estequiometria do crescimento microbiano	324
11.3 Cinética de bioprocessos	332
11.4 Considerações finais	360
11.5 Agradecimentos	361
11.6 Apêndices	361
Referências	372

12. INTRODUÇÃO À NANOTECNOLOGIA E APLICAÇÕES NA BIOTECNOLOGIA — **375**

12.1 Introdução	375
12.2 Nanomateriais	377
12.3 Nanopartículas plasmônicas	380
12.4 Grafenos, fullerenos e nanotubos de carbono	391
12.5 Nanopartículas magnéticas em biotecnologia	393
12.6 Nanopartículas magnéticas em biocatálise	396
12.7 Nanomedicina regenerativa	400
12.8 Termoterapia	412
12.9 Nanotoxicologia	414
12.10 Tendências e perspectivas da nanobiotecnologia	418
Referências	419

13. UMA ANÁLISE DA LEI BRASILEIRA DE PATENTES — 421

13.1 Contexto histórico — 421

13.2 Licença compulsória — 422

13.3 A lei brasileira de patentes — 423

13.4 Fortalecimento do sistema de patentes nos Estados Unidos depois do Bayh-Dole Act — 427

13.5 Rede NIT Nordeste e Capacite Nordeste — 429

13.6 Patenteamento e negociação de patentes — 431

13.7 Compatibilidade do arcabouço legal que determina o funcionamento da propriedade intelectual no Brasil — 432

Referências — 437

14. BIOTECNOLOGIA, SUSTENTABILIDADE E DESENVOLVIMENTO SUSTENTÁVEL: UMA INTRODUÇÃO — 439

14.1 Sustentabilidade e desenvolvimento sustentável humano organizacional — 439

14.2 Evolução biotecnológica — 440

14.3 Oportunidades comerciais e sustentabilidade econômica — 441

14.4 Biotecnologias e impactos socioéticos — 442

14.5 Extensão dos padrões biotecnológicos — 443

14.6 Tamanho da população, capacidade de carga e biotecnologia — 444

14.7 Padrões de produção e consumo — 446

14.8 Efeitos das tecnologias — 448

14.9 Biotecnologia e Sus&Ds são megatendências — 449

Referências — 450

SOBRE OS AUTORES — 453

CAPÍTULO 1
Elementos de microbiologia

Flávio Alterthum

Walderez Gambale

Telma Alves Monezi

1.1 INTRODUÇÃO À MICROBIOLOGIA

A partir da descoberta e do início dos estudos dos microrganismos, ficou claro que a divisão dos seres vivos em dois reinos, animais e plantas, era insuficiente. O zoólogo E. H. Haeckel, em 1866, sugeriu a criação de um terceiro reino, denominado Protista, englobando bactérias, algas, fungos e protozoários. Essa classificação mostrou-se satisfatória até que estudos mais avançados sobre ultraestrutura celular demonstraram duas categorias de células: as procarióticas e as eucarióticas. Nas eucarióticas o núcleo é limitado pela membrana nuclear e apresenta no seu interior vários cromossomas. Assim, em 1969, R. H. Whittaker propôs a expansão da classificação de Haeckel com base não só na organização celular, mas também na forma de obtenção de energia e alimento: Reino Plantae, Reino Animalia, Reino Fungi, Reino Protista (microalgas e protozoários) e Reino Monera (bactérias e cianobactérias) (Figura 1.1).

Estudando as similaridades e as diferenças do RNA ribossômico, C. Woese propôs, em 1979, uma nova classificação para os seres vivos: Domínio ou Supra-reino Arqueobactéria (incluindo bactérias metanogênicas, bactérias termófilas, bactérias acidófilas e bactérias halófilas), Domínio ou Supra-reino Eubactéria (incluindo as demais bactérias e cianobactérias) e Domínio ou Supra-reino Eucarioto (incluindo plantas, animais, fungos, protozoários e algas) (Figura 1.2).

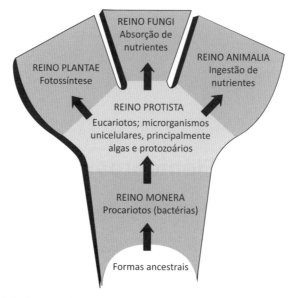

Figura 1.1 Distribuição dos organismos vivos em reinos, de acordo com a proposta de Whittaker.

Fonte: adaptada de Pelczar Jr., Chan e Krieg (1993).

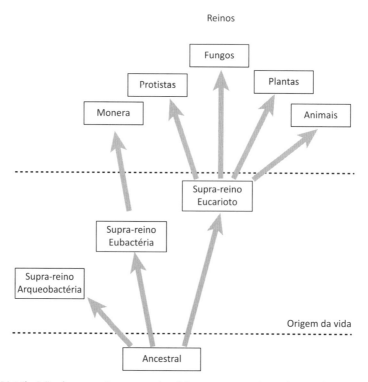

Figura 1.2 Distribuição dos organismos em domínios ou supra-reinos, de acordo com a proposta de Woese.

Elementos de microbiologia

Por não apresentarem uma estrutura celular, os vírus não são considerados seres vivos e, portanto, não se enquadram nas classificações apresentadas. Veja mais sobre as características dos vírus mais adiante neste mesmo capítulo.

Tabela 1.1 Diferenças na organização e na estrutura de células procarióticas e eucarióticas

Característica	Procarióticas	Eucarióticas
Membrana nuclear	Ausente	Presente
Núcleo	Ausente	Presente
Número de cromossomos	Um	Mais que um
Retículo endoplasmático	Ausente	Presente
Aparelho de Golgi	Ausente	Presente
Mitocôndria	Ausente	Presente
Lisossomos	Ausentes	Presentes
Histonas associadas ao cromossomo	Ausentes*	Presentes
Ribossomos	70S	80S
Cloroplastos	Ausentes	Presentes em plantas
Parede celular com mucocomplexo	Presente*	Ausente
Transporte de elétrons	Membrana	Mitocôndrias
Fagocitose	Ausente	Às vezes presente
Pinocitose	Ausente	Às vezes presente

* Há exceções.

Fonte: adaptada de Trabulsi e Alterthum (2015).

O sistema formal de organização, classificação e nomenclatura dos seres vivos é chamado de taxonomia. A organização está baseada em sete níveis descendentes, sendo o reino o mais amplo e maior, e a espécie o mais específico e menor. Os demais níveis são, de forma decrescente: divisão, classe, ordem, família e gênero.

A classificação é o arranjo dos organismos em grupos, de preferência obedecendo às relações evolutivas. A nomenclatura é o processo de dar nomes às espécies existentes. É binominal, sendo o nome científico uma combinação do nome genérico (gênero) seguido da espécie. O nome do gênero é iniciado com letra maiúscula, mas o da espécie não, e ambos os nomes são escritos em itálico ou sublinhados. Exemplos: Saccharomyces cerevisiae ou *Saccharomyces cerevisiae*, em que *Saccharomyces* é o gênero e *cerevisiae* é a espécie; Escherichia coli ou *Escherichia coli*, em que *Escherichia* é o gênero e *coli* é a espécie.

O microscópio foi e ainda é, em muitos casos, o equipamento laboratorial mais utilizado no estudo dos microrganismos. Há duas categorias principais de microscópios empregados: óptico e eletrônico. Eles diferem na forma pela qual se dá a ampliação e a visualização do objeto. Na microscopia óptica um sistema de lentes manipula um feixe de luz que atravessa o objeto e chega ao olho do observador; na microscopia eletrônica a luz é substituída por um feixe de elétrons, e as lentes, por um sistema de campo magnético. A microscopia óptica comum aumenta em até 2 mil vezes e tem variações como as microscopias de fase, de campo escuro e de fluorescência. A microscopia eletrônica permite um aumento de cerca de 400 mil vezes e apresenta variações como as microscopias de transmissão e de varredura.

A Figura 1.3 apresenta alguns exemplos comparativos entre os tamanhos de microrganismos e vírus e a tabela de equivalência das unidades empregadas na microbiologia.

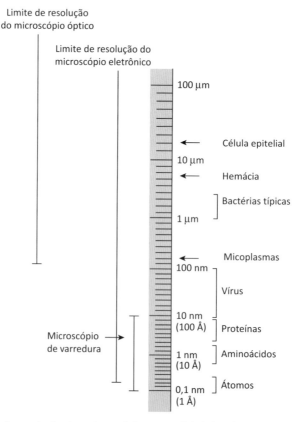

Figura 1.3 Limites de resolução dos microscópios e possibilidades de visualização de células eucarióticas, bactérias, vírus, moléculas e átomos.

Neste capítulo abordaremos somente aspectos gerais relativos a bactérias, fungos e vírus. As algas serão descritas e suas aplicações serão apresentadas no volume 4 desta coleção.

1.2 MORFOLOGIA E ESTRUTURA

1.2.1 BACTÉRIAS

Quando observadas ao microscópio, a maior parte das bactérias apresenta-se em uma dessas três formas: esférica, cilíndrica ou espiralada. As bactérias de forma esférica denominam-se cocos, e as cilíndricas, bacilos. Alguns bacilos assemelham-se aos cocos e por isso são chamados de cocobacilos. As espiraladas, quando o corpo é rígido e apresenta várias espirais, recebem o nome de espirilos e, quando o corpo é rígido, porém em forma de vírgula ou meia espiral, recebem a designação vibriões. As espiroquetas têm a forma espiralada, mas o corpo é flexível (Figura 1.4).

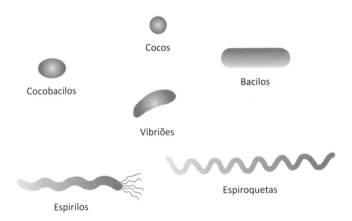

Figura 1.4 Principais formas das bactérias.

Os cocos, ao se dividirem, podem dar origem a agrupamentos característicos. Se agrupados em pares, são chamados diplococos; em cadeias, são chamados estreptococos; e em cachos, estafilococos. Os cocos que se dividem em três planos e permanecem unidos formando cubos são chamados de sarcina. Os cocos que permanecem isolados são chamados de micrococos (Figura 1.5). Já os bacilos que ao se dividirem permanecem em cadeias são chamados de estreptobacilos.

A morfologia individual e os agrupamentos podem ser mais bem observados quando as bactérias se apresentam coradas. O método mais usual de coloração é o de Gram, que permite a divisão em dois grandes grupos: bactérias Gram-positivas e Gram-negativas.

Caracteristicamente, as células bacterianas são pequenas. O diâmetro das esféricas varia de 0,5 μm a 4,0 μm, enquanto o comprimento das cilíndricas raramente ultrapassa

19,0 μm. Há exceções, como uma bactéria macroscópica (500 μm de comprimento) que habita o interior de peixes que vivem a centenas de metros de profundidade nos oceanos.

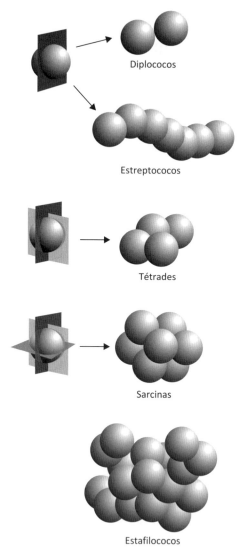

Figura 1.5 Arranjos dos cocos em função do plano de divisão.

Quanto à estrutura, a célula bacteriana apresenta as características dos seres procarióticos (Figura 1.6). A célula é delimitada por uma membrana celular também chamada de *membrana citoplasmática*, de composição lipoproteica e de importância vital. Além de regular as trocas com o meio ambiente, a membrana executa várias funções que, nas células eucarióticas, dependem de estruturas especiais como: mitocôndrias (processos respiratórios), cloroplastos (fotossíntese) e retículo (sustentação de ribossomos), além da orientação da divisão nuclear (fuso) e da biossíntese de estruturas de superfície.

Elementos de microbiologia 21

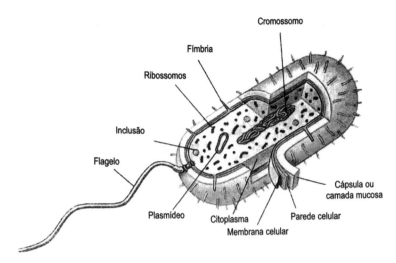

Figura 1.6 Representação esquemática de uma célula procariótica (bactéria) e suas principais estruturas.

Externamente à membrana, as bactérias possuem uma *parede celular* rígida, que garante a forma da célula e a protege contra a diferença de pressão osmótica entre o meio interno e o ambiente (a pressão osmótica no interior da célula pode ser 20 vezes maior que no exterior). A parede é constituída de um arcabouço básico, denominado mucopeptídeo ou peptideoglicano, formado de cadeias de polissacarídeos (unidades alternantes de N-acetilglicosamina e ácido N-acetilmurâmico) unidas entre si por meio de cadeias peptídicas. A esse arcabouço podem se unir proteínas, polissacarídeos e, no caso de bactérias Gram-negativas, uma fração bastante significativa de lipopolissacarídeos.

Algumas bactérias apresentam externamente à parede uma camada mucosa que, quando definida, é chamada de *cápsula*. Esta tem natureza polipeptídica ou polissacarídica e, em certos casos, é muito abundante, podendo então ter importância industrial, como sucede com as dextranas.

No citoplasma, além do material em solução (sais minerais, aminoácidos, pequenas moléculas, proteínas, açúcares), encontram-se partículas como: ribossomos, constituídos de RNA e proteína, onde ocorre a síntese proteica; e grânulos de material de reserva – amido, glicogênio, lipídeos ou fosfatos.

O material nuclear (*nucleoide*) é constituído por um filamento duplo de DNA (um cromossomo), não associado a proteínas e preso a uma invaginação da membrana citoplasmática (mesossoma). Ainda no citoplasma podemos encontrar *plasmídeos*, pedaços de DNA circulares menores que o cromossomo. Eles codificam informações que, embora importantes para a célula, não são essenciais ou indispensáveis.

Algumas bactérias móveis apresentam *flagelos* – filamentos longos constituídos de proteína contrátil e fixados a uma estrutura basal localizada na membrana citoplasmática.

Entre outras estruturas dispensáveis, algumas bactérias apresentam *fímbrias* ou *pili*, que servem para aderência às superfícies, permitindo a formação de biofilmes. Há de se destacar a existência de um tipo mais longo de fímbria – a fímbria sexual – que serve de ponte entre duas células por ocasião da transferência de material genético de uma bactéria macho (F^+) para uma bactéria fêmea (F).

Menção especial deve ser feita a uma estrutura particular apresentada apenas por certos grupos de bactérias: o esporo. Representa uma fase na vida de certas bactérias que se transformam em esporos, por motivos ainda imperfeitamente conhecidos. Consiste numa célula diferente da forma vegetativa normal: tamanho menor, material nuclear e citoplasma condensados, baixo teor de água, maior quantidade de cálcio e presença de ácido dipicolínico. Além da membrana citoplasmática, o esporo é envolvido por várias camadas, que lhe conferem um revestimento bastante espesso. O aspecto importante dos esporos bacterianos é sua considerável resistência aos agentes externos, principalmente à temperatura; alguns esporos resistem a temperaturas superiores a 100 °C durante várias horas. Ao contrário do que sucede com os esporos de outros organismos, não são formas de reprodução, pois cada bactéria se transforma em um esporo e este, encontrando eventualmente condições favoráveis, germina, produzindo apenas uma bactéria (Figura 1.7).

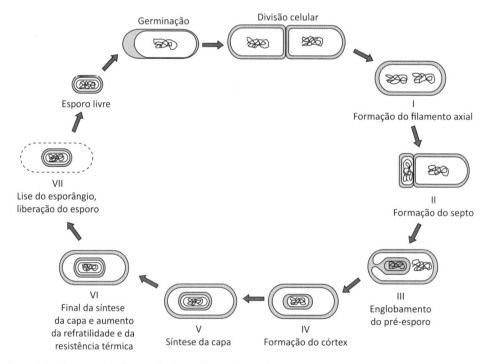

Figura 1.7 Esquema de formação do endósporo bacteriano.

A reprodução nas bactérias é feita, na grande maioria dos casos, pelo processo da divisão binária simples, na qual uma célula, atingindo um determinado tamanho, divide-se ao meio, dando origem a duas células-filhas iguais.

1.2.2 FUNGOS

Os fungos são seres eucarióticos, heterotróficos (não sintetizam clorofila, portanto não fazem fotossíntese), que não armazenam amido como material de reserva, e sim glicogênio, nem têm celulose na parede celular, com exceção de alguns fungos aquáticos. São ubíquos, podendo ser encontrados no ar, no solo, na água, em vegetais e animais.

Do ponto de vista morfológico, é conveniente distingui-los entre *leveduras* e *bolores*. Essa distinção não tem valor taxonômico, pois ambas as formas podem ser encontradas num mesmo grupo de fungos.

As leveduras são geralmente unicelulares, de forma esférica, elíptica ou filamentosa. O tamanho varia de 1 µm a 5 µm de diâmetro e de 5 µm a 30 µm de comprimento.

Os bolores são constituídos por células multinucleadas (cenócitos), que formam tubos chamados *hifas;* ao conjunto de hifas dá-se o nome de *micélio*. As hifas podem ser contínuas ou septadas (Figura 1.8).

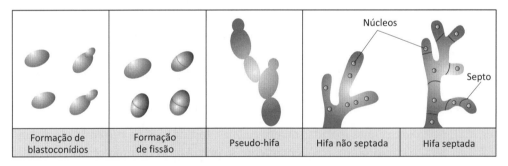

Figura 1.8 Formas de apresentação de leveduras (esquerda) e bolores (direita).

A célula fúngica (leveduras e bolores) tem *membrana citoplasmática* lipoproteica, cuja função principal é regular as trocas com o meio ambiente. Possui uma *parede celular* rígida, que confere resistência às pressões osmóticas e mecânicas. Sua natureza é polissacarídica em maior proporção, contendo também proteínas e lipídeos. No *citoplasma* encontram-se, além dos componentes usuais em solução, vacúolos, mitocôndrias, retículo endoplasmático, ribossomos e material de reserva (gorduras e carboidratos). O *núcleo*, tipicamente eucariótico, contém nucléolo, vários cromossomos e histonas envolvidos por uma membrana nuclear (Figura 1.9).

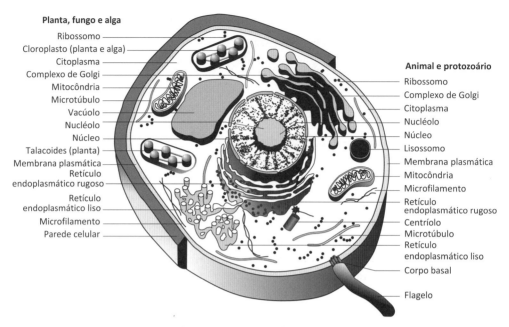

Figura 1.9 Representação esquemática da célula eucariótica e suas principais estruturas.

Fonte: adaptada de Tortora, Funke e Case (1995).

Os fungos aquáticos apresentam *flagelos* para sua locomoção, e poucos fungos possuem *cápsula*.

Os *esporos* fúngicos têm uma importância especial, pois, além de serem a forma mais frequente de reprodução, são os principais veículos de disseminação. Os esporos podem ter origem assexuada ou sexuada. A maneira pela qual se formam e se dispõem constitui elemento importante na identificação, particularmente nos bolores. Os tipos fundamentais podem ser visualizados na Figura 1.10.

a) *Conídios:* células isoladas ou em cadeias, localizadas na extremidade de uma hifa, o conidióforo, frequentemente se originando de uma célula especial, o *esterigma*; em outros casos, originam-se por brotamento do conidióforo.

b) *Esporangiosporos:* esporos localizados no interior de um saco denominado esporângio, formado na extremidade de uma hifa.

c) *Artroconídios:* resultam simplesmente da fragmentação de uma hifa.

d) *Clamidoconídios:* formados por uma célula qualquer do micélio, em torno da qual se desenvolve uma parede espessa. São mais resistentes que os outros tipos de esporos.

Na reprodução sexuada, os esporos são formados pela união de duas células com fusão de seus núcleos seguida de divisão, o que produz um número variável de células. Há também vários tipos, conforme segue.

Elementos de microbiologia

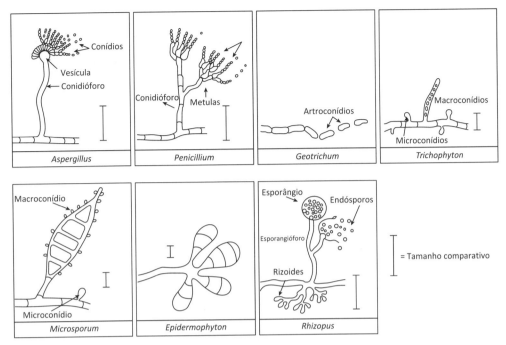

Figura 1.10 Exemplos de formação e localização dos esporos fúngicos. A barra comparativa representa 100 µm.

a) *Ascósporos:* os esporos formados, em número de oito, ficam contidos no interior de um saco, ou asco, formado pela parede resultante da fusão das duas células iniciais.

b) *Oósporos:* formados pela fusão de uma célula masculina pequena com uma célula feminina grande.

c) *Basidiósporos:* esporos formados na extremidade de células especiais chamadas basídios. Caracterizam os cogumelos.

d) *Zigosporos:* consequentes da fusão de duas células idênticas.

Como os bolores, as leveduras podem se reproduzir assexuada ou sexuadamente. No primeiro caso, o processo mais comum é o brotamento (formação de blastoconídio), do qual resultam células-filhas inicialmente menores que a célula-mãe. Algumas leveduras reproduzem-se por divisão binária (fissão), como as bactérias.

A reprodução sexuada se faz pela formação de *ascósporos*, isto é, esporos contidos no interior de um asco.

Mais informações sobre fungos estão nos Capítulos 2 e 3.

1.2.3 VÍRUS

Vírus são entidades infecciosas, não celulares, cujos genomas são DNA ou RNA. Replicam somente em células vivas. Usam o metabolismo energético e biossintético da célula hospedeira para sua reprodução, e, por isso, são considerados parasitas intracelulares obrigatórios. Os vírus podem infectar todas as formas de vida, incluindo vertebrados, invertebrados, fungos, plantas e até mesmo bactérias. A suscetibilidade do hospedeiro em relação aos vírus depende necessariamente da presença de proteínas de ligação na superfície viral capazes de reconhecer receptores específicos que possam estar presentes nas células do hospedeiro, além de a maquinaria celular adequada ser necessária para a replicação viral.

Os vírus são classificados de acordo com alguns critérios, sendo os mais importantes: hospedeiro, morfologia da partícula viral, tipo de ácido nucleico e, ainda, tamanho, características físico-químicas, proteínas virais, sintomas da doença e outros. Desde que foi criado, em 1966, até os dias atuais, o Comitê Internacional de Taxonomia dos Vírus (International Committee on Taxonomy of Viruses – ICTV) é o responsável pela classificação dos vírus.

1.2.3.1 Estrutura

A partícula viral é composta por um tipo de ácido nucleico DNA ou RNA, nunca ambos, podendo ser de fita simples ou fita dupla. Um conjunto de proteínas chamado capsídeo envolve o ácido nucleico. Cada subunidade básica de um capsídeo é chamada de capsômero ou protômero e o conjunto de proteína e ácido nucleico é chamado de nucleocapsídeo. Além de conferir a simetria do vírion, o capsídeo protege o genoma contra danos físico, químico e enzimático e permite ainda a entrada nas células do hospedeiro pela ligação de suas proteínas aos receptores celulares.

Alguns vírus podem ainda ter um envoltório ou envelope recobrindo o nucleocapsídeo. O envelope é uma bicamada lipídica, adquirida de membranas da célula do hospedeiro, que pode ser degradada por detergentes, álcoois etc. Inseridas no envelope dos vírus envelopados, glicoproteínas transmembranosas, denominadas espículas, são responsáveis pela ligação da partícula viral a receptores nas células do hospedeiro para iniciar a penetração. As espículas são os principais determinantes antigênicos do vírion, ou seja, as respostas imunes do hospedeiro são direcionadas especificamente para essas glicoproteínas.

Em outras palavras, a importância dos capsômeros proteicos ou das espículas é que, por meio dessas moléculas, o vírus reconhece os receptores celulares que servirão de alvo para seu ataque (penetração) e, num eventual bloqueio desses receptores – mediado por anticorpos, quer sejam elaborados por vacinas ou soros, produtos tipicamente biotecnológicos –, ficarão impossibilitados de entrar e infectar a célula hospedeira.

Elementos de microbiologia 27

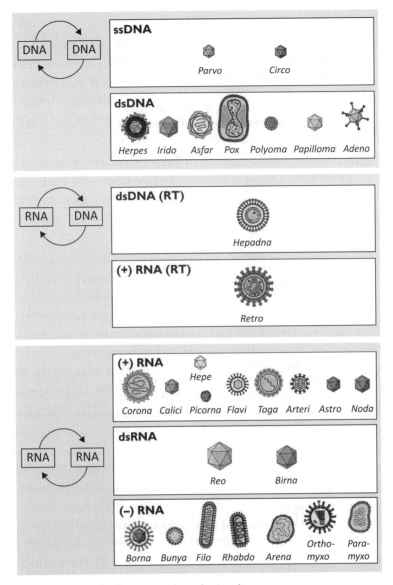

Figura 1.11 Vírus e famílias de vírus agrupados pelo tipo de genoma.

1.2.3.2 Morfologia e tamanho

De acordo com a simetria da partícula viral, podemos ter vírus icosaédricos e helicoidais (envelopados ou não) ou de estrutura complexa. São pequenos, em geral com tamanhos variando aproximadamente entre 20 nm e 400 nm (Figura 1.3). Recentemente foram descobertos vírus "gigantes", os mimivírus, com cerca de 800 nm. Com exceção dos poxvírus (vírus complexos) e dos mimivírus, os vírus não podem ser visualizados pela microscopia óptica.

1.2.3.3 Cultivo

Os vírus são parasitas intracelulares obrigatórios que necessitam de células vivas para se multiplicarem. Existem três técnicas para o cultivo dos vírus em laboratório: (1) inoculação em animais de laboratório; (2) inoculação em ovos embrionados; e (3) cultura de células. Dependendo do vírus em questão e da disponibilidade de métodos e pessoal especializado, o método é eleito, sendo que, na grande maioria dos casos, as culturas celulares são preferencialmente utilizadas.

1) Os animais de laboratório, quando infectados experimentalmente com alguns vírus, apresentam sintomas característicos e evidências anatomopatológicas específicas, que eram utilizados antigamente para a identificação dos vírus. Exemplo: camundongo para inoculação de vírus da febre amarela, vírus Coxsackie e vírus da raiva.

2) Os ovos embrionados de galinha apresentam vários tipos de células e podem ser inoculados por quatro vias, a saber: cavidade amniótica, cavidade alantoica, membrana cório-alantoica e saco vitelino (Figura 1.12). Dependendo do local de inoculação, deve-se levar em conta a idade do embrião. Alterações características podem ser notadas nos ovos inoculados com vírus, como inibição do crescimento e morte do embrião; formação de focos típicos; e hemorragias. Geralmente essa técnica é utilizada em larga escala, por exemplo, no preparo de vacinas e reagentes, mas não para fins de diagnóstico.

3) O método de cultura celular mais utilizado é o em monocamada. Nesse método, tecidos são tratados com enzimas proteolíticas e agentes quelantes, como o ácido etilenodiamino tetra-acético (EDTA), que desagregam e desfazem as ligações intercelulares por meio da retirada de cálcio e magnésio. As células livres retomam o crescimento com a adição de nutrientes e formam uma camada que adere à superfície do frasco onde estão sendo cultivadas. Há três tipos de culturas celulares: *primárias*, derivadas diretamente dos tecidos e que geralmente degeneram e morrem após a segunda ou terceira passagem (tecidos embrionários, por exemplo), sendo mais sensíveis para o isolamento de vírus; *diploides*, derivadas de clones selecionados e que se mantêm estáveis e diploides até por volta de 50 ou mais passagens; e, por último, com *linhagens estabelecidas*, cujo número de cromossomos difere de 2n (aneuploide) e que são ainda estáveis após 70 passagens (rim de macaco, por exemplo), multiplicando-se indefinidamente. Apesar de serem amplamente utilizadas e extremamente úteis para fins de diagnóstico viral, isolamento e propagação de vírus, não podem ser utilizadas para o preparo de vacinas em virtude da malignidade dessas células.

Elementos de microbiologia   29

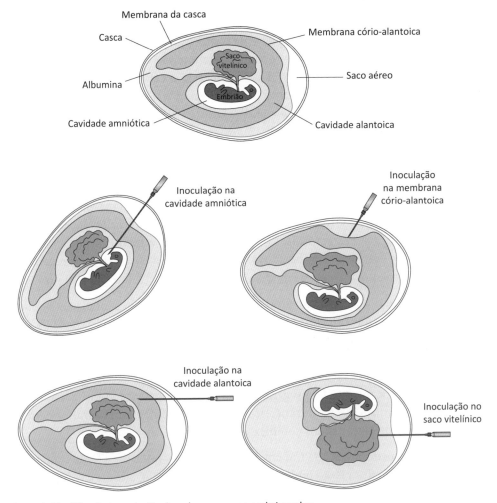

Figura 1.12   Vias de inoculação dos vírus em ovos embrionados.

Para isolamento e cultivo dos vírus, fazem-se necessárias preparação adequada da amostra, inoculação na cultura celular específica, manutenção da cultura inoculada e, por fim, detecção do crescimento viral. As alterações morfológicas resultantes do crescimento viral nas culturas inoculadas, visualizadas em microscopia óptica e conhecidas como *efeito citopático* (ECP), são características, até certo ponto, para grupos ou famílias de vírus, permitindo assim sua identificação. Além do ECP, a multiplicação viral pode produzir corpúsculos de inclusão que podem ser identificados e visualizados no citoplasma ou no núcleo da célula infectada, tanto diretamente nos tecidos infectados por alguns vírus – por exemplo, tecido nervoso infectado pelo vírus da raiva (corpúsculo de Negri) e células da glândula salivar infectadas por citomegalovírus – quanto após o cultivo do vírus em culturas celulares. Geralmente esses corpúsculos são resultantes de acúmulo de componentes virais em compartimentos celulares.

1.2.3.4 Replicação viral

Os vírus não conseguem se multiplicar de forma independente de uma célula viva. Assim, ao penetrarem numa célula, os vírus alteram sua estrutura e suas funções, induzindo-a a replicar o genoma viral, de forma que a célula possa produzir novas partículas virais e, por fim, promover a liberação das partículas recém-formadas. As fases da replicação viral são: (1) *adsorção*, que consiste no primeiro contato célula-vírus e na ligação a receptores específicos; (2) *penetração*, que compreende a entrada na célula de parte ou de toda a partícula viral por três vias: fusão do envelope com a membrana citoplasmática, endocitose ou injeção do ácido nucleico, como ocorre com os bacteriófagos; (3) *desnudamento/eclipse*, em que as partículas virais são degradadas com liberação do genoma no citoplasma celular; (4) *replicação*, etapa em que ocorre a transcrição do genoma em RNA ou DNA, transcrição do mRNA e tradução das proteínas não estruturais e estruturais; (5) *montagem*, que é a incorporação dos novos genomas em novos vírions; e (6) *liberação*, em que há saída das partículas recém-formadas por brotamento, lise celular ou disseminação direta célula-célula (Figura 1.13).

Várias estratégias de replicação viral para grupos de vírus são conhecidas e dependem do tipo de vírus que infecta a célula, ou seja, se o genoma é de DNA ou RNA, com simples ou dupla fita, polaridade positiva ou negativa e, ainda, vírus de DNA ou RNA com transcrição reversa. A maioria dos vírus de DNA precisa replicar-se no núcleo, enquanto a maioria dos vírus de RNA replica-se no citoplasma. Os retrovírus, por exemplo, incluem a integração no genoma da célula hospedeira como parte de seu ciclo de replicação. As fases de transcrição e tradução do genoma viral podem ser simples ou envolver mecanismos complexos.

A consequência da infecção viral em células humanas pode ser a lesão celular, ou, sendo mais abrangente, a lesão pode tomar o órgão ou, ainda, atingir e comprometer os tecidos. Em alguns casos o DNA viral pode ser incorporado ao DNA da célula que hospeda o vírus e ficar nessa situação por muito tempo, sem nenhuma expressão. Porém, alguns fatores já conhecidos, e outros desconhecidos, podem fazer com que esse vírus que estava na fase de latência seja ativado e possa replicar-se novamente.

Elementos de microbiologia

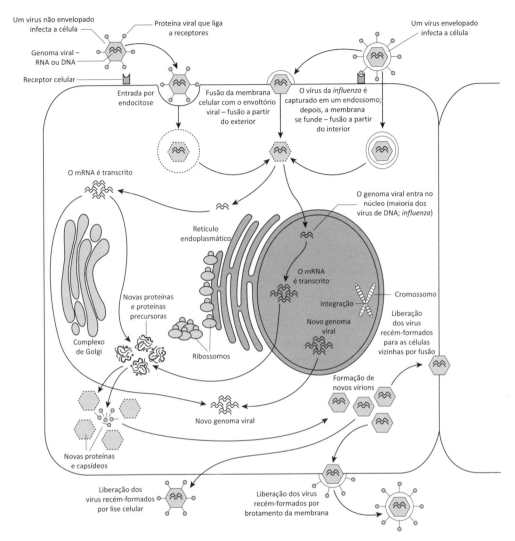

Figura 1.13 Modelos de replicação viral.

1.2.3.5 Transmissão viral

Para que ocorra a transmissão viral, os vírus precisam disseminar-se de um hospedeiro a outro com eficiência. Alguns vírus podem ser muito resistentes e permanecer no meio ambiente por várias semanas, por exemplo, os rotavírus, os vírus da hepatite A e os enterovírus; outros vírus, como o HIV e diversos paramixovírus, são lábeis e prontamente inativados pelo ressecamento, assim, necessitam da proximidade entre os seres humanos para propiciar sua transmissão por meio de, por exemplo, sangue, secreções, gotículas respiratórias e tecidos, fatores importantes para sua propagação. Outras adaptações dos vírus, como capsídeos resistentes, permitem sua sobrevivência em ambientes muito ácidos (no estômago) ou alcalinos. Além disso, o local de multiplicação viral e a quantidade de vírus, ou a enzima neuraminidase dos vírus da *influenza*, que é capaz de liquefazer o muco auxiliando-o em sua disseminação pelo trato respiratório, podem ser fundamentais para o sucesso da transmissão viral.

1.3 NUTRIÇÃO MICROBIANA

1.3.1 CONSIDERAÇÕES GERAIS

Basicamente, as necessidades nutritivas dos microrganismos são as mesmas que as de todos os seres vivos, que, para renovarem seu protoplasma e exercerem suas atividades, exigem fontes de energia e de material plástico. Nos seres superiores, todavia, encontramos apenas dois tipos nutritivos:

a) Os vegetais, que são *fotossintéticos,* isto é, obtêm energia da luz solar, e *autotróficos,* nutrindo-se exclusivamente de substâncias inorgânicas.

b) Os animais, que são *quimiotróficos*, obtendo energia às custas de reações químicas, e *heterotróficos*, por exigirem fontes orgânicas de carbono.

Entre os microrganismos, principalmente as bactérias, há uma variedade de tipos intermediários entre os dois mencionados.

1.3.2 FONTES DE ENERGIA

As algas e algumas bactérias são fotossintéticas. Nas primeiras o pigmento principal é a clorofila, como nas plantas; durante o processo, a água é utilizada como doadora de elétrons, com desprendimento de oxigênio. Esse processo é importantíssimo e cerca de 50% do oxigênio atmosférico provém dele. Nas bactérias, o pigmento fotossintético não é a clorofila vegetal e não há produção de oxigênio, pois a água não é utilizada como fonte de elétrons. Bactérias que utilizam compostos inorgânicos (H_2S, por exemplo) para esse fim são chamadas de *litotróficas*; já as *organotróficas* são as que exigem doadores orgânicos de elétrons.

Os fungos e a grande maioria das bactérias são *quimiotróficos*, obtendo energia às custas de reações químicas, nas quais substratos adequados são oxidados. Os microrganismos litotróficos oxidam compostos inorgânicos, enquanto os organotróficos oxidam compostos orgânicos. No primeiro grupo encontramos somente bactérias, algumas de considerável importância. Como exemplo, as bactérias do gênero *Thiobacillus* são capazes de oxidar enxofre produzindo ácido sulfúrico. São, por isso, utilizadas na lixiviação de metais ou minérios pobres, como cobre e urânio, para os quais o processo químico usual seria pouco econômico. No segundo grupo encontramos os fungos, além de um grande número de bactérias.

1.3.3 FONTES DE MATERIAL PLÁSTICO

Para a renovação da matéria viva, os elementos quantitativamente mais importantes são o carbono, o hidrogênio, o oxigênio, o nitrogênio, o enxofre e o fósforo.

a) *Fontes de carbono:* para os microrganismos *autotróficos* as únicas fontes de carbono são o CO_2 ou o íon bicarbonato, a partir dos quais conseguem sintetizar todos os compostos orgânicos de que necessitam. Fungos e a maioria das bactérias são *heterotróficos*, exigindo fontes orgânicas de carbono; destas, as mais comuns são os carboidratos, particularmente D-glicose; aminoácidos, ácidos monocarboxílicos, lipídeos, álcoois e mesmo polímeros como amido e celulose podem também ser utilizados. Na realidade, qualquer composto orgânico natural e muitos dos sintéticos podem ser utilizados por algum microrganismo. Essa versatilidade é de uma extraordinária importância, permitindo o emprego de microrganismos numa extensa série de transformações úteis para o homem. Na maior parte das vezes, o mesmo composto é usado para obter energia e esqueletos de carbono. Além disso, os microrganismos heterotróficos são também capazes de fixar CO_2 (muitos o exigem em quantidades maiores), embora não como fonte única de carbono. Os elementos químicos oxigênio e hidrogênio geralmente fazem parte dos compostos orgânicos.

b) *Fontes de nitrogênio:* quanto à necessidade de nitrogênio, há, em linhas gerais, três categorias de microrganismos. Algumas bactérias retiram o nitrogênio diretamente da atmosfera e o convertem em nitrogênio orgânico. Essa "fixação" de nitrogênio é exercida por bactérias dos gêneros *Azotobacter, Clostridium* e *Rhizobium*. Elas executam o processo em simbiose com plantas leguminosas. Estudos recentes têm demonstrado que, além desses, outros microrganismos são capazes de fixar diretamente o nitrogênio atmosférico: algumas algas azuis-esverdeadas e bactérias dos gêneros *Achromobacter, Nocardia, Pseudomonas* e *Aerobacter*. Novamente, temos aqui um processo de considerável importância econômica. Tais microrganismos podem contribuir de maneira significativa para a fertilidade e a produtividade do solo. Numerosos fungos, algas e a quase totalidade das bactérias utilizam compostos inorgânicos de nitrogênio, em especial sais de amônio e ocasionalmente nitratos (raramente nitritos). Fungos e algumas bactérias exigem fontes orgânicas de nitrogênio, representadas por um número variável de aminoácidos. De um modo geral, a adição de aminoácidos ou hidrolisados de proteínas favorece o crescimento da maioria dos microrganismos heterotróficos.

c) *Íons inorgânicos essenciais:* além de carbono e nitrogênio, os microrganismos exigem uma série de outros elementos, sob a forma de compostos inorgânicos. Alguns são necessários em quantidades apreciáveis – *macronutrientes* –, enquanto de outros bastam traços – *micronutrientes*. Entre os primeiros temos o *fósforo*, sob a forma de fosfatos, importante no metabolismo energético e na síntese de ácidos nucleicos; o *enxofre*, necessário por fazer parte de aminoácidos como cistina e cisteína e para a síntese de vitaminas como biotina e tiamina; o *potássio*, ativador de enzimas e regulador da pressão osmótica; o *magnésio*, ativador de enzimas extracelulares e fator importante na esporulação; e o *ferro*, necessário para a síntese dos citocromos e de certos pigmentos. O papel dos micronutrientes não é tão bem conhecido, dadas as dificuldades de seu estudo. Tem-se demonstrado, todavia, em casos específicos, a necessidade de elementos como cobre, cobalto, zinco, manganês, sódio, boro e muitos outros.

d) *Fatores de crescimento:* denominam-se fatores de crescimento os compostos orgânicos indispensáveis a um determinado microrganismo, mas que ele não consegue sintetizar. Tais fatores, portanto, devem estar presentes no meio para que o microrganismo possa crescer. Muitos desses fatores são vitaminas, em especial do complexo B; outras vezes são aminoácidos, nucleotídeos e ácidos graxos. As necessidades dos microrganismos, nesse particular, são variadíssimas. Um dos aspectos importantes dessa indispensabilidade é o fato de que, quando um microrganismo exige um determinado fator, seu crescimento será limitado pela quantidade deste no meio. Dentro de certos limites, o crescimento será proporcional ao teor do composto limitante. Isso permite a elaboração de um método de dosagem de certos compostos, baseado na medida do crescimento microbiano. Essa é a base da *dosagem microbiológica* de uma série de substâncias, principalmente aminoácidos e vitaminas.

1.3.4 ÁGUA

A água não constitui um nutriente, mas é absolutamente indispensável para o crescimento dos microrganismos. Seu papel é múltiplo. Com exceção dos protozoários, capazes de englobar partículas sólidas, os microrganismos se nutrem pela passagem de substâncias em solução através da membrana citoplasmática. A água é o solvente universal. Além disso, exerce função primordial na regulação da pressão osmótica e, pelo seu elevado calor específico, na regulação térmica. A maior parte dos microrganismos, quando não esporulados, morre rapidamente pela dessecação.

1.3.5 OXIGÊNIO ATMOSFÉRICO

Como a água, o oxigênio atmosférico não é um nutriente e funciona apenas como receptor final de hidrogênio nos processos de respiração aeróbica. Os microrganismos têm comportamentos diferentes na presença de O_2 livre: microrganismos *aeróbios* exigem a presença de oxigênio livre; alguns, todavia, o exigem em pequena quantidade, não tolerando as pressões normais de O_2 atmosférico, sendo denominados *microaerófilos*; microrganismos *anaeróbios* não toleram a presença de oxigênio livre, morrendo rapidamente nessas condições; e microrganismos *facultativos* tanto podem crescer na presença como na ausência de oxigênio livre.

Entre as bactérias, encontramos os três tipos de comportamento. Os fungos são aeróbios ou facultativos, raramente anaeróbios.

Elementos de microbiologia

1.4 MEIOS DE CULTURA

1.4.1 CONSIDERAÇÕES GERAIS

Nas condições artificiais de laboratório, o crescimento de microrganismos é conseguido por sua semeadura em meios de cultura, cuja composição deve atender aos princípios expostos no item anterior. Dada a variedade de tipos nutritivos, é fácil compreender que não há um meio de cultura universal. Muitas vezes, o que é exigido por determinado microrganismo inibe totalmente o crescimento de outros; é o que sucede com a matéria orgânica necessária ao crescimento de germes heterotróficos, que, na maioria das vezes, inibe totalmente a proliferação de autotróficos. Assim, para compor um meio adequado, é necessário conhecer a fisiologia dos microrganismos em estudo. Lembramos que cada microrganismo duplicado ou multiplicado deve possuir todos os componentes da célula original. Para ter uma ideia aproximada da composição química de uma bactéria, a *Escherichia coli,* veja a Tabela 1.2. Os números apresentados são válidos para essa bactéria quando cultivada nas condições estabelecidas; eles não são válidos para outros microrganismos (outras bactérias ou fungos), mas servem de referencial.

Tabela 1.2 Composição química da *Escherichia coli*

Macromoléculas	Massa seca (%)	Massa/célula x 10^{-15} g	Peso molecular	Número de moléculas/ célula	Diferentes tipos de moléculas
Proteína	55,0	155,0	$4,0 \times 10^4$	2.360.000	1.050
RNA (total)	20,5	59,0			
23rRNA		31,0	$1,0 \times 10^6$	18.700	1
16rRNA		16,0	5×10^5	18.700	1
5rRNA		1,0	$3,9 \times 10^4$	18.700	1
Transferência		8,6	$2,5 \times 10^4$	205.000	60
Mensageiro		2,4	$1,0 \times 10^6$	1.380	400
Regulatório				variável	
DNA	3,1	9,0	$2,5 \times 10^9$	2,13	1
Lipídeo	9,1	26,0	705	22.000.000	4*
Lipopolissacarídeo	3,4	10,0	4346	1.200.000	1
Mucocomplexo	2,5	7,0	(904)n	1	1

(continua)

Tabela 1.2 Composição química da *Escherichia coli (continuação)*

Macromoléculas	Massa seca (%)	Massa/célula x 10^{-15} g	Peso molecular	Número de moléculas/ célula	Diferentes tipos de moléculas
Glicogênio	2,5	7,0	$1,0 \times 10^5$	4.360	1
Total de macromoléculas	96,1	273,0			
Material em solução:	2,9	8,0			
Subunidades		7,0			
Vitaminas, metabólitos		1,0			
Íons orgânicos	1,0	3,0			
Massa seca total	100,0	284,0			

Massa de uma bactéria: $9,54 \times 10^{-13}$ g.
Conteúdo aquoso: $6,7 \times 10^{-13}$ g.
Massa seca de uma bactéria: $2,84 \times 10^{-13}$ g.
* Há quatro classes de fosfolipídeos, cada uma delas com composições variáveis de ácidos graxos.

Fonte: adaptada de Trabulsi e Alterthum (2015).

1.4.2 COMPOSIÇÃO DOS MEIOS DE CULTURA

Basicamente, existem dois grandes grupos de meios de cultura: os meios *sintéticos* e os meios *complexos*. Chamam-se meios sintéticos aqueles cuja composição química é qualitativa e quantitativamente conhecida. Considere-se, por exemplo, o seguinte meio: NH_4Cl, 1,0 g; K_2HPO_4, 1,0 g; $MgSO_4 \cdot 7H_2O$, 0,2 g; $FeSO_4 \cdot 7H_2O$, 0,01 g; $CaCl_2$, 0,02 g; $MnCl_2 \cdot 4H_2O$, 0,002 g; $NaMoO_4 \cdot 2H_2O$, 0,001 g; água q.s.p. 1 L.

Temos aqui um meio que se enquadra na definição de sintético. Também está de acordo com os princípios gerais, já expostos, no que tange à fonte de nitrogênio e íons inorgânicos; não contém, entretanto, uma fonte de carbono nem fonte de energia.

Isso sucede porque o meio foi planejado para a cultura de germes fotolitotróficos: só contém material inorgânico; a fonte de carbono é o CO_2 (proveniente do ar); e a fonte de energia é a luz solar. Para que os microrganismos cresçam nesse meio, eles devem ser incubados em presença de luz e condições de aerobiose.

Se a esse meio de cultura adicionarmos 0,5 g de glicose, ele continuará a ser enquadrado na definição de sintético, mas, contendo agora uma fonte orgânica de energia e carbono (glicose), permitirá o crescimento de quimiorganotróficos como a *Escherichia coli*, habitante normal do intestino dos mamíferos. Trata-se de um orga-

Elementos de microbiologia

nismo de excepcionais capacidades de síntese, pois, a partir da glicose e dos sais minerais do meio, consegue fabricar todos os componentes do protoplasma. Se quisermos, contudo, cultivar uma bactéria com características nutritivas semelhantes às da *E. coli*, o bacilo tífico (*Salmonella typhi*), será necessário, além da glicose, adicionar o aminoácido triptofano; a *S. typhi* não consegue sintetizar triptofano, que, para ela, como definimos anteriormente, é um fator de crescimento. Outros aminoácidos podem ser incluídos, permitindo o crescimento de um número cada vez maior de microrganismos. O meio, contudo, ainda será considerado sintético, pois sua composição é sempre bem definida.

Se quisermos cultivar microrganismos mais exigentes nesse meio, podemos enriquecê-lo com substâncias capazes de fornecer uma variedade grande de vitaminas e aminoácidos, como extrato de leveduras. Nesse momento o meio passa a ser complexo, pois contém um produto cuja composição química não é perfeitamente definida, o extrato de leveduras. Na prática, a maior parte dos meios utilizados é do tipo complexo e as mais variadas substâncias podem ser utilizadas na sua composição: peptonas, extrato de carne, extratos de órgãos animais como fígado e coração, extratos de vegetais como soja, arroz, ou outras como sangue, soro etc.

1.4.3 ESTADO FÍSICO DOS MEIOS DE CULTURA

Os meios de cultura podem ser constituídos simplesmente por soluções de nutrientes. Geralmente os microrganismos têm maior facilidade de iniciar o seu crescimento nesse tipo de meio, principalmente se o seu número é, de início, pequeno. Quando, todavia, existe mais de um tipo de microrganismo no material semeado, o crescimento final será constituído de uma mistura destes, o que impede que se tirem conclusões a respeito da natureza e da atividade de cada um. Para que as características de um microrganismo possam ser reconhecidas ou para que a sua atividade possa ser devidamente aproveitada, ele deve se encontrar em "cultura pura", isto é, não deve ser misturado a outros.

Para que se possa separá-los num material ou numa cultura líquida, há necessidade de semeá-los na superfície de um meio *sólido*. Nesse caso, se o material foi adequadamente diluído e o espalhamento foi bem feito, cada microrganismo estará separado de seu vizinho e, multiplicando-se, formará uma colônia de organismos iguais a ele, visível macroscopicamente e facilmente transferível para novo meio, de onde crescerão em cultura pura.

Os meios sólidos são preparados adicionando-se um agente solidificador às soluções de nutrientes. O agente mais usado é o *ágar,* polissacarídeo extraído de algas que funde a 100 °C, mas somente solidifica de novo ao redor de 45 °C. A adição de 1,5% a 2% de ágar ao meio de cultura líquido é suficiente para a solidificação deles. Sendo um polissacarídeo e, portanto, de natureza orgânica, o ágar poderá inibir o crescimento de certos microrganismos autotróficos. Nesses casos, usa-se como solidificador a sílica-gel.

1.4.4 MEIOS SELETIVOS E DIFERENCIAIS

Meios seletivos são aqueles cujas características impedem o crescimento de certos microrganismos, permitindo apenas o crescimento de outros. O meio descrito na Seção 1.4.2, por exemplo, é seletivo para fotolitotróficos. Muitas vezes a seletividade do meio depende da adição de algum composto inibidor dos indesejáveis. Assim, por exemplo, corantes básicos inibem o crescimento de bactérias Gram-positivas, enquanto a azida sódica inibe as Gram-negativas.

Meios diferenciais são aqueles que conferem características especiais a colônias que, em condições normais, seriam idênticas. Assim, microrganismos fermentadores de lactose, semeados em meio contendo lactose e um indicador, dão colônias de cor diferente dos não fermentadores, pois, crescendo, fermentam a lactose, originando ácido lático, que faz "virar" o indicador.

1.4.5 CONSERVAÇÃO DOS MICRORGANISMOS

Isolado um microrganismo em cultura pura, é mister conservá-lo no laboratório para estudo ou uso futuro. Várias são as técnicas empregadas para tal fim, conforme a natureza do organismo em questão. A técnica mais comum consiste em semear em meio sólido distribuído em tubos e, periodicamente, transferi-lo para novo meio. O tempo decorrido de uma transferência para outra dependerá da resistência do microrganismo.

É conveniente que o metabolismo microbiano seja reduzido tanto quanto possível, pois, nessas condições, ele permanecerá viável por tempo mais prolongado. Para se conseguir tal resultado, há vários recursos que serão aplicados, de acordo com o tipo de microrganismo em questão. Uma das técnicas mais simples consiste em conservar as culturas à temperatura de geladeira; há germes que permanecem viáveis durante meses. Outra técnica consiste em recobrir a cultura com uma camada de óleo mineral estéril, reduzindo dessa forma o suprimento de oxigênio e, consequentemente, o metabolismo microbiano. Todos esses processos, todavia, envolvem um trabalho intenso e constante, principalmente quando o número de organismos na coleção é grande. Além disso, muita atenção é necessária nas transferências, para evitar uma contaminação.

Outro problema importante é o fato de que, com o decorrer do tempo, muitos microrganismos podem sofrer mutações e, com isso, ter suas características alteradas. Para contornar esses inconvenientes, recorre-se ao processo da *liofilização*, que exige um equipamento especial. Nesse processo, microrganismos são suspensos em um meio adequado (leite ou albumina, por exemplo), colocados em uma ampola e rapidamente congelados no mínimo a –30 °C. Em seguida, procede-se à secagem do material por sublimação da água e, após isso, as ampolas são fechadas hermeticamente. O material pode ser conservado à temperatura ambiente. Outra técnica utilizada é a conservação em temperatura de nitrogênio líquido (–179 °C).

Empregando as duas últimas técnicas – liofilização e nitrogênio líquido –, os microrganismos podem ser guardados durante muito tempo, até mesmo anos, sem que haja necessidade de renovação nem alterações em suas propriedades. Um método simples de conservar fungos é por meio de seus esporos. Estes são misturados a areia, solo ou sílica previamente esterilizados.

Há instituições especializadas que identificam, armazenam e vendem bactérias, fungos e vírus. A mais conhecida é a American Type Culture Collection (ATCC).

Veja mais sobre conservação de microrganismos no Capítulo 5.

1.5 CRESCIMENTO MICROBIANO

1.5.1 CONSIDERAÇÕES GERAIS

Considera-se como crescimento, em sistemas biológicos, o aumento de massa resultante de um acréscimo ordenado de todos os componentes de protoplasma. Assim, aumentos de tamanho decorrentes de fenômenos como absorção de água ou acúmulo de material de reserva não podem ser considerados crescimento. Em microbiologia, embora seja possível estudar o crescimento individual, geralmente o que se mede é o crescimento de uma população, exprimindo-se quer em termos da *massa* total, quer em função do *número* de indivíduos. O tema do crescimento microbiano será abordado em profundidade no Capítulo 11.

1.5.2 MEDIDA DE CRESCIMENTO

O crescimento de uma população microbiana em meio líquido pode ser determinado de várias formas.

a) *Determinação do peso seco ou úmido:* a medida do peso úmido é bastante falha, dando apenas uma ideia grosseira da massa microbiana presente. Prefere-se, por isso, a determinação do peso seco, que, sendo corretamente executada, constitui o processo básico de medida de massa, servindo como referência na padronização de outros métodos. Uma amostra da suspensão microbiana é centrifugada, o sobrenadante desprezado e o sedimento celular lavado algumas vezes com água destilada ou solução salina. Após a última centrifugação, o sedimento é colocado em um vidro de relógio previamente tarado e, em seguida, secado em estufa até peso constante. Há, contudo, certas limitações inerentes a essa técnica. São necessárias amostras relativamente grandes para que as medidas tenham significado. Assim, não é possível acompanhar o crescimento de uma população microbiana desde as suas fases iniciais, sendo necessário esperar que a massa atinja um nível crítico. A lavagem das células antes da secagem pode levar a perdas de material e, além disso, componentes celulares solúveis podem ser retirados. O processo não pode ser aplicado quando o meio de cultura contém partículas sólidas em suspensão.

b) *Determinação química de componentes celulares:* é possível calcular a massa microbiana pela dosagem de certos componentes celulares, como proteína e ácidos nucleicos. Esses métodos podem ser muito sensíveis e, portanto, são aplicáveis a amostras pequenas. Seu inconveniente maior reside no fato de que a composição química das células microbianas, principalmente bactérias, é altamente variável de acordo com as condições de crescimento: composição do meio de cultura, idade da cultura e velocidade de crescimento. Para uma dada série de condições, todavia, tais métodos são bastante sensíveis e precisos.

c) *Turbidimetria:* consiste na medida da turvação de uma suspensão microbiana. Pode-se medir a absorbância em um espectrofotômetro ou a capacidade de dispersão da luz em um nefelômetro. Verificou-se que a turvação está relacionada com a massa de microrganismos presente. O processo é extremamente simples, permitindo que se obtenham resultados e construam curvas paralelamente ao desenvolvimento do processo. Há, contudo, fatores que interferem com a precisão do método, principalmente o tamanho das células e sua composição química, além da presença de material particulado no meio de cultura. Para obter bons resultados, portanto, é necessário construir curvas de calibração, com base em determinações de peso seco, para cada conjunto de condições experimentais.

O número de organismos presentes numa suspensão também pode ser determinado, havendo para isso dois métodos principais.

a) *Contagem do número total de indivíduos* (sem levar em conta se estão vivos ou mortos): a técnica mais comum consiste em colocar diluições conhecidas da suspensão em câmaras de contagem e, sob o microscópio, contar diretamente o número de partículas presentes num determinado volume. Outra técnica consiste em espalhar-se uma quantidade conhecida da suspensão numa área determinada de uma lâmina, corá-la e, em seguida, contar o número de microrganismos presentes em vários campos do microscópio. Sabendo-se a área do campo, calcula-se o número na suspensão. Existem ainda aparelhos eletrônicos que contam automaticamente o número de partículas de uma suspensão.

b) *Contagem de microrganismos viáveis:* é o método mais utilizado para contagem de bactérias e leveduras, e nesse caso são feitas diluições adequadas da suspensão, semeando-se alíquotas na superfície de meios sólidos. Após um período de incubação, contam-se as colônias que cresceram. Se o espalhamento foi bem feito e homogêneo, cada colônia corresponde a uma bactéria. Levando-se em conta a diluição feita, calcula-se o número de bactérias ou leveduras vivas presentes na suspensão original. Dada a possibilidade de duas células ficarem muito próximas no momento do espalhamento, a colônia formada será a sobreposição de duas. Em vista dessa possibilidade, o método é apropriadamente chamado de contagem de *unidades formadoras de colônias.*

1.5.3 CRESCIMENTO EXPONENCIAL

Quando se acompanha o crescimento de microrganismos em meio líquido, durante o espaço de tempo em que a quantidade de nutrientes é superior às necessidades destes e ainda não se acumulou uma quantidade significativa de substâncias tóxicas, verifica-se que este, na maioria dos casos, é exponencial, isto é, o aumento de número ou massa se faz segundo uma progressão geométrica.

Tratando-se de microrganismos como bactérias, certas algas unicelulares e algumas leveduras que se multiplicam por divisão binária, temos

$$N = N_0 \cdot 2^n \tag{1.1}$$

em que N é o número de microrganismos ao fim de n divisões (ou gerações) e N_0 é o número inicial.

Empregando os logaritmos dos números, temos

$$\log N = \log N_0 + n \log 2 \tag{1.2}$$

O número de gerações será:

$$n = \frac{\log N - \log N_0}{\log 2} \tag{1.3}$$

A velocidade exponencial de crescimento, R, é expressa pelo número de gerações na unidade de tempo:

$$R = \frac{n}{t - t_0} = \frac{\log N - \log N_0}{\log 2 \left(t - t_0 \right)} \tag{1.4}$$

A recíproca de R é o tempo de geração:

$$G = \frac{1}{R} = \frac{t - t_0}{n} \tag{1.5}$$

Tais equações, entretanto, somente se aplicam a microrganismos que se dividem binariamente e em condições que garantam 100% de viabilidade. Assim, é mais conveniente aplicar-se uma equação mais geral, na qual se leva em consideração a variação da massa X de protoplasma em função do tempo:

$$\frac{dX}{dt} = \mu X \tag{1.6}$$

Isso significa que a velocidade de crescimento é proporcional à concentração de microrganismos num instante dado. A fração pela qual a população cresce na unidade de tempo é dada por μ, que representa a *velocidade específica de crescimento*,

$$\mu = \frac{1}{X} \cdot \frac{dX}{dt} \tag{1.7}$$

A integração da Equação (1.6) leva a

$$\ln \frac{X}{X_0} = \mu t \tag{1.8}$$

ou,

$$ln\,X = ln\,X_0 + \mu t \quad (1.9)$$

Transformando em logaritmos decimais,

$$\log X = \log X_0 + \frac{\mu}{2,3} \cdot t \quad (1.10)$$

Projetando-se num gráfico os valores do log X contra o tempo, obtém-se uma reta, característica do crescimento exponencial.

1.5.4 FASES DO CRESCIMENTO MICROBIANO

É óbvio que, numa cultura descontínua, as condições não permanecem ideais por muito tempo. Logo a quantidade de nutrientes começa a diminuir e produtos do metabolismo microbiano vão se acumulando cada vez mais. Essas modificações têm uma considerável influência sobre o crescimento dos microrganismos. Construindo-se um gráfico global do crescimento microbiano em cultura descontínua em meio líquido, observa-se que a curva representativa desse crescimento apresenta várias fases (Figura 1.14).

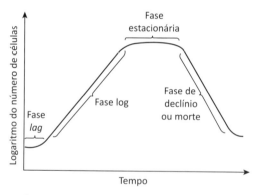

Figura 1.14 Fases da curva de crescimento microbiano.

a) *Fase "lag"*: inicialmente há um período em que contagens não revelam aumento de número. Determinações de massa, todavia, geralmente demonstram que há crescimento, reflexo de um aumento no tamanho dos indivíduos. Essa fase só ocorre quando os microrganismos semeados provêm de uma cultura velha, não mais em crescimento exponencial. É a consequência de uma necessidade de renovação dos microrganismos que, em culturas velhas, já perderam certos sistemas enzimáticos por esgotamento do substrato, ou estão deficientes em ácidos nucleicos e outros componentes importantes do protoplasma. Ao serem colocados em novo meio de cultura, antes de iniciarem sua multiplicação, passam por essa fase de renovação, aumentando de tamanho em consequência da síntese de material novo. Microrganismos crescendo exponencialmente, semeados em meio idêntico, não apresentam fase *lag*; vão apresentá-la, todavia, se o novo meio for mais pobre que o original. A semeadura de microrganismos, mesmo velhos, em meio mais rico que o original leva na maior parte das vezes a uma supressão ou redução da fase *lag*.

b) *Fase de crescimento exponencial* (fase log): nessa fase, realizam-se as condições descritas na Seção 1.5.3. Os microrganismos se encontram na plenitude de suas capacidades, num meio cujo suprimento de nutrientes é superior às necessidades do organismo semeado. A velocidade de crescimento dX/dt é uma função da massa X e a velocidade específica μ é constante. Essa é, sem dúvida alguma, a fase mais importante do crescimento microbiano, fornecendo dados fundamentais para os estudos de fisiologia e cinética, para os quais a velocidade específica é um parâmetro de máxima importância. Nessa fase é possível estudar a influência de uma série de fatores analisando as modificações introduzidas na curva de crescimento e na composição do meio de cultura (consumo de substrato, aparecimento de produtos do metabolismo etc.).

c) *Fase estacionária:* ao fim de um certo tempo, variável com a natureza do microrganismo e as condições de cultura, a velocidade de crescimento vai diminuindo até atingir a fase em que o número de novos indivíduos é igual ao número de indivíduos que morrem. Em termos de massa pode haver, durante um certo tempo, um ligeiro aumento. Essa é a fase estacionária, cuja duração varia consideravelmente. As causas dessa parada de crescimento podem ser o acúmulo de metabólitos tóxicos, o esgotamento de nutrientes e o esgotamento de O_2.

A influência do acúmulo de metabólitos tóxicos é particularmente evidente em meios contendo carboidratos fermentáveis; o acúmulo de ácidos orgânicos rapidamente inibe o crescimento. O tamponamento do meio permite um rendimento maior.

O esgotamento ocorre num certo momento em que a quantidade de nutrientes torna-se insuficiente para a população microbiana existente; o crescimento cessa. Nem sempre, todavia, esse é o motivo principal; a neutralização de produtos tóxicos, a aeração ou ambos podem promover um novo surto de crescimento, mostrando que ainda havia uma quantidade suficiente de alimento.

O esgotamento de O_2 é um fator importante apenas para microrganismos aeróbios ou facultativos. Numa cultura estacionária (sem agitação), a difusão de oxigênio não se faz suficientemente depressa para suprir as necessidades daqueles localizados nas camadas mais profundas do meio.

d) *Fase de declínio:* depois de um certo tempo, o número de organismos que morre torna-se progressivamente superior ao dos que surgem. Eventualmente a cultura se esteriliza. A duração dessa fase é, também, extremamente variável.

1.5.5 CULTIVO CONTÍNUO

O que foi descrito até aqui refere-se a um crescimento em cultura descontínua, na qual o meio de cultura não é renovado. Nesse tipo de cultura é fácil observar que, a partir do momento em que o meio é inoculado, as condições começam a variar de forma progressiva. Embora muitos estudos possam ser levados a efeito com pleno êxito nessas condições, seria ideal estudar o crescimento microbiano de maneira que todos os parâmetros se mantivessem constantes. Isso se tornou possível com o processo de cultura contínua, em que novo meio de cultura é adicionado constantemente ao sistema, do qual se retira um volume correspondente. Um esquema do quimiostato encontra-se na Figura 1.15.

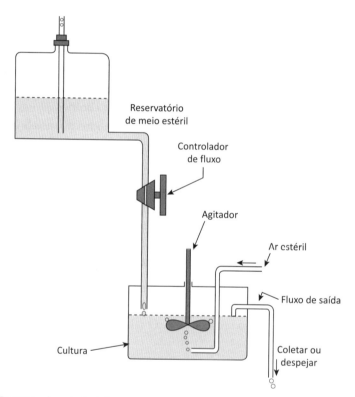

Figura 1.15 Esquema de quimiostato.

O estudo do cultivo contínuo de microrganismos é um dos objetivos do Volume 2 desta coleção.

1.5.6 FATORES QUE INFLUEM NO CRESCIMENTO

a) *Temperatura:* para todos os microrganismos existem três temperaturas cardeais: 1) temperatura mínima, abaixo da qual não há crescimento; 2) temperatura máxima, acima da qual não há crescimento; e 3) temperatura ótima, em que o crescimento é máximo. Deve-se salientar que, para outras atividades microbianas, existem também temperaturas ótimas, que não coincidem necessariamente com a temperatura ótima de crescimento. De acordo com essa temperatura, os microrganismos podem ser classificados em três grandes grupos:

- termófilos, cujo ótimo se localiza em torno de 60 °C;

- criófilos, cujo ótimo se localiza em torno de 10 °C; e

- mesófilos, cujo ótimo está entre 20 °C e 40 °C.

Para microrganismos parasitas de animais de sangue quente, o ótimo, em geral, localiza-se ao redor de 37 °C, enquanto para os habitantes de solo, cereais etc., o ótimo se situa entre 20 °C e 30 °C.

b) *pH:* como a temperatura, existem sempre valores de pH ótimo, máximo e mínimo. A maioria dos microrganismos tem seu ótimo em torno da neutralidade. Muitos processos fermentativos, entretanto, são executados por microrganismos que se desenvolvem melhor em valores de pH ácido, em torno de 5. Raros são capazes de desenvolver sua atividade em limites extremos. Exceção notável é o *Thiobacillus thiooxidans*, que transforma enxofre em ácido sulfúrico, proliferando bem em torno de pH 1 e, no outro extremo, o *Vibrio comma*, agente causador da cólera asiática, que se desenvolve em pH 10.

c) *Oxigênio:* o efeito da variação na quantidade disponível de oxigênio se faz sentir no crescimento de microrganismos aeróbios, para os quais é indispensável, e facultativos, que podem crescer também na ausência de O_2. No primeiro caso, o efeito se traduz no maior ou menor rendimento da cultura, enquanto no segundo, além da diferença no rendimento, há diferenças sensíveis na velocidade do crescimento e nos produtos da atividade do microrganismo. Isso por várias razões. Em primeiro lugar, o metabolismo aeróbio é muito mais eficiente, fornecendo uma quantidade muito maior de energia, que tem como consequência um crescimento mais rápido. Em segundo lugar, a via aeróbia tem geralmente como produtos finais do metabolismo CO_2 e água, enquanto a via anaeróbia, fermentativa, tem como produtos finais uma série enorme de produtos orgânicos que variam de acordo com o microrganismo empregado e, na maioria das vezes, são de natureza a inibir o crescimento microbiano. Assim, quando se deseja obter grandes massas de microrganismos, o processo usual consiste em promover uma aeração vigorosa da cultura, quer por borbulhamento de ar, quer por agitação, ou ambos simultaneamente. Como já foi mencionado no início, tais métodos só influenciam o crescimento de aeróbios ou facultativos.

d) *Agitação:* uma das consequências da agitação é promover uma melhor aeração do meio, favorecendo o crescimento de aeróbios e facultativos. Além disso, entretanto, a agitação promove uma homogeneização dos nutrientes no meio de cultura e uma dispersão dos produtos metabólicos, o que também favorece o crescimento de maneira apreciável, inclusive de microrganismos anaeróbios.

1.6 CONTROLE DOS MICRORGANISMOS PELA AÇÃO DE AGENTES FÍSICOS

1.6.1 CONSIDERAÇÕES GERAIS

Denomina-se *esterilização* o processo pelo qual são mortos, inativados irreversivelmente ou retirados todos os organismos de um material ou suspensão, inclusive as formas esporuladas. Geralmente os processos empregados para esse fim são físicos, por serem mais eficientes e, com algumas exceções, menos dispendiosos que os químicos.

1.6.2 TEMPERATURA

De todos os processos empregados para matar microrganismos, o calor é, sem dúvida alguma, o mais eficiente e econômico. Pode ser empregado de duas maneiras: seco e úmido. O calor seco age promovendo uma oxidação violenta de componentes do protoplasma. Sua eficiência é comparativamente baixa, pois não tem muita capacidade de penetração. Além disso, não é todo tipo de material que pode ser submetido às temperaturas necessárias para esterilização pelo calor seco (160 °C a 180 °C durante um tempo mínimo de 1 ou 2 horas). Emprega-se para vidraria, óleos ou pós. Nem todo material metálico pode ser esterilizado a seco; certos instrumentos delicados podem perder o corte ou a têmpera. O processo da *flambagem*, utilizado nos laboratórios de microbiologia para esterilizar alças e fios de platina, consiste em passar o material diretamente na chama do bico de Bunsen (ver mais detalhes no Capítulo 2).

O calor úmido é muito mais eficiente. Age promovendo a desnaturação de proteínas e a dissolução de lipídeos, o que também contribui para intensificar o primeiro efeito. Tem alta capacidade de penetração e pode ser utilizado para uma grande variedade de materiais, inclusive biológicos. A temperatura de 60 °C, durante 1 hora, é suficiente para matar as formas vegetativas de todos os microrganismos, excetuando-se os termófilos, naturalmente. A 100 °C as formas vegetativas morrem em poucos minutos; se mantida essa temperatura durante 15 minutos, morre também a maioria dos esporos. Há esporos, contudo, principalmente de saprófitas, que podem resistir ao aquecimento a 100 °C durante várias horas, suportando mesmo temperaturas um pouco mais altas. Para matar qualquer tipo de microrganismo, inclusive todos os tipos de esporos, emprega-se vapor d'água aquecido a 120 °C, sob uma pressão de 1 atmosfera acima do normal, durante 20 minutos. O aparelho utilizado para esse fim é a *autoclave*, que consiste num recipiente de paredes resistentes onde se coloca o material. O vapor poderá ser produzido pelo aquecimento da água contida na própria autoclave ou ser introduzido por tubulação adequada – ver a Figura 1.16. Para que o processo seja eficiente, é indispensável que se evite mistura de ar ao vapor e que o material esteja acondicionado e distribuído de forma conveniente.

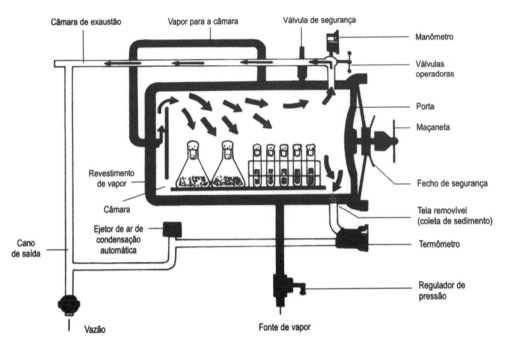

Figura 1.16 Esquema de funcionamento de uma autoclave.

A *pasteurização* consiste no aquecimento a 62 °C por 30 minutos, seguido de um resfriamento brusco. Aumentando-se a temperatura e diminuindo-se o tempo de resfriamento, obtém-se o mesmo efeito. Não é um processo de esterilização, tendo sido inicialmente empregado para destruir os microrganismos patogênicos presentes no leite. Além disso, utiliza-se esse método para interromper certos processos microbiológicos industriais quando estes atingem um certo ponto. É o que sucede na fabricação da cerveja, por exemplo.

De modo geral, os microrganismos são mais resistentes ao frio que ao calor. Com algumas exceções, a temperatura de geladeira (4 °C) pode ser empregada para a conservação de culturas. Temperaturas inferiores a 0 °C podem ser letais para microrganismos. O congelamento lento promove a formação de cristais de gelo, que perfuram a membrana e a parede celular. A alternância de congelamento e descongelamento é um processo bastante eficiente para lesar e matar microrganismos. O congelamento brusco a temperaturas inferiores a –30 °C não leva à formação de cristais, e os microrganismos geralmente sobrevivem durante muito tempo nessas condições, principalmente se o processo é seguido de um dessecamento a vácuo. Essa é a técnica da *liofilização*, empregada para a conservação de microrganismos e material biológico em geral. Mais informações serão apresentadas no Capítulo 2.

1.6.3 RADIAÇÕES

De interesse prático pela sua atividade letal sobre microrganismos são as radiações *ultravioleta* (UV) e as chamadas *ionizantes.*

As radiações UV, principalmente as de comprimento de onda entre 240 nm e 280 nm, são absorvidas pelas purinas e pirimidinas dos ácidos nucleicos, provocando mutações. Anéis aromáticos de aminoácidos também absorvem radiações, levando à inativação de enzimas. Ambos os efeitos podem levar a célula à morte. Na prática, empregam-se lâmpadas de mercúrio como fonte de radiações UV. O seu emprego em lugares públicos, salas de operação, berçários, enfermarias e salas assépticas tem sido bem-sucedido. Os resultados demonstram que há uma redução apreciável das contaminações e das infeções cruzadas. Precaução indispensável é evitar a incidência direta da luz ultravioleta sobre as pessoas, pois ela produz, conforme o tempo de exposição, queimaduras graves e lesões severas da córnea e na pele.

As radiações ionizantes exercem atividade de forma diferente, pois atingem os átomos e são incomparavelmente mais eficientes. Enquanto para matar uma célula de *Escherichia coli* são necessários 10^6 quanta no caso dos raios UV, apenas 1 quantum é suficiente quando se trata de radiações ionizantes. Seringas, agulhas e outros materiais descartáveis têm sido esterilizados por esse processo.

1.6.4 FILTRAÇÃO

A passagem de soluções ou gases através de filtros de poros suficientemente pequenos, que retêm microrganismos, pode ser empregada na remoção de bactérias e fungos, deixando, entretanto, passar a maioria dos vírus.

As velas porosas de porcelana foram muito usadas no passado e atualmente são empregadas membranas filtrantes de nitrocelulose e acetato de celulose para esse fim.

A filtração tem como principais aplicações a esterilização de soluções termossensíveis e na entrada de salas ou ambientes onde qualquer microrganismo do ar é indesejável. Muito comum é a esterilização do ar que é borbulhado em meios de cultura, sendo bastante empregados filtros de lã de vidro.

1.6.5 VIBRAÇÕES SÔNICAS

Sons audíveis têm uma frequência que não ultrapassa 2,4 kHz; entre 9,0 kHz e 200,0 kHz, as frequências são supersônicas e, acima de 200,0 kHz, ultrassônicas. Muitos microrganismos são sensíveis a vibrações ultrassônicas, sendo destruídos por lise e extravasamento do conteúdo celular. Uma das explicações para o fato baseia-se no fenômeno da cavitação: os gases dissolvidos em líquidos submetidos a tais vibrações saem de solução sob a forma de microbolhas e estas, violentamente agitadas, chocam-se contra as paredes microbianas e rompem. O emprego da *sonicação* para a ruptura de microrganismos tem sido útil, por permitir a obtenção de frações independentemente de um tratamento químico ou térmico e isentas de partículas inertes, como a alumina.

1.7 CONTROLE DOS MICRORGANISMOS PELA AÇÃO DE AGENTES QUÍMICOS

1.7.1 CONSIDERAÇÕES GERAIS

Classicamente, os agentes químicos empregados para matar ou inativar microrganismos são classificados em dois grandes grupos: desinfetantes e agentes quimioterápicos.

a) *Desinfetantes:* são substâncias que agem diretamente sobre estruturas microbianas, causando a morte do microrganismo. Não necessariamente matam todos os microrganismos; devem diminuir o número, de forma que os indesejáveis não representem mais um risco para o processo. As principais estruturas e moléculas-alvo são a membrana citoplasmática, sensível aos agentes capazes de dissolver os lipídeos que a compõem, e as proteínas enzimáticas ou estruturais. Os mecanismos de ação são os mais diversos, como oxidantes, desnaturantes, alquilantes etc. Pelo fato de agirem sobre estruturas e moléculas comuns a todas as células, quer de microrganismos, quer de seres superiores, os desinfetantes são tóxicos gerais, não possuindo especificidade para este ou aquele microrganismo nem podendo ser introduzidos nos organismos superiores. É claro que nem todos os microrganismos são igualmente sensíveis, mas o que sucede é que, em geral, quando um é mais resistente, ele o é a *todos* os desinfetantes indiscriminadamente. É o que acontece, por exemplo, com *Pseudomonas aeruginosa.* Certos desinfetantes, tendo uma ação menos tóxica, podem ser usados na *superfície* de tecidos vivos. Nesse caso particular, tomam o nome de *antissépticos.*

b) *Agentes quimioterápicos:* são substâncias que interferem, na grande maioria dos casos, em determinadas *vias metabólicas,* isto é, a ação dos agentes quimioterápicos se restringe às células de microrganismos que possuem a via metabólica sensível. Assim, por exemplo, a sulfanilamida age competindo com o ácido p-aminobenzoico, que é um metabólito essencial para a síntese do ácido fólico. Células ou microrganismos incapazes de sintetizar ácido fólico são resistentes àquele agente. Os agentes quimioterápicos podem ser *sintéticos,* como é o caso das sulfas, ou naturais, como os antibióticos, sendo então produzidos por microrganismos; é o caso de penicilina, estreptomicina, tetraciclina e muitos outros. A maior parte dos vírus não é sensível aos antibióticos e os antivirais empregados são quimioterápicos.

Tanto para os desinfetantes como para os quimioterápicos, há a possibilidade de o agente ser *microbicida,* determinando a morte do microrganismo, ou *microbiostático,* apenas impedindo sua proliferação. Em muitos casos, essa distinção é pouco nítida e a mesma substância, dependendo da dose e do tempo de contato em que foi empregada, poderá agir de uma ou outra forma.

Deve-se ressaltar que, em tecnologia industrial, o termo desinfetante é utilizado para designar *qualquer agente químico empregado num processo microbiológico para inibir ou matar microrganismos contaminantes indesejáveis*. Tanto podem ser utilizados agentes do primeiro grupo (desinfetantes) como do segundo (quimioterápicos).

1.7.2 DETERMINAÇÃO DA POTÊNCIA DOS DESINFETANTES

O processo empregado obrigatoriamente é a determinação do chamado *coeficiente fenólico*. Consiste na comparação, em condições padronizadas, da atividade de um desinfetante qualquer com a atividade do fenol, considerado o padrão. A relação entre o inverso da diluição de desinfetante que mata o microrganismo empregado (*Salmonella typhi, Pseudomonas aeruginosa* ou *Staphylococcus aureus*) em um determinado tempo e o inverso da diluição de fenol que mata o mesmo microrganismo, nas mesmas condições e no mesmo tempo, constitui o coeficiente fenólico. Apesar de tal determinação ser obrigatória por lei, o coeficiente fenólico é um índice extremamente precário da atividade de um desinfetante, a não ser que ele seja também de natureza fenólica. Isso porque desinfetantes diferentes, tendo mecanismos de ação diferentes, serão afetados de forma diversa pelas condições de uso. Assim, tem grande influência na atividade dos desinfetantes o fator de diluição. Verificou-se ser válida a equação

$$C^n \cdot t = K$$

em que C é a concentração, t o tempo, n o coeficiente de diluição e K uma constante. Desinfetantes como o fenol e derivados têm $n = 1$. Isso significa que, sendo diluído à metade, o tempo necessário para se obter o mesmo efeito será o dobro. Já o bicloreto de mercúrio tem $n = 6$. Sendo diluído à metade, o tempo de ação aumentará em 64 vezes. Por esse motivo, atualmente se prefere avaliar a atividade dos desinfetantes com provas realizadas nas *condições de uso*.

Outros fatores influem consideravelmente na atividade dos desinfetantes: temperatura, pH, presença de sais e, principalmente, presença de proteínas estranhas. Certos agentes extremamente ativos *in vitro* perdem quase totalmente sua atividade quando em presença de material orgânico contendo proteína, em virtude de sua grande afinidade por ela. É o que sucede, por exemplo, com os compostos de mercúrio.

1.7.3 PRINCIPAIS GRUPOS

Não há uma classificação única aceita, por isso apresentaremos os agentes químicos em grupos que tenham em comum funções químicas (álcoois, aldeídos etc.), elementos químicos (halogênios, metais pesados etc.), ou mecanismos de ação (agentes oxidantes, agentes de superfície etc.). Cabe lembrar ainda que cada um dos compostos citados a seguir pode ter seu emprego como esterilizante, desinfetante, antisséptico ou até conservante, devendo, no entanto, serem consultados livros especializados quanto a concentração, tempo de contato e modo de emprego.

Elementos de microbiologia

- Álcoois: etílico, isopropílico, propilenoglicol, etilenoglicol.

- Aldeídos: fórmico (formol), glutárico.

- Fenóis: fenol, cresol, timol, clorocresol, cloroxilenol, triclosan.

- Ácidos orgânicos: acético, lático, benzoico, caproico.

- Halogênios: iodo, cloro gasoso, dicloramina T, ácido hipocloroso, cloraminas, hipocloritos, ácido cloroisocianúrico.

- Metais pesados: sais de mercúrio, prata, cobre, zinco.

- Agentes oxidantes: água oxigenada, permanganato de potássio.

- Agentes de superfície: cloreto de benzalcônio, cloreto de benzetônio, cloreto de cetil-piridineo, clorohexidina.

- Gases: óxido de etileno, óxido de propileno, beta-propil-lactona, dióxido de cloro, ozônio, plasma de peróxido de hidrogênio.

REFERÊNCIAS

PELCZAR JR., M. J.; CHAN, E. C. S.; KRIEG, Noel R. *Microbiology*. Concepts and Applications. New York: McGraw-Hill, 1993.

TRABULSI, L. R.; ALTERTHUM, F. *Microbiologia*. 6. ed. São Paulo: Atheneu, 2015.

LEITURAS COMPLEMENTARES RECOMENDADAS

BLOCK, S. S. *Disinfection, Sterilization and Preservation*. 5. ed. Philadelphia: Lippincott Williams & Wilkins, 2001.

BROCK, T. D. et al. *Brock biology of microorganisms*. 14. ed. New Jersey: Prentice-Hall, 2015.

GERHARDT, P. et al. *Methods for general and molecular bacteriology*. Washington, DC: American Society for Microbiology, 1994.

SCHAECHTER, M.; INGRAHAM, J. L.; NEDDHARDT, F. C. *Microbe*. Washington, DC: ASM Press, 2006.

STEPHEN, N. et al. *Virology*. London: Elsevier, 2011.

VERMELHO, A. B. et al. *Bacteriologia geral*. Rio de Janeiro: Guanabara Koogan, 2007.

WEEKS, B. S. *Alcamo's microbes and society*. 3. ed. Sudbury: Jones & Bartlett Learning, 2012.

CAPÍTULO 2
Técnicas básicas em microbiologia

Carla R. Taddei

Karen Spadari Ferreira

Wagner Luiz Batista

Fábio Seiti Yamada Yoshikawa

John A. McCulloch

2.1 SEGURANÇA NO LABORATÓRIO

Boas práticas no laboratório são um conjunto de normas e procedimentos de segurança que visam minimizar os acidentes e aumentar o nível da consciência dos profissionais que trabalham em laboratórios. Grande parte dos acidentes que envolvem profissionais das áreas de saúde e biológica se deve à não observância/obediência das normas de segurança. No laboratório de microbiologia, em virtude da exposição direta a agentes infecciosos (vírus, bactérias, bolores e leveduras) e substâncias químicas, os profissionais são alvos de infecções ocupacionais e intoxicações graves. Contudo, o emprego de práticas seguras e o uso de equipamentos de proteção adequados reduzem significativamente o risco de acidente ocupacional.

A minimização dos riscos do trabalho de pesquisa com microrganismos perigosos depende das boas práticas de laboratório, da disponibilidade e do uso de equipamentos de segurança, da instalação, do funcionamento do local e de uma organização eficiente.

Todos os trabalhadores são responsáveis pela segurança no ambiente laboratorial e, para isso, cada laboratório deve ter seu próprio manual de segurança, estimulando os profissionais a adotarem posturas e preceitos adequados de modo a garantir sua saúde pessoal e a da equipe. Por isso, é imprescindível que a rotina de trabalho seja executada com atenção, concentração, cuidado e organização. É importante que profissionais da área da biotecnologia não tão familiarizados com os processos biológicos, como químicos e engenheiros químicos, tenham conhecimento das normas de segurança.

2.1.1 INSTALAÇÕES

O ambiente de trabalho deve ser adequadamente projetado e dimensionado de modo a oferecer condições confortáveis e seguras de trabalho. As instalações de equipamentos devem seguir suas normas de segurança específicas e ser acompanhadas por profissional habilitado. A área física do laboratório deve ser projetada de acordo com os microrganismos a serem manipulados (ver mais informações nos Capítulos 1 e 5).

2.1.2 NÍVEIS DE SEGURANÇA

Algumas normas devem ser seguidas durante o planejamento e a organização do espaço físico do laboratório, por exemplo: as áreas de trabalho devem oferecer boas condições de iluminação, ventilação, temperatura, umidade e circulação; devem ser projetadas e disponibilizadas saídas de emergência, portas à prova de fogo, hidrantes, extintores e sistemas de alarmes para prevenção e combate a incêndios; os laboratórios devem ter saídas de fácil acesso e desimpedidas; paredes, teto, pisos e mobiliários precisam ser lisos, fáceis de limpar, impermeáveis aos líquidos e resistentes aos produtos químicos e aos desinfetantes; os pisos não devem ser escorregadios; o armazenamento de alimentos e bebidas deve ser efetuado em local adequado e destinado para esse fim em área externa ao laboratório; todo local onde exista possibilidade de exposição ao agente biológico deve ter lavatório exclusivo para higiene das mãos provido de água corrente, sabonete líquido, toalha descartável e lixeira com sistema de abertura sem contato manual; o fornecimento de gás deve ser adequado e a boa manutenção do sistema é imprescindível.

2.1.3 EQUIPAMENTOS DE PROTEÇÃO

Imprescindíveis para a segurança do profissional no laboratório de microbiologia são os equipamentos de proteção individual (EPI) e coletiva (EPC), minimizando a possibilidade de acidentes. Os EPI e EPC devem ser disponibilizados de acordo com a necessidade específica de cada profissional ou grupo de trabalho.

2.1.3.1 Equipamentos de proteção individual (EPI)

a) *Avental de proteção*: protege as roupas contra respingos químicos ou biológicos e fornece proteção adicional ao corpo. Deve ser utilizado durante todo o período de presença no interior do laboratório. Deve ser longo (até os joelhos), possuir mangas longas e punhos. Deve ser utilizado totalmente abotoado. Deve ser de uso pessoal e não deve ser utilizado fora das dependências do laboratório.

b) *Luvas de proteção*: durante certas manipulações laboratoriais, pode ocorrer a contaminação das mãos. Estas são igualmente vulneráveis a ferimentos causados por objetos cortantes. No trabalho normal de laboratório e no manuseamento de agentes infecciosos, sangue e fluidos corporais, usam-se geralmente luvas descartáveis de látex. Elas não devem ser utilizadas fora das dependências do laboratório.

c) *Luva de proteção contra calor ou luva térmica*: deve ser utilizada no manuseio de equipamentos geradores de calor como autoclaves, estufas e forno de micro-ondas, e em seus materiais processados.

d) *Óculos de proteção ou de segurança*: a contaminação da mucosa conjuntival ocorre, invariavelmente, por lançamentos de gotículas ou aerossóis de material infectante nos olhos. Os óculos auxiliam na proteção dos olhos contra essas substâncias nocivas e em riscos de impacto. Por isso, é recomendada a sua utilização durante a realização de procedimentos em que haja possibilidade de impacto ou respingo de sangue, outros fluidos corpóreos e materiais que possam causar contaminação ocular. Devem ser utilizados no desenvolvimento de atividades cujos procedimentos aconselham a sua utilização. Devem ser de material resistente e confortável, de uso pessoal e não devem ser utilizados fora das dependências do laboratório.

e) *Máscara cirúrgica descartável*: recomendada durante a realização de procedimentos em que haja possibilidade de respingo de sangue e outros fluidos corpóreos. Deve estar disponível em local de fácil acesso.

2.1.3.2   Equipamentos de proteção coletiva (EPC)

a) *Cabine ou câmara de segurança biológica*: é uma cabine que isola o operador, o meio ambiente laboratorial e/ou o material de trabalho da exposição a aerossóis resultantes do manuseamento de materiais que contêm agentes infecciosos. Portanto, deve ser utilizada sempre que se manusear material infeccioso, quando houver um risco acrescido de infecção por via aérea e/ou forem utilizados procedimentos com alto potencial de produção de aerossóis.

Há três tipos de cabines de segurança biológica (classes I, II e III), a serem empregadas dependendo do material a ser manipulado.

São dotadas de um filtro de ar particulado de alta eficiência (HEPA) no sistema de exaustão. Este equipamento deve ser validado com métodos apropriados antes de ser utilizado. A certificação deve ser feita em intervalos periódicos, segundo as instruções do fabricante, e seu manuseio deve ser realizado somente por pessoas treinadas e habilitadas.

Recomenda-se a elaboração de um documento que contenha informações sobre procedimento de operação, funcionamento e manutenção, limpeza e desinfecção, descontaminação e procedimento em caso de derrame de material dentro do equipamento.

b) *Chuveiro de emergência e lava-olhos*: é destinado a minimizar os danos causados por acidentes nos olhos, face ou qualquer parte do corpo. Deve ser instalado em locais de fácil acesso a toda a equipe técnica, podendo ser nas áreas de circulação se não causar a obstrução da passagem.

2.1.4 TÉCNICAS DE DESCARTE DE MATERIAL CONTAMINADO

Todos os usuários do laboratório, sejam eles funcionários, pesquisadores, técnicos, alunos ou visitantes, têm responsabilidade sobre o descarte de todo o material utilizado durante e após o término das atividades, e é de extrema importância que esse procedimento seja realizado de maneira acertada. Todo o material infectante deve ser descontaminado, esterilizado em autoclave ou incinerado no laboratório.

Antes de descartar qualquer objeto ou material de laboratório utilizado em microrganismos ou tecidos animais potencialmente infecciosos, deve-se assegurar:

- que os referidos objetos ou materiais foram bem descontaminados segundo as normas em vigor;

- em caso negativo, que foram embalados segundo as normas para incineração imediata *in loco* ou transferência a outras instalações com capacidade de incineração;

- que a eliminação dos objetos ou materiais descontaminados não implica, para as pessoas que procedem à sua eliminação ou que possam entrar em contato com eles, qualquer outro perigo em potencial, biológico ou outro, fora das instalações.

Descarte de materiais:

a) *Descarte de resíduo infectante*

- Deve ser feito em lixeiras apropriadas para descarte de resíduo infectante, contendo tampa, pedal e identificação de "resíduo infectante".

b) *Descarte de materiais perfurocortantes e cortantes*

- Os materiais perfurocortantes ou cortantes devem ser descartados em recipientes próprios para esse fim e tratados sempre como resíduo infectante.

- Os trabalhadores que utilizam objetos perfurocortantes são os responsáveis pelo seu descarte.

- O recipiente para acondicionamento de materiais perfurocortantes deve ser resistente e mantido em bancada ou suporte exclusivo, em altura que permita a visualização da abertura para descarte. O transporte manual do recipiente de segregação deve ser realizado de forma que não exista o contato dele com outras partes do corpo, sendo vetado seu arrasto.

- Devem ser respeitadas as instruções do fabricante do recipiente para descarte de material perfurocortante quanto a montagem, limite de capacidade (geralmente ¾ de sua capacidade) e procedimento de lacre.

- Os materiais de vidro, quando quebrados, devem ser descartados como material perfurocortante.

c) *Descarte de material biológico*

- Os meios de cultura sólidos e líquidos utilizados para crescimento de bactérias, fungos e vírus devem ser autoclavados antes de ser descartados.

d) *Descarte de produto químico*

- Os resíduos de produtos químicos devem ser acondicionados em recipientes adequados, em condições seguras, e encaminhados ao serviço de descarte de resíduos da instituição para o destino final.

e) *Descarte de resíduo comum*

- O laboratório deve ter coletores específicos para a coleta seletiva de resíduos e esta deve ser incentivada. O resíduo comum que não estiver nas condições de ser segregado para a reciclagem deve ser descartado em lixo comum (saco cinza).

2.2 TÉCNICAS DE ESTERILIZAÇÃO E DESINFECÇÃO DE MATERIAL

As bases deste assunto estão apresentadas no Capítulo 1 deste volume, e as aplicações estão nos Capítulos 3, 4 e 5 do Volume 2 desta coleção.

2.3 TÉCNICAS DE CULTIVO E SEMEADURA

2.3.1 MEIOS DE CULTURA

Meios de cultura são soluções nutrientes utilizadas para viabilizar o crescimento do microrganismo em laboratório. O primeiro meio de cultura de que se tem registro foi o ágar batata desenvolvido por Robert Koch, em recipientes redondos de vidro com tampa, hoje conhecidos como placas de Petri. Os meios de cultura possuem principalmente fontes de carbono e nitrogênio, sob forma de carboidratos, proteínas ou peptídeos, permitindo que os microrganismos se multipliquem e viabilizando sua recuperação e sua identificação. Podem ainda conter inibidores, indicadores de pH, corantes e ser sólidos (quando há o acréscimo de ágar-ágar na sua confecção), semissólidos ou líquidos.

Há vários tipos de meios de cultura para a recuperação de microrganismos e, dependendo do objetivo dessa recuperação, a escolha do melhor meio de cultura deve ser criteriosa:

- *Meios de cultura para transporte*: são utilizados geralmente para acondicionar amostras, como fezes, sangue ou secreções, de modo a não perder a viabilidade do microrganismo, até o processamento da amostra no laboratório. Por exemplo, o meio Cary Blair é um meio sem uma fonte de nitrogênio, o que impede a multiplicação de microrganismos, mas a composição nutritiva garante sua sobrevivência.

- *Meios de cultura para enriquecimento*: são utilizados para o enriquecimento de microrganismos específicos, ao mesmo tempo que inibem o crescimento daqueles que não sejam de interesse.
- *Meios de cultura seletivos*: contêm compostos que inibem o crescimento de certos grupos de microrganismos, mas não de outros. Por exemplo, o ágar MacConkey, meio de cultura seletivo para o crescimento de bactérias Gram-negativas que contém sais biliares e cristal violeta, inibindo o crescimento de bactérias Gram-positivas.
- *Meios de cultura diferenciais*: apresentam um composto indicador, como um açúcar ou corante, permitindo a diferenciação de comportamento bioquímico ou metabólico dos diferentes microrganismos. São frequentemente associados à recuperação de agentes infecciosos de amostras clínicas. Por exemplo, o meio MacConkey, que, além de ser seletivo, possui a lactose em sua formulação, permitindo diferenciar as bactérias Gram-negativas que fermentam a lactose das que não a fermentam.
- *Meios de cultura simples*: possuem formulações básicas, permitindo o crescimento de microrganismos sem exigências nutricionais.
- *Meios de cultura para identificação*: são meios sólidos, semissólidos ou líquidos contendo substratos que evidenciam atividades metabólicas dos microrganismos, diferenciando gêneros e espécies e permitindo sua identificação (ver adiante).

2.3.2 TÉCNICAS DE SEMEADURA

A passagem de um microrganismo para um meio de cultura, sólido ou líquido, é realizada utilizando-se um instrumento específico, como a alça ou o fio de platina.

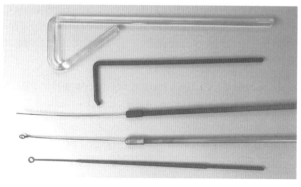

Figura 2.1   Modelos de alça, alça de Drigalsky e fio de platina.

Quando a semeadura do microrganismo ocorrer em tubos de ensaio, como nos meios de provas bioquímicas para a identificação de bactéria, utilizamos o fio de platina. Para evitar a contaminação da cultura ou amostra clínica com microrganismos do meio ambiente e preservar a segurança do profissional que manipula a cultura, o procedimento de semeadura de um microrganismo é realizado próximo à chama do bico de Bunsen. O fio ou a alça de platina devem ser flambados em bico de Bunsen antes e depois da operação de semeadura. Deve-se colocar a alça ou o fio a um ângulo de 45° em relação à chama do bico de Bunsen até que fiquem rubros, eliminando qualquer contaminação prévia nesses instrumentos. Antes de manusear o microrganismo a ser semeado, deve-se esfriar a alça ou fio em água estéril ou na tampa da placa de Petri.

a) *Semeadura quantitativa*: a cultura quantitativa é realizada com um volume conhecido da cultura e a contagem do número de unidades formadoras de colônia (UFC). Dessa forma, pode-se estimar o número de UFC em um volume conhecido da amostra inicial. Para a obtenção dessa cultura há duas possibilidades:

- Uso de alça de platina calibrada, isto é, que carrega um volume específico da amostra (geralmente 1 µl ou 10 µl). Descarrega-se esse volume em uma estria no centro da placa e depois espalha-se em movimentos perpendiculares à estria inicial (Figura 2.2).

- Uso de alça de Drigalsky, uma alça geralmente feita de vidro, em forma de L ou triângulo, sem pontas ou imperfeições, que permite um espalhamento uniforme do volume adicionado à placa, permitindo também a contagem do número de UFC.

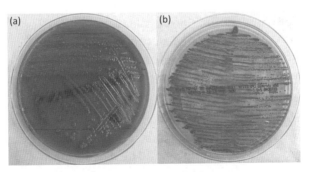

Figura 2.2 Técnicas de espalhamento. (a) Semeadura por esgotamento; (b) Semeadura quantitativa.

b) *Semeadura por esgotamento*: essa semeadura é utilizada para a obtenção de colônias puras de bactérias. Após a flambagem e o esfriamento da alça de platina, coleta-se uma alçada do material a ser semeado e este então será estriado na parte superior do meio de cultura (cerca de um terço da placa) na placa de Petri. Para que o excesso de microrganismos presentes na alça seja eliminado, flamba-se novamente a alça e, a partir do final da primeira estria, puxa-se uma nova estria no sentido transversal até o fim do segundo terço da placa. Então, uma nova estria deve ser feita até o final da placa. Dessa forma, após a incubação do meio de cultura na temperatura e no tempo apropriados, as colônias no último terço da placa estarão isoladas, facilitando sua visualização e sua posterior identificação (Figura 2.2).

c) *"Pour plate"*: essa técnica geralmente é utilizada para a semeadura de bactérias anaeróbias. Adiciona-se um volume fixo de uma cultura a uma placa de Petri vazia e, então, acrescenta-se o meio de cultura fundido e resfriado sobre a cultura. Após a homogeneização dos volumes adicionados, espera-se a solidificação do meio para a apropriada encubação. As colônias crescerão na profundidade do meio de cultura.

2.4 TÉCNICAS DE MEDIDA DO CRESCIMENTO MICROBIANO

As formas de medida de crescimento estão apresentadas no Capítulo 1.

2.5 TÉCNICAS DE ISOLAMENTO DE MICRORGANISMOS

2.5.1 BACTÉRIAS

A semeadura de uma cultura bacteriana ou amostra em meio de cultura objetiva o isolamento e a verificação da pureza dessa cultura. O isolamento das colônias no meio sólido permite a identificação apropriada da bactéria. As técnicas bacterianas descritas neste livro requerem o uso de culturas puras e recentes, isto é, recém-isoladas. O reisolamento deve ser realizado quando as colônias na cultura primária não estão isoladas, ou quando há mais de um tipo de colônia, com morfologias diferentes sobrepostas. Para isso, as colônias crescidas na cultura primária são reisoladas em novos meios de cultura utilizando-se a técnica de semeadura por esgotamento para se obterem colônias puras, permitindo a identificação delas, como será discutido a seguir.

Uma vez crescida a bactéria em meios de cultura apropriados, observa-se a característica da colônia isolada: planas, com bordas irregulares, mucoides, brilhantes ou puntiformes, por exemplo. Analisa-se também a relação do crescimento bacteriano com o meio de cultura utilizado: fermentação ou não de açúcares, presença ou não de hemólise em meios contendo sangue, formação de véu etc. Essas informações são importantes no processo de identificação da bactéria.

A escolha do meio de cultura para esse isolamento é essencial para a recuperação da bactéria em questão. De acordo com as caraterísticas da bactéria a ser isolada, escolhe-se o meio mais apropriado para sua recuperação, como meios seletivos, diferenciais ou enriquecidos, por exemplo.

Dessa forma, para determinar a origem da cultura bacteriana a ser isolada, que pode estar congelada, estocada em temperatura ambiente, liofilizada ou vir de uma amostra, deve-se passar por uma cultura primária, para isolamento das colônias como descrito.

2.6 TÉCNICAS DE IDENTIFICAÇÃO DE MICRORGANISMOS

2.6.1 BACTÉRIAS

2.6.1.1 Morfologia de bactérias: microscopia e métodos de coloração

a) *Coloração de Gram*

A principal coloração em bacteriologia é a coloração de Gram, nome dado em homenagem ao pesquisador Christian Gram, que desenvolveu o método de coloração utilizando os corantes cristal violeta, lugol, álcool e fucsina.

A coloração de Gram baseia-se no preparo de um esfregaço bacteriano, fixado pelo calor, e na sua coloração com corante cristal violeta por 1 minuto, seguido de lugol por 1 minuto, que terá aqui o papel de mordente, isto é, fixador do cristal violeta na parede de peptideoglicano. Em seguida, descolore-se a preparação com álcool ou álcool--acetona e utiliza-se um contracorante, que pode ser safranina ou fucsina. Com essa coloração, as bactérias podem ser classificadas nos dois grandes grupos descritos anteriormente: Gram-positivas ou Gram-negativas. Os microrganismos Gram-positivos são aqueles que se coram de roxo, por reterem o corante cristal violeta em virtude do aumento na espessura de peptideoglicano e na quantidade de ácido teicoico, com diminuição da permeabilidade da parede celular aos solventes orgânicos, e por conterem menos lipídeos na parede celular. As bactérias Gram-negativas apresentam uma membrana externa com grande quantidade de lipídeos, que aumenta a permeabilidade aos solventes orgânicos permitindo a descoloração do peptideoglicano. Esses microrganismos perdem, portanto, o cristal violeta, corando-se com o corante de fundo, safranina ou fucsina, de coloração rósea.

A coloração de Gram é o método de coloração diferencial mais utilizado em exames diretos ao microscópio de amostras e colônias bacterianas por seu largo espectro de coloração. Esse espectro inclui praticamente todas as bactérias. As exceções significantes incluem *Treponema*, *Mycoplasma*, *Chlamydia* e *Rickettsia*, que são pequenas demais para a visualização em microscopia óptica de luz direta ou porque perderam a parede.

A utilização do método de Gram permite observar a morfologia individual (cocos, bacilos etc.) e dos arranjos (estafilococos, estreptococos etc.) de bactérias, bem como o comportamento diante da coloração do Gram.

b) *Coloração ácido-resistente*

Os microrganismos que possuem na sua parede ácidos graxos de cadeia longa (ácido micólico), os quais conferem impermeabilidade ao cristal violeta e a outros corantes básicos, não serão corados pela metodologia de Gram. Nesses casos, calor ou detergentes devem ser usados para permitir a entrada de corantes primários nessas bactérias. Uma vez dentro da célula bacteriana, o corante não é eliminado mesmo com solvente álcool-ácido. A principal coloração álcool-ácido resistente é a coloração de Ziehl-Neelsen, utilizando os corantes fucsina fenicada e azul de metileno. Essa coloração diferencia um grupo específico de bactérias, a saber: *Mycobacterium, Nocardia, Rhodococcus.*

c) *Coloração de prata*

As bactérias espiraladas e espiroquetas possuem uma espessura bem reduzida, dificultando a impregnação dos corantes utilizados na coloração de Gram. Porém, as colorações que utilizam sais de prata impregnam na parede dessas bactérias, tornando-as mais espessas e visíveis ao microscópio com colorações de marrom-escuro ou cinza, em um fundo amarelado. A principal coloração de prata na bacteriologia é a coloração de Fontana-Tribondeau, que usa uma solução fixadora de ácido acético e formalina, seguida de uma solução mordente com ácido tânico e ácido fênico e, finalmente, uma solução impregnante contendo nitrato de prata para a impregnação na parede bacteriana. *Treponema, Leptospira* e *Borrelia* são exemplos de bactérias coradas com essa técnica.

2.6.1.2 Noções de identificação bioquímica e sorológica

Alguns fatores devem ser considerados para que se tenha sucesso no isolamento e na identificação do microrganismo, como temperatura e atmosfera (atm) de incubação. A temperatura de incubação utilizada para a maioria dos microrganismos patogênicos ao homem gira em torno de 35 °C a 37 °C, e de amostras de solo, em torno de 20 °C. Quanto à atmosfera, algumas bactérias são aeróbias (vivem e proliferam na presença de ar), outras exigem 5% ou 10% de CO_2 no ar, outras são microaerófilas ou anaeróbias estritas. Para a escolha da atmosfera a ser empregada, portanto, é fundamental o conhecimento dos microrganismos que provavelmente poderão estar numa dada amostra.

Além dos meios de cultura convencionais descritos anteriormente para o isolamento de bactérias, recentemente, os meios de cultura cromogênicos surgiram no mercado microbiológico como uma alternativa para a identificação de alguns microrganismos. Esses meios permitem a identificação presuntiva do microrganismo de acordo com a coloração que este apresenta após o seu crescimento no meio semeado. Esses meios são compostos por substratos enzimáticos sintéticos (reagentes cromogênicos) que se ligam aos açúcares utilizados pela bactéria durante seu crescimento. Quando a bactéria utiliza um ou mais carboidratos, os reagentes cromogênicos são liberados e se precipitam no meio de cultura, permitindo a coloração diferenciada. São utilizados amplamente em análises clínicas, de alimentos e ambientais.

As provas bioquímicas para a identificação de bactérias estão fundamentadas, principalmente: a) na pesquisa de enzimas estruturais, importantes no metabolismo do microrganismo (fenilalanina desaminase, catalase, descarboxilases, citocromo C oxidase); b) na pesquisa de produtos metabólicos (acetoína, indol, ácidos orgânicos); c) na sensibilidade a diferentes compostos (bacitracina, optoquina, novobiocina).

Técnicas básicas em microbiologia

63

Hoje, métodos automatizados com miniaturização das provas bioquímicas e diminuição no tempo de incubação são bastante empregados, principalmente em laboratórios clínicos. Nesses sistemas, a seleção do conjunto de substratos é feita cuidadosamente a fim de permitir que as provas positivas e negativas produzam resultados que possam levar à identificação. Na maioria dos sistemas automatizados, diferentes conjuntos são oferecidos para identificar diferentes microrganismos. Normalmente, são agrupados por características semelhantes, a saber: membros da família Enterobacteriaceae, cocos Gram-positivos, bacilos Gram-negativos não fermentadores, bactérias anaeróbias estritas e leveduras.

Outra etapa importante na identificação de bactérias, principalmente as Gram-negativas, é a análise sorológica. Essa prova se baseia na identificação dos antígenos O, K ou H desse grupo de bactérias. A análise sorológica baseia-se no uso de soros hiperimunes a esses diferentes antígenos para a identificação por meio de reações de aglutinação.

2.6.2 FUNGOS

Os fungos são organismos heterotróficos, mas são seres capazes de sobreviver em praticamente todos os tipos de ambientes. Muitos são saprófitos, pois digerem matéria orgânica morta e dejetos orgânicos, e alguns são parasitas que obtêm nutrientes dos tecidos de outros organismos. Os fungos são eucariotos e, assim, podem apresentar um ou vários núcleos rodeados por outras organelas (mitocôndria, retículo endoplasmático, complexo de Golgi, vacúolos) e revestidos por uma parede de celular específica. A parede celular da maioria dos fungos contém quitina, um polissacarídeo também encontrado no exoesqueleto (revestimento externo) de artrópodes, além de polissacarídeos (de acordo com o grupo taxonômico) como glucanas, mananas, quitosanas, ácido poliglucurônico e celulose (este apenas nos fungos do filo Oomicota), e em menor proporção proteínas, glicoproteínas e lipídeos. Já a membrana plasmática da célula fúngica é composta por uma bicamada fosfolipídica e apresenta o ergosterol como principal esterol detectado, em contraste com o colesterol encontrado nas membranas dos animais e os fitoesteróis nas plantas.

Muitos fungos sintetizam e armazenam grânulos de glicogênio, característica que assemelha esses organismos com os animais. Os fungos se reproduzem tanto pela forma sexuada como assexuada, e tipicamente produzem esporos. Os esporos fúngicos variam enormemente em forma, tamanho, pigmentação, entre outras propriedades, relacionadas com os seus vários papéis na dispersão ou na sobrevivência. Assim, por apresentarem uma série de características que claramente separam os fungos de outros organismos, é possível agrupá-los em um reino distinto (Fungi, Mycota ou Eumycota).

Esses microrganismos consistem numa forma antiga de vida, com cerca de 460 milhões de anos. Juntamente com as bactérias, são considerados os principais responsáveis pela manutenção da estabilidade geoquímica da biosfera, e estão distribuídos amplamente na natureza, seja em ambientes aquáticos ou terrestres. Crescem em ambientes com temperaturas elevadas, bem como em regiões com temperaturas muito baixas.

Os fungos englobam organismos com morfologias distintas, uni e multicelulares, e podem ser classificados em: leveduras e fungos filamentosos ou bolores.

A classificação e a taxonomia dos fungos ainda são controversas, entretanto, segundo os achados de biologia molecular, tipo de pigmentação, temperatura de crescimento, composição de parede e tipo de reprodução sexuada, é possível realizar a sistematização dos fungos. Até recentemente, os fungos eram classificados em quatro filos: Quitridiomicota, Zigomicota, Basideomicota e Ascomicota. Mas, a partir de 2001, um quinto filo foi classificado: Glomeromicota, dos fungos micorrízicos arbusculares, os quais estavam incluídos anteriormente no Zigomicota. Existe ainda um sexto filo, mas que foi artificialmente criado: o Deuteromicota, também conhecido como fungos "imperfeitos". Nesse filo encontram-se muitos fungos que produzem conídeos, mas cujo estágio sexual é ausente, raro ou não conhecido.

Muitos dos fungos possuem valor comercial e biotecnológico graças ao seu importante papel na produção de diferentes *commodities* industriais. Por outro lado, estão também relacionados com muitas doenças em plantas, animais e seres humanos. Assim, podemos dizer que a fisiologia da célula fúngica impacta significativamente no ambiente, em processos industriais e na saúde humana e animal. Em relação aos aspectos ecológicos, a bioquímica do ciclo do carbono na natureza não seria possível sem a participação dos fungos atuando como decompositores primários de matéria orgânica. Na agricultura, os fungos apresentam importante papel, pois são microrganismos que realizam mutualismo simbionte, são patogênicos e podem também ser saprófitas. O metabolismo fúngico também é responsável pela detoxificação de poluentes orgânicos e por realizar a biorremediação de metais pesados no meio ambiente. A partir do metabolismo fúngico, podem-se gerar diferentes produtos, como: alimentos integrais, aditivos alimentares, bebidas fermentadas, antibióticos, probióticos, pigmentos, produtos farmacêuticos, biocombustíveis, enzimas, vitaminas, ácidos orgânicos/ácidos graxos e esteróis. Na biotecnologia moderna, várias espécies fúngicas (principalmente leveduras) são responsáveis pela produção de proteínas humanas terapêuticas ou vacinas a partir da tecnologia do DNA recombinante.

Apesar de ser uma estimativa, acredita-se na existência de milhões de espécies de fungos, porém apenas algumas centenas estão associadas com doenças fúngicas em humanos e animais. Alguns fungos causam doenças em pessoas saudáveis, mas as infecções fúngicas mais invasivas ocorrem em pacientes imunocomprometidos com HIV/aids ou doenças autoimunes e naqueles submetidos a quimioterapia anticâncer ou transplante de órgãos. De fato, os avanços da medicina aumentaram consideravelmente o número de pacientes imunossuprimidos, que muitas vezes são vulneráveis a infecções invasivas, incluindo as doenças fúngicas. Atualmente sabe-se que os fungos patogênicos humanos que causam infecções invasivas matam cerca de 1,5 milhão de pessoas todos os anos.

Inegavelmente, os fungos têm importante papel na nossa sociedade, de forma tanto benéfica como deletéria. Por isso, os estudos da fisiologia e do potencial biotecnológico dos fungos são muito pertinentes para entendimento, controle e desenvolvimento tecnológico desse grupo de microrganismos. Nesta seção serão abordados alguns aspectos básicos dos fungos, como a morfologia da colônia fúngica, suas características microscópicas, bem como aspectos de coloração, bioquímicos, sorológicos e moleculares para a identificação dos fungos.

2.6.2.1 Morfologia de colônias: olho nu e microscopia

Macromorfologia da colônia

A cultura de um microrganismo refere-se à capacidade que este tem de crescer em meios nutritivos artificiais. Esse crescimento é evidenciado macroscopicamente pela formação de uma unidade estrutural, denominada colônia. As colônias de determinados fungos geralmente apresentam morfologias típicas quando estes são semeados em meios com a mesma composição química e submetidos às mesmas condições de incubação. Por meio dos seus aspectos macroestruturais de uma colônia, é possível sugerir a espécie fúngica presente na cultura. Assim, o conhecimento do aspecto macromorfológico das colônias é de extrema utilidade para a sugestão da identificação preliminar de determinada espécie fúngica. Na observação das características culturais de determinado fungo, devemos ressaltar os seguintes aspectos:

a) *Tamanho*: é bastante variável, dependendo da quantidade e da qualidade do substrato ofertado e da espécie fúngica. Por exemplo, os fungos zigomicetos apresentam velocidade de crescimento rápido e suas colônias tendem a ocupar toda a superfície da placa. O mesmo ocorre com as espécies do gênero *Aspergillus* quando cultivadas a 35 °C. Já o fungo *Piedraia hortae* apresenta crescimento muito lento, sendo sua colônia restrita ao centro da placa de Petri.

b) *Bordas*: na periferia das colônias fúngicas podem ser observados muitos desenhos que vão desde morfologias bem delimitadas até achados de projeções irregulares que lembram franjas. Além disso, também pode ser observada, nas bordas das colônias, uma variação da coloração em relação ao centro.

c) *Textura*: é a característica mais importante utilizada na caracterização de uma colônia fúngica. A textura descreve a altura das hifas aéreas. As colônias podem ser classificadas quanto à textura em diversos tipos:

i) Colônias algodonosas: aquelas que se assemelham com algodão.

ii) Colônias granulosas (poeira): aquelas formadas por fungos que esporulam ou produzem grandes quantidades de conídios.

iii) Colônias veludosas: aquelas que apresentam aspecto de tecido aveludado.

iv) Colônias glabrosas: aquelas com aspecto compacto, coriáceo, podendo ter superfície lisa ou irregular e sempre com ausência de filamento, ou seja, não algodonosa.

v) Colônias cremosas: aquelas que apresentam aspecto visual cremoso, sendo comumente observadas no grupo das leveduras e da maioria das colônias bacterianas.

d) *Relevo*: diz respeito à topografia das colônias, e estas podem ser:

i) Colônias cerebriformes: apresentam topografia de altos e baixos, fazendo circunvoluções que lembram as observadas no cérebro.

ii) Colônias rugosas: nada mais são que variações das cerebriformes, porém as pregas topográficas são menos evidentes, sendo às vezes radiais partindo do centro da colônia.

iii) Colônias apiculadas: caracterizam-se pela presença de uma saliência na parte central lembrando um pequeno cume.

iv) Colônias crateriformes: são aquelas que se aprofundam no meio de cultura, assumindo o aspecto de cratera.

e) *Pigmentação*: quando se fala em pigmentação de uma colônia fúngica, deve-se levar em consideração alguns aspectos primários:

i) se o pigmento é encontrado na superfície da colônia ou no reverso;

ii) se o pigmento é encontrado tanto na superfície quanto no reverso da colônia;

iii) se o pigmento é ou não difusível no meio de cultura;

iv) se o pigmento está presente apenas nos esporos e ausente nas hifas, como observado na maioria das espécies de *Aspergillus* e *Penicillium*, ou em ambos (hifa e esporos), como observado nas espécies de fungos causadores de cromoblastomicose (por exemplo, *Fonsecae pedrosoi*).

Observa-se uma grande variedade de cores na pigmentação fúngica, que passam pelos tons de verde, amarelo, vermelho, castanho, indo até o preto. Várias leveduras são pigmentadas, e as seguintes cores podem ser visualizadas na superfície das colônias: creme (por exemplo, *S. cerevisiae*), branca (por exemplo, *Geotrichum candidum*), preta (por exemplo, *Aureobasidium pullulans*), vermelha (por exemplo, *Rhodotorula rubra*), laranja (por exemplo, *Rhodosporidium* spp.) e amarela (por exemplo, *Cryptococcus laurentii*).

Portanto, a caracterização de uma colônia visando auxiliar a identificação de determinada espécie fúngica nada mais é que um conjunto de características subjetivas, de expressão fenotípica, encontradas em determinada espécie. Dessa forma, deve-se sempre ter em mente que, embora a colônia fúngica possa sugerir, indicar e muitas vezes até acertar o caminho da identificação, não se deve considerá-la como única ou principal forma de identificação fúngica. Quando empregada como único critério, pode levar a identificação pouco precisa ou errônea.

Principais características microscópicas dos fungos

As duas formas mais comum de crescimento dos fungos são: fungos filamentosos e leveduras. Os *fungos filamentosos* são multicelulares, com células tubulares denominadas hifas, e apresentam crescimento apical. As hifas apresentam de 1 μm a 30 μm de diâmetro (dependendo da espécie fúngica e das condições de crescimento) e o conjunto de crescimento dessas hifas é denominado micélio. O micélio pode ser divido em duas partes morfologicamente distintas, o *micélio vegetativo*, que cumpre as funções de crescimento da espécie, e o *micélio reprodutivo*, estrutura morfológica diferenciada produzida em muitos setores do micélio vegetativo com funções de reprodução e disseminação da espécie, por meio da formação de esporos. O micélio vegetativo pode apresentar septo ou não e, nesse caso, são denominados cenócitos (principalmente os membros dos filos Quitridiomicota e Zigomicota). O micélio pode ainda apresentar estruturas de propagação, absorção de nutrientes ou resistência, como: artroconídeo (artrósporo), clamidoconídeo (clamidósporo), esclerócito e rizoides. O *micélio reprodutivo* é caracterizado por estrutura morfológica diferenciada, responsável pela formação de células especiais, denominadas esporos. Os esporos (conídeos) apresentam diferenças em morfologia (ovais, cilíndricos, elípticos, fusiformes, baciliformes, piriformes etc.), pigmentação, textura (lisos, verrucosos, ciliados), tamanho (macro ou microconídeos), presença ou não de septos. As células que dão origem aos conídeos (denominadas células conidiogênicas) são formadas por uma hifa especial denominada conidióforo ou esporangióforo (Zigomicetos). Muitas vezes essas estruturas e características podem auxiliar ou definir a identificação do fungo.

As *leveduras* são fungos unicelulares e, de maneira geral, podem ser esféricas ou ovoides, cujo tamanho da célula individual pode variar amplamente, de 2 μm a 50 μm de comprimento e de 1 μm a 10 μm de largura. A reprodução assexuada nas leveduras ocorre por brotamento/gemulação ou cissiparidade/divisão binária. Algumas espécies de leveduras reproduzem-se também por processo sexuado, por meio da fusão de duas células haploides (n) compatíveis (de distintos *mating*), ocorrendo assim a plasmogamia, seguida da fusão dos núcleos (cariogamia – 2n) e finalizando-se o processo por divisão celular por meiose (veja mais informações no Capítulo 3).

Muitas espécies denominadas fungos dimórficos podem adotar tanto a forma de hifas como de leveduras unicelulares, de acordo com as circunstâncias ambientais. Por exemplo, existem alguns importantes fungos patogênicos de humanos e animais que se apresentam na forma micelial no ambiente, mas são capazes de reverter para a forma de levedura durante a invasão dos tecidos.

2.6.2.2 Identificação de fungos filamentosos e leveduras

A identificação de fungos ambientais, bem como o diagnóstico de uma infecção fúngica, tem por base a combinação de diversos dados, como os laboratoriais. O processo laboratorial inclui: demonstração do fungo no material examinado por microscopia e cultura, detecção de anticorpos específicos e detecção de antígenos e metabólitos liberados pelo fungo nos líquidos corpóreos ou tecidos, ou até mesmo no ambiente. Portanto, torna-se imprescindível o bom conhecimento das principais estruturas fúngicas e das técnicas utilizadas em sua identificação.

Além das estruturas de reprodução e das análises microscópicas utilizadas na prática de identificação dos fungos, podemos utilizar técnicas de biologia molecular (veja mais adiante neste capítulo) e aquelas que investigam as atividades metabólicas dos fungos. As leveduras possuem funções metabólicas como a fermentação de carboidratos (técnica de zimograma), com a produção de gás carbônico e ácidos orgânicos, e também podem assimilar fontes de carboidratos e nitrogênio (técnica de auxanograma) para o seu crescimento. A partir dessas características, a seguir descreveremos as principais técnicas utilizadas na identificação de fungos filamentosos e leveduriformes.

Técnicas para identificação de fungos filamentosos

a) *Técnica de esgarçamento*

Esta técnica visa a identificação rápida das estruturas fúngicas filamentosas.

- Em uma lâmina de vidro, acrescentar 2 gotas de lactofenol azul de algodão.

- Posteriormente, a partir do material fúngico obtido e crescido previamente em meios de cultura específicos, devemos com auxílio da alça de platina em "L" retirar parte da colônia filamentosa e colocar junto com o corante.

- Cobrir com lamínula e observar as estruturas do fungo em microscópio com aumento de 400x.

b) *Microcultivo*

Ao contrário da técnica do esgarçamento, no microcultivo realizado em lâmina de vidro as estruturas fúngicas permanecem íntegras, favorecendo a identificação de gênero e espécie.

- Sobre uma lâmina devemos colocar um cubo de ágar batata, o qual favorece a produção de macroconídeos e microconídeos produzidos pelos fungos.

- Com a alça de platina em "L", colocar nas laterais do cubo parte das colônias crescidas previamente.

- Colocar uma lamínula sobre o cubo de ágar batata e acomodar todo esse sistema sobre um suporte dentro de uma placa de Petri, como mostra a Figura 2.3.

- Acrescentar 3 mL de água estéril na placa, tendo o cuidado de não molhar o cubo, e incubar a 25 °C por 7 a 15 dias, dependendo da velocidade do crescimento do fungo.

- Após crescimento do fungo, retirar a lamínula, colocando-a sobre uma nova lâmina contendo 2 gotas de lactofenol azul de algodão.

- Observar as estruturas fúngicas em microscópio com 400x de aumento.

Técnicas básicas em microbiologia

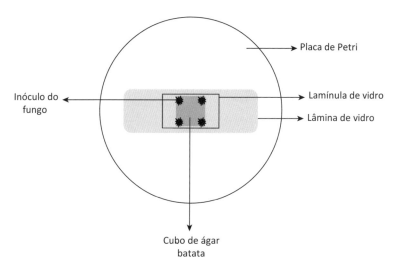

Figura 2.3 Técnica do microcultivo em lâmina.

Técnicas para identificação de leveduras

a) *Prova do tubo germinativo*

A *Candida albicans*, espécie muito comum, quando na presença de soro por 2 horas, induz à formação da estrutura conhecida como tubo germinativo. Dessa forma, esta seria uma técnica rápida para identificação dessa espécie de levedura. No entanto, deve-se ter cuidado, pois, após 2 a 3 horas na presença de soro, todas as demais espécies de *Candida* passam a desenvolver essa mesma estrutura.

- Colher a colônia de levedura com uma alça calibrada de 0,001 mL, colocar em 0,5 mL de soro e incubar a 37 °C em banho-maria por no máximo 2 horas.

- Posteriormente, retirar 1 gota dessa suspensão, colocar entre lâmina e lamínula e observar a presença ou não da formação do tubo germinativo em microscopia com aumento de 400x.

b) *Microcultivo em ágar*

Algumas leveduras, quando cultivadas em meio ágar fubá contendo Tween 80, formam estruturas específicas como as pseudo-hifas. Dessa forma, esta técnica permite diferenciar as principais espécies de leveduras de *Candida*, por exemplo.

- Colocar 3 mL de ágar fubá sob uma lâmina e esperar solidificar. Posteriormente semear em forma de estrias as leveduras. Incubar a 25 °C.

- Após 24 a 48 horas, observar as estruturas formadas em microscópio com aumento de 400x.

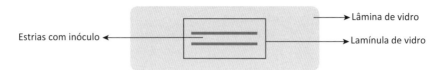

Figura 2.4 Técnica do microcultivo em ágar.

c) *Zimograma*

Prova de fermentação dos carboidratos com produção de gás. Nesta técnica, devemos primeiramente semear as leveduras de acordo com a turvação da escala 0.5 de MacFarland, nos diversos carboidratos que compõem esta prova, como: galactose, maltose, sacarose, lactose e, a controle positivo, glicose. Posteriormente, os tubos serão incubados em estufa bacteriológica à temperatura de 37 °C por até 5 dias, como descrito e demonstrado na Figura 2.5.

- Preparar o meio para fermentação e distribuí-lo em tubos de ensaio (3 mL) contendo tubo de Durhan, para verificar a produção de gás.

- Adicionar 1,5 mL da solução de açúcares (diluição de 6% em água destilada) e 0,2 mL da suspensão de leveduras.

- Incubar o tubo por até 5 dias a 37 °C.

- Observar o crescimento da levedura por meio da turvação do meio e da presença de gás no interior do tubo de Durham (bolhas no seu interior).

- Fazer a identificação de leveduras usando tabela específica.

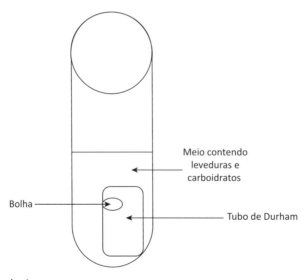

Figura 2.5 Técnica de zimograma.

d) *Auxanograma*

Prova de assimilação de fontes de carbono e nitrogênio. Como na técnica de zimograma, devemos primeiramente preparar a suspensão de leveduras semeando-as de acordo com a turvação da escala 0.5 de MacFarland e adicionar ao meio de cultura os mesmos carboidratos descritos anteriormente. Posteriormente, os tubos serão incubados em estufa bacteriológica à temperatura de 37 °C por até 5 dias, como descrito a seguir.

- Assimilação de fontes de carbono:

  – Em 20 mL de meio *Yeast Nitrogen Base* (não possui fonte de carbono) adicionar 1 mL da suspensão de leveduras, colocando esse meio em placa de Petri estéril.

  – Após solidificar o meio, adicionar pequenas quantidades de fontes de carbono (açúcares) ou discos impregnados com carboidratos.

  – Incubar a placa por 24 a 48 horas a 37 °C.

  – Observar o crescimento da levedura ao redor dos açúcares/discos.

- Assimilação de fontes de nitrogênio:

  – Em 20 mL de meio *Yeast Carbon Base* (não possui fonte de nitrogênio) adicionar 1 mL da suspensão de levedura, colocando esse meio em placa de Petri estéril.

  – Após solidificar o meio, adicionar pequenas quantidades de compostos nitrogenados: nitrato de potássio e peptona (controle positivo).

  – Incubar a placa por 24 a 48 horas a 37 °C.

  – Observar o crescimento da levedura ao redor dos compostos.

Além dessas técnicas clássicas e básicas na identificação de fungos, a sorologia, bem como técnicas de biologia molecular, auxiliam na identificação de diversos gêneros e espécies dos fungos. Nos processos infecciosos em humanos e alguns animais, a sorologia é fundamental para a realização do diagnóstico, bem como do prognóstico da doença fúngica. Entre as principais técnicas que utilizam o soro dos pacientes, temos a dupla imunodifusão em gel de ágar e os ensaios imunoenzimáticos, como a técnica de Elisa.

2.6.2.3 Métodos de coloração: microscopia

Dada a importância da morfologia no diagnóstico laboratorial de infecções fúngicas, as técnicas de coloração são ferramentas essenciais para o micologista. Apesar de existirem colorações espécie-específicas, o principal objetivo das técnicas de coloração é aumentar a sensibilidade do diagnóstico, promovendo uma melhor resolução na pesquisa das estruturas fúngicas nos espécimes clínicos.

A detecção da presença de material fúngico na amostra biológica muitas vezes é argumento suficiente para o clínico iniciar o tratamento do paciente, sem a obrigatoriedade de aguardar pela identificação de espécie pela cultura (um processo que pode ser demasiadamente demorado em micologia). Como exemplos temos a detecção de dermatófitos no exame direto de raspado de pele, indicativa de dermatofitose, e a presença de *Cryptococcus* no líquor, sugestiva de meningite fúngica.

Portanto, uma boa coloração é essencial para a garantia de um diagnóstico correto. A seguir apresentamos as principais técnicas laboratoriais de coloração.

Técnicas de coloração de uso geral

As técnicas desta seção não são exclusivas para diagnóstico micológico, porém podem auxiliar na detecção preliminar de fungos em amostras biológicas.

a) *Hematoxilina-eosina*

É uma coloração clássica em histologia e citologia, usada para observar a arquitetura celular de tecidos animais. Baseia-se na diferença de afinidade dos corantes por estruturas acidófilas e basófilas. A hematoxilina é um corante básico com afinidade por estruturas basófilas como ácidos nucleicos e glicosaminoglucanas, corando-os de azul a violeta. A eosina, por outro lado, é um corante ácido que se liga aos componentes do citoplasma e do colágeno, corando-os de rosa.

É uma técnica de fácil operacionalidade e comumente usada na rotina laboratorial. Geralmente é usada para amostras de tecidos sólidos (cortes histológicos). Permite a observação da reação inflamatória do tecido, como a formação de corpos asteroides (reação de Splendore-Hoeppli), presente em algumas micoses como esporotricose.

Contudo, não cora estruturas fúngicas, que se apresentam como uma "imagem negativa" (estruturas refringentes em um fundo corado). A exceção são os fungos demáceos, que, por serem naturalmente pigmentados, são facilmente detectáveis nessas preparações (Figura 2.6). No geral, porém, um alto grau de experiência do analista é necessário na leitura.

Técnicas básicas em microbiologia   73

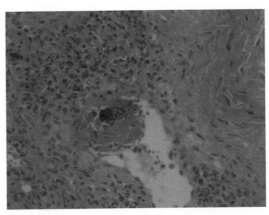

Figura 2.6 Corte histológico corado por hematoxilina-eosina no qual se observam corpos fumagoides, indicativos de cromoblastomicose.

Fonte: acervo do professor Paulo Minami, do laboratório de Micologia Clínica da Faculdade de Ciências Farmacêuticas da Universidade de São Paulo (FCF-USP).

b) *Coloração de Gram*

É uma coloração clássica na microbiologia (bacteriologia) usada basicamente na classificação de bactérias em Gram-positivas e Gram-negativas, como visto anteriormente. Alguns fungos, porém, também são corados por esta técnica, comportando-se como "Gram-positivos".

É uma coloração frequente em laboratórios de microbiologia, rápida e fácil de realizar, sendo aplicada a muitas amostras clínicas. Apesar de a maioria dos fungos serem corados, algumas espécies, como *Cryptococcus* spp. e *Nocardia* spp., não exibem bons resultados.

c) *Coloração de Giemsa*

É uma coloração comum na parasitologia, usada na pesquisa de protozoários. Em micologia, é útil na detecção de *Histoplasma capsulatum*, observado como leveduras ovaladas azuis circundadas por um halo claro, que representa a parede celular fracamente corada. É similar à de hematoxilina-eosina. Baseia-se no emprego de dois corantes, um basófilo (azul de metileno) e outro acidófilo (eosina) para corar diferencialmente as estruturas celulares segundo seu comportamento ácido-base.

d) *Coloração álcool-ácido resistente*

São colorações empregadas na pesquisa de bacilos álcool-ácido resistentes, principalmente micobactérias, vistas anteriormente. Actinomicetos, como fungos do gênero *Nocardia*, também são positivos para esta técnica.

Similar à técnica de Gram, consistente na capacidade de o microrganismo reter o corante Carol-fucsina mesmo após tratamento com álcool-ácido. Caso não haja retenção, o espécime acaba sendo corado em azul pelo contracorante azul de metileno administrado em sequência. Enquanto a técnica de Ziehl-Neelsen requer etapa de aquecimento, a coloração de Kinyoun é um método frio. É um método bom para observação de actinomicetos, porém a aplicação é limitada no contexto laboratorial.

Coloração micológica inespecífica

Nesta parte são apresentadas técnicas comumente usadas na detecção de fungos em diversas amostras. São técnicas inespecíficas, que detectam fungos de diferentes espécies.

a) *Lactofenol ou azul de algodão*

Meio de montagem básico para observação de micromorfologia fúngica, usado na preparação de sistemas lâmina-lamínula a partir de material obtido da cultura. O azul de algodão cora indiscriminadamente as estruturas fúngicas, auxiliando na observação da morfologia (Figura 2.7). O fenol presente na formulação ajuda a inativar o material.

Caso haja interesse em se fazer uma montagem permanente do material, recomenda-se a adição de 10% de álcool polivinílico.

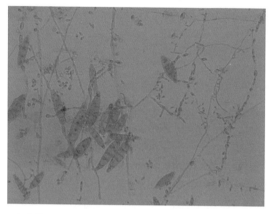

Figura 2.7 Microcultivo de *Microsporum gypseum* corado com lactofenol.

Fonte: acervo do professor Paulo Minami, do laboratório de Micologia Clínica da FCF-USP.

b) *Coloração de prata-metenamina (Gomori-Grocott)*

Uma das colorações mais comuns em micologia, tem por objetivo corar as estruturas fúngicas, conferindo-lhes coloração acastanhada, enquanto o restante das estruturas celulares (fundo) adquire tom esverdeado devido ao contracorante. A coloração se baseia em duas reações sequenciais. Na primeira, os componentes polissacarídicos do fungo são oxidados a grupos aldeído por tratamento com ácido crômico e metabissulfito de sódio. Em seguida, esses grupos aldeído reagem com solução de sais de prata, reduzindo e precipitando o metal, conferindo a cor acastanhada.

Não permite a distinção entre fungos hialinos e demáceos, uma vez que todo o material fúngico adquire coloração acastanhada. Como ela também não permite a visualização da reação inflamatória do tecido do hospedeiro, é comum associar a técnica de Gomori-Grocott com a de hematoxilina-eosina (Figura 2.8).

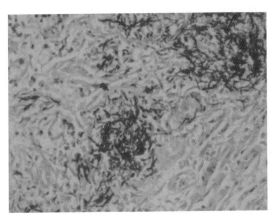

Figura 2.8 Corte histológico de um paciente com candidose corado por Gomori-Grocott e hematoxilina-eosina no qual se observam hifas e pseudo-hifas do fungo.

Fonte: acervo do professor Paulo Minami, do laboratório de Micologia Clínica da FCF-USP.

c) *Ácido periódico de Schiff (PAS)*

Outra coloração comum na pesquisa de fungos em tecidos. Nesta, as estruturas fúngicas adquirem coloração rosa a avermelhada. Em essência, a reação se dá em duas etapas. Na primeira, o material é tratado com ácido periódico, causando a hidrólise de grupos aldeído dos carboidratos da parede fúngica. Esses grupos, então, ficam livres para reagir com o reagente de Schiff (cujo corante é a fucsina), adquirindo coloração rosada (Figura 2.9).

É uma coloração versátil por detectar um amplo espectro de fungos. No entanto, porque reage com polissacarídeos, ela pode interagir com componentes do tecido do hospedeiro, como glicogênio, glicoproteínas ou glicolipídeos, interferindo na qualidade da imagem. Também é possível que interaja com estruturas calcificadas de granulomas, que podem ser confundidas com leveduras.

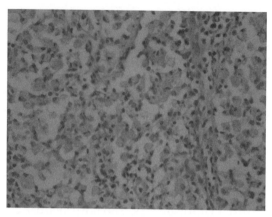

Figura 2.9 Corte histológico de um paciente com histoplasmose corado por PAS no qual se observam as leveduras intracelulares do fungo.

Fonte: acervo do professor Paulo Minami, do laboratório de Micologia Clínica da FCF-USP.

d) *Coloração para ascósporos*

Ascósporos são esporos produzidos no ciclo sexuado de reprodução de fungos, e a coloração para ascósporos permite sua detecção em meio às estruturas vegetativas. Os ascos e os ascósporos são corados pelo corante verde-malaquita, sob aquecimento, adquirindo o tom esverdeado. A porção vegetativa é corada na sequência por tratamento com safranina.

Os ascósporos exibem comportamento álcool-ácido resistente e, portanto, também podem ser observados pela técnica de Kinyoun.

e) *Calcoflúor*

É uma coloração fluorescente e de rápida realização utilizada na observação de diversas estruturas fúngicas. Possui três nomes comerciais: Calcoflúor White M2R (PolySciences), Blankophor BA (Bayer) e Fluorescent Brightener 28 (Sigma). O calcoflúor se liga de forma inespecífica a diversos carboidratos da parede fúngica, como celulose e quitina, preferencialmente a açúcares de orientação β-1,3 e β-1,4. A solução é aplicada diretamente sobre o material clínico e pode ser associada à solução de KOH. Quando o material é excitado com radiação na frequência do ultravioleta, as estruturas fúngicas exibem tonalidade azulada.

A necessidade de se dispor de um microscópio de fluorescência para a leitura do ensaio pode ser um impeditivo importante em laboratórios. Porém, é uma técnica simples e rápida.

Também merece menção o fato de que alguns fungos apresentam autofluorescência sob luz ultravioleta, como algumas espécies de *Candida* spp. e *Aspergillus* spp. que exibem autofluorescência verde-amarelada.

Coloração micológica específica

São técnicas empregadas na pesquisa específica de alguns fungos.

a) *K-tinta*

Solução usada no exame direto de raspado de pele para pesquisa de *Malassezia*. É uma variação da solução de hidróxido de potássio usada no exame direto, na qual se adiciona como corante a tinta Parker (caneta-tinteiro). Enquanto o hidróxido de potássio clarifica as escamas de pele e pelo, a tinta Parker cora de azul as estruturas fúngicas, auxiliando na sua detecção.

b) *Nigrosina ou tinta da China*

É um contracorante que auxilia na investigação de *Cryptococcus*. A tinta da China não é capaz de atravessar a cápsula polissacarídica das leveduras de *Cryptococcus*, o que as evidencia em meio ao fundo escuro do corante.

c) *Mucicarmim e azul alciano*

São corantes que ajudam na pesquisa de *Cryptococcus* (Figura 2.10). Ao contrário da nigrosina, o mucicarmim e o azul alciano são corantes que coram a cápsula de *Cryptococcus* por interagirem com seus componentes. Enquanto o mucicarmim tinge a cápsula de rosa e o restante das estruturas de amarelo, o azul alciano destaca a cápsula em azul e os demais elementos em rosa.

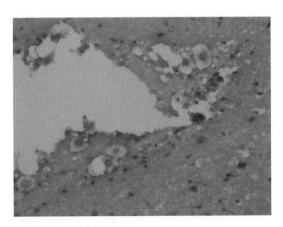

Figura 2.10 Leveduras de *Cryptococcus* coradas com mucicarmim.

Fonte: acervo do professor Paulo Minami, do laboratório de Micologia Clínica da FCF-USP.

d) *Azul de toluidina O*

Usado na pesquisa de *Pneumocystis jirovecii* em biópsias de pulmão e lavado broncoalveolar. O corante cora os cistos de *Pneumocystis* de uma tonalidade roxa e o fundo de azul.

2.7 TÉCNICAS DE BIOLOGIA MOLECULAR APLICADAS A MICROBIOLOGIA

A identificação de microrganismos pode ser realizada por diversos procedimentos. Além das culturas bacteriológicas, outros métodos podem ser utilizados, por exemplo, a demonstração da bactéria por técnicas de coloração e a pesquisa de antígenos e anticorpos por métodos imunológicos. Porém, o isolamento do microrganismo e sua caracterização fenotípica e bioquímica, como visto neste capítulo, podem demorar 2 ou 3 dias, ou até semanas, dependendo do microrganismo em questão, ou ainda permanecerem obscuros, quando não podem ser recuperados no laboratório de microbiologia.

As técnicas moleculares de identificação microbiana envolvem pesquisa de ácidos nucleicos por meio de hibridação com sondas genéticas, amplificação de fragmentos de ácidos nucleicos a partir de um oligonucleotídeo com sequência conhecida e tipagem molecular.

2.7.1 SONDAS GENÉTICAS

Sondas genéticas são fragmentos de fita simples de ácidos nucleicos (DNA ou RNA), clonados ou sintéticos, com sequências conhecidas marcadas com enzimas, substratos antigênicos, radioisótopos, marcadores de afinidade ou moléculas quimioluminescentes, utilizadas com a finalidade de localizar uma sequência de interesse. As sondas genéticas reconhecem e se ligam com uma alta especificidade a uma sequência complementar do material genético do microrganismo a ser identificado. O material genético a ser pesquisado pode ser tanto de moléculas de DNA quanto de RNA.

Para que a hibridização, ou seja, a ligação, ocorra corretamente, as condições da reação devem ter elevada estringência, isto é, ter o menor número de erros possível no pareamento de bases entre as duas moléculas de ácido nucleico. A elevada estringência é garantida numa reação com altas temperaturas e baixas concentrações de sais, permitindo, dessa forma, que a sonda se ligue a uma sequência perfeitamente complementar a ela.

O uso de moléculas radioativas para a marcação de sondas tem sido substituído, ao longo dos últimos anos, por outros marcadores, visando, dessa forma, a uma maior segurança para o laboratório. Os marcadores de afinidade são os mais comumente utilizados, por exemplo, a biotina e a digoxigenina, que são incorporadas ao fragmento genético por meio de reações enzimáticas, conhecidas por *nick translation* e *random-priming*. Vários métodos para a marcação de sondas genéticas já estão disponíveis comercialmente sob a forma de *kits*. As reações de hibridação podem ocorrer sobre um suporte sólido, *in situ* ou em fase líquida.

Entre as reações em suporte sólido, a técnica de *colony blot* é frequentemente utilizada para a pesquisa de um gene de interesse entre várias diferentes colônias bacterianas.

Técnicas básicas em microbiologia 79

Nessa técnica, as bactérias são inoculadas em placas de meio de cultura na forma de *spots*. O suporte sólido, por exemplo, filtro de nitrocelulose, é colocado sobre a superfície do ágar, de modo que as colônias bacterianas sejam transferidas para ele. Esse filtro é, então, submetido a um tratamento para lisar as bactérias aderidas a ele, expondo e desnaturando seu DNA. Em seguida, sob condições de alta estringência, o filtro é incubado com uma solução contendo a sonda genética para um fator que se queira pesquisar. A técnica de *colony blot* é muito utilizada em investigações epidemiológicas, podendo-se pesquisar genes de virulência bacterianos, como genes que codificam toxinas, fimbrias, ilhas de patogenicidade, plasmídeos e adesinas, em muitas amostras ao mesmo tempo.

A hibridização em suporte sólido pode ser realizada também diretamente com o ácido nucleico do microrganismo estudado. Nesse caso, o DNA ou RNA extraído da bactéria em estudo é submetido a uma migração eletroforética em um gel de agarose ligado a uma corrente elétrica e então, a partir do gel, é transferido para a membrana de *nylon*. A reação de hibridização será realizada entre a membrana de *nylon* e a sonda de interesse. Essas reações recebem o nome de *Southern-blot* e *Northern-blot*, respectivamente. Uma grande vantagem dessas reações é a possibilidade de determinar o tamanho do fragmento de ácido nucleico reconhecido pela sonda.

A hibridação *in situ* é uma variação do método de hibridação em fase sólida. Nessa técnica, a sonda é incubada com fragmentos de tecido ou células íntegras, fixados em lâminas microscópicas. A reação de hibridização é realizada pelo mesmo método de fase sólida. Geralmente, o tecido a ser pesquisado é embebido em parafina ou formalina, permitindo uma maior fixação da amostra. Esse teste é amplamente utilizado em laboratórios na detecção e tipagem de vírus e bactérias.

Para as reações em fase líquida, é importante que o fragmento de sonda genética não se autoanele. O ácido nucleico a ser pesquisado é incubado em solução com a sonda, seguindo as mesmas condições de estringência descritas. Uma pequena quantidade de ácido nucleico pode ser detectada, embora ótimos resultados sejam obtidos quando se fazem a extração e a purificação prévias dele.

Existe hoje no mercado uma série de *kits* comerciais para identificação e confirmação do diagnóstico da infecção, por exemplo, a confirmação de *Campylobacter* sp, *Enterococcus* sp, *Streptococcus* do grupo B, *Mycobacterium* sp, *Listeria monocytogenes*, entre outros. Após o final da reação de hibridação, quando a sonda se liga ao ácido nucleico-alvo, as moléculas marcadoras incorporadas à sonda devem ser detectadas. Para isso, utilizam-se substâncias marcadas com afinidade às moléculas da sonda e, para a revelação, substratos colorimétricos ou quimioluminescentes são adicionados à reação. Nas reações em fase sólida geralmente são utilizados substratos colorimétricos, como a avidina, que tem uma elevada afinidade pela biotina presente na sonda, garantindo uma maior sensibilidade na detecção do resultado. Nas reações em fase líquida, comumente se utilizam substratos fluorescentes detectáveis em luz ultravioleta.

2.7.2 REAÇÃO DA POLIMERASE EM CADEIA (PCR)

A reação da polimerase em cadeia (*Polimerase Chain Reaction* – PCR) é um método que permite a amplificação *in vitro* de segmentos de DNA. Esta técnica foi primeiramente descrita em 1985 e, desde então, tem sido amplamente utilizada na biologia molecular.

Para que a reação ocorra, é necessária a utilização de dois iniciadores que se associam com as fitas complementares do DNA, em regiões que flanqueiam o segmento a ser amplificado, agindo como sítios para a ação da enzima DNA polimerase, que estenderá o fragmento-alvo (Figura 2.11). A enzima mais comumente utilizada é a Taq DNA polimerase, originalmente extraída da bactéria *Thermus aquaticus*, embora já exista no mercado uma série de Taq recombinantes, além de DNA polimerases extraídas de outras bactérias termofílicas.

A metodologia da reação consiste na amplificação do fragmento do DNA-alvo, por meio de variações de temperatura durante vários ciclos. Cada ciclo é composto por três temperaturas diferentes, a saber: temperatura de desnaturação, geralmente 94 °C, permitindo que a molécula de DNA se abra; temperatura de associação, variando para cada par de iniciadores utilizados, permitindo que os iniciadores se associem à sequência complementar da molécula de DNA-alvo; e, finalmente, a temperatura de extensão da fita de DNA, de 72 °C, permitindo que a enzima DNA polimerase estenda o fragmento (Figura 2.11). Esse ciclo é repetido por 25-40 vezes, conforme a necessidade de cada reação. A visualização do resultado da reação é feita em eletroforese horizontal em gel de agarose.

Ao longo dos últimos anos, diversas variações dessa técnica foram padronizadas, permitindo sua ampla utilização em pesquisa e diagnóstico laboratorial, como detecção de genes de virulência, análise do genoma de microrganismos isolados em estudos epidemiológicos ou surtos e pesquisa de genes de resistência a antibióticos.

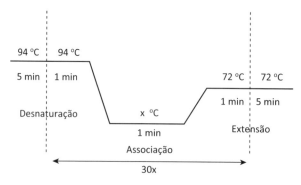

Figura 2.11 Gráfico esquemático de uma reação de polimerase em cadeia.

Alguns exemplos de variações da técnica de PCR estão listados a seguir.

Técnicas básicas em microbiologia 81

a) *Multiplex PCR*: neste caso, são utilizados vários pares de iniciadores, que serão específicos para diferentes sequências-alvo, numa mesma reação de amplificação. Esse procedimento permite que várias sequências de uma mesma molécula de DNA sejam identificadas ou, ainda, que múltiplos fatores de virulência de um mesmo patógeno sejam pesquisados. É importante que os diferentes fragmentos amplificados tenham tamanhos diferentes e que os iniciadores utilizados tenham a mesma temperatura de associação. No laboratório clínico, esta metodologia pode ser empregada para pesquisa de *Mycoplasma* sp, *Chlamydia* sp, *Neisseria* sp e alguns vírus, como *Herpes simplex* tipos I e II.

b) *Nested PCR*: nesta técnica, duas amplificações são realizadas – a primeira etapa de amplificação é realizada com um par de iniciadores, por 20-30 ciclos, e o produto dessa reação é transferido para outro tubo onde uma segunda amplificação será realizada, tendo como molde o DNA amplificado na primeira. Porém, na segunda amplificação, os iniciadores utilizados se associarão em uma região mais interna do fragmento amplificado na primeira reação, permitindo, dessa forma, uma maior especificidade da reação.

c) *RT-PCR*: a técnica de RT-PCR oferece uma maneira rápida, versátil e extremamente sensível de analisar a expressão de um gene em estudo. Para a análise da expressão de um ou mais genes, o material estudado é o RNA mensageiro, o qual será utilizado para a síntese de cDNA utilizando a enzima transcriptase reversa. Este cDNA servirá como fita molde para as reações de amplificações por PCR. RT-PCR pode ser utilizado também para a detecção e diagnóstico de RNA vírus.

d) *PCR em tempo real*: este procedimento compreende uma amplificação convencional de DNA, porém a detecção do resultado é feita ao longo dos ciclos de amplificações. Para que isso ocorra, é adicionada na reação brometo de etídio ou alguma outra molécula fluorescente (SYBR Green, por exemplo), que, à medida que o DNA vai sendo amplificado, se intercala na dupla fita, resultando num aumento de fluorescência, a qual é detectada por uma luz UV acoplada ao termociclador. A técnica mais utilizada hoje em PCR em tempo real é a denominada TaqMan, na qual se adiciona ao mix de reação uma sonda com sequência complementar a uma pequena região do fragmento amplificado. Nessa sonda, estão acopladas duas moléculas – na extremidade 5' está acoplado um fluoróforo (*reporter*), que absorve a energia luminosa emitida pelo equipamento e a dissipa em forma de luz e calor, e na extremidade 3' está acoplada a molécula *quencher*, que absorve a luz emitida pelo fluoróforo quando ambas estão ligadas ao fragmento sonda. À medida que a enzima Taq DNA polimerase começa a amplificar o fragmento, em virtude de sua atividade exonuclease 5'-3', a sonda é desligada da fita molde de DNA e a molécula *reporter* é liberada, emitindo sinal de fluorescência, que não é mais absorvida pela molécula *quencher* e pode ser, então, detectada pelo leitor acoplado ao sistema. O uso dessa metodologia permite que o tempo para o diagnóstico seja menor, além de diminuir também os custos do teste, uma vez que a etapa de visualização em gel de agarose é dispensável. A sua aplicação envolve o diagnóstico direto da amostra clínica ou ainda a pesquisa de genes de virulência ou resistência do microrganismo isolado.

2.7.3 MÉTODOS MOLECULARES DE TIPAGEM

Outros métodos moleculares têm sido amplamente utilizados nos dias atuais, porém não com o objetivo direto de diagnóstico, mas de caracterização bacteriana, permitindo a análise de diferenças e similaridades entre amostras bacterianas envolvidas numa mesma patologia, ou ainda para verificar a origem de cepas bacterianas envolvidas em surtos ou epidemias. Com os dados obtidos, podem-se construir dendrogramas ou filogramas que mostram a similaridade existente entre amostras taxonomicamente próximas.

a) *Análise do perfil plasmidial*: além do DNA cromossomal, algumas bactérias possuem um ou mais fragmentos circulares de DNA chamados plasmídeos. Esses plasmídeos muitas vezes contêm informações importantes para a patogenicidade bacteriana, por exemplo, genes que codificam fatores de virulência ou genes responsáveis pela resistência a antibióticos. A extração dos plasmídeos de uma amostra bacteriana é realizada com soluções que rompem a parede bacteriana e degradam as proteínas, permitindo que as moléculas de DNA circulares sejam recuperadas em soluções. A análise é, então, realizada em gel de agarose, permitindo que diferentes amostras sejam comparadas quanto ao seu perfil plasmidial ou à presença de plasmídeos envolvidos na patogenicidade bacteriana, ou simplesmente para investigar a distribuição das cepas em estudos epidemiológicos.

b) *Polimorfismo de tamanhos dos fragmentos de restrição (RFLP)*: o DNA cromossomal e o plasmidial podem ser digeridos com endonucleases de restrição, enzimas que cortam o DNA em posições constantes dentro de um sítio específico, geralmente de quatro a seis bases nucleotídicas. Esse corte é altamente específico, permitindo que os fragmentos de DNA resultantes sejam obtidos com reprodutibilidade quando usada a mesma enzima. A variação dos fragmentos gerados por uma enzima de restrição específica é denominada polimorfismo de tamanhos dos fragmentos de restrição (*Restriction Fragment Length Polymophism* – RFPL). A visualização do perfil de restrição é observada em gel de agarose. Esta metodologia permite ainda a realização da tipagem molecular de fatores de virulência de uma amostragem grande de bactérias.

c) *PCR-RFLP*: a técnica de RFLP descrita também pode ser realizada utilizando-se o fragmento de DNA amplificado após reação de polimerase em cadeia (PCR), possibilitando, dessa forma, que o perfil de restrição de um único gene com sequência conhecida possa ser analisado e comparado com o perfil de outras cepas ou sorogrupos bacterianos. Esta metodologia permite a análise de diversos genes bacterianos, por exemplo, genes de virulência, da flagelina, da pilina, de toxinas, de operons ribossômicos, entre outros.

d) *RAPD-PCR*: esta técnica é também conhecida por amplificação randômica de DNA polimórfico (*Random Amplification of Polimorphic DNA* – RAPD), e sua metodologia consiste na amplificação de DNA utilizando um par de iniciadores com baixa especificidade ao DNA-alvo, gerando, assim, associação em diversas regiões ao longo da molécula de DNA. A reação é realizada em condições de baixa estringência, sendo possível obter mais de cinquenta fragmentos amplificados do DNA-alvo. Esta técnica de tipagem molecular permite a análise do genoma de microrganismos sem o conhecimento prévio, possibilitando sua comparação entre isolados de amostras clínicas.

e) *Ribotipagem*: os RNA ribossômicos encontram-se associados ao longo de todo o DNA bacteriano. Dessa forma, é possível obter padrões de bandeamento quando o cromossomo é clivado com enzimas de restrição. A detecção desse polimorfismo é feita com a hibridação dos fragmentos obtidos com uma sonda de RNAr. Essa técnica é conhecida por ribotipagem, e pode ser considerada uma variação da técnica de RFLP, utilizando, neste caso, sondas específicas para RNAr. Há algumas vantagens em se usar este método quando comparado com a tipagem de DNA, por exemplo, os genes de RNAr aparecem em várias cópias diferentes em sítios diferentes no genoma com diferentes regiões de flanqueamento, há uma grande variabilidade entre os genes do RNAr 16S e 23S, além da variabilidade das regiões entre os genes 16S e 23S. A ribotipagem permite que padrões de bandeamento resultantes possam ser comparados com espécies conhecidas de microrganismos para determinar sua relação genética e evolucionária.

f) *Eletroforese em campo pulsado (PFGE)*: fragmentos de DNA maiores que 40 kb não são eficientemente resolvidos em géis de agarose submetidos a um único campo elétrico. Dessa forma, o método de eletroforese em campo pulsado (*Pulsed Field Gel Eletrophoresis* – PFGE) é utilizado quando se pretende analisar fragmentos de DNA cromossomais digeridos possuindo alto peso molecular. Nesta técnica, as moléculas de DNA são submetidas a campos elétricos aplicados em duas direções alternadas, permitindo que sejam reorientadas antes de ocorrer a migração. Porém, para que o método seja reprodutível, é necessário que a molécula de DNA esteja intacta antes de ser clivada pelas enzimas de restrição. Então, a extração do DNA é feita após serem imobilizadas pela fixação da bactéria numa matriz de agarose antes de ser rompida. A escolha das enzimas de restrição é uma etapa importante, pois deve originar poucos fragmentos de alto peso molecular, permitindo que todo o DNA cromossomal da bactéria possa ser analisado. Esta metodologia é utilizada para tipagem de várias bactérias Gram-positivas e Gram-negativas, como *S. aureus*, *P. aeruginosa*, *L. monocitogenes*, *N. meningitides*, enterobactérias, *Mycobacterium* sp, entre outras.

g) *Eletroforese de isoenzimas (MLEE)*: a técnica de eletroforese de enzima multilocos (*Multilocus Enzyme Eletrophoresis* – MLEE) é uma metodologia-padrão para a análise genética em populações eucarióticas, porém, nos últimos anos, ela vem sendo utilizada para estimar a diversidade genética e a estrutura clonal em populações naturais de diversas espécies bacterianas. MLEE estabeleceu base genética para a análise de variações em sorotipos e em outras características fenotípicas, além de fornecer muitos dados para a sistemática e para sistemas de marcadores epidemiológicos de doenças infecciosas. O princípio da técnica se baseia na detecção de eletromorfos (variação da mobilidade) de uma enzima que pode ser correspondida com alelos dos genes que a codificam. MLEE mede indiretamente a variação alélica de 20 a 40 genes que a codificam as enzimas estruturais selecionados randomicamente do genoma cromossomal. Variações na mobilidade de uma enzima constitutiva para diferentes cepas de uma espécie podem ser atribuídas a isoenzimas ou a aloenzimas. Essa variação é determinada pela detecção das mudanças causadas por substituições de um ou mais aminoácidos, que afetam a carga eletrostática da configuração de polipeptídeos, originando diferentes perfis de migração das enzimas numa dada condição eletroforética.

h) *Análise do gene RNA ribossomal 16S (16S rRNA)*: nas últimas décadas, técnicas moleculares de sequenciamento de DNA têm se revelado uma ferramenta imensamente poderosa para identificar microrganismos, além de determinar sua inter-relação evolucionária. O gene que codifica o RNAr, chamado de 16S rRNA, tem regiões de consenso que estão presentes em todas as bactérias e regiões de variabilidade que são específicas para gêneros e espécies. Dentro dessas regiões variáveis há também pequenas áreas de hipervariabilidade, que podem ser únicas para diferenciar cepas dentro de uma mesma espécie. Dessa forma, a sequência do gene 16S rRNA pode ser usada para diferenciar espécies e identificar cepas dentro de uma comunidade bacteriana mista e complexa, usando-se a tecnologia de sequenciamento.

i) *MALDI-TOF*: esta é uma promissora metodologia de espectrometria de massa utilizada na identificação de microrganismos. O nome MALDI significa Ionização/Dessorção de Matriz Assistida por *Laser*, ou *Matrix Assisted Laser Desorption/Ionization*, e TOF refere-se ao tempo de voo, ou *time of flight*. Nesta técnica, a amostra é misturada a uma matriz, geralmente composta por ácidos fracos, em uma placa metálica introduzida no espectrômetro de massa. Feixes de *laser* ultravioleta são emitidos na matriz, a qual transfere um ou mais prótons para as moléculas da amostra, que está na forma sólida em contato com a matriz, evaporando-a com a formação de íons com massa e cargas diferentes. Quando esses íons são submetidos a um campo elétrico, se deslocam através do tubo de voo, que possui na sua extremidade um detector. A distância percorrida por um determinado íon em um determinado tempo origina a relação carga/massa daquele íon. Dessa forma, a soma das relações carga/massa dos íons de uma amostra origina o espectro de massa, que é, então, comparado a um banco de dados que contém espectros de referência para identificação de espécies.

Com relação à identificação de fungos, a utilização de técnicas moleculares tem cada vez mais adquirido interesse em virtude da rapidez e da acurácia em relação aos métodos micológicos clássicos, sendo a reação da cadeia da polimerase (PCR) a metodologia mais amplamente utilizada. Além disso, metodologias como RAPD, RFLP e qPCR em tempo real (PCR quantitativo) também vêm sendo aplicadas para a caracterização genômica dos fungos. De maneira geral, os principais alvos gênicos investigados são a quitina sintase, genes ribossomais (18S rRNA, 5.8 rRNA, 28S rRNA, tRNA), alguns genes mitocondriais e fks, erg11, entre outros. Porém, para fins de identificação de espécie, opta-se por realizar o sequenciamento das regiões espaçadoras (*Internal Transcribed Spacer* – ITS) do RNA ribossomal.

As ITS são regiões conservadas do DNA que auxiliam no estabelecimento de relações filogenéticas e distinção de espécies. A identificação de fungos tem sido realizada por meio de regiões ITS que possibilitam conhecer os gêneros e, muitas vezes, as espécies, por meio da amplificação e do sequenciamento desses isolados, que são conferidos com um banco de dados.

REFERÊNCIAS

ALMEIDA, S. R. *Micologia*. Rio de Janeiro: Guanabara Koogan, 2008.

BALOWS, A. et al. *Manual of clinical microbiology*. 5. ed. Washington, D.C.: Am. Soc. Microbiol., 1991.

BAUMGARTNER, C. et al. Direct identification and recognition of yeast species from clinical material by using Albicans ID and CROMagar candida plates. *J. Clin. Microbiol.*, v. 34, p. 454-456, 1996.

BENNETT, J. W.; CIEGLER, A. (ed.). *Secondary metabolism and differentiation in fungi*. New York: Marcel Dekker, 1983.

BROWN G. D. et al. Hidden killers: human fungal infections. *Sci. Transl. Med.*, v. 4, n. 165, p. 165rv13, 2012.

CHANDLER, F. W.; KAPLAN, W.; AJELLO, L. *A colour atlas and textbook of the histopathology of mycotic diseases*. London: Wolfe, 1980.

DEACON, J. *Fungal Biology*. 4. ed. Oxford: Wiley-Blackwell Publishing, 2006.

FISHER, F.; COOK, N. B. *Fundamentals of Diagnostic Mycology*. Philadelphia: W.B. Saunders Company, 2001.

FORBES, B. A.; SAHM, D. F.; WEISSFELD, A. S. *Bailey's and Scott's Diagnostic Microbiology*. 12. ed. Philadelphia: Mosby Elsevier, 2007.

HAQUE, A. Special Stain Use in Fungal Infections. *Connection*, Denmark, v. 14, p. 187-194, 2010.

HOWARD, D. H. *Fungi pathogenic for humans and animals*. New York: Marcel Dekker, 1983.

KAVANAGH, K. *Fungi*: Biology and Applications. 2. ed. Chichester: Wiley-Blackwell Publishing, 2011.

KÖHLER, J. R.; CASADEVALL, A.; PERFECT, J. The spectrum of fungi that infects humans. *Cold Spring Harb. Perspect. Med.*, v. 5, n. 1, p. a019273, 2014.

KONEMAM, E. W.; ROBERTS, G. D. *Micologia. Practica de laboratorio.* 3. ed. Buenos Aires: Panamericana, 1992.

KONEMAN, E. W. et al. *Diagnóstico microbiológico.* Texto e atlas colorido. 5. ed. Rio de Janeiro: Medsi, 2001.

KURSTAK, E. (ed.). *Immunology of fungal diseases.* New York: Marcel Dekker, 1989.

KWOW-CHUNG, K. J.: BENNETT, J. E. *Medical mycology.* Philadelphia: Lea e Febiger, 1992.

LACAZ, C.; DA, S.; PORTO, A.; MARTINS, E. C. M. (ed.). *Micologia médica*: fungos, actinomicetos e algas de interesse médico. São Paulo: Sarvier, 1991.

McAGINNIS, M. R. et al. Evaluation of the biologmicrostation system for yeast identification. *J. Med. Vet. Mycol.*, v. 34, p. 349-352, 1996.

MINAMI, P. S. *Micologia.* Métodos Laboratoriais de Diagnóstico das Micoses. São Paulo: Manole, 2003.

MOORE-LANDECKER, E. *Fundalmentals of the fungi.* 3. ed. Englewood Cliffs: Prentice Hall, 1990.

ODDS, F. C.; BERNARDS, R. CROMagar Candida a new differential Isolation medium for presuntive identification of clinically important Candida species. *J. Clin. Microbiol.*, v. 32, p. 1923-1929, 1994.

ORGANIZAÇÃO MUNDIAL DA SAÚDE. *Manual de segurança biológica em laboratório.* 3. ed. Genebra, Suíça, 2004.

PAPPAS, P. G. Opportunistic fungi: a view to the future. *Am. J. Med. Sci.*, v. 340, n. 3, p. 253-257, 2010.

RIBEIRO, M. C.; STELATO, M. M. *Microbiologia prática*: aplicações de aprendizagem de microbiologia básica – bactérias, vírus e fungos. 2. ed. São Paulo: Atheneu, 2011.

ROMANI, L. Immunity to fungal infections. *Nat. Rev. Immunol.*, v. 11, n. 4, p. 275-288, 2011.

SIDRIM, J. J. C.; ROCHA, M. F. G. *Micologia Médica à Luz de Autores Contemporâneos.* Rio de Janeiro: Guanabara Koogan, 2004.

TRABULSI, L. R.; ALTERTHUM, F. *Microbiologia.* 6. ed. São Paulo: Atheneu, 2015.

TURNER, W. B.; ALDRIDGE, P. C. *Fungal metabolites II.* New York, Academic Press, 1983.

VERSALOVIC, J. et al. *Manual of Clinical Microbiology Volume 2.* 10. ed. Washington, DC: ASM Press, 2011.

CAPÍTULO 3
Elementos de genética de microrganismos

João Lúcio de Azevedo

Maria Carolina Quecine

3.1 INTRODUÇÃO

A genética é uma das mais consolidadas áreas das ciências biológicas. De maneira bem geral, é definida como o estudo da transmissão de características hereditárias de ascendentes para descendentes. Mais recentemente, graças à tecnologia do DNA recombinante ou engenharia genética, ela tomou uma nova dimensão, permitindo que genes de diversas espécies, gêneros e até reinos diferentes fossem incorporados em uma única espécie. A genética também procura explicar como ocorre a enorme variabilidade que é observada entre e dentro dos diferentes seres vivos, como bactérias, fungos, plantas e animais que possuem o mesmo material genético constituído pelo ácido desoxirribonucleico (DNA). Nesse material estão as informações genéticas necessárias para a manutenção e a sobrevivência das espécies. Embora as leis fundamentais da genética tenham sido descritas na segunda metade do século XIX, sendo aplicadas a animais e plantas, somente a partir de meados do século XX microrganismos foram introduzidos em estudos genéticos, o que se constituiu em um marco decisivo para o desenvolvimento da genética. Os microrganismos possuem qualidades quase ideais para pesquisas genéticas, como o ciclo vital rápido e o fato de serem produzidos em grande número. Como exemplo, um corpo de frutificação de *A. nidulans*, um fungo muito utilizado como modelo de estudos genéticos, pode conter 10^4 ascos (células fruto de meiose), e a bactéria *Escherichia coli* é capaz de se multiplicar a cada 20 minutos em condições ideais. Além disso, esses organismos requerem pouco espaço e podem ser cultivados com economia. Possuindo genomas menores que plantas e animais, eles tornaram mais fácil a elucidação dos mecanismos de herança, principalmente em seus aspectos moleculares. Além do mais, são geralmente portadores de série única de cromossomos (haploides), sendo que seus genes não são mascarados por genes homólogos dominantes. Assim, eles começaram a ser usados com óbvias vantagens em pesquisa genética. Além disso, a importância de muitas espécies microbianas tem sido cada vez mais evidenciada em processos industriais, nas áreas de saúde, agricultura, energética, de alimentos e proteção ambiental. Essa importância foi certamente ampliada pela engenharia genética, permitindo que genes de microrganismos fossem transferidos para plantas e animais, produzindo assim os chamados produtos transgênicos.

O que caracteriza a pesquisa genética é o uso da variabilidade existente entre os seres vivos, e essa variabilidade ocorre também nos microrganismos. A principal fonte de variabilidade é a mutação, que consiste em modificações do material genético. Entretanto, não apenas a mutação explica a grande variabilidade encontrada nos seres vivos. Diferentes mutações podem ser colocadas em um mesmo organismo por meio de um segundo processo chamado recombinação. Assim, mutação e recombinação constituem as molas mestras da variabilidade genética. O emprego da mutação e da recombinação permite que a variabilidade existente possa ser direcionada para a obtenção de linhagens microbianas melhoradas geneticamente. No presente capítulo a variabilidade microbiana vai ser abordada do ponto de vista da mutação, incluindo obtenção, caracterização e usos. Em seguida, os principais sistemas de recombinação genética serão apresentados. Finalmente, as novas tecnologias moleculares, especialmente as que permitem avanços na produção de microrganismos de valor biotecnológico, serão também abordadas, bem como as perspectivas em estudos de genética de microrganismos por meio das emergentes e inovadoras áreas das ciências biológicas chamadas ômicas, biologia de sistemas e biologia sintética, que serão abordadas brevemente no final do capítulo.

3.2 MUTAÇÃO

3.2.1 MUTAÇÕES ESPONTÂNEAS E INDUZIDAS E AGENTES MUTAGÊNICOS

Qualquer alteração no material genético que possa ser transmitida aos descendentes constitui-se em uma mutação. Existem vários tipos de mutação. Alguns são alterações que causam perdas ou adições de grandes segmentos cromossômicos ou ainda inversões ou translocações nos cromossomos. Mutações também alteram o número de cromossomos de uma espécie. Finalmente, outro tipo de mutação é a gênica com substituições ou pequenas adições ou perdas de um ou poucos nucleotídeos no DNA. A Figura 3.1 apresenta os diferentes tipos de mutações que ocorrem em seres vivos.

A) Mutações ou aberrações cromossômicas

1) Numéricas

	Número de cromossomos
Haploidia	---- ---- ---- ----
Diploidia	==== ==== ==== ====
Triploidia	≡≡≡ ≡≡≡ ≡≡≡ ≡≡≡
Tetraploidia	≣≣≣ ≣≣≣ ≣≣≣ ≣≣≣
Dissomia	==== ---- ---- ----
Trissomia	≡≡≡ ---- ---- ----
Dupla dissomia	==== ==== ---- ----
Nulissomia	---- ---- ----

2) Estruturais

Estruturas dos cromossomos
(letras = regiões cromossômicas)

Fungo normal	a b c	d e f	g h i	j k l
Deficiência (terminal)	a b c	d e f	g h i	j k
Deficiência (intersticial)	a b c	d e f	g h i	j l
Duplicação (em tandem)	a b c	d e f	g h i	j k k l
Duplicação (não tandem)	a b c	d e f	g h i	j k l k
Inversão	a b c	d e f	g h i	k j l
Translocação (recíproca)	a b c	d e i	g h f	j k l

B) Mutações gênicas ou "de ponto"

3) Substituição de nucleotídeos

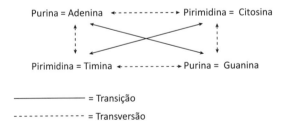

─────── = Transição

- - - - - - - = Transversão

4) Adições ou perdas de um ou poucos nucleotídeos

ATCGAATC - - - - - - - (Adição ou +) - - - - - - - ATTCGAATAC

ATCGAATC - - - - - - - (Perda ou –) - - - - - - - ATCGAAC

Figura 3.1   Os diferentes tipos de mutação nos seres vivos: cromossômicas (numéricas e estruturais) e gênicas.

Os diferentes tipos de mutação que ocorrem naturalmente são eventos raros. A frequência de uma mutação pode variar, mas em geral se considera que ocorra na ordem de uma mutação em 1 milhão de divisões celulares. Essas mutações, ditas espontâneas, são causadas por erros do material genético durante o processo de duplicação do DNA, em virtude de diferentes estados tautométicos dos nucleotídeos que formam esse material por agentes mutagênicos incontroláveis já existentes no ambiente, como raios cósmicos e produtos químicos que aleatoriamente entram em contato com células vivas. Entretanto, a frequência das mutações pode ser ampliada em muitas vezes se for utilizada deliberadamente radiação ou uma substância mutagênica. Nesse caso, ocorrem mutações induzidas que se somam às espontâneas. Radiações ionizantes (raios gama), não ionizantes (luz ultravioleta) e por produtos químicos (agentes alquilantes, nitrosoguanidina, ácido nitroso, hidroxilamina, análogos de bases nitrogenadas etc.) são agentes mutagênicos. Eles são usados por geneticistas e melhoristas de microrganismos para aumentar a variabilidade genética e proporcionar maior oportunidade de conseguir linhagens para finalidades acadêmicas ou de valor biotecnológico. Essas são técnicas clássicas para obtenção de mutações induzidas; mais informações podem ser encontradas em revisões sobre o assunto (AZEVEDO, 2008; ZAHA; SCHRANK; LORETO, 2003).

Mais recentemente, com o desenvolvimento da tecnologia do DNA recombinante (engenharia genética), processos mais eficientes têm sido usados na obtenção de mutantes com uma maior eficiência por meio de elementos transponíveis, que resultam em rupturas aleatórias em sequências gênicas, ou por meio de mutações sítio-dirigidas que serão abordadas mais adiante.

De qualquer modo, a maioria das mutações obtidas por processos clássicos ocorre ao acaso; assim, o geneticista tem de recorrer ao uso de técnicas especiais para selecionar os mutantes que deseja obter. Deve-se também ter em mente que, em geral, o trabalho com microrganismos não é feito com células individuais, e sim colônias microbianas, que são constituídas por muitas células de mesma constituição genética, chamadas de clones. Assim, a utilização de colônias (clones) em genética microbiana permite que macroscopicamente possam ser distinguidos mutantes sem a necessidade de uso de microscópio, como será discutido a seguir.

3.2.2 PRINCIPAIS TIPOS DE MUTANTES USADOS EM GENÉTICA DE MICRORGANISMOS

A lista de tipos de mutantes que podem ser utilizados é extensa, mas alguns são mais comumente usados, a depender de serem empregados bactérias, fungos filamentosos, leveduras ou outros microrganismos. Tudo depende da finalidade da pesquisa ou da aplicação a que se destina. Entretanto, existem certos tipos de mutantes que são empregados com maior frequência, independentemente da espécie microbiana em estudo. Eles serão descritos a seguir.

3.2.2.1 Mutantes auxotróficos

Muitos microrganismos, especialmente bactérias e fungos, podem se desenvolver em um meio de cultivo constituído apenas por uma fonte de carbono e sais minerais ou ainda alguns componentes como aminoácidos e vitaminas, entre outros. Esse meio é chamado de meio definido ou mínimo, em oposição a meios ricos, constituídos por peptona, caseína hidrolisada, complexos vitamínicos ou ácidos nucleicos. Esses meios são chamados de meios completos. Um tipo muito usado de mutante em genética é o auxotrófico, podendo crescer em meio completo, mas incapaz de crescer em meio mínimo, ao contrário de linhagens que crescem em ambos os meios e são chamadas de selvagens ou prototróficas. O que ocorre no caso é uma mutação em um gene responsável pela produção de uma vitamina, um aminoácido ou um componente dos ácidos nucleicos. Um mutante incapaz de crescer sem uma vitamina como a riboflavina só se desenvolve em meio mínimo se essa vitamina for acrescentada ao meio, sendo assim chamado de mutante auxotrófico incapaz de sintetizar a riboflavina, também abreviadamente designado como mutante rib-. Como muitos são os aminoácidos essenciais, as vitaminas e os componentes dos ácidos nucleicos, o número possível de mutantes auxotróficos é bem grande e, em geral, eles são representados pelas três primeiras letras da deficiência nutricional. Similar a eles são os mutantes que, ao contrário de linhagens selvagens, não crescem em algumas fontes de carbono. Os que não utilizam lactose são chamados de lac-, os que não utilizam galactose são os gal- e assim por diante. Outros mutantes que não utilizam certas fontes de nitrogênio, por exemplo, os que utilizam nitrito, mas não o nitrato, são também utilizados.

3.2.2.2 Mutantes mais resistentes ou mais sensíveis a agentes inibidores

Se uma população microbiana que era sensível a um agente inibidor, como um antibiótico, um metal pesado, luz ultravioleta ou temperatura elevada, apresentar uma mutação que resista a esse agente, essa população é chamada de resistente, em oposição à linhagem sensível original. Um mutante capaz de crescer em um antibiótico como a estreptomicina será, assim, um mutante strR, outro resistente a penicilina será um penR, um fungo resistente ao fungicida benomil será um benR e assim por diante. Da mesma maneira, podem ser usados mutantes mais sensíveis a radiações, agentes químicos ou mesmo que crescem em temperaturas menos ou mais elevadas.

3.2.2.3 Mutantes morfológicos

São os que apresentam modificação em coloração, forma ou tamanho da colônia. São conhecidos em fungos e bactérias. Em fungos, nos quais ocorre uma maior complexidade de estruturas, como conídios ou corpos de frutificação, eles são mais variados, como os sem coloração (albinos), sem conídios (aconidiais), além de modificações em outras estruturas, como as reprodutivas.

3.2.2.4 Mutantes para produção de substâncias liberadas por células microbianas

Muitos produtos, principalmente os de valor biotecnológico, são liberados por bactérias, fungos e outros microrganismos. Bactérias como *Streptomyces* e fungos como *Penicillium* produzem antibióticos, outros produzem ácidos orgânicos, por exemplo, o ácido cítrico, leveduras produzem etanol, vitaminas, enzimas e muitos outros componentes de importância industrial. Tanto o mutante para produção elevada de substâncias como o mutante com redução ou mesmo perda de produtos indesejáveis podem ser necessários em um processo de melhoramento genético de linhagens de valor agrícola ou industrial.

3.2.2.5 Outros tipos de mutantes

A lista de mutantes é numerosa. Embora os mais usados já tenham sido aqui citados, podem ser mencionados também os mutantes que conferem mais ou menos patogenicidade a animais, plantas e ao próprio ser humano. Estes têm importância médica, veterinária ou agrícola. Já microrganismos que possuem flagelos podem apresentar mutação para locomoção alterada, por exemplo, em bactérias e protozoários; outros mutantes, por exemplo, bactérias fixadoras de nitrogênio, possuem alterações de valor agrícola. Em algas clorofiladas são conhecidos mutantes com alterações fotossintéticas. Outros tipos de mutantes constituem-se em reversões. Assim, um mutante obtido pode voltar ao seu fenótipo normal por reversão da mutação anteriormente conseguida. Uma reversão pode ser verdadeira se o mutante for fielmente convertido na linhagem selvagem ou ocorrer por supressão, se for obtido outro mutante que suprima a primeira mutação.

3.2.3 ISOLAMENTO E CARACTERIZAÇÃO DE MUTANTES MICROBIANOS

Os mutantes são os instrumentos que o geneticista tem em mãos para realizar pesquisas em hereditariedade. Foram assim desenvolvidos métodos eficientes no isolamento de mutantes em microrganismos. Em geral, para conseguir uma maior frequência de mutantes, usam-se agentes mutagênicos como a luz ultravioleta ou mutagênicos químicos, entre eles a nitrosoguanidina (NTG) e o etil-metano-sulfonato (EMS). Um processo de isolamento é trabalhoso e consiste, na ausência de seleção, em transferir por meio de inoculações ou por uma técnica de carimbo, usando-se veludo, colônias do meio completo para meio mínimo sólido e isolar as que cresceram no meio completo, mas não no meio mínimo (Figura 3.2).

Elementos de genética de microrganismos

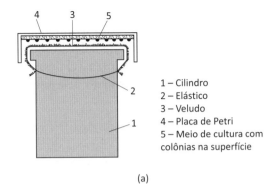

(a)

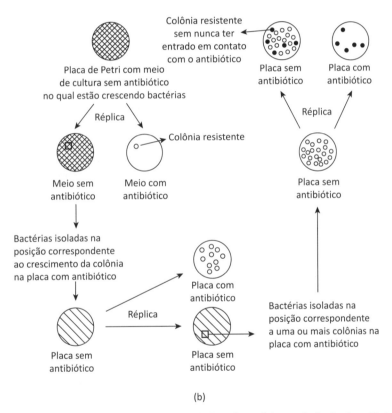

(b)

Figura 3.2 Técnica da réplica para transferência de bactérias: (a) transferência de colônias da placa para um veludo; (b) aplicação da técnica no isolamento de bactérias resistentes a um antibiótico mostrando, inclusive, que a mutação para resistência ocorre antes do contato com a droga.

No entanto, outros processos foram criados para selecionar mais eficientemente mutantes auxotróficos. Um deles, usado para bactérias sensíveis a penicilina, consiste em colocar a população de células tratada com um mutagênico em um meio mínimo líquido contendo esse antibiótico, por certo período de tempo. Nesse período, as células prototróficas se multiplicarão e serão mortas pela penicilina, que é atuante no momento da divisão celular. As auxotróficas não se dividem no meio mínimo e serão preservadas. Uma centrifugação é então feita para sedimentar as células vivas remanescentes e o sobrenadante é ressuspendido em solução salina sem o antibiótico e transferido para meio completo. Uma porção razoável dessas células dará origem a colônias auxotróficas, o que pode ser confirmado pela semeadura delas em meio mínimo, pois não crescerão nesse meio.

Para fungos, as técnicas de enriquecimento de auxotróficos são feitas também em meio mínimo líquido, onde conídios, que são formas de resistência, permanecem sem germinar, se forem mutantes auxotróficos, e podem ser preservados se mantidos em presença de agentes que matam apenas células germinadas com altas temperaturas, permanganato de potássio e outros produtos. Também uma filtração poderá separar células não germinadas (menores) em relação a conídios germinados que são maiores, pois já possuem micélio desenvolvido. A caracterização dos mutantes auxotróficos pode ser feita em meio mínimo acrescido de fontes de vitaminas, aminoácidos e componentes dos ácidos nucleicos. Mais detalhes sobre o isolamento e a caracterização de mutantes auxotróficos podem ser encontrados em Azevedo (2008).

O isolamento de mutantes resistentes a agentes inibidores já é mais simples, pois basta colocar a população de células sensíveis ao agente inibidor em presença de concentrações adequadas dele. Evidentemente, só mutantes resistentes se desenvolverão e formarão colônias. Podem ser assim isolados mutantes resistentes aos antibióticos em bactérias, aos fungicidas em fungos e a outros produtos que impedem o crescimento de células sensíveis. Um processo alternativo é usado no caso de herança poligênica, ou seja, quando vários genes estão envolvidos, cada um conferindo uma pequena resistência. Nesse caso é utilizada uma placa gradiente em que um meio de cultura sólido apresenta um gradiente de concentrações, de zero até um valor máximo (Figura 3.3). Antibióticos como penicilinas, cloranfenicol, tetraciclinas e outros, desde os de resistência a baixas concentrações até altas resistências, podem assim ser isolados e caracterizados.

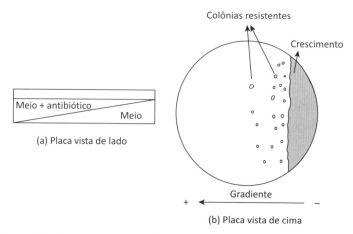

Figura 3.3 Placa gradiente para o isolamento de mutantes resistentes a certos antibióticos.

O isolamento de mutantes morfológicos pode ser feito por inspeção visual, não existindo praticamente um processo seletivo de isolamento prévio desses mutantes. O importante é levar em consideração que tudo deve ser feito em condições controladas de temperatura, pH e outros fatores que podem alterar a morfologia das colônias; devem ser também realizados vários repiques com os possíveis mutantes, para verificar se trata-se de uma mutação ou simples efeito de alteração de condições ambientais.

Mutantes para maior ou menor produção de substâncias por células microbianas podem também ser selecionados e isolados em meios de cultivo que permitam essa distinção. Para o isolamento de mutantes com produção alterada de um antibiótico, colônias do produtor podem ser colocadas em meio sólido e, em seguida, em presença de um microrganismo sensível ao antibiótico. Este não poderá crescer ao redor da colônia produtora e, quanto maior o halo de inibição, maior deverá ter sido a produção de antibiótico. Da mesma forma, a obtenção de um microrganismo mutante com maior ou menor produção de uma enzima em relação à linhagem original pode ser feita em meio apropriado; para amilases, por exemplo, pode ser usado um meio com amido e verificar-se a presença de um halo de degradação de amido por meio de revelação com iodo, que vai colorir de azul as regiões do meio onde o amido não for degradado e permitir o aparecimento de halo claro ao redor de colônias que produzem amilases. Processo semelhante pode ser feito para mutantes com produção alterada de celulases, lipases, quitinases e muitas outras enzimas e produtos, desde que meios apropriados sejam utilizados. Embora seja um processo semiquantitativo, ele dá uma indicação de alteração de produção e permite uma seleção de linhagens mais promissoras que depois podem ser submetidas a análise mais acurada. Esses processos resultaram na obtenção de linhagens mutantes de valor industrial na produção de antibióticos, enzimas, ácidos orgânicos e muitos outros produtos.

3.2.4 A NATUREZA DA VARIAÇÃO MICROBIANA

Seja qual for o tipo de mutante isolado e a finalidade para a qual ele vai ser utilizado, deve-se ter em mente que a mutação ocorre ao acaso, não sendo induzida de maneira dirigida, seja pelo agente mutagênico, seja pelo meio seletivo utilizado. Quebrando as barreiras convencionais de cruzamentos intraespecíficos, atualmente existem processos de obtenção de mutantes por meio da tecnologia do DNA recombinante, que consiste na adição de fragmentos de DNA de interesse no genoma dos organismos manipulados em laboratório. Em virtude da universalidade do código genético, hoje não há mais barreiras para transferência de genes entre os organismos independentemente do reino ao qual pertencem, como de plantas ou animais para bactérias e vice-versa. Exemplos das técnicas mais utilizadas na tecnologia do DNA recombinante serão vistas em tópicos subsequentes.

É também importante salientar que, embora possa parecer que microrganismos sejam induzidos a mutar em presença de um agente inibidor, por exemplo, um antibiótico, muitos experimentos têm demonstrado que o agente inibidor apenas seleciona mutantes resistentes que ocorreram antes do contato com ele (Figura 3.2). Entretanto, uma adaptação lamarquista de um microrganismo diante de um agente inibidor tem sido aventada por meio de modificações epigenéticas (GISSIS; JABLONKA, 2011). Nesses casos a presença de DNA que não codifica genes específicos tem sido detectada em microrganismos e, em maior quantidade ainda, em plantas e animais, principalmente na espécie humana. Os elementos de DNA não codificadores, designados Introns, podem ter um papel importante nesses processos epigenéticos, muitas vezes pouco esclarecidos e que deverão, em futuro próximo, modificar os nossos conceitos inclusive de evolução e explicar certos fenômenos ditos paranormais.

3.3 RECOMBINAÇÃO

Existindo mutantes apropriados em diferentes células microbianas, eles podem ser combinados de distintas maneiras nos descendentes por um mecanismo de recombinação. A recombinação é essencial para que uma espécie possa produzir descendentes que sejam capazes de sobreviver às variações do ambiente, ampliando assim o valor do processo de mutação. Diferentes tipos de recombinação existem em microrganismos e, mesmo dentro de uma mesma espécie, podem existir duas ou mais formas de recombinação. Os principais sistemas de recombinação em microrganismos e suas potencialidades para genética microbiana e melhoramento genético serão a seguir descritos.

3.3.1 RECOMBINAÇÃO EM BACTÉRIAS

Avery, MacLeod e McCarty (1944) mostraram pela primeira vez um processo de recombinação em bactérias denominado transformação bacteriana. Dois anos mais tarde, Lederberg e Tatum (1946) descobriram a conjugação bacteriana; e Zinder e Lederberg (1952) demonstraram a existência de um terceiro processo de recombinação em bactérias denominado transdução. Todos esses processos, embora tenham sido evidenciados a partir de linhagens em laboratório, ocorrem também na natureza. Esses mecanismos de recombinação bacteriana são inteiramente dominados e reproduzíveis, sendo induzidos rotineiramente em laboratório junto com a tecnologia do DNA recombinante.

3.3.1.1 Conjugação bacteriana

O primeiro experimento que evidenciou esse tipo de recombinação bacteriana foi feito em *E. coli*. Duas linhagens auxotróficas foram misturadas em um mesmo tubo de ensaio, resultando dessa mistura recombinantes que cresciam em meio mínimo. A frequência de células prototróficas que cresciam em meio mínimo era bem superior ao que podia ser esperado por simples mutação reversa de auxotrofia para prototrofia. A necessidade de um íntimo contato entre células das duas linhagens originais foi demonstrada para que a recombinação ocorresse (Figura 3.4).

Elementos de genética de microrganismos 97

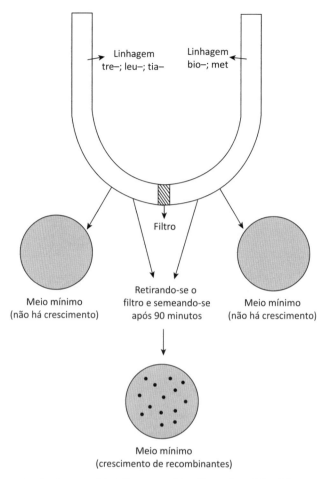

Figura 3.4 Demonstração de recombinação por conjugação em bactérias. Mutantes auxotróficos para a síntese de treonina (tre-), leucina (leu-) e tiamina (tia-) em uma linhagem e biotina (bio-) e metionina (met-) em outra linhagem colocados em ramos distintos de um tubo em U.

O próximo passo foi demonstrar que existiam em bactérias dois tipos de reações sexuais diferentes para que a recombinação ocorresse. Células doadoras de material genético foram chamadas de "masculinas" ou F+ e outras, receptoras, de "femininas" ou F-. As células doadoras eram diferentes das receptoras por conter, além do seu cromossomo, um elemento extracromossômico atualmente chamado de plasmídeo F (fertilidade). As células femininas não possuíam o plasmídeo F. Mais tarde foi visto que o plasmídeo F, provavelmente de origem viral, era bem menor que o cromossomo bacteriano, mas podia sofrer duplicação autônoma, isto é, independente da do cromossomo bacteriano, além de poder transferir-se de uma célula para outra. Esses plasmídeos F possuíam genes para produção de fímbrias ou *pilli* sexuais que permitiam união entre células e transferência de material genético de uma célula para outra. Foi verificado também que apenas o plasmídeo podia passar pelos *pilli* de uma célula para outra (Figura 3.5).

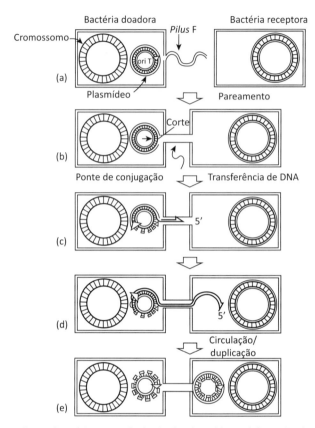

Figura 3.5 Conjugação em bactérias. Transferência do plasmídeo F. (a) Junção da célula doadora (F+) com a receptora (F-), a primeira com cromossomo e plasmídeo com seu ponto de origem (oriT) e a outra só com o cromossomo. (b) Formação de ponte de conjugação e corte em um dos fios do DNA do plasmídeo F no ponto oriT. (c) transferência de um dos fios de DNA do plasmídeo da bactéria F+ para a F-. (d) Síntese de cadeias complementares do DNA no plasmídeo. (e) Término da conjugação, resultando em duas células F+.

Fonte: modificada de Souza (1987).

Nesses casos a célula receptora não recebe genes cromossômicos e apenas muda de sexo. Pela perda do plasmídeo F a célula doadora pode também se tornar feminina ou F-. Mas nem sempre pela conjugação bacteriana apenas é transferido o plasmídeo F de uma célula para outra, pois ele pode ser inserido no cromossomo da célula doadora e, assim, transferir parte ou todo o cromossomo de células F+ para células F-. Células que têm o plasmídeo integrado ao cromossomo são chamadas de HFr (alta frequência de recombinação). Esse plasmídeo integrado ao cromossomo pode voltar ao seu estado autônomo. Nesse caso, raramente ele pode levar algum gene do cromossomo consigo quando se desliga dele. Plasmídeos com genes cromossômicos são chamados de F' (F-linha ou F-primo). Quando passam de uma célula doadora para uma receptora, eles carregam genes cromossômicos para a bactéria receptora, em um processo chamado sexodução (Figura 3.6).

Elementos de genética de microrganismos 99

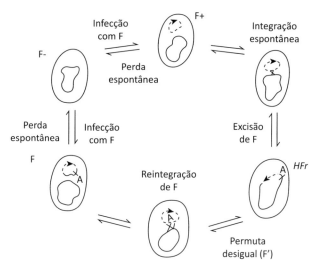

Figura 3.6 Conjugação bacteriana por meio de plasmídeo F.

Os estágios da conjugação podem ser divididos em: a) formação de pares específicos entre células doadoras e receptoras; b) formação de conexão celular pelos *Pilli* F (singular = *Pilus*); c) mobilização e transferência do plasmídeo F ou do cromossomo bacteriano de uma célula para outra e apenas uma fita do DNA do plasmídeo ou cromossomo é transferida; d) integração genética do cromossomo da célula doadora na célula receptora por pareamento de fragmentos homólogos e posterior permutação ou *crossing-over* formando-se recombinantes que podem ser isolados em meios apropriados.

Além da *E. coli*, a conjugação já foi descrita em muitas espécies e gêneros bacterianos. Cruzamentos interespecíficos e intergenéricos são possíveis e, assim, a chamada transferência horizontal é frequente em bactérias, especialmente quando plasmídeos chamados promíscuos, ou plasmídeos P, são encontrados. Eles são a base para a construção de vetores de transmissão de genes entre diferentes organismos. Assim, o mecanismo de conjugação em bactérias, além da sua importância acadêmica, encontra também aplicações quando se deseja que sejam feitas transferências de caracteres genéticos em linhagens de valor industrial e em engenharia genética.

3.3.1.2 Transformação bacteriana

O mecanismo de transformação foi o primeiro evidenciado como causador de recombinação em bactérias. Ele foi observado por Griffith (1928), que injetou em camundongos uma mistura de duas linhagens de uma espécie de bactérias atualmente conhecida como *Streptococcus pneumoniae*. Uma das linhagens era virulenta, causando pneumonia, mas tinha sido morta em altas temperaturas. A outra era avirulenta e foi injetada viva nos mesmos camundongos. Os camundongos injetados com a mistura das duas linhagens morreram e deles foi isolada uma linhagem virulenta. O fenômeno foi chamado de transformação bacteriana, mas suas causas só foram entendidas quando Avery, MacLeod e McCarty (1944) demonstraram que um componente químico das células virulentas, o DNA, se transferia para as células avirulentas vivas, causando a transformação. Esse processo, ao contrário do que ocorre na conjugação bacteriana, não requer um contato entre duas células, nem tipos de reação sexual distintos, sendo assim uma alternativa ao sexo em bactérias, pois produz recombinantes. Após sua descoberta em *Streptococcus*, verificou-se que outras espécies bacterianas eram capazes de serem transformadas para as mais diversas características além da virulência, como auxotrofia, resistência a drogas e muitas outras.

Os estágios da transformação bacteriana iniciam-se pela liberação do DNA de células ditas doadoras, que pode ocorrer naturalmente no ambiente ou por lise induzida dessas células no laboratório, para obtenção do DNA livre. O DNA assim extraído é chamado de DNA exógeno. Esse DNA deve ter um tamanho relativamente grande para facilitar o processo de transformação e estar em estado de fita dupla. Também é necessário que as células receptoras estejam em uma fase de receber o DNA exógeno. Essa fase, chamada de aptidão ou competência, depende da existência de receptores específicos de DNA, da fase de crescimento das células receptoras e de modificações no meio de cultivo, todas favorecendo a entrada do DNA. Assim, ocorre o contato entre DNA e células receptoras competentes. As próximas etapas do processo são a junção do DNA às células receptoras, a entrada de apenas uma fita de DNA no interior dessas bactérias e o pareamento da fita de DNA com região homóloga do cromossomo da célula receptora. Ocorre então um processo de permuta genética ou *crossing-over* entre cromossomo da receptora e DNA exógeno, e genes do DNA podem ser incorporados ao genoma da bactéria receptora, que obtém assim novas características genéticas (Figura 3.7).

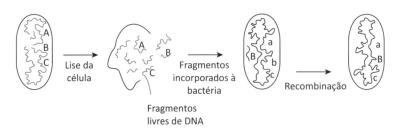

Figura 3.7 Transformação em bactérias. A, B, C são genes da célula doadora; a, b, c são da receptora. O gene B substitui o gene b na bactéria transformada.

Por meio da transformação bacteriana, além da transferência de material genético cromossômico de uma célula para outra, podem ser introduzidos também elementos extracromossômicos como plasmídeos. Se esses plasmídeos possuírem genes de outras bactérias, de outros gêneros ou até outros reinos, elas podem ter novas propriedades, algumas de grande valor biotecnológico, como produção de insulina, hormônios de crescimento e muitos outros. Essa tecnologia, conhecida em geral como engenharia genética (tecnologia do DNA recombinante), propiciou grandes avanços biotecnológicos,

Elementos de genética de microrganismos **101**

permitindo a construção de linhagens de bactérias e de outros seres transformados, constituindo-se em verdadeiras fábricas de produtos úteis. O mecanismo da transformação genética, além de ter trazido notáveis dados de valor acadêmico para a genética como um todo (AZEVEDO, 2008), é também utilizado em fungos e outros seres, sendo a base da atual tecnologia do DNA recombinante, que será mais bem abordada no final deste capítulo e no capítulo seguinte deste volume.

3.3.1.3 Transdução

Além da transformação, outro mecanismo de recombinação bacteriana por alternativa ao sexo é conhecido como transdução, descrito pela primeira vez em *Salmonella typhimurium* (ZINDER; LEDERBERG, 1952). Ele pode ser considerado um refinamento do processo de transformação. Na transdução é também um DNA de uma célula doadora que é transferido para uma célula receptora, mas, nesse caso, a transferência é feita por um vírus que ataca bactérias e é dito bacteriófago ou simplesmente fago. Este capta DNA da bactéria doadora, lisa a célula e vai introduzir esse DNA na célula receptora. São diversos os tipos de transdução, como se resume a seguir.

a) *Transdução generalizada*: neste tipo, bacteriófagos ao acaso podem, em lugar de DNA de fago, captar um fragmento de DNA do cromossomo bacteriano (Figura 3.8). Resultam assim, de uma célula lisada, alguns poucos fagos contendo DNA bacteriano. Se esse fago alterado introduzir o DNA bacteriano na célula receptora, evidentemente não vai haver lise e a bactéria receptora sobreviverá contendo agora um fragmento de DNA da célula doadora. Os próximos passos ocorrem de igual maneira, como no processo de transformação, podendo haver troca de material genético e introdução de novas características na célula receptora.

b) *Transdução restrita ou específica*: este tipo de transdução ocorre quando certos bacteriófagos, chamados de lisogênicos, são incorporados ao material genético das bactérias que os contém. Essa incorporação é feita em locais específicos do cromossomo. O fago incorporado ao cromossomo é chamado de profago. Esse material incorporado, por ação de certos agentes, como a luz ultravioleta, pode sair do estado de profago e se multiplicar, lisando a célula. Alguns desses fagos podem incorporar material bacteriano quando voltam ao estado lítico. Um desses fagos lisogênicos, chamado de lambda, que como o profago fica próximo ao gene bacteriano da galactose (*gal*), frequentemente leva esse gene para a bactéria receptora. Ocorre assim uma transdução de um mesmo gene (*gal*) e a transdução é chamada de específica ou restrita.

c) *Transdução abortiva*: ocorre quando, certas vezes, o material genético de uma bactéria doadora, carregado por um fago, não se incorpora ao cromossomo da célula receptora nem é duplicado. Se esse fragmento tiver um gene selvagem para uma auxotrofia e a bactéria receptora for auxotrófica, só ela pode se duplicar nesse meio. Entretanto, quando essa célula se divide em um meio mínimo, só uma célula filha terá esse gene e as outras não poderão se multiplicar por muito tempo. A transdução é então chamada de abortiva. Detalhes dos três tipos de transdução podem ser encontrados em revisões sobre o assunto (AZEVEDO, 2008; ZAHA; SCHRANK; LORETO, 2003).

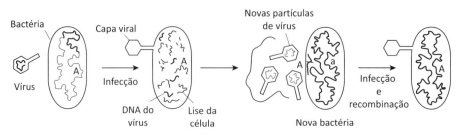

Figura 3.8 Transdução generalizada em bactérias. O gene A da célula doadora substitui o gene a na célula receptora.

A transdução pode apresentar os seguintes estágios: a) formação de partículas virais transdutoras e seu transporte, que é feito por incorporação de parte do material da bactéria doadora; b) entrada e destino desse material da célula doadora para a receptora. Se o material for incorporado ao cromossomo por permuta genética, ocorre transdução; se não for incorporado, ocorre uma transdução abortiva.

A transdução pode ser utilizada como um sistema genético para estudos acadêmicos como o mapeamento de genes bacterianos. Pode ser também usada no estudo de complementação gênica, como vetores, à semelhança de plasmídeos, e também, do ponto de vista aplicado, na introdução, perda ou substituição de genes na tecnologia do DNA recombinante.

3.3.2 RECOMBINAÇÃO EM FUNGOS

Como em bactérias, a recombinação em muitas espécies de fungos pode ocorrer por mais de um mecanismo. Sendo microrganismos eucarióticos, os fungos possuem núcleo típico e muitas espécies apresentam um ciclo sexual similar ao de plantas e animais. Entretanto, grande parte do ciclo vital da maioria dos fungos é haploide. A fase diploide é bastante rápida, pois logo após a fusão de dois núcleos origina-se um núcleo diploide, que sofre meiose e volta ao estado haploide. Além do mais, os chamados fungos imperfeitos, deuteromicetos ou anamórficos, não possuem ou ainda não têm seu ciclo sexual descrito. Nesses fungos, que aparentemente não possuem ciclo sexual, e mesmo em outros que possuem ciclo sexual, existe um sistema alternativo denominado ciclo parassexual, descrito pela primeira vez por Pontecorvo e Roper (1952). Também em fungos, à semelhança das bactérias, pode ser usada a recombinação por transformação com fragmentos de DNA. Esses sistemas de recombinação fúngica serão descritos a seguir.

3.3.2.1 Ciclo sexual em fungos

Cada espécie de fungo que possui ciclo sexual apresenta características próprias, mas o objetivo da existência desse ciclo é sempre o mesmo, isto é, produzir variabilidade por recombinação. Alguns fungos são homotálicos, isto é, não possuem tipos de reação sexual distintos. Nesses casos eles podem autofecundar-se e recombinantes não são produzidos. Eles, entretanto, podem cruzar-se com outro talo (hibridização). Outros fungos são heterotálicos, com dois ou mais tipos de reação sexual (*mating types*) distintos. Nesses casos somente linhagens de diferentes tipos de reação sexual se cruzam. As Figuras 3.9, 3.10 e 3.11 mostram os ciclos sexuais de três diferentes espécies de fungos, sendo dois filamentosos, *A. nidulans* (homotálico) e *Neurospora crassa* (heterotálico), e uma levedura, *Saccharomyces cerevisiae*, esta de grande importância industrial.

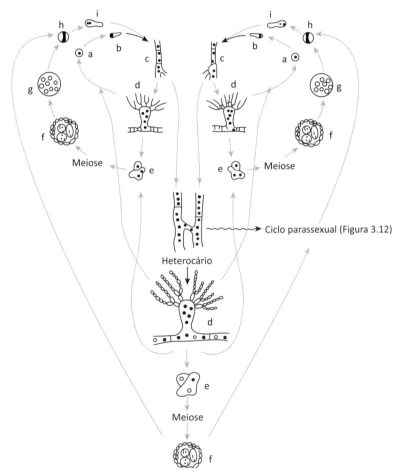

Figura 3.9 Ciclo sexual no fungo *A. nidulans*: a) conídio; b) conídio germinando; c) hifa; d) conidióforos produzindo conídios; e) fusão nuclear; f) cleistotécio com ascos; g) asco com oito ascósporos; h) ascósporo; i) ascósporo germinando.

Fonte: modificada de Costa (1987).

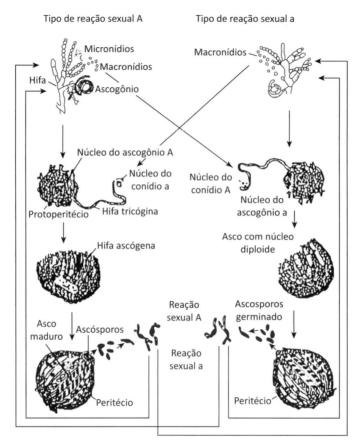

Figura 3.10 Ciclo sexual do fungo *N. crassa*.

Fonte: Strickberger (1985).

Todos esses fungos são muito utilizados como modelos em estudos genéticos. Neles, como em outros que possuem ciclo sexual, fica fácil serem estabelecidos, além de pesquisas genéticas, programas de melhoramento genético para obtenção de linhagens de interesse biotecnológico. Existindo mutantes, a análise genética pode ser realizada e, dependendo da espécie de fungos, podem ser usados esporos sexuais ordenados em ascos dentro de corpos de frutificação, como em *Neurospora*, ou em esporos não ordenados, como ocorre em *S. cerevisiae*, ou em esporos sexuais, os ascósporos coletados ao acaso, como em *A. nidulans*. Uma descrição e detalhes desses tipos de análise genética são encontrados em Azevedo (2008).

Elementos de genética de microrganismos

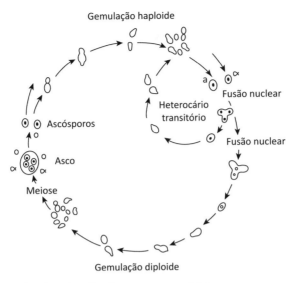

Figura 3.11 Ciclo sexual na levedura *Saccharomyces cerevisiae*.

Fonte: Fincham et al. (1978).

3.3.2.2 O ciclo parassexual em fungos

Este ciclo foi descrito primeiramente em *A. nidulans* por Pontecorvo e Roper (1952). Graças à existência de mutantes auxotróficos e para coloração de conídios, foi possível evidenciar esse ciclo, colocando-se linhagens de colorações e auxotrofias distintas em um meio líquido mínimo adicionado de uma pequena quantidade de meio completo para permitir apenas o início da germinação dos conídios. Ocorre assim anastomose de hifas, com formação de heterocários (dois núcleos distintos em um citoplasma comum). Esses heterocários cresciam em meio mínimo, pois um núcleo complementava a deficiência do outro, mas os conídios resultantes desse heterocário mantinham-se com a mesma constituição genética e não cresciam em meio mínimo. Entretanto, a semeadura de milhões de conídios desse heterocário em meio mínimo resultou na produção de algumas linhagens prototróficas. Estas, com surpresa, mostraram ser diploides, o que foi constatado pela quantidade de DNA e pelo volume de seus conídios, que era o dobro do que ocorria em linhagens haploides. Também foi visto que, quando transferidas para meio completo, essas linhagens produziam setores. A análise genética desses setores revelou serem alguns recombinantes haploides, originados por um processo de não disjunção com perda gradual de cromossomos até que o estado haploide mais estável fosse atingido. Foi visto também que outros setores eram diploides, originando-se por permutas ou *crossing-over* mitótico (Figura 3.12). Esse ciclo parassexual descoberto em *A. nidulans*, além de permitir um novo processo de análise genética, foi depois encontrado em outros fungos, alguns sem ciclo sexual, como *A. níger*, *Penicillium chrysogenum* e outros, especialmente os de interesse industrial, o que permitiu que programas de melhoramento genético fossem realizados com grande sucesso.

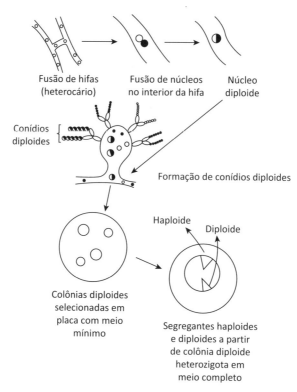

Figura 3.12 Ciclo parassexual em fungos.

A. nidulans possui ambos os ciclos: sexual e parassexual, e uma comparação entre eles está representada na Tabela 3.1.

Tabela 3.1 Comparação entre os principais eventos que ocorrem nos ciclos sexual e parassexual em fungos

Ciclo sexual	Ciclo parassexual
1. Fusão nuclear em estruturas especializadas nas hifas, resultando em zigotos diploides.	1. Fusão nuclear rara em qualquer ponto da hifa, resultando em zigotos diploides.
2. O zigoto formado é efêmero, persistindo por apenas uma geração nuclear.	2. O diploide não é efêmero e sofre mitoses, resultando em mais núcleos diploides.
3. Meiose com recombinação meiótica no estágio de quatro fios e volta ao estágio haploide.	3. Recombinação rara por permutação mitótica. Ocorre haploidização rara por não disjunção.
4. Os produtos meióticos (ascósporos) são facilmente reconhecidos e isolados.	4. Os recombinantes mitóticos, se utilizados marcadores apropriados, emergem como setores oriundos de colônias diploides.

Atualmente são conhecidas variações do ciclo parassexual. Uma delas, descrita pela primeira vez em *A. níger*, é a chamada parameiose (BONATELLI JR.; AZEVEDO; VALENT, 1983), pela qual recombinantes podem ser obtidos sem isolamento de um diploide estável (Figura 3.13). Foi também descrita em fungos de interesse no controle biológico de insetos, como *Metarhizium anisopliae* e *Beauveria bassiana*, e no controle de doenças de plantas, como *Trichoderma*. Além de poder ser explicada por produção de diploides altamente instáveis que se haploidizam já no interior de heterocários, a recombinação por transposons pode estar envolvida na parameiose.

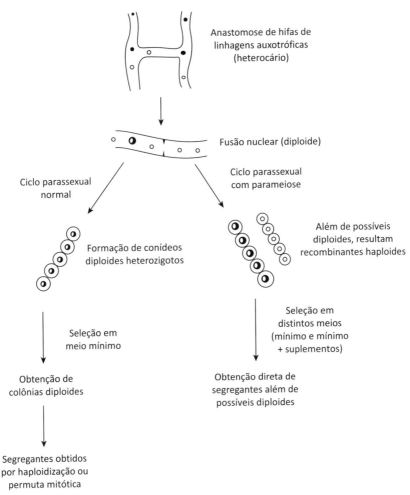

Figura 3.13 Comparação entre o ciclo parassexual típico e a parameiose em fungos.

3.3.4 RECOMBINAÇÃO EM OUTROS MICRORGANISMOS

Embora de menor importância industrial e para estudos genéticos, a recombinação também ocorre em algas, protozoários e outros microrganismos.

3.3.4.1 Recombinação em algas

Os principais exemplos ocorrem nas algas verdes ou clorofíceas, sendo a espécie *Chlamydomonas reinhardi* uma das mais utilizadas. Ela apresenta um sistema de recombinação, a conjugação, com dois tipos de reação sexual (*mating types*), designados *mt+* e *mt-*. Quando duas células de reação sexual diferentes se encontram, pode resultar fusão celular e nuclear ou singamia, sendo produzido um zigoto diploide. O núcleo diploide sofre meiose, sendo formadas quatro células haploides, duas do tipo de reação *mt+* e duas *mt-*. A Figura 3.14 apresenta os passos da conjugação nessa alga. Nessa espécie podem ser usados meios definidos, mutantes auxotróficos, morfológicos, para resistência a drogas e outros, como ocorre no uso de bactérias e fungos.

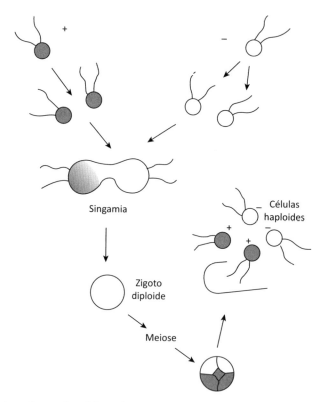

Figura 3.14 Conjugação na alga *Chlamydomonas reinhardii*. Células do tipo de reação sexual *mt+* e *mt-* sofrem singamia, produzindo um zigoto diploide. Por meiose, quatro células haploides são formadas, duas *mt+* e duas *mt-*.

3.3.4.2 Recombinação em protozoários

A importância industrial e genética de protozoários é menor que a dos outros microrganismos anteriormente mencionados. Entretanto, alguns protozoários são alvo de pesquisas genéticas, como espécies dos gêneros *Paramecium* e *Tetrahymena*. A Figura 3.15 é um exemplo de reprodução sexuada no protozoário *T. pyriformis*.

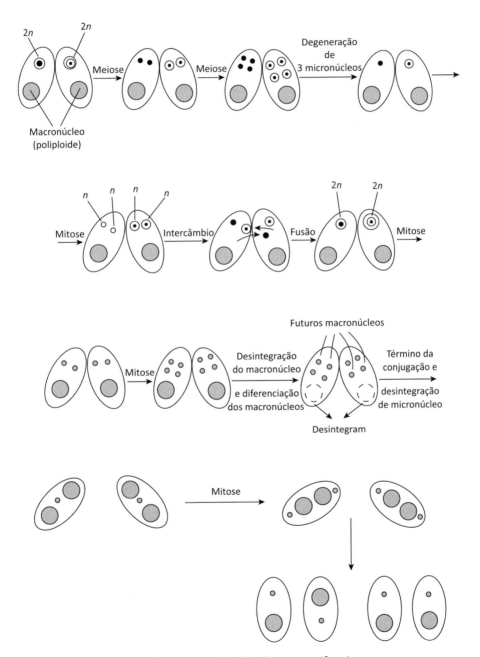

Figura 3.15 Reprodução sexuada no protozoário *Tetrahymena pyriformis*.

3.3.4.3 Recombinação em vírus

Embora considerados por alguns como não viventes (veja o Capítulo 1), pois só se desenvolvem a partir de células vivas, os vírus permitiram, em vários casos, a elucidação de importantes aspectos genéticos, como decifração do código genético, estimativas das dimensões de genes e muitos outros. Os bacteriófagos, ou seja, vírus que se desenvolvem em células bacterianas, são os mais empregados em pesquisas genéticas, além de terem papel importante na eliminação de bactérias, contribuindo para a redução bacteriana em ambientes como oceanos e outros hábitats. Eles são importantes também em um dos processos de recombinação bacteriana, a transdução, embora bacteriófagos também apresentem sistemas de recombinação próprios. No interior de células bacterianas contendo duas ou mais partículas mutantes de bacteriófagos, pode ocorrer síntese de DNA desses fagos e as bactérias depois de lisadas liberam partículas dos fagos. Entre essas partículas, além dos tipos parentais, aparecem recombinantes. Um exemplo de recombinação entre diferentes mutantes de fagos e linhagens da bactéria *E. coli* está apresentado na Figura 3.16. Mesmo bactérias contendo três diferentes tipos de fagos podem gerar recombinantes entre esses tipos que, recuperados, mostram que as frequências dos recombinantes são compatíveis com permuta ou *crossing-over* entre as partículas, sempre duas a duas em vários turnos ou ciclos de recombinação.

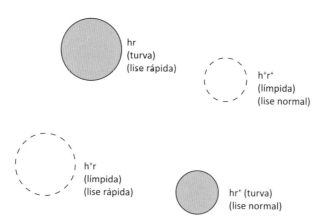

Figura 3.16 Recombinação em bacteriófagos. Do cruzamento de vírus com os genes *h+r+* (placas de lise límpidas e pequenas) com outro *h-r-* (placas de lise turvas e grandes) resultam, além dos tipos parentais, recombinantes (*h+r-, h-r+*). A figura apresenta os fenótipos das placas de lise em *E. coli* das linhagens B e B/2 semeadas conjuntamente em placas de Petri.

Os vírus são também de valor na tecnologia do DNA recombinante, como vetores de genes e como modelos para diferentes experimentos genéticos. Também sua importância aplicada vem sendo cada vez mais acentuada nas áreas de saúde e controle biológico de insetos-pragas da agricultura e doenças de plantas. São também usados para originar mutações sítio-dirigidas, bem como bibliotecas genômicas, a serem apresentadas adiante, na abordagem da tecnologia do DNA recombinante.

Elementos de genética de microrganismos

3.4 HERANÇA EXTRACROMOSSÔMICA

Casos de herança extracromossômica existem em microrganismos. Eles ocorrem em algas, protozoários, bactérias e fungos. Alguns exemplos serão dados a seguir.

3.4.1 PLASMÍDEOS BACTERIANOS

Como já mencionado, bactérias podem conter elementos extracromossômicos designados plasmídeos. Eles se dividem independentemente do cromossomo bacteriano e são também constituídos por DNA. Embora bem menores que os cromossomos e não essenciais para o crescimento bacteriano, em diversas condições, os plasmídeos podem existir no estado autônomo ou integrado ao cromossomo bacteriano. Estes são chamados de epissomos e os estados são reversíveis, como ocorre com os plasmídeos F sexual e lambda, ambos já mencionados quando a conjugação bacteriana foi descrita. Muitos desses plasmídeos contêm genes de interesse e alguns serão apresentados a seguir.

3.4.1.1 Plasmídeos R

Estes plasmídeos carregam genes para resistência a diversos tipos de inibidores, como antibióticos, quimioterápicos, sais de metais pesados e outros. Foram encontrados quando se descobriu que a resistência múltipla a várias drogas era devida à existência de genes em bactérias causadoras de disenteria bacteriana. Os plasmídeos R, à semelhança dos plasmídeos F, podem ser transferidos de uma célula para outra, pois têm também genes que permitem essa transferência. Em geral os genes de resistência carregam informações para produção de enzimas que inativam um antibiótico ou não permitem a sua entrada na célula, que se torna então resistente a vários agentes inibidores de uma só vez. De grande importância médica, eles também são causadores de problemas quando contaminam processos industriais, por exemplo, em fermentações em leveduras e fungos filamentosos. Também os plasmídeos R que conferem resistência a metais pesados podem ser usados como despoluidores do meio ambiente. Finalmente, eles também são usados como vetores de genes na tecnologia do DNA recombinante.

3.4.1.2 Plasmídeos colicinogênicos

Descritos pela primeira vez em *E. coli*, de onde provém seu nome, eles carregam genes para produção de bacteriocinas. Elas são produtos antimicrobianos de curto espectro que conseguem matar linhagens de mesma espécie ou correlatas. Bacteriocinas de *E. coli* são chamadas de colicinas e muitos desses plasmídeos são também usados como vetores em engenharia genética.

3.4.1.3 Outros tipos de plasmídeos

Muitos outros tipos de plasmídeos já foram descritos, por exemplo, os que conferem competência ao processo de transformação bacteriana, patogenicidade, produção de ácido sulfídrico, além de plasmídeos crípticos detectados por eletroforese, mas aparentemente sem causar qualquer diferença fenotípica nas células que habitam. Além de bactérias, plasmídeos podem ser detectados em leveduras, como o chamado 2 micra.

A importância dos plasmídeos é inquestionável para a sobrevivência e a evolução de uma espécie, principalmente aquelas que se baseiam em um grande número de células para resistir às modificações do meio ambiente. É o caso de bactérias nas quais a alta variabilidade existente devida aos genes de plasmídeos permite que células sobrevivam aos mais diversos agentes inibidores. Sendo elementos extracromossômicos, eles podem ser perdidos facilmente quando não necessários e também recuperados por recombinação com mudanças de ambiente.

3.4.2 HERANÇA EXTRACROMOSSÔMICA EM FUNGOS

O reino dos fungos é também rico em exemplos de herança extracromossômica, também chamada de herança extranuclear. Dois exemplos, um no fungo filamentoso *N. crassa* e outro em leveduras, serão apresentados a seguir, mas muitos outros casos podem ser encontrados na literatura especializada (AZEVEDO, 2008).

3.4.2.1 Colônias *poky* em *N. Crassa*

Mutantes *poky* possuem um crescimento reduzido quando comparados com uma linhagem normal. Este tipo de mutante é herdado sempre que esse fenótipo é usado como "mãe", isto é, fornecedora de citoplasma, ao contrário da linhagem parental, que só fornece o núcleo para os descendentes. A linhagem que entra com suas hifas no cruzamento é a linhagem materna e a que fornece o conídio é a parental. A Figura 3.17 apresenta cruzamentos entre *N. crassa* normal e a *poky*, evidenciando a herança extracromossômica, extranuclear ou citoplasmática. Nesse caso, a organela extracromossômica que funciona com o material genético para dar o caráter normal ou o mutante é a mitocondrial. A linhagem que funciona como "mãe" é a fornecedora de grande quantidade de citoplasma, incluindo as mitocôndrias que serão transferidas aos descendentes.

Elementos de genética de microrganismos

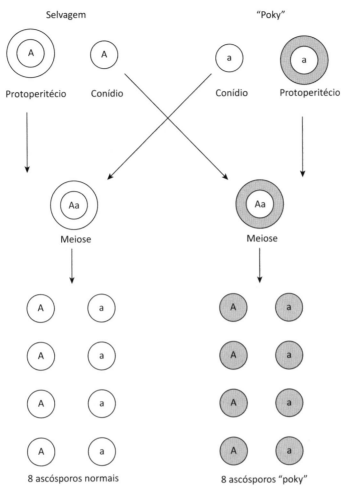

Figura 3.17 Herança extracromossômica no fungo *Neurospora crassa*. Nos mutantes *poky*, os descendentes são sempre iguais às linhagens que fornecem o citoplasma (protoperitécio), independentemente do tipo de reação sexual ou dos genes nucleares.

3.4.2.2 Colônias *petite* de levedura

Em leveduras da espécie *S. cerevisiae*, a semeadura de células em meio sólido produz, com uma certa frequência, colônias de tamanho reduzido, chamadas de *petite*. Essas colônias têm células com incapacidade de utilizar oxigênio, por falta ou alteração de enzimas respiratórias, possuindo, dessa forma, um metabolismo anaeróbico. Algumas colônias *petite* e suas células possuem segregação mendeliana normal, isto é, cruzamentos de células normais com *petite* produzem por meiose quatro esporos sexuais, sendo dois com fenótipo normal e dois *petite*. Entretanto, na maioria dos casos, a segregação de um cruzamento normal x *petite* produz quatro descendentes normais (*petites* neutros) ou quantidades variáveis de descendentes não mendelianos (*petites* supressivos). Os mutantes segregacionais têm a mutação localizada no cromossomo e, portanto, não são casos de herança extracromossômica. Os neutros têm falta total de DNA mitocondrial e, assim, cruzados com células normais, têm mitocôndrias normais reestabelecidas. Os supressivos perderam em diferentes graus parte de seu DNA mitocondrial.

3.5 ELEMENTOS TRANSPONÍVEIS E SEU PAPEL NA RECOMBINAÇÃO E NA ENGENHARIA GENÉTICA

Apesar de aparentemente inertes, os genomas podem ser extremamente dinâmicos. Algumas sequências são móveis, tendo a capacidade de migrar dentro do genoma hospedeiro, afetá-lo e gerar plasticidade; elas são denominadas elementos transponíveis (*Transposable Elements* – TE), também conhecidos como transposons. Essas sequências mostram alta diversidade e em alguns genomas constituem a maior fração deles; em fungos, chegam a representar 3% a 21% do genoma. Até o momento, com poucas exceções, a maioria dos genomas investigados apresenta elementos móveis. As grandes distribuição e variabilidade dos TE presentes em procariotos e eucariotos sugerem que sua origem se deu em eventos antigos. Em bactérias, a taxa de movimentação dos transposons é rara, de 10^{-5} a 10^{-7} por geração.

Há uma classificação dos elementos transponíveis para fins didáticos e científicos em ordem hierárquica: classe, subclasse, ordem, superfamília, família e subfamília. Essa classificação e a frequência de cada grupo dependem do organismo estudado. Em bactérias eles podem ser divididos em elementos IS (sequências de inserção), que são pequenos (768-2.500 pares de bases ou pb) e apresentam repetições terminais invertidas nas extremidades – sítios específicos para ligação da enzima que catalisa sua transposição, carregando os genes IS que codificam enzimas capazes de transportá-los. Dentro de um único genoma podem existir múltiplas cópias, que variam quanto a tamanho, sequência, distribuição e número.

Também há a presença de transposons compostos, que são maiores (2.000-20.000 pb), possuindo informação própria para a sua mobilização e para a síntese de diversas enzimas (inativação de antibiótico, catabolismo de substratos, entre outros). A característica física desses elementos é a presença de dois elementos IS (quatro repetições invertidas) formando um transposon composto. Já os transposons não compostos apresentam repetições invertidas curtas, uma transposase e marcadores de resistência (Figura 3.18).

Elementos de genética de microrganismos 115

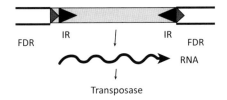

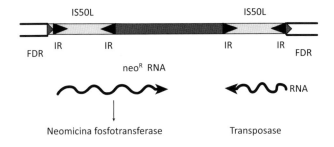

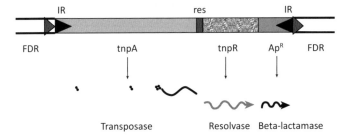

Figura 3.18 Diferentes tipos de transposons comumente encontrados em genomas bacterianos.

Em fungos, como em outros eucariotos, essa classificação é mais complexa, sendo baseada na presença ou ausência de um RNA intermediário durante o processo de transposição. Na Classe I, copiar e colar (*copy and paste*), a partir de uma cópia de RNA do transposon é sintetizado um cDNA, via transcriptase reversa (codificada pelo próprio elemento) capaz de se inserir em outro sítio-alvo. Dessa forma, em cada ciclo completo de transposição uma nova cópia é produzida; consequentemente, os retrotransposons (elementos da Classe I) são os maiores colaboradores na fração repetitiva do genoma. Os elementos pertencentes à Classe II, cortar e colar (*cut and paste*), sofrem uma excisão por meio da enzima transposase seguida de integração sem a intermediação de RNA. Os esquemas dessas duas classes podem ser observados na Figura 3.19.

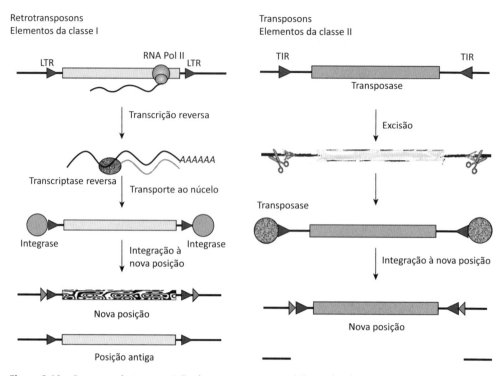

Figura 3.19 Processo de transposição de retrotransposons (Classe I) e de DNA transposons (Classe II).

Fonte: Lisch (2013).

Mais detalhadamente, os retrotransposons são divididos em cinco ordens, de acordo com o mecanismo de transposição e organização: LTR Retrotransposon, DIRS-*like*, Penelope-*like*, LINE e SINE. Os LTR Retrotransposons, repetição terminal longa (*Long Terminal Repeat*), apresentam longas sequências repetidas diretas (LTR) que flanqueiam uma região codificadora e são predominantemente encontradas em eucariotos. Esta ordem dispõe de dois, quadros de leitura abertos (*Open Reading Frames* – ORF), *gag* e *pol*: a *gag* é responsável pela codificação de proteínas estruturais que formam uma partícula semelhante a vírus (proteínas do capsídeo), enquanto a *pol* codifica uma protease, uma transcriptase reversa, uma RNAse e uma integrase. Entre os LTR Retrotransposons, destacam-se duas superfamílias, *Gypsy* e *Copia*, que diferem na disposição de regiões que codificam a transcriptase reversa e a integrase na região *pol*.

Retrotransposons que não possuem repetições terminais longas são classificados como não LTR e são principalmente representados por *Short Interspersed Elements* (SINE) que não codificam as proteínas necessárias para a transcrição reversa, precisando de outros elementos móveis para sua transposição, e *Long Interspersed Elements* (LINE), capazes de codificar as proteínas necessárias para a transcrição reversa. Uma revisão do assunto pode ser encontrada em Daboussi e Capy (2003) e Wicker et al. (2007).

Elementos de genética de microrganismos

Tanto em bactérias quanto em fungos, o efeito da transposição de TE depende do local em que ela ocorre no genoma, assim, danos severos devidos à presença de elementos transponíveis no genoma podem ser amenizados ou evitados por mecanismos de silenciamento de TE (*TE-silencing mechanisms*) presentes em certos fungos, sendo a mutação de ponto induzida por repetição (*Repeat Induced Point Mutation –* RIP) a mais comumente estudada. Geralmente ocorre uma indução mutacional de dinucleotídeos G:C para A:T em sequências de DNA duplicadas maiores que 400 pb e que apresentam identidade superior a 80%.

A presença de elementos transponíveis pode apresentar um importante papel na formação e na mudança no genoma do hospedeiro ao longo de milhões de anos de evolução. Os TE podem se integrar ao genoma por dois processos, a transmissão vertical (TV), que se caracteriza pela herança do material genético que ocorre entre espécies ancestrais e seus descendentes, e a transmissão horizontal (TH), em que espécies isoladas reprodutivamente são capazes de transferir material genético entre si.

Alguns fatores (estresses abióticos e bióticos) estão envolvidos na taxa de atividade de transposição. O conhecimento de que TE são capazes de produzir uma gama de variações na expressão gênica e na função de organismos faz com que os pesquisadores acreditem que as atividades desses elementos exercem uma função importante na adaptação evolutiva desses organismos em seu ambiente (Figura 3.20). Os mecanismos pelos quais os TE podem influenciar a expressão gênica e, consequentemente, as evoluções do genoma são diversos e estão bem descritos por Lisch (2013). Além disso, eles são amplamente utilizados na engenharia genética de microrganismos, na mutagênese de inserção aleatória tanto em fungos como em bactérias, o que será abordado no final deste capítulo.

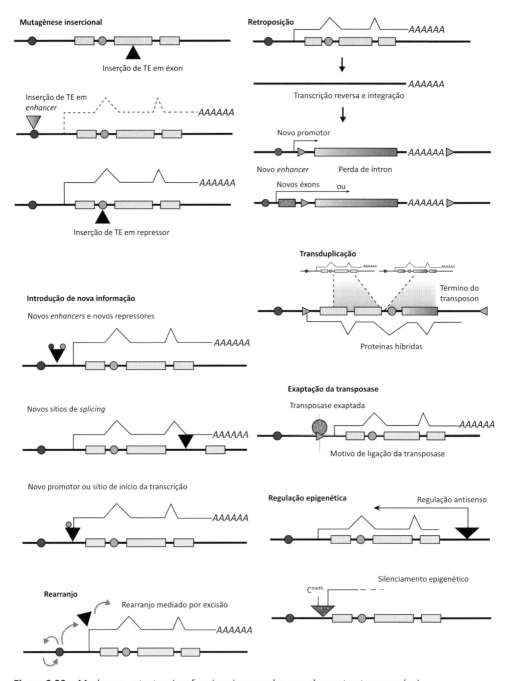

Figura 3.20 Mudanças estruturais e funcionais causadas por elementos transponíveis.

Fonte: Lisch (2013).

3.6 TECNOLOGIA DO DNA RECOMBINANTE E SEU VALOR BIOTECNOLÓGICO

O potencial da genética molecular tem sido extensivamente explorado no estudo e na manipulação de microrganismos, levando ao desenvolvimento de novas tecnologias que podem ser aplicadas tanto para eucariotos quanto para procariotos. Em contrapartida, todos os processos relacionados à tecnologia do DNA recombinante, que será abordada em maiores detalhes no capítulo seguinte, são baseados em genética microbiana. Assim, é impossível desvencilhar a genética de microrganismos do avanço na engenharia genética, bem como do valor biotecnológico de ambos na indústria. Vale a pena destacar que os avanços na engenharia genética microbiana nada mais são que a otimização dos processos de recombinação aperfeiçoados e induzidos em laboratório.

Nesse sentido, os microrganismos, como a levedura *S. cerevisiae* e a bactéria *E. coli,* entre outros, têm contribuído enormemente para o aperfeiçoamento de ferramentas genéticas, incluindo a transferência de material genético. Desde os primeiros relatos de transformação bacteriana e fúngica, vários sistemas de transformação têm sido desenvolvidos para muitos outros fungos e bactérias. Em um breve histórico, a tecnologia do DNA recombinante, a qual tem fornecido técnicas para isolamento e análise de genes dos mais diferentes organismos, foi originalmente empregada com sucesso durante a década de 1970 em procariontes, principalmente em *E. coli* e, logo em seguida, na levedura *S. cerevisiae*. O princípio da tecnologia do DNA recombinante pode ser observado na Figura 3.21.

A partir dos anos de 1980, procedimentos de engenharia genética começaram a ser utilizados extensivamente em várias espécies bacterianas e em fungos filamentosos, sendo originalmente desenvolvidos nos fungos ascomicetos mais intensivamente estudados, primeiro em *N. crassa* e, logo depois, em *A. nidulans*, sendo em seguida estendido a espécies de fungos menos estudadas, incluindo patógenos de plantas e animais, bem como fungos de interesse industrial, os quais produzem uma variedade de moléculas de valor biotecnológico.

As técnicas de DNA recombinante vêm proporcionando grandes avanços em diversas áreas de melhoramento de microrganismos, otimizando seu papel na indústria. Existem inúmeros exemplos do emprego dessas técnicas, as quais possibilitaram, por exemplo, a expressão de proteínas heterólogas de interesse, além de terem permitido um melhor entendimento da biologia molecular em bactérias e fungos. Atualmente podemos recombinar fragmentos específicos de DNA em regiões determinadas do genoma, o que resulta em uma maior precisão dos resultados obtidos.

Inúmeras metodologias de biologia molecular são atualmente utilizadas, como a clonagem e o sequenciamento de genes, a manipulação do DNA *in vitro*, a introdução do DNA recombinante nas células-alvo, a análise das sequências introduzidas e a expressão dos genes.

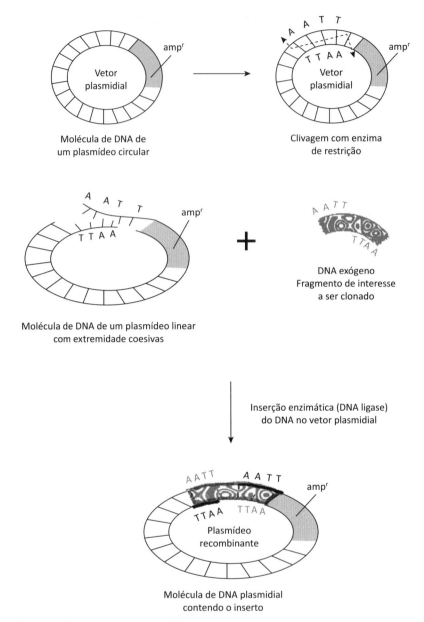

Figura 3.21 Princípio da tecnologia do DNA recombinante.

Serão abordadas aqui algumas das metodologias de introdução do DNA exógeno (transformação) e mutagênese com o uso de técnicas de DNA recombinante (mutagênese *in vitro*) em bactérias e fungos. Além disso, será exemplificado o emprego das técnicas de DNA recombinante no melhoramento de fungos e bactérias.

3.6.1 TECNOLOGIA DO DNA RECOMBINANTE E BACTÉRIAS

A bactéria *E. coli* certamente é uma das espécies microbianas mais importantes na tecnologia do DNA recombinante. A clonagem *in vivo* necessita dessa espécie bacteriana como célula hospedeira. Por essa razão essa espécie bacteriana é tão estudada em genética, e é sempre a partir das metodologias que a utilizam como organismo-modelo que são adaptados os protocolos para a obtenção de transformantes bacterianos para outras espécies.

Os métodos de transformação bacteriana, que se entende nesse contexto como a adição de fragmento de DNA exógeno em células de bacterianas, são realizados induzindo-se os métodos tradicionais de recombinação, sendo o mais utilizado o chamado processo de transformação.

3.6.1.1 Bactérias e a transformação induzida

Naturalmente várias espécies bacterianas são descritas como competentes, sendo esse estado regulado por um aparato genético que varia enormemente entre as espécies. Em laboratório, a introdução de DNA exógeno nas células pode ser induzida química ou fisicamente. Para tanto, vários métodos são descritos atualmente; entretanto, os mais utilizados são as transformações induzidas por íons de cálcio e por choque elétrico (eletroporação). Em relação ao DNA exógeno, esse é comumente constituído por plasmídeos pequenos que se incorporam mais facilmente à célula bacteriana competente. A transformação bacteriana é utilizada para a preparação de DNA plasmidial, em larga escala, e para a seleção de clones recombinantes.

A utilização de íons de cálcio foi o primeiro método utilizado para transformação de *E. coli*. As bactérias tornam-se competentes quando tratadas com cloreto de cálcio. Esse íon desestabiliza a carga elétrica da membrana celular, tornando-a mais suscetível à introdução de material genético. Esse material é então adicionado a bactérias condicionadas a baixa temperatura (4 °C) que são imediatamente transferidas para temperaturas de 37 °C a 42 °C por alguns segundos. Esse choque térmico, junto com o $CaCl_2$, potencializa a adsorção do DNA pelas células bacterianas, como demonstrado na Figura 3.22. Apesar de uma eficiência relativamente baixa (10^5 a 10^9 unidades formadoras de colônias/µg de DNA), essa técnica é ainda bastante utilizada pela vantagem de permitir a internalização de DNA fita dupla como plasmídeos e não necessitar de equipamentos específicos, sendo assim de baixo custo e podendo ser aplicada rotineiramente em laboratórios.

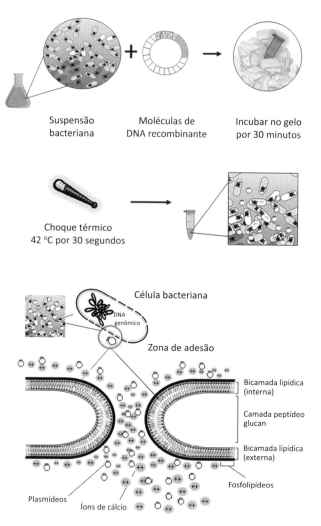

Figura 3.22 Esquema do processo de transformação química, também denominado choque térmico, utilizado em células bacterianas.

Já o método de eletroporação baseia-se na utilização de uma carga elétrica que desestabiliza a membrana externa, ocasionando a formação de poros que permitem a entrada do DNA nas células (Figura 3.23). Essa técnica é mais eficiente, entretanto requer a utilização de equipamento específico, aumentando seu custo. Vale ressaltar ainda que os parâmetros devem ser avaliados empiricamente para cada espécie bacteriana.

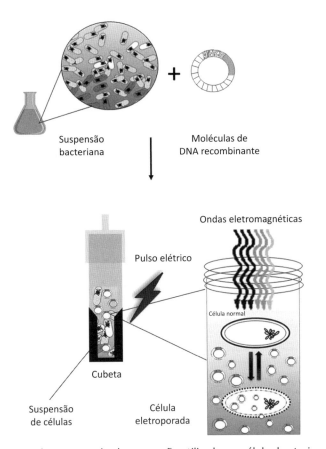

Figura 3.23 Esquema do processo da eletroporação utilizado em células bacterianas.

3.6.1.2 Fagos e tecnologia de DNA recombinante

Quando há a necessidade de inserção de grandes fragmentos genômicos nas células bacterianas, uma alternativa é a utilização de cosmídeos. Esses vetores foram desenvolvidos a partir de DNA do fago lambda, que possui um sistema de empacotamento que reconhece apenas os sítios *cos* nas extremidades, e qualquer DNA que contenha essas extremidades pode ser empacotado pelas proteínas virais. A vantagem dos cosmídeos é que eles podem carregar fragmentos de até 45 kb, sendo extremamente utilizados na construção de bibliotecas genômicas. Os fragmentos empacotados pelos fagos são inseridos nas células bacterianas e, como não há origem de replicação, se comportam como plasmídeos, e não como fagos, não gerando placas de lise, e sim colônias. Esse seria um processo de transdução modificado e induzido em laboratório.

3.6.1.3 Conjugação triparental

A transformação bacteriana pode ser intermediada por contato físico entre diferentes espécies, sendo o mais comum a conjugação triparental. Uma bactéria doadora que contém o gene de interesse em um plasmídeo, mas não é conjugativa, pois não consegue sintetizar as estruturas necessárias à formação do *pilus* conjugativo, é adicionada à bactéria-alvo, a qual se visa modificar geneticamente, e a uma linhagem auxiliar (Figura 3.24). Essas células carregam geralmente o vetor *helper*, baseado no pRK que contém os genes necessários para a maquinaria de conjugação. Essa maquinaria é promíscua e pode transferir plasmídeos com a origem de transferência (oriT) de vários grupos de plasmídeos.

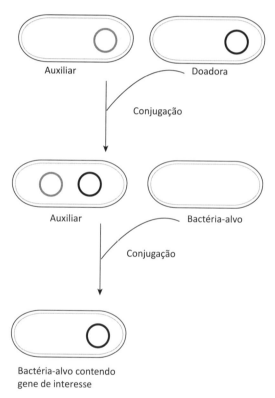

Figura 3.24 Modelo da conjugação triparental. Três bactérias são utilizadas: uma doadora, que contém o gene de interesse, junto a uma auxiliadora (que carrega o vetor *helper*, contendo a maquinaria necessária para conjugação) e à bactéria-alvo.

3.6.2 TECNOLOGIA DO DNA RECOMBINANTE E FUNGOS

Como em bactérias, para a transformação de fungos há a necessidade de uso de vetores, os quais contêm marcas de seleção, permitindo assim a seleção das células transformadas. Desde o início dos anos 1980 até hoje, inúmeros procedimentos de transformação genética têm sido descritos para um grande número de espécies de fungos.

Existem atualmente muitos sistemas de seleção usados nos vetores de transformação, e a estratégia a ser escolhida é dependente da linhagem de fungo a ser utilizada (RIACH; KINGHORN, 1996). O desenvolvimento de sistemas eficientes de transformação em fungos levou ao desenvolvimento de alternativas atrativas em relação às metodologias tradicionais de clonagem de genes de fungos.

Em fungos filamentosos, o DNA transformante normalmente é incorporado ao genoma hospedeiro, via recombinação, no entanto vetores de replicação autônoma também foram desenvolvidos. Foi isolada uma sequência de replicação autônoma (AMA1) em *A. nidulans*, e esta tem sido utilizada com sucesso em vários procedimentos de transformação, tendo aumentado as frequências de transformação em vários fungos filamentosos. Além disso, foram isoladas sequências teloméricas de fungos e estas têm sido utilizadas na construção de vetores lineares de replicação autônoma em fungos filamentosos (RIACH; KINGHORN, 1996).

Foram desenvolvidas também metodologias que possibilitam, após a transformação, a troca de genes e a disrupção gênica, via recombinação homóloga, sendo estas utilizadas para introduzir mutações desejáveis ou mutações nulas nas células-alvo como alternativa às propostas anteriores.

Diversos vetores especializados para a análise de genes fúngicos e de seus produtos têm sido desenvolvidos, incluindo aqueles usados para análise de promotores de genes, expressão de proteínas fúngicas e secreção de proteínas heterólogas em células fúngicas.

A disponibilidade de vários sistemas de transformação e seleção em fungos tem possibilitado a identificação e a caracterização de inúmeros genes, fornecendo detalhes da organização do genoma no nível molecular. A seguir serão descritas algumas estratégias de transformação para fungos.

3.6.2.1 Procedimentos de transformação fúngica

A transformação genética de fungos filamentosos, como em bactérias, requer a obtenção de células competentes para a introdução do DNA exógeno (vetor de transformação), tornando a parede celular, normalmente impermeável, permeável ao DNA. As células "competentes" são então tratadas com o DNA transformante, sendo posteriormente aplicada uma pressão de seleção para detectar somente as células transformadas que incorporaram e expressaram com sucesso o DNA introduzido, sendo capazes de crescer em condições seletivas.

Fusão de protoplastos

Destaca-se que a fusão de protoplastos já era utilizada em fungos especialmente desde a década de 1970, como um mecanismo artificial do ciclo parassexual de recombinação, facilitando a heterocariose, que é o primeiro passo da parassexualidade. Isso ocorre pois, mesmo em fungos que possuem ciclo sexual e parassexual, a heterocariose nem sempre é possível, pela impossibilidade de ocorrerem anastomoses entre seus tipos de parede celular de hifas. Pode-se então optar pela produção de protoplastos, ou seja, células total ou parcialmente desprovidas de parede que podem se fundir com outros esferoplastos produzidos não apenas por linhagens da mesma espécie como também de outras espécies, originando híbridos interespecíficos ou intergenéricos (PEBERDY; FERENCZY, 1985), ou, a introdução do DNA recombinante deles.

Os protoplastos são obtidos pela digestão das paredes celulares de micélios jovens, esporos, ou micélios recém-germinados com enzimas líticas, como a Novozyn 234, a mais comumente utilizada, que é uma preparação comercial de enzimas extraídas a partir de *Trichoderma viride* contendo principalmente celulases e quitinases. Os protoplastos em soluções osmóticas apropriadas são expostos ao DNA exógeno na presença de íons cloreto de cálcio ($CaCl_2$) e polietilenoglicol (PEG), os quais promovem a entrada do DNA. Esse último é também utilizado na fusão de esferoplastos na recombinação fúngica por corrente elétrica, em um processo designado eletrofusão (Figura 3.25). O mecanismo pelo qual isso acontece não é conhecido, mas acredita-se que o PEG ocasione fusões de membrana e o $CaCl_2$ atue precipitando o DNA. Os protoplastos são então regenerados em meios seletivos osmoticamente tamponados, os quais permitem somente o crescimento de células transformadas.

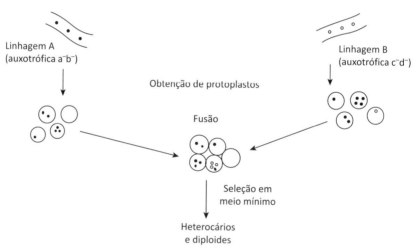

Figura 3.25 Fusão de protoplastos em fungos, sendo que a, b, c, d representam mutantes auxotróficos.

Tanto para introdução de DNA exógeno quanto para heterocariose, entre milhões de protoplastos, só alguns sofrem fusão. Na tecnologia do DNA recombinante o uso de vetores com marca de seleção já é suficiente para selecionar os protoplastos transformados. Já no uso de duas linhagens distintas é necessária uma seleção dos produtos de fusão, o que é facilitado se forem usadas linhagens contendo mutantes apropriados, como auxotróficos, resistentes a drogas e outros. Em geral, heterocários são recuperados em meio mínimo utilizando-se linhagens com deficiências que se complementam.

Dos produtos de fusão recuperados, recombinantes podem ser obtidos. Exemplos de fusão entre espécies foram descritos pela primeira vez entre *A. nidulans* e *A. rugulosus*. Cruzamentos interespecíficos e intergenéricos permitiram uma comparação de distâncias genéticas entre espécies ou gêneros de fungos. Atualmente são conhecidos muitos casos de fusões entre diferentes fungos. Em *Cephalosporium acremonium*, produtor do antibiótico cefalosporina, por exemplo, foi conseguido um produto de fusão com alto incremento industrial de produção desse antibiótico.

Uma metodologia desenvolvida em conjunto foi a eletroporação de protoplastos, a qual envolve o uso de pulsos elétricos de alta voltagem a fim de criar uma permeabilização reversível da membrana celular, consequentemente permitindo a entrada do DNA exógeno ou a fusão de esferoplastos de organismos distintos.

Biobalística

Outras tecnologias têm sido desenvolvidas para permitir a introdução de DNA exógeno em células intactas de fungos; entre elas, a mais amplamente utilizada é a biobalística, também denominada bombardeamento de partículas.

No processo biobalístico se faz uso de micropartículas de tungstênio (microprojéteis), as quais são cobertas com o DNA exógeno (vetor) e aceleradas a alta velocidade diretamente para esporos de fungos ou hifas. Desenvolvida primariamente para a transformação de células vegetais, a biobalística tem sido amplamente utilizada em várias espécies de fungos, como *N. crassa*, *Magnoportha grisea*, *Phytophtora capsici*, *P. citricola*, *P. cinnamomi*, *P. citrophthora*, *T. harzianum*, *Gliocadium virens* e *A. nidulans*, entre outros. A biobalística apresenta vantagens em relação aos demais métodos de transformação; por ser tecnicamente simples, pode ser utilizada para transformar qualquer espécie de fungo, além de poder ser utilizada para transformação de mitocôndrias. Em *T. harzianum* e *G. virens* a transformação via biobalística aumentou a frequência de transformação e a estabilidade genética dos transformantes, quando comparada com a transformação mediada pelos protoplastos (RIACH; KINGHORN, 1996). Uma das desvantagens da biobalística é o alto custo do equipamento, bem como a baixa eficiência de transformação devida à agressividade do processo, o que resultou no desenvolvimento da agrotransformação.

Agrotransformação

A agrotransformação baseia-se na utilização da bactéria fitopatogênica *Agrobacterium tumefaciens* como agente biológico transformador. Essa metodologia é muito utilizada para manipulação genética de plantas. Em fungos, o método foi primeiramente adaptado por Bundock et al. (1995) para transformação de *S. cerevisiae* e, posteriormente, aplicado aos fungos filamentosos. Desde então, essa metodologia tem sido empregada com sucesso para transformação de dezenas de fungos, incluindo membros dos filos Ascomicota, Basidiomicota, Zigomicota, Glomeromicota e também para oomicetos. Alguns exemplos de fungos já transformados por meio de Agrobacterium estão listados na Tabela 3.2, entretanto, destaca-se que o número de novas espécies fúngicas agrotransformadas aumenta rapidamente.

Há relatos na literatura das vantagens da agrotransformação em relação aos métodos convencionais de transformação de fungos, por exemplo, a possibilidade de utilização de células intactas como conídios, micélios vegetativos ou corpos de frutificação como material inicial, eliminando a necessidade de geração de protoplastos. Além disso, soma-se a simplicidade durante a execução da metodologia e a dispensa do uso de equipamentos como o acelerador de microprojéteis ou o eletroporador. A alta eficiência de transformação e o fato de que qualquer segmento de DNA inserido entre as bordas esquerda e direita (LB e RB) do T-DNA pode ser integrado no genoma do hospedeiro, bem como a ocorrência de integração em cópias simples em sítios aleatórios no genoma, estão entre os motivos da crescente preferência por essa metodologia, que está esquematizada na Figura 3.26.

Tabela 3.2 Espécies fúngicas agrotransformadas

Filo	Família	Espécie
Ascomycota	Pleosporales	*Conythirium minitans*
		Helminthosporium turcicum
		Venturia inaequalis
	Eurotiales	*Aspergillus awamon*
		Aspergillus fumigatus
		Aspergillus giganteus
		Aspergillus Níger
		Monascus purpureus
	Onygenales	*Blastomyces dermatitidis*
		Coccidioides immitis
		Histoplasma capsulatum
	Helotiales	*Botrytis cinérea*
	Pezizales	*Tuber borchii*

(continua)

Elementos de genética de microrganismos

Tabela 3.2 Espécies fúngicas agrotransformadas *(continuação)*

Filo	Família	Espécie
Ascomycota	Hypocreales	*Beauveria bassiana*
		Calonectria morganii
		Fusarium oxysporum
		Fusarium venenatum
		Trichoderma atroviridae
		Trichoderma reesi
		Verticillium fungicola
	Sordariales	*Neurospora crassa*
	Ophiostomales	*Ophiostoma piceae*
		Ophiostoma piliferum
	Phylacorales	*Colletotrichum gloeosporioides*
		Verticillium dahilae
	Saccharomycetales	*Kluyveromyces lactis*
		Saccharomyces cerevisiae
Basidiomycota	Agaricales	*Agaricus bisporus*
		Hebeloma cylindrosporum
	Boletales	*Sullus bovinus*
Zygomycota	Mucorales	*Rhyzopus oryzae*

Fonte: adaptada de Lacroix et al. (2006).

Essas características têm estimulado o emprego dessa metodologia como ferramenta para obtenção de mutantes e isolamento de genes de interesse via mutagênese insercional aleatória. Também, se a região T-DNA apresentar sequências homólogas ao genoma do hospedeiro, a integração pode ocorrer por recombinação homóloga, evidenciando a utilidade da transformação por *Agrobacterium* para mutagênese direcionada ou em experimentos de nocaute gênico, além da marcação de fungos para estudos de monitoramento em processos industriais.

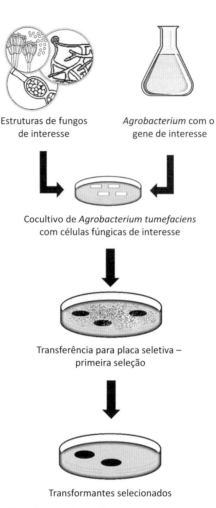

Figura 3.26 Esquema de agrotransformação em fungos.

3.6.3 TROCA GÊNICA E RUPTURA GÊNICA

A troca gênica e a ruptura gênica podem ser obtidas somente pela integração do DNA transformante no sítio homólogo do cromossomo hospedeiro, tanto bacteriano quanto fúngico.

A troca gênica (conhecida também como conversão gênica) é utilizada para introduzir mutações desejáveis nas células recipientes e ocorre por dois métodos, direto ou indireto. O método direto de troca gênica envolve duplo *crossing-over* de uma molécula de DNA transformante linear no loco homólogo, e as mutações criadas *in vitro* devem estar ladeadas por sequências cromossômicas normais no fragmento linear para que a integração homóloga possa ocorrer. O método indireto de troca gênica envolve a integração de moléculas circulares de DNA no loco homólogo por um único evento de recombinação, o qual cria duplicações em tandem da sequência-alvo

Elementos de genética de microrganismos

separadas por sequências do vetor. Tal integração pode ser revertida permitindo a autofertilização dos transformantes sob condições não seletivas, assegurando a perda do plasmídeo devida a *crossing-overs* desiguais, podendo assim resultar na sequência mutante ou na selvagem, dependendo da posição do evento de recombinação.

A ruptura gênica ocorre pela integração homóloga de um vetor circular contendo um gene defeituoso ou de uma molécula linear de DNA contendo o gene-alvo interrompido por um marcador de seleção. Ambas as metodologias podem ser utilizadas para criar mutações nulas: o primeiro método resulta em uma duplicação do gene no qual nenhuma das cópias contém a região codificadora inteira; o segundo, na troca do gene pelo gene defeituoso contendo o marcador. Tais técnicas podem ser utilizadas, por exemplo, para confirmar a clonagem de um gene, estudar a função dos produtos gênicos (por exemplo, nos processos de desenvolvimento e patogênese em fungos) ou eliminar genes de características não desejáveis em fungos patogênicos ou de interesse industrial (RIACH, KINGHORN, 1996).

3.6.4 NOVAS METODOLOGIAS DE INDUÇÃO DE MUTAÇÃO

Foi já discutida a importância da obtenção de mutantes em estudo genéticos de microrganismos; essa estratégia foi revitalizada com o completo sequenciamento dos genomas de alguns organismos procariontes e eucariontes. Embora a função gênica possa ser muitas vezes deduzida pela comparação do produto gênico previsto com aqueles previamente caracterizados, na maioria dos casos a informação obtida da sequência é única e fornece pouca informação da função gênica. Por essa razão, vários métodos experimentais têm sido desenvolvidos, os quais ligam a informação descoberta pelo sequenciamento dos genomas com a função biológica. A melhor maneira de determinar a função de um gene é definir o fenótipo resultante da mutação desse gene.

Tradicionalmente, a mutagênese era realizada pelo tratamento das células com substâncias químicas ou pela irradiação seguida da seleção de um fenótipo de interesse. A técnica é altamente saturável (podem-se obter mutantes para a maior parte dos genes) e o gene de interesse pode ser eventualmente clonado e identificado após a complementação do fenótipo mutante com um DNA genômico selvagem proveniente de uma biblioteca genômica. Esse processo, no entanto, é muito demorado e trabalhoso e não é aplicável a análises mais detalhadas de genomas.

Recentemente, aliadas à tecnologia do DNA recombinante, novas metodologias têm sido desenvolvidas, permitindo a mutagênese de um grande número de genes. Esses procedimentos podem ser categorizados em dois tipos: a) *mutagênese por inserção aleatória*, na qual mutações por inserção são aleatoriamente geradas em todo o genoma seguidas da identificação dos genes afetados pela comparação das sequências adjacentes às inserções com a sequência do genoma ou com sequências expressas (*expressed sequence tags* – EST); b) *mutagênese direcionada*, na qual genes específicos são deletados ou analisados.

Ambas as abordagens têm sido utilizadas em uma grande variedade de organismos, desde bactérias, leveduras, fungos filamentosos, micoplasma até organismos superiores.

3.6.4.1 Mutagênese por inserção aleatória

Um dos métodos mais utilizados para a construção de bibliotecas de genes mutados envolve a mutagênese por inserção de transposon. Esse tipo de mutagênese foi inicialmente desenvolvido em *E. coli* usando transposons de bacteriófagos e é atualmente utilizado em bactérias, fungos, plantas, nematoides, insetos e outros.

Em *S. cerevisiae*, dois sistemas diferentes de mutagênese por inserção de transposons têm sido utilizados nas análises em larga escala do genoma. Um é o uso do retrotransposon endógeno Ty1, o qual possui um promotor induzível, sendo utilizado para gerar populações de linhagens de leveduras contendo mutações por inserção em todo o genoma. Uma segunda alternativa é o uso de transposons da *E. coli* para mutar o DNA de levedura na própria *E. coli* ou *in vitro*, e então a reintrodução do DNA mutado na levedura, onde ele é substituído pela cópia genômica endógena (COELHO; KUMAR; SNYDER, 2000).

3.6.4.2 Deleções gênicas baseadas em PCR – mutagênese direcionada

Além de bactérias, os fungos, por possuírem genoma com tamanho relativamente pequeno e pela alta taxa de recombinação homóloga, como no caso da *S. cerevisiae*, são organismos ideais para a construção de coleções de mutantes via mutagênese direcionada. Neste procedimento, é preparado um produto de PCR que contém em cada extremidade 45-50 pb de sequência homóloga flanqueando o gene de interesse. A região central contém um marcador de seleção que idealmente não possui homologia com qualquer sequência de DNA do genoma. Esse produto de PCR substitui corretamente a região-alvo quando introduzido no organismo; para exemplificar, em levedura, ocorre com sucesso em mais de 95% dos casos. Dessa forma, é possível preparar um "cassette" de deleção, sem nenhum passo de clonagem, apenas com o uso de *primers flanqueadores* de genes específicos em reação de PCR. Atualmente o pesquisador conta com uma vasta quantidade de vetores específicos no sistema *Gateway* e/ou sistema de FLP-FRT recombinases, que é um sistema bastante utilizado de recombinação sítio-dirigida, para retirada *a posteriori* de genes marcadores indesejáveis para ensaios futuros (ZHU; SADOWSKI, 1995). Uma importante característica desta metodologia é que ela deleta totalmente a região codificadora, gerando mutantes nulos.

3.7 NOVAS PERSPECTIVAS EM ESTUDOS DA GENÉTICA DE MICRORGANISMOS

Com o desenvolvimento de novas técnicas de sequenciamento de DNA/RNA e da espectrometria de massas, surgiu nos anos de 1990 o termo ômica, que se refere aos estudos em larga escala de genes (genômica), transcritos (transcriptômica), proteínas (proteômica) e metabólitos (metabolômica) das células, visando entender os fenômenos biológicos. Dentre os organismos mais utilizados nessa nova, mas já consolidada ciência destacam-se os microrganismos. Eles são excelentes modelos, não somente pela facilidade em cultivá-los, mas por sua enorme diversidade metabólica, possibilitando o acesso às mais variadas redes e, assim, uma ampla compreensão de sistêmica celular. É por essas razões que quase diariamente são depositados milhares de dados em bancos biológicos dos mais diversos grupos de microrganismos: bactérias, fungos, vírus e outros. Esses dados têm revolucionado o entendimento da genética dos microrganismos e colaborado substancialmente para melhores bioprospecção e utilização destes em agricultura, indústria, farmacologia e outras áreas. Mais detalhes sobre o assunto podem ser encontrados em várias revisões do assunto (KEERSMAECKER et al., 2006; OLIVEIRA; GRAAFF, 2011; WANG; BODOVITZ, 2010).

Fica evidente quão vastas são as possibilidades de aplicação e a importância das ômicas em estudos relacionados à genética de microrganismos. Entretanto, é necessário que os dados obtidos sejam armazenados de forma eficiente, para que, em uma etapa posterior, eles possam ser integrados. É a partir desse princípio que hoje ocorre a migração da biologia centrada em moléculas para uma biologia centrada em redes e, dessa forma, o desenvolvimento da chamada biologia de sistemas. Essa nova ciência busca descobrir e entender propriedades biológicas que emergem da interação entre diversos elementos do sistema (DNA, RNA, proteínas e outros), oferecendo assim uma nova fronteira e uma oportunidade sem precedentes nos estudos relacionados aos microrganismos (ZHANG; LIE; NIE, 2010). A biologia de sistemas começa com o estudo de um fenômeno biológico complexo e busca fornecer uma simplificação e uma abstração sobre o porquê de esses eventos ocorrerem da forma que ocorrem (Figura 3.27). O tipo de abordagem adotado depende do objetivo da pesquisa, que pode ser a obtenção de respostas biológicas a partir de dados biológicos que se integram (*top-down system biology*) ou a obtenção de dados preditos a partir de modelos matemáticos (*bottom-up system biology*). Em ambos os casos, alguns microrganismos têm sido mais bem explorados, como *E. coli* e *S. cerevisiae*.

A biologia de sistemas, entre outras aplicações, redefiniu o conceito de engenharia metabólica de microrganismos, que, aliada à biologia sintética, visa reprojetar e criar novas rotas metabólicas. Pode-se definir a biologia sintética como a criação de organismos feitos sob medida, sejam eles geneticamente modificados ou construídos a partir do zero. Ela surgiu a partir das técnicas de transgenia, que permitem alterar um organismo inserindo ou removendo pedaços de DNA de seu genoma. Essa nova área da ciência tem como objetivos: a) aprender sobre a vida por meio de sua construção;

b) fazer com que a engenharia genética seja padronizada em suas criações e suas recombinações para produzir novos e mais sofisticados sistemas; e c) expandir os limites de seres vivos e máquinas até que ambos se unam, para produção de organismos realmente programáveis. Os primeiros estudos na área começaram em 1989, quando Steven A. Benner criou DNA com duas "letras" genéticas artificiais, originando diversas variedades de DNA. Em 2003, outro marco ocorreu: Peter G. Schultz desenvolveu células (DNA normal) capazes de gerar aminoácidos não naturais e reuni-los para formar novas proteínas. A partir daí, conceitos foram repensados na engenharia genética, culminando no anúncio do primeiro organismo, uma bactéria, *Mycoplasma capricolum*, com material genético inteiramente sintetizado *in vitro*. Esse material genético foi transferido para a bactéria *M. mycoides*, que passou a apresentar as características da primeira (GIBSON et al., 2010). As especulações sobre a abrangência dessas novas tecnologias são as mais diversas possíveis, bem como as possíveis áreas de sua aplicação, como produção de combustível renovável, fim do lixo, controle do aquecimento global, entre outras. Entretanto, como toda nova ciência, há algumas preocupações a respeito da biologia sintética: seria ela uma engenharia genética mais aprimorada, ou seria algo totalmente novo e ainda sem controle? Os prós e contras dessa ferramenta são discutidos por Yadav e Stephanopoulos (2010), e várias outras referências podem ser encontradas a respeito do tema (NIELSEN; VIDAL, 2010; XU; BHAN; KOFFAS, 2013; WESTERHOFF; PALSSON, 2004).

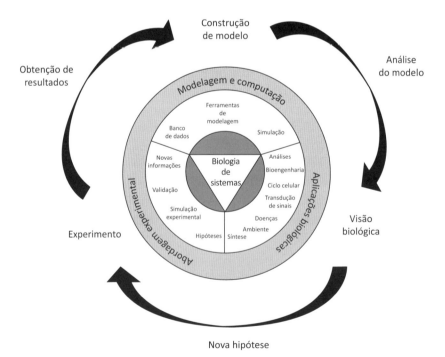

Figura 3.27 Áreas de aplicação e fluxograma da biologia de sistemas.

3.8 CONSIDERAÇÕES FINAIS

A genética microbiana, embora mais recente que a genética de plantas e animais, já forneceu muitos dados para um maior entendimento da ciência da hereditariedade e da biologia molecular. Isso é reflexo da enorme diversidade microbiana e das propriedades de microrganismos que os tornam apropriados aos estudos de genética, como ciclo vital rápido, grande número de células que podem ser analisadas, além da obtenção de muitos tipos de mutantes, como foi mencionado anteriormente. Além disso, a genética microbiana adquiriu enorme importância com novas tecnologias introduzidas especialmente após a década de 1970, designadas engenharia genética ou tecnologia do DNA recombinante. Essas técnicas utilizam em uma ou outra etapa os microrganismos ou seus genes, mesmo quando se objetiva a transformação de plantas ou animais. Nas últimas décadas, com a emergência e a solidificação de novas áreas das ciências, como as ômicas, a biologia de sistemas e a biologia sintética, o uso de microrganismos em estudos genéticos tomou novas proporções. Certamente, todos esses esforços que permitem o aprimoramento e a introdução de espécies microbianas em processos biotecnológicos tornam os microrganismos e sua genética fundamentais para a obtenção de produtos de valor biotecnológico e a realização de programas bem conduzidos de melhoramento genético.

REFERÊNCIAS

AVERY, O. T.; MACLEOD, C. M.; McCARTY, M. Studies on the chemical nature of the substance inducing transformation of Pneumococcus types. *Journal of Experimental Medicine*, v. 29, p. 137-158, 1944.

AZEVEDO, J. L. *Genética de microrganismos*. 2. ed. ampl. Goiânia: Editora UFG, 2008.

BONATELLI JR., R.; AZEVEDO, J. L.; VALENT, G. U. Parasexuality in a citric acid strain of *Aspergillus niger*. *Revista Brasileira de Genética*, v. 6, p. 399-405, 1983.

BUNDOCK, P. et al. Trans-kingdom T-DNA transfer from *Agrobacterium tumefaciens* to *Saccharomyces cerevisiae*. *EMBO Journal*, v. 14, p. 3206-3214, 1995.

COELHO, P. S. R.; KUMAR, A.; SNYDER, M. Genome – wide mutant collections: Toolboxes for functional genomics. *Current Opinion in Microbiology*, v. 3, p. 309-315, 2000.

COSTA, S. O. P. (coord.). *Genética molecular e de microrganismos*. São Paulo: Manole, 1987.

DABOUSSI, M. J.; CAPY, P. Transposable elements in filamentous fungi. *Annual Review of Microbiology*, v. 57, p. 275-299, 2003.

FINCHAM, J. R. S.; DAY, P. R.; RADFORD, A. *Fungal genetics*. Oxford: Blackwell, 1979.

GIBSON, D. G. et al. Creation of a bacterial cell controlled by a chemically synthesized genome. *Science*, v. 329, p. 52-56, 2010.

GISSIS, S. B.; JABLONKA, G. *Transformations of Lamarckism.* Cambridge: MIT Press, 2011.

GRIFFITH, F. The significance of pneumococcal types. *Journal of Hygiene*, v. 27, p. 113-159, 1928.

KEERSMAECKER, S. C. et al. Integration of omics data: how well does it work for bacteria? *Molecular Microbiology*, v. 62, p. 1239-1250, 2006.

LACROIX, B. et al. A case of promiscuity: *Agrobacterium*'s endless hunt for new partners. *Trends in Genetics*, v. 22, p. 29-37, 2006.

LEDERBERG, J.; TATUM, E. L. Genetic recombination in *Escherichia coli. Nature*, v. 158, p. 558, 1946.

LISCH, D. How important are transposons for plant evolution? *Nature Reviews Genetics*, v. 14, n. 1, p. 49-61, 2013.

NIELSEN, J.; VIDAL, M. Systems biology of microorganisms. *Current Opinion in Microbiology*, v. 13, p. 1-2, 2010.

OLIVEIRA, J. M. P. F.; GRAAFF, L. H. Proteomics of industrial fungi: trends and insights for biotechnology. *Applied Microbiology and Biotechnology*, v. 89, p. 225-237, 2011.

PEBERDY, J. F.; FERENCZY, L. *Fungal protoplasts.* New York: Marcel Dekker, 1985.

PONTECORVO, G.; ROPER, J. A. Genetic analysis without sexual reproduction by means of polyploidy in *Aspergillus nidulans. Journal of General Microbiology*, v. 6, p. 7, 1952.

RIACH, M. B. R.; KINGHORN, J. R. Genetic transformation and vector developments in filamentous fungi. In: BOS, C. J. *Fungal Genetics Principles and Practice.* Marcel: Dekker, 1996. p. 209-233.

SOUZA, E. C. Plasmídios bacterianos. In: COSTA, S. O. P. *Genética molecular e de microrganismos.* São Paulo: Manole, 1987. p. 273-289.

STRICKBERGER, W. W. *Genetics.* New York: MacMillan, 1985.

WANG, D.; BODOVITZ, S. Single cell analysis: the new frontier in 'Omics'. *Trends in Biotechnology*, v. 28, p. 281-90, 2010.

WESTERHOFF, H. V.; PALSSON, B. O. The evolution of molecular biology into systems biology. *Nature Biotechnology*, v. 22, p. 1249-1252, 2004.

WICKER, T. et al. A unified classification system for eukaryotic transposable elements. *Nature*, v. 8, p. 973-982, 2007.

XU, P.; BHAN, N.; KOFFAS, M. A. G. Engineering plant metabolism into microbes: from systems biology to synthetic biology. *Current Opinion in Biotechnology*, v. 24, p. 291-299, 2013.

YADAV, V. G.; STEPHANOPOULOS, G. Reevaluating synthesis by biology. *Current Opinion in Microbiology*, v. 13, p. 371-376, 2010.

ZAHA, A.; SCHRANK, A.; LORETO, E. L. S. *Biologia molecular básica*. 3. ed. Porto Alegre: Mercado Aberto, 2003.

ZHANG, W.; LI, F.; NIE, L. Integrating multiple 'omics' analysis for microbial biology: application and methodologies. *Microbiology*, v. 156, p. 287-301, 2010.

ZHU, X. D.; SADOWSKI, P. D. Cleavage-dependent Ligation by the FLP Recombinase. *Journal of Biological Chemistry*, v. 270, n. 39, p. 23044-23054, 1995.

ZINDER, N. D.; LEDERBERG, J. Genetic exchange in *Salmonella*. *Journal of Bacteriology*, v. 64, p. 679-699, 1952.

CAPÍTULO 4
Elementos de engenharia genética

Ana Clara G. Schenberg

4.1 INTRODUÇÃO

O surgimento da engenharia genética, na década de 1970, foi uma decorrência natural da grande quantidade de conhecimentos que vinham se acumulando na área de biologia molecular, envolvendo principalmente as bactérias e seus vírus. Entretanto, em contraste com os demais progressos verificados nessa área, o advento da engenharia genética teve um impacto formidável sobre a biotecnologia. Hoje, o homem pode intervir diretamente sobre os comandos da vida: é possível programar geneticamente os organismos vivos, não apenas para a superprodução de algum metabólito, mas também de substâncias que só são normalmente produzidas por outros organismos. Pela facilidade de manipulação que proporcionam, os microrganismos foram os primeiros a serem empregados como hospedeiros da informação genética heteróloga. Em princípio, qualquer proteína pode, assim, vir a ser produzida em fermentações industriais, desde que o gene que a codifica seja enxertado num microrganismo (ou, em outras palavras, clonado) e passe a ser por ele expressado. De crucial importância é a possibilidade que a nova tecnologia trouxe de amplificar sequências individuais de DNA: a clonagem de um dado fragmento de DNA permite que, partindo-se de apenas uma molécula, sejam produzidas quantidades ilimitadas dessa mesma molécula. Depois que um fragmento de DNA tiver sido assim isolado e amplificado, as suas propriedades podem ser caracterizadas, e a sua sequência de nucleotídeos, determinada com precisão, o que proporcionou um progresso vertiginoso do conhecimento básico.

Por outro lado, a relevância biotecnológica decorre do fato de que a síntese de proteínas estrangeiras pelos microrganismos leva a uma importante redução dos custos de produção. Para citar apenas um exemplo, para produzir, pelas vias tradicionais, 5 mg de somatostatina, um hormônio de vertebrados, são necessários 500 mil cérebros de carneiro. Quando se conseguiu, por meio da engenharia genética, enxertar o gene da somatostatina na bactéria *Escherichia coli*, o mesmo rendimento foi alcançado com apenas 7,5 kg de bactérias, o que se obtém de maneira rápida e pouco dispendiosa.

Chama-se de engenharia genética o conjunto de técnicas que torna possível a criação de novas combinações gênicas, inexistentes na natureza. A recombinação genética consiste na formação de novas combinações estáveis de genes, provenientes de diferentes organismos, podendo surgir, em consequência, novos fenótipos. Entretanto, na natureza, a recombinação genética somente ocorre entre organismos de uma mesma espécie ou de espécies muito proximamente relacionadas. A engenharia genética, também conhecida sob o nome de tecnologia do DNA recombinante, permite que contrariemos a natureza no que se refere à recombinação genética. Tornou-se possível construir novas espécies de material genético, por meio da recombinação realizada artificialmente no laboratório entre moléculas de DNA isoladas de organismos não relacionados. Hoje em dia, as possibilidades de manipulação do material genético em tubo de ensaio (*in vitro*) são praticamente ilimitadas: costuma-se dizer que a única limitação reside na capacidade imaginativa do pesquisador.

Em 1972, numa experiência que viria a revolucionar toda a pesquisa biológica e criar perspectivas inéditas para a biotecnologia, Paul Berg e seus colaboradores (JACKSON; SYMONS; BERG, 1972) demonstraram que era possível cortar *in vitro* moléculas de DNA de diferentes origens e ligar os fragmentos resultantes entre eles, obtendo assim moléculas híbridas de DNA inexistentes na natureza. Essa experiência pioneira foi realizada por intermédio de diversas manipulações genéticas e bioquímicas, que se tornaram viáveis graças a uma série de descobertas que ocorreram em rápida sucessão nos 5 anos que antecederam a experiência de Paul Berg. Entretanto, não faria sentido guardar o novo DNA no tubo de ensaio. Na verdade, a engenharia genética pressupõe uma segunda etapa, *in vivo*, que consiste na introdução do material genético construído artificialmente (*DNA recombinante*) numa célula viva, onde ele possa se manifestar. Essa etapa de transformação genética é mais delicada, não sendo poucos os problemas que o DNA montado *in vitro* terá de enfrentar no interior da célula viva. Para que tenha realmente um significado biológico, é necessário que o DNA recombinante seja não apenas mantido ao longo das divisões celulares da célula originalmente transformada, mas transcrito e traduzido na proteína que codifica e, em muitos casos, o produto do gene estrangeiro deverá ainda sofrer passos adicionais de processamento pós-traducional na célula hospedeira.

Como esquematizado na Figura 4.1, são essencialmente necessários quatro passos para uma experiência desse tipo:

1) Um método para clivar e voltar a ligar *in vitro* diferentes moléculas de DNA, originando a molécula de DNA recombinante.

2) Um elemento transportador de genes, o vetor genético, que, ao ser multiplicado pela célula hospedeira, possibilitará que o gene estrangeiro que transporta também o seja.

3) Um meio de introduzir o vetor numa célula viva, capaz de multiplicá-lo.

4) Uma maneira de selecionar, entre uma grande população de células, apenas aquelas que tiverem efetivamente incorporado o DNA recombinante.

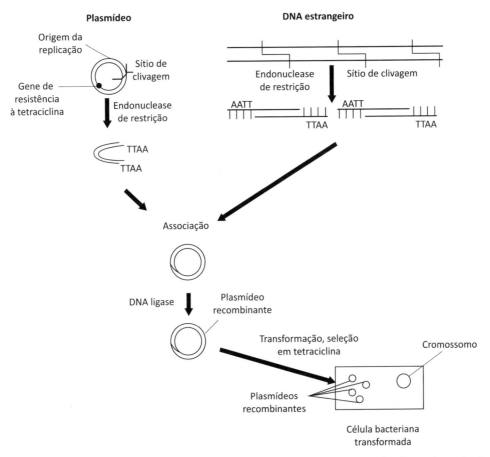

Figura 4.1 Esquema geral de um experimento de engenharia genética. Num tubo de ensaio, o círculo de DNA de dupla fita que constitui o vetor é clivado por tratamento com uma endonuclease de restrição, para a qual apresenta um único sítio suscetível, originando uma molécula de DNA linear. Num segundo tubo de ensaio, o DNA que se deseja clonar é fragmentado por meio de tratamento com a mesma enzima de restrição, para a qual contém vários sítios suscetíveis. Em seguida, as duas preparações de DNA são reunidas num único tubo, ao qual se acrescenta a enzima DNA ligase, o que resultará na formação de moléculas circulares recombinantes, compostas do DNA do vetor e de um fragmento do DNA estrangeiro. Essa preparação é então empregada para transformar uma linhagem bacteriana sensível ao antibiótico tetraciclina, para o qual o vetor confere resistência. Ao serem semeadas em presença de tetraciclina, somente crescerão as células que contiverem o vetor. Ao se multiplicar, essas células originarão uma população de células-filhas idênticas (clones), todas portadoras do DNA recombinante.

4.2 ENZIMAS DE RESTRIÇÃO: AS TESOURAS MOLECULARES QUE CORTAM A MOLÉCULA DE DNA EM PONTOS ESPECÍFICOS

A construção do DNA recombinante requer que seja possível cortar as moléculas de DNA de modo preciso e reprodutível. Além de ser necessário cortar o vetor num único ponto específico, onde será inserido o DNA estrangeiro, é imprescindível que *todas* as moléculas do vetor sejam cortadas exatamente na mesma posição. Consequentemente, não se pode realizar esse tipo de construção por meio da clivagem aleatória do DNA do vetor. Na verdade, a engenharia genética só se tornou possível após a descoberta de uma classe especial de enzimas, as endonucleases de restrição, que rendeu o Prêmio Nobel a Werner Arber, Hamilton Smith e Daniel Nathans em 1978.

A observação inicial do fenômeno de restrição tinha sido feita cerca de 30 anos antes por Luria e Human (1952), que haviam descrito a capacidade que algumas cepas da bactéria *E. coli* apresentam de se proteger da infecção por bacteriófagos, ou, nas palavras desses autores, de *restringir* o crescimento do bacteriófago. Hoje se sabe que tal mecanismo de defesa consiste na produção pela bactéria de uma enzima capaz de degradar o DNA viral invasor. O DNA próprio da bactéria fica protegido do ataque pela enzima de restrição porque, ao mesmo tempo que produz a enzima de restrição, a bactéria também produz uma enzima de modificação, pela ação da qual são acrescentados grupos metila a algumas das bases que compõem a sequência de DNA que é reconhecida pela enzima de restrição em questão. Uma vez metilada, essa sequência deixa de ser reconhecida pela enzima de restrição. Assim, para uma determinada enzima de restrição, existe uma enzima de modificação correspondente e fala-se em sistemas de restrição-modificação.

As endonucleases de restrição são sintetizadas por muitas, se não todas, as espécies de bactérias, sendo comum uma mesma espécie bacteriana produzir mais de uma enzima de restrição, mas tais enzimas nunca foram encontradas em organismos eucarióticos. Essa classe de enzimas compreende três tipos, que diferem quanto a genética e enzimologia. As enzimas de restrição de Tipo I e Tipo III têm um modo de ação mais complexo e não são de utilidade em engenharia genética. Em contrapartida, sem as enzimas de restrição de Tipo II não teria sido possível a engenharia genética. Assim, daqui por diante, quando falarmos em enzimas de restrição, estaremos nos referindo àquelas de Tipo II.

As enzimas de restrição são endodesoxirribonucleases, ou endonucleases, que reconhecem sequências específicas de nucleotídeos na molécula de DNA e cortam as duas cadeias de DNA num ponto dentro dessa sequência. Uma determinada enzima de restrição catalisará a quebra da dupla fita apenas quando encontrar aquela sequência particular que reconhece. É essa especificidade que faz das enzimas de restrição instrumentos tão importantes em engenharia genética. Assim, por exemplo, a enzima de restrição chamada *Pvu*I (produzida pela bactéria *Proteus vulgaris*) corta o DNA somente quando encontra a sequência de seis nucleotídeos CGATCG. Por sua vez,

Elementos de engenharia genética

a enzima de restrição *Pvu*II, produzida pela mesma bactéria, só corta o DNA quando encontra a sequência hexanucleotídica CAGCTG. A maioria das enzimas de restrição reconhece sequências hexanucleotídicas, mas há também algumas que reconhecem sequências de quatro a doze nucleotídeos.

Admitindo que os quatro diferentes nucleotídeos ocorram com a mesma frequência ao longo da molécula de DNA, calcula-se que uma dada sequência de quatro pares de bases (bp) ocorra em média a cada 256 bp ($0,25^4$ = 1/256), enquanto uma de 6 bp ocorra a cada 4.096 bp da molécula. Entretanto, como a distribuição de sítios de reconhecimento não é regular, uma determinada região do DNA pode ser cortada mais ou menos frequentemente que a média estatística. Os diferentes fragmentos originados pela digestão com uma enzima de restrição podem facilmente ser separados uns dos outros, com base no seu tamanho, por meio de eletroforese em gel de agarose ou de poliacrilamida. A partir desses dados, é possível construir o que se chama de *mapa de restrição*, o que envolve a determinação da posição e da orientação de cada fragmento na molécula de DNA original.

As sequências de reconhecimento das enzimas de restrição no DNA apresentam uma simetria rotacional. Em geral, a sequência de reconhecimento constitui um palíndromo, isto é, as duas fitas têm a mesma sequência se uma é lida da esquerda para a direita e a outra, da direita para a esquerda (ou, em termos de DNA, se ambas são lidas na direção 5' para 3' ou ambas são lidas na direção 3' para 5'). As sequências de reconhecimento de algumas enzimas de restrição estão apresentadas na Tabela 4.1.

A primeira enzima de restrição foi isolada em 1970 (SMITH; WILCOX, 1970) e hoje já se conhecem mais de 3 mil, isoladas a partir de uma vasta gama de espécies bacterianas, compreendendo cerca de 250 diferentes sequências de reconhecimento. Em muitos casos, duas ou mais enzimas de restrição, provenientes de diferentes bactérias, reconhecem a mesma sequência de DNA: essas enzimas são chamadas de isoesquizômeros. O resultado do corte pode ser diferente dependendo da enzima de restrição. Há enzimas que cortam exatamente no meio da sequência de reconhecimento, como é o caso da *Pvu*II e da *Alu*I (ver Tabela 4.1), originando o que se chama de extremidade cega ou abrupta nos fragmentos de DNA resultantes da sua ação. Por outro lado, um número considerável de enzimas de restrição corta a dupla fita de maneira a gerar *extremidades coesivas* nos fragmentos resultantes.

144 Fundamentos

Tabela 4.1 Enzimas de restrição

Organismo produtor	Nome da enzima	Sequência de reconhecimento	Características relevantes
Escherichia coli	EcoRI	5'...G↓ AATTC...3' 3'...C TT A A↑G...5'	Sequência palindrômica de seis nucleotídeos. O corte gera extremidades coesivas.
	EcoRII	5'...↓CC $\frac{A}{T}$ GG...3' 3'...GG $\frac{A}{T}$ CC↑...5'	Sequência não palindrômica. O corte gera extremidades coesivas.
Proteus vulgaris	PvuII	5'...C AG↓CTG...3' 3'...GTC↑G AC...5'	O corte gera extremidades abruptas ou cegas.
Arthrobacter luteus	AluI	5' A G↓CT...3' 3' TC↑G A...5'	Sequência de quatro nucleotídeos. O corte gera extremidades cegas.
Anabaena variabilis	AvaI	5'...C↓Py C G Pu G...3' 3'...G Pu G C Py↑C...5'	Qualquer purina (Pu) ou pirimidina (Py) pode estar presente nos locais indicados.
Nocardia otitidis-caviarum	NotI	5'...GC↓GGC C G C...3' 3'...CGC C GG↑C G...5'	Sequência de oito nucleotídeos, pouco frequente no DNA de mamíferos.
Providencia stuartii	PstI	5'...CTGC A↓G...3' 3'...G↑A CGTC...5'	O corte gera extremidades coesivas com extensão de fita simples em 3'.
Bacillus stearothermophilus	BstEII	5'...G↓G TNAC...3' 3'...CCANTG↑G5'	N pode ser qualquer purina ou pirimidina. Uma das raras enzimas que produz extensões de mais de quatro bases.

* Estão apresentadas algumas endonucleases de restrição e as sequências de DNA que reconhecem. A, T, G e C representam os nucleotídeos de adenina, timina, guanina e citosina, respectivamente. As flechas indicam o ponto em que a enzima cliva cada uma das fitas dentro da sequência de reconhecimento. Note que o resultado final é sempre uma quebra de fita dupla.

Elementos de engenharia genética

Isso ocorre porque tais enzimas não cortam as duas fitas da molécula de DNA topo a topo, mas de um modo "desencontrado" dentro da sequência de reconhecimento, o que produz extremidades de corte dotadas de curtas sequências de fita simples, complementares entre si, como está mostrado para o caso da enzima *Eco*RI na Figura 4.2.

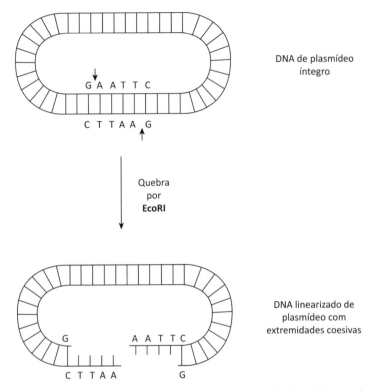

Figura 4.2 Digestão de DNA pela enzima de restrição *Eco*RI. Uma molécula de DNA circular de dupla fita contendo apenas uma sequência de reconhecimento para a endonuclease de restrição *Eco*RI, após tratamento com essa enzima, será convertida numa molécula linear com extremidades coesivas do tipo *Eco*RI.

Assim, por menor que seja a semelhança entre as sequências de nucleotídeos de duas moléculas de DNA, a enzima de restrição saberá encontrá-la e cortará ambas as moléculas nesse ponto. Fragmentos originados a partir de moléculas de DNA diferentes, porém digeridas pela mesma enzima de restrição, quando dotados de extremidades coesivas, se associarão com grande facilidade pela complementaridade de sequência, como mostrado na Figura 4.1.

Todas as enzimas de restrição clivam a ligação fosfodiéster, deixando grupos 5' fosfato (5'P) e 3' hidroxila (3'OH) nos fragmentos resultantes, que constituem exatamente o substrato da enzima *DNA ligase*. Assim, os fragmentos gerados por ação de uma enzima de restrição poderão ser facilmente reunidos por ligação covalente com a adição da DNA ligase, que catalisa a formação de novas ligações fosfodiéster. Também é possível realizar a ligação entre fragmentos de DNA dotados de extremidades abruptas (por exemplo, aquelas geradas pela digestão com a enzima de restrição *Pvu*II), empregando-se a DNA ligase produzida por *E. coli* infectada pelo bacteriófago T4. Os modos de ação da DNA ligase de *E. coli* e da DNA ligase de T4 são muito semelhantes, diferindo, entretanto, quanto ao cofator requerido: enquanto a DNA ligase de *E. coli* requer NAD$^+$, a de T4 requer ATP.

Apesar da facilitação que se obtém para a etapa de ligação, quando se utiliza a mesma enzima de restrição para cortar ambas as espécies de DNA a serem recombinadas, surgem também alguns inconvenientes. Por exemplo, uma extremidade *Eco*RI vai ser capaz de se emparelhar com qualquer outra extremidade *Eco*RI: no momento que a enzima DNA ligase for adicionada ao sistema, algumas moléculas do vetor se recircularizarão pela reação entre as suas duas extremidades, sem que tenha ocorrido nenhuma inserção de DNA estrangeiro. Por outro lado, também se formarão moléculas híbridas, contendo inserções de vários fragmentos do DNA estrangeiro religados entre eles por suas extremidades *Eco*RI. Como mostrado na Figura 4.3, a recircularização do plasmídeo pode ser evitada se, antes da etapa da DNA ligase, o plasmídeo linearizado for submetido à ação da enzima fosfatase alcalina, que remove os fosfatos das extremidades 5' da molécula, impedindo, em consequência, a ação da DNA ligase, cujo substrato é constituído de extremidades 5'P e 3'OH. Assim, quando as duas espécies de DNA a serem recombinadas forem postas em presença uma da outra e da DNA ligase, as extremidades 5'P dos fragmentos do DNA estrangeiro serão ligadas às extremidades 3'OH do plasmídeo, numa das fitas. Na outra fita, sobrará uma interrupção, porque tampouco poderá ocorrer a ligação entre as extremidades 3'OH do DNA estrangeiro com o plasmídeo, mas a célula bacteriana é capaz de reparar tais interrupções de fita simples, de modo que, uma vez dentro da célula, o plasmídeo recuperará a sua integridade conformacional. Alternativas para contornar o problema da recircularização do vetor serão explicadas mais adiante.

4.3 VETORES GENÉTICOS: AS MOLÉCULAS DE DNA QUE VEICULAM A PROPAGAÇÃO DOS FRAGMENTOS DE DNA DE INTERESSE

Um vetor genético nada mais é que uma molécula de DNA que pode aceitar introduções de DNA estrangeiro em regiões não essenciais para a sua multiplicação dentro da célula hospedeira. Tais moléculas de DNA serão, portanto, as transportadoras do DNA heterólogo para o interior da célula hospedeira, possibilitando a sua multiplicação, sob a forma de uma molécula híbrida. É desejável que o DNA do vetor possa ser extraído em separado do DNA cromossômico do hospedeiro, para facilitar a recuperação do DNA estrangeiro inserido nesse vetor. Entre as bactérias, são frequentemente encontrados elementos genéticos extracromossômicos, como plasmídeos e vírus (bacteriófagos), que satisfazem esses requisitos. Podemos dizer que a engenharia genética só se tornou realidade porque plasmídeos e vírus bacterianos se mostraram capazes de reprodução após a adição de sequências de DNA estrangeiras ao seu genoma.

Elementos de engenharia genética 147

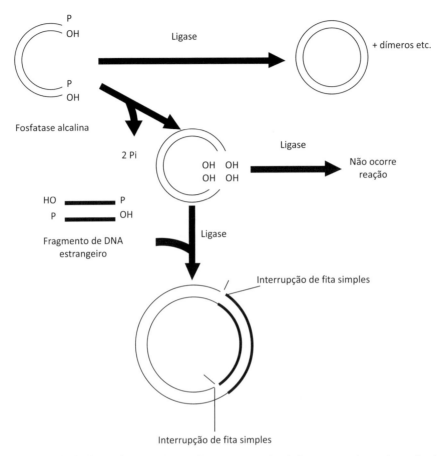

Figura 4.3 Desfosforilação do vetor. Para evitar que se recircularize sem nenhuma inserção de DNA estrangeiro, o DNA do plasmídeo linearizado é primeiramente submetido à ação da enzima fosfatase alcalina, antes de ser posto em presença do fragmento de DNA estrangeiro e da DNA ligase.

Para que o DNA recombinante possa perpetuar-se entre os descendentes da célula viva que o recebeu inicialmente, ou, em outras palavras, para que o DNA recombinante possa ser *clonado*, é preciso que o sistema enzimático de síntese de DNA (processo de replicação do DNA) dessa célula reconheça o novo DNA. Para tanto, é necessária a presença, no vetor, de uma sequência correspondente a uma origem de replicação compatível com o sistema de síntese de DNA da célula hospedeira. Plasmídeos e bacteriófagos contêm tais origens de replicação e apresentam, portanto, replicação autônoma, independente do cromossomo da célula. Sendo replicados normalmente pela célula hospedeira, haverá cópias de tais *replicons* em todas as células do clone que esta célula irá originar ao fim de sucessivas divisões.

Por outro lado, para que aquelas células que tiverem efetivamente incorporado o novo DNA possam ser identificadas, o replicon deve conter algum gene que confira às células uma nova característica facilmente detectável (marcador genético). Os marcadores genéticos mais frequentemente utilizados para a manipulação de bactérias são os genes de resistência a drogas. Assim, das milhares de bactérias submetidas ao agente infeccioso, poderão ser facilmente selecionadas aquelas poucas que tiverem realmente sido infectadas, por uma simples semeadura sobre meio contendo a droga em questão, à qual as células eram originalmente sensíveis.

O primeiro vetor a ser utilizado em engenharia genética foi o plasmídeo pSC101, um pequeno círculo extracromossômico de DNA de dupla fita, natural da bactéria *E. coli*, portador de um gene que confere resistência ao antibiótico tetraciclina. Cohen et al. (1973) utilizaram esse plasmídeo por ele conter apenas um sítio de reconhecimento para a enzima de restrição *Eco*RI e, consequentemente, após a digestão por essa enzima, ser convertido numa molécula linear, dotada de extremidades coesivas do tipo *Eco*RI. Quando essa molécula de DNA linearizada foi posta em presença de diferentes fragmentos de DNA de outra procedência, porém também obtidos por digestão pela enzima *Eco*RI, e essa mistura foi submetida à ação da DNA ligase, formaram-se diferentes plasmídeos híbridos. Cada um deles continha um ou mais pedaços do DNA estrangeiro inseridos no sítio de *Eco*RI do plasmídeo recircularizado e se mostraram capazes de transformar uma linhagem selvagem da bactéria *E. coli*, que é sensível ao antibiótico, numa linhagem resistente a ele.

A partir dos plasmídeos naturais de bactérias, foram a seguir derivados novos plasmídeos, mais adequados para servir como vetores de clonagem. O mais conhecido desses plasmídeos artificiais é o pBR322 (BOLÍVAR et al., 1977), um pequeno plasmídeo multicópias, de 4.363 bp, construído a partir de fragmentos provenientes de vários plasmídeos naturais de *E. coli* (Figura 4.4). A sua origem de replicação provém do plasmídeo ColE1, cujo número de cópias por célula é normalmente quinze, mas que pode ainda ser amplificado até 3 mil cópias/célula por meio da adição de cloranfenicol à cultura. Ocorre que a replicação desse tipo de plasmídeo está sob controle dito *relaxado*, de tal modo que, embora a maquinaria de replicação de DNA e de síntese proteica da célula hospedeira seja inibida pelo cloranfenicol, a replicação do plasmídeo ainda continua por várias horas após a adição da droga. Além da origem de replicação do plasmídeo ColE1, o plasmídeo pBR322 contém dois marcadores de seleção, Amp^R e Tet^R (genes que conferem resistência à ampicilina e à tetraciclina, respectivamente), e apresenta 39 sítios únicos de reconhecimento para diferentes enzimas de restrição, alguns dos quais situados inclusive dentro da sequência desses marcadores.

Como se pode observar pela Figura 4.4, se utilizarmos o sítio *Pst*I para a inserção do DNA estrangeiro, o gene Amp^R ficará inativado e, consequentemente, a bactéria transformada por esse plasmídeo recombinante ficará resistente apenas à tetraciclina, porém continuará sensível à ampicilina (fenótipo $Amp^S Tet^R$). Como as células não transformadas têm fenótipo $Amp^S Tet^S$, será possível distinguir de imediato, num teste em placa de Petri (basta semear as células sobre meio completo adicionado do antibiótico), as células não transformadas das transformadas pelo plasmídeo recombinante e, ainda mais importante, daquelas transformadas por um plasmídeo não recombinante, ou seja, em que não ocorreu inserção do fragmento estrangeiro: estas serão resistentes aos *dois* antibióticos ($Amp^R Tet^R$). A possibilidade de tal inativação insercional, acarretando um fenótipo facilmente reconhecível, que resulta da presença de dois genes de resistência contendo sítios de clonagem diferentes, fez do pBR322 um instrumento extremamente útil em engenharia genética. Posteriormente, foram construídos plasmídeos ainda mais aperfeiçoados para desempenhar o papel de vetores de *E. coli*. Assim, por exemplo, o plasmídeo pUC18 contém um grande número de sítios únicos para diferentes enzimas de restrição, todos reunidos numa única região, que foi denominada *polylinker*. Como o *polylinker* está situado dentro do gene *lacZ*, uma inserção de DNA estrangeiro em qualquer um dos seus sítios acarretará a inativação insercional do gene *lacZ*. Semeando-se as células em meio contendo o indicador X-Gal, as colônias transformadas pelo plasmídeo recombinante podem ser facilmente reconhecidas, uma vez que passam da coloração azul para a branca. Uma vantagem adicional proporcionada pelo *polylinker* consiste na possibilidade de se inserir diretamente um fragmento com extremidades geradas por duas diferentes enzimas de restrição (desde que existam sítios para elas no *polylinker*), sem ter de recorrer a manipulações adicionais.

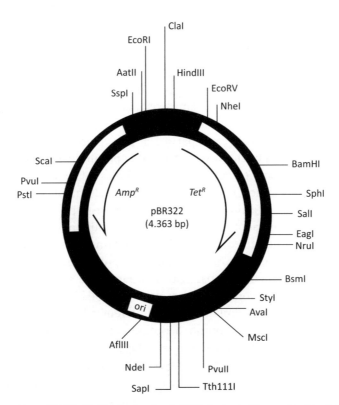

Figura 4.4 Plasmídeo pBR322. Molécula circular de DNA de dupla fita, contendo uma origem de replicação (ori) e dois genes marcadores, Amp^R e Tet^R, que conferem resistência aos antibióticos ampicilina e tetraciclina, respectivamente. Estão indicados alguns dos sítios únicos de reconhecimento para diferentes enzimas de restrição. As flechas indicam a direção de transcrição dos genes marcadores.

Por outro lado, foram também desenvolvidos sistemas de clonagem para bactérias, empregando bacteriófagos em vez de plasmídeos. Esses sistemas proporcionam maior facilidade de isolamento das moléculas híbridas, pois, permitindo-se ao fago concluir o seu ciclo lítico, serão liberadas partículas fágicas contendo o DNA recombinante (obtém-se facilmente uma amplificação de 10^6 vezes no lisado). Entretanto, haverá um limite de tamanho para o DNA que se deseja clonar, já que só poderá ser empacotada na cabeça do fago uma molécula de DNA de um determinado comprimento. Os bacteriófagos têm aproximadamente de dez a cinquenta genes e podem ser manipulados para transportar outros genes em substituição a alguns dos seus. Assim, puderam ser construídos vetores consistindo no genoma do bacteriófago lambda do qual se removeu uma região não essencial para o desenvolvimento do ciclo lítico, que pode, portanto, ser substituída pelo DNA estrangeiro. Essa abordagem apresenta ainda a vantagem de que o DNA do fago sem a inserção será pequeno demais para ser empacotado e, consequentemente, só serão geradas partículas fágicas contendo o DNA recombinante, contanto que este contenha um fragmento heterólogo de tamanho adequado para compensar a região ausente do genoma fágico. Posteriormente, também foram desenvolvidas técnicas que permitem o empacotamento *in vitro* do DNA recombinante. Obtém-se dessa maneira um vírus infeccioso portador do DNA recombinante, o que aumenta significativamente a eficiência do processo em relação à transformação utilizando plasmídeos.

Visando combinar vantagens dos dois sistemas de clonagem, o dos plasmídeos e o dos bacteriófagos, foi desenvolvida uma nova classe de vetores artificiais, os chamados cosmídeos. Trata-se de plasmídeos nos quais foram inseridas pequenas sequências do DNA do bacteriófago lambda (os sítios *cos*), necessárias para o empacotamento do DNA do fago na cabeça da partícula. Tais vetores conservam a característica de serem mantidos na bactéria sob a forma de plasmídeos, mas, por outro lado, podem ser empacotados *in vitro*, originando partículas de fago capazes de infectar a bactéria, o que, como já vimos, constitui um processo altamente eficiente. Os cosmídeos continuam sujeitos à limitação de tamanho imposta pela cabeça da partícula, mas permitem que seja empacotada uma quantidade muito maior de DNA estrangeiro (até 45 kb), uma vez que tiveram removida praticamente a totalidade do genoma fágico. Em relação aos plasmídeos, os cosmídeos apresentam a vantagem de que o DNA pode ser acondicionado em partículas de fago, que são muito mais estáveis, permitindo que o DNA seja conservado por períodos mais longos. Existem ainda vários outros vetores, derivados do lambda e de diferentes bacteriófagos, porém a sua descrição foge ao escopo deste capítulo. São dignos de nota os vetores derivados de fagos de DNA de fita simples, como é o caso do fago M13 de *E. coli*, porque facilitam grandemente certas etapas de manipulação genética. Assim, por exemplo, o sequenciamento de DNA, a mutagênese *in vitro* e certos métodos de preparação de sondas requerem DNA de fita simples, como veremos adiante.

No caso de organismos eucarióticos, conhecem-se alguns poucos plasmídeos naturais (SCHENBERG; BONATELLI JR., 1987), como o plasmídeo de 2 μm da levedura *Saccharomyces cerevisiae*, do qual se obteve a origem de replicação para a construção da maioria dos vetores da levedura. Para outros organismos, empregam-se vírus como vetores de clonagem, como é o caso de vírus de mamíferos e insetos.

Também foram construídos vetores-ponte ou bifuncionais, que contêm origens de replicação e marcadores de seleção compatíveis com dois sistemas hospedeiros

Elementos de engenharia genética   **151**

diferentes. Na verdade, a maioria dos vetores construídos para diferentes células eucarióticas consiste em vetores bifuncionais, capazes de transformar tanto a célula eucariótica em questão quanto a bactéria *E. coli*. Essa estratégia é interessante, porque permite que sejam aproveitadas as vantagens dos dois sistemas hospedeiros. Assim, por exemplo, embora a levedura também seja um microrganismo, ainda é muito mais cômodo realizar alguns dos passos da manipulação em *E. coli*, como a amplificação e a extração do DNA plasmidial, o que se pode realizar com grande facilidade quando se utiliza um vetor bifuncional.

Quando se trabalha com genomas de eucariotos superiores, é necessário clonar fragmentos grandes de DNA. Para acomodar tais fragmentos, foi desenvolvido um tipo especial de plasmídeo de levedura, chamado *Yeast Artificial Chromosome* (YAC), que é capaz de aceitar inserções de até 800 kb, ou seja, quase trinta vezes mais DNA do que aceitam os plasmídeos bacterianos. O YAC contém todos os elementos de um verdadeiro cromossomo (origem de replicação, centrômero, dois telômeros, além dos genes marcadores).

Mais recentemente, também foi desenvolvido um novo tipo de plasmídeo bacteriano, denominado BAC (*Bacterial Artificial Chromosome*), derivado do plasmídeo F de *E. coli*, que apresenta grande estabilidade replicativa na bactéria. Embora os BAC não sejam capazes de acomodar fragmentos tão grandes de DNA estrangeiro quanto os YAC, eles apresentam a vantagem de permitir poucos eventos de recombinação e rearranjo do DNA clonado em relação aos YAC e têm, portanto, sido preferencialmente utilizados para a clonagem genômica.

Em resumo, são as seguintes as características que deve ter o plasmídeo para ser utilizado como vetor de clonagem:

a) *Ter baixo peso molecular:* permite que o vetor seja facilmente isolado intacto.

b) *Apresentar pelo menos um sítio único para uma determinada enzima de restrição (sítio de clonagem):* permite que o vetor seja clivado num só ponto, onde será inserido o DNA estrangeiro. Evidentemente, a presença de vários sítios únicos para diferentes enzimas de restrição é altamente desejável.

c) *Ser portador de uma origem de replicação compatível com o sistema hospedeiro:* permite que o vetor se perpetue entre a descendência da célula inicialmente transformada, originando um clone molecular.

d) *Conter pelo menos um gene marcador:* permite a seleção dos clones transformantes entre um grande número de células submetidas ao processo de transformação.

e) *Ter controle relaxado de replicação:* permite que o DNA do plasmídeo seja amplificado, possibilitando a obtenção de quantidades ainda mais significativas do gene estrangeiro.

f) *Não ser um plasmídeo conjugativo:* trata-se de uma medida de segurança, visando evitar a disseminação do DNA recombinante fora do laboratório por meio da transferência do plasmídeo para outros microrganismos.

4.4 CONSTRUÇÃO DA MOLÉCULA DE DNA RECOMBINANTE: DIFERENTES ESTRATÉGIAS

Há casos em que não é possível empregar enzimas de restrição para a clonagem. O principal problema advém do fato de que pode haver sítios suscetíveis à ação da enzima dentro da sequência gênica que se quer clonar, sendo alta, portanto, a probabilidade de se incorrer na inativação do gene. Para contornar esse problema, procede-se à fragmentação mecânica do DNA, que gera quebras ao acaso, garantindo que pelo menos algumas das moléculas não sejam quebradas dentro do gene de interesse. Essa coleção de fragmentos aleatórios é mais representativa do genoma e essa abordagem foi, portanto, bastante utilizada para a construção de bibliotecas genômicas dos mais diversos organismos. Entretanto, evidentemente, não é possível obter extremidades coesivas por meio desse procedimento. Além disso, o emprego seja de genes sintéticos, seja de cDNA (veja adiante) tampouco fornece extremidades coesivas.

Nesses casos, uma alternativa consiste no emprego da enzima transferase terminal. Diferentemente das demais DNA polimerases, a transferase terminal, encontrada em timo de vitela, tem a capacidade de adicionar nucleotídeos às extremidades 3'OH das cadeias de DNA, sem necessitar de uma fita de DNA-molde. Essa enzima foi, portanto, muito utilizada em engenharia genética (JACKSON; SYMONS; BERG, 1972). Por esse procedimento, chamado de método das extensões homopoliméricas, podem ser adicionados cerca de 100 resíduos de um determinado nucleotídeo (por exemplo, dATP) às extremidades do vetor e cerca de 100 resíduos do nucleotídeo complementar (no caso, dTTP) às extremidades do DNA a ser inserido nesse vetor, de tal forma que, quando essas diferentes moléculas forem colocadas em presença, possam emparelhar-se por meio de suas extremidades complementares (Figura 4.5).

Uma vantagem desse método é que não há possibilidade de o vetor voltar à forma original, uma vez que só se recircularizarão os plasmídeos contendo a inserção e, consequentemente, todas as células transformadas conterão o DNA recombinante. Também é preciso considerar que, quando se trabalha com extremidades coesivas geradas por uma enzima de restrição, além de outras reações parasitas, diferentes fragmentos do DNA a ser clonado podem ligar-se entre si, de modo que teremos representada, no plasmídeo recombinante, uma situação diferente daquela do genoma original: sequências que não eram contíguas no genoma original poderão ficar contíguas no plasmídeo. A aplicação do método das extensões homopoliméricas evita esse tipo de artefato. Entretanto, a desvantagem é que esse procedimento introduz longas regiões de pares poli(dA)-poli(dT) nas junções entre as duas espécies de DNA, o que pode afetar a função gênica. Outra desvantagem é que haverá dificuldades para se remover do vetor o fragmento de interesse em etapas subsequentes da clonagem.

Hoje se dispõe de outros métodos, que consistem em recorrer a "ligadores", sintetizados quimicamente, constituídos de oligonucleotídeos contendo a sequência de reconhecimento de uma determinada enzima de restrição. Tais ligadores são adicionados, por ação da enzima DNA ligase de T4, às extremidades do DNA que se quer clonar e, tratando-se em seguida esse DNA com a enzima de restrição em questão, serão originadas as extremidades correspondentes. Uma das vantagens dessa estratégia é que o

DNA inserido pode depois ser removido do vetor, por meio do tratamento com aquela determinada enzima de restrição. Encontram-se disponíveis no mercado ligadores sintéticos desse tipo para qualquer enzima de restrição, de modo que é possível inserir qualquer fragmento estrangeiro em qualquer sítio do vetor. A técnica da reação em cadeia da polimerase (PCR), que será descrita mais adiante, também permite que se criem as extremidades desejadas no fragmento de DNA a ser amplificado.

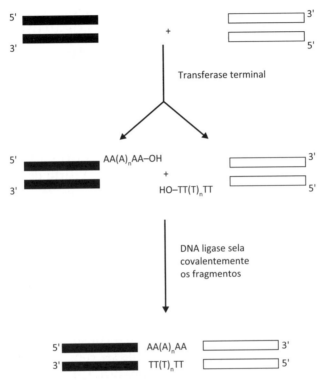

Figura 4.5 Método das extensões homopoliméricas. Por ação da enzima transferase terminal, são adicionadas, *in vitro*, extensões poli-dA ao fragmento e poli-dT ao vetor. Tais extremidades complementares então se associarão e, por adição de DNA ligase ao sistema, será formada uma ligação fosfodiéster entre o vetor e o fragmento. Em vez de extensões poli-dA/poli-dT, podem também ser criadas extensões poli-dC/poli-dG, se os precursores utilizados forem dCTP e dGTP.

Quando se realiza uma reação de ligação entre moléculas de DNA digeridas por uma mesma enzima de restrição, a inserção do fragmento heterólogo pode ocorrer em qualquer uma das duas orientações em relação ao vetor. Em certos casos, isso não tem importância, mas, em outros, necessita-se da entrada do fragmento apenas numa determinada orientação. Para obter a inserção na orientação correta, pode-se lançar mão do uso de duas diferentes enzimas de restrição, que produzam diferentes extremidades coesivas (extremidades A e B). Como somente duas extremidades A ou duas extremidades B vão poder se ligar, a entrada do fragmento no vetor também aberto por essas mesmas duas enzimas de restrição vai ocorrer somente numa das orientações.

Essa abordagem também apresenta a vantagem de o vetor não poder se recircularizar sem que tenha ocorrido inserção do fragmento heterólogo.

O material genético a ser clonado pode ser obtido diretamente, a partir do genoma de outro organismo, ou por meio de síntese *in vitro*. Além disso, quando se conhece a sequência de aminoácidos da proteína (casos pouco frequentes), é possível deduzir a sequência de DNA que a codifica e obter o gene por meio de síntese química. Essa última abordagem só é viável no caso de polipeptídeos e foi empregada para a clonagem do gene da somatostatina, um pequeno hormônio de apenas 14 aminoácidos, tendo constituído um dos primeiros sucessos da engenharia genética (ITAKURA et al., 1977).

Entretanto, um dos caminhos mais diretos para o isolamento de um determinado gene consiste na clonagem do que se chama de *DNA complementar* (cDNA). Sabe-se que os genes de eucariotos são, na sua grande maioria, "genes partidos", isto é, apresentam a sequência codificante interrompida pela presença de introns. Os introns são sequências não codificadoras, que não resultarão em sequências da proteína que o gene codifica. Em contrapartida, o RNA mensageiro maduro é o molde que será utilizado para a síntese da proteína. Assim, quando é possível isolar o mRNA de uma dada proteína, a clonagem fica grandemente facilitada. A partir desse mRNA pode-se obter o cDNA *in vitro*, por ação da enzima transcriptase inversa. Essa enzima é capaz de sintetizar um DNA de dupla fita a partir de qualquer molécula de RNA, ficando o procedimento muito simplificado quando o RNA for portador de uma sequência poli-A no seu terminal 3', como é o caso dos mRNAs eucarióticos. A Figura 4.6 mostra os passos necessários para a obtenção do cDNA.

Quando não se pode dispor do gene isolado, a estratégia consiste na construção de uma coleção de plasmídeos (ou fagos) contendo todos os genes de um determinado organismo. Para obter tal *biblioteca genômica*, *banco genômico* ou *genoteca*, deve-se proceder à fragmentação do DNA total extraído do organismo, de modo a originar uma coleção de fragmentos aleatórios. Isso pode ser conseguido por meio da fragmentação mecânica do DNA, ou por meio de uma digestão apenas parcial por uma ou mais enzimas de restrição. Em geral, utiliza-se uma enzima de restrição que reconhece uma sequência curta, como a enzima *Sau*3A, que reconhece uma sequência de quatro nucleotídeos, sob condições em que não consiga digerir o DNA por completo. Nessas condições de digestão parcial, nem todas as moléculas de DNA serão cortadas em todos os sítios suscetíveis à enzima e alcança-se, portanto, uma distribuição quase randômica de fragmentos. Com essa coleção de fragmentos, pode-se então criar uma coleção de plasmídeos híbridos, representativa do genoma inteiro do organismo.

O número de clones necessários para cobrir todo o genoma será diferente, conforme o tamanho do genoma do organismo. Assim, por exemplo, utilizando o bacteriófago lambda como vetor, serão necessários 1.500 clones recombinantes para construir uma genoteca de *E. coli*, 4.600 clones para *S. cerevisiae* e 800 mil clones para mamíferos. Evidentemente, o número de clones necessários vai também depender do tamanho médio dos fragmentos: quanto maior o tamanho do fragmento, menos clones serão necessários. Consequentemente, para a construção de bancos genéticos, preferem-se vetores que aceitem fragmentos grandes, como cosmídeos, YAC ou BAC.

Elementos de engenharia genética 155

Outra abordagem consiste em se construir uma *biblioteca de cDNA* a partir do mRNA total de uma determinada célula. A biblioteca de cDNA, entretanto, representa apenas os genes que estão se expressando naquele determinado momento da vida da célula. Tendo em mãos uma biblioteca genética, pode-se empreender a busca do gene desejado, como veremos na Seção 4.7.

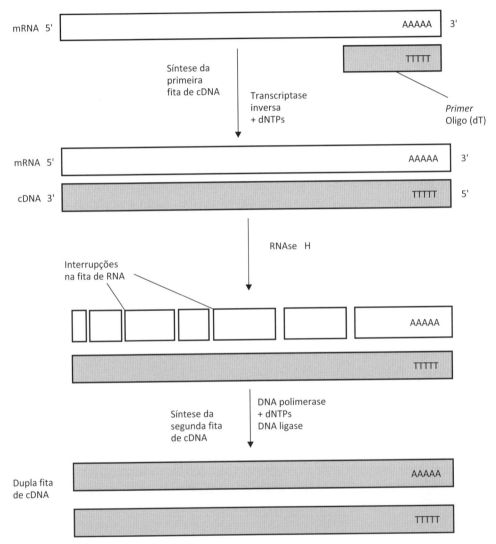

Figura 4.6 Obtenção do cDNA. Um dos métodos para obter cDNA a partir do mRNA eucariótico, que contém normalmente uma extensão poli(A) na sua extremidade 3', consiste em incubar o mRNA com oligonucleotídeos [oligo(dT)], que se hibridarão ao poli(A), servindo como *primers* para a enzima transcriptase inversa sintetizar a primeira fita do cDNA. Para remover a fita de mRNA da molécula híbrida, há várias alternativas. Uma delas consiste em utilizar a enzima RNAse H de *E. coli*, que introduzirá interrupções na fita de RNA que compõe a molécula híbrida. Tais interrupções serão utilizadas como sítios de iniciação para a enzima DNA polimerase I de *E. coli*, que sintetizará a segunda fita do cDNA, tomando por molde a primeira fita. O último passo consiste na adição de DNA ligase, que selará qualquer interrupção remanescente.

Em 1985, foi descoberta uma nova técnica de síntese de DNA *in vitro*, que permite amplificar diretamente uma determinada região do genoma (SAIKI et al.,1985). Trata-se da técnica de reação em cadeia da polimerase (*Polymerase Chain Reaction* – PCR), que teve um impacto formidável em biologia molecular. Para aplicar a PCR, entretanto, é necessário que se conheçam as sequências (~20 bp são suficientes) que ladeiam a sequência de DNA de interesse, para poder primeiramente proceder à síntese química desses oligonucleotídeos, que então servirão como iniciadores (*primers*) do processo de polimerização. O *primer* é necessário porque a DNA polimerase requer uma pequena região de DNA de dupla fita para iniciar a síntese da fita-filha: a grande vantagem é que, quando se utilizam dois *primers*, só será sintetizada pela DNA polimerase a região de DNA compreendida entre eles. Em outras palavras, os *primers* limitarão a síntese a uma região específica do DNA, o que levará à amplificação apenas dessa sequência (Figura 4.7).

O procedimento é bastante simples: uma preparação de DNA, que pode consistir do genoma inteiro do organismo, é primeiramente desnaturada por tratamento térmico, em presença dos dois *primers* complementares às sequências que ladeiam a sequência de interesse, em ambas as fitas desnaturadas. Com a presença dos quatro dNTPs precursores e da DNA polimerase bacteriana no sistema, ocorrerá a síntese da fita simples complementar ao DNA-molde, a partir da extremidade 3'OH de cada *primer*. Assim, cada ciclo da PCR envolve os seguintes eventos:

1) Desnaturação térmica da dupla fita do DNA-alvo.

2) Resfriamento, para permitir o emparelhamento dos *primers* com as regiões complementares nas duas fitas desnaturadas do DNA.

3) Extensão dos *primers*, por ação da DNA polimerase.

A grande vantagem da PCR consiste na possibilidade de se repetir o ciclo inteiro por várias vezes, bastando para isso desnaturar as novas moléculas de DNA dupla fita que vão se formando, em condições de excesso de *primers*. O resultado é um crescimento exponencial da região de interesse, definida pelos dois *primers*: assim, repetindo-se o ciclo por 25 vezes, obtém-se uma amplificação de até 4×10^6 da região de interesse. Com a descoberta de DNA polimerases termorresistentes, a PCR pôde ser automatizada e, hoje em dia, é fácil amplificar sequências de DNA de até 30 kb em máquinas pouco onerosas.

Elementos de engenharia genética 157

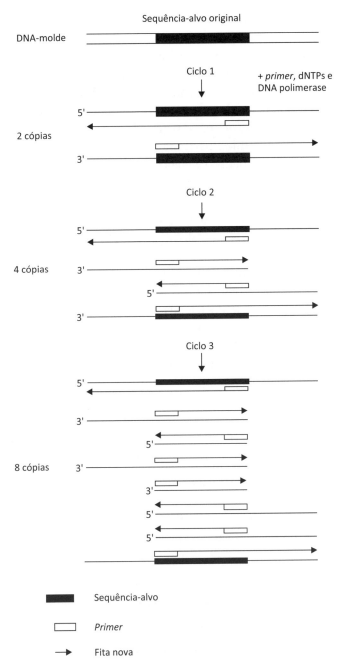

Figura 4.7 Reação em cadeia da polimerase (PCR). O DNA contendo a sequência a ser amplificada (barra sólida) é primeiramente desnaturado por elevação da temperatura. Após a separação das duas fitas do DNA-mãe, a DNA polimerase sintetizará duas novas fitas (nas direções indicadas pelas flechas), a partir de cada um dos *primers* (barras não sólidas) e tomando como molde as fitas-mãe. O ciclo de aquecimento-resfriamento é repetido, até que se obtenha a amplificação desejada do fragmento de DNA. Deve-se notar que, embora ocorra a síntese de algumas moléculas mais longas que a sequência--alvo, estas se diluirão ao longo dos ciclos sucessivos e, portanto, predominarão na população moléculas-filhas apenas da sequência-alvo, ou seja, da sequência contida entre os dois *primers*.

A técnica da PCR veio revolucionar toda a área da engenharia genética, porque permite que se produzam ilimitadas cópias de um segmento *específico* do DNA, sem ter de recorrer à clonagem. Como mencionado, uma vez que são os dois *primers* que definem o segmento que se quer amplificar, não é necessário isolar esse segmento para poder aplicar a PCR. Além disso, a quantidade de DNA necessária para começar o processo é muito pequena, sendo suficientes quantidades da ordem de 1 µg de DNA genômico. Tampouco é necessário um alto grau de pureza do DNA, podendo ser empregado diretamente DNA obtido a partir da lise celular. A técnica da PCR é extremamente versátil e, consequentemente, vem encontrando inúmeras aplicações, dentre as quais se destaca o diagnóstico de diversas doenças infecciosas, bem como de doenças genéticas. Além disso, a alta sensibilidade da PCR permitiu o desenvolvimento do *DNA fingerprinting* (impressão digital do DNA), uma técnica de alto poder de resolução que possibilita a identificação de indivíduos (determinação de paternidade, determinação de suspeitos em casos policiais) a partir de amostras diminutas do seu DNA. A sensibilidade da PCR é tal que já permitiu a amplificação e a clonagem de DNA obtido de múmias humanas e de plantas e animais já extintos. A única exigência da PCR é a disponibilidade dos *primers* adequados: é preciso saber quais são as sequências vizinhas à região de interesse que se deseja amplificar. Entretanto, quando se dispõe de um fragmento de DNA qualquer, inserido num vetor conhecido, é óbvio que essa dificuldade desaparece, já que se podem utilizar como *primers* as sequências contíguas do próprio vetor.

4.5 EXPRESSÃO DA INFORMAÇÃO GENÉTICA HETERÓLOGA

Com os desenvolvimentos da engenharia genética, é hoje possível expressar qualquer gene em qualquer organismo hospedeiro, desde bactérias, leveduras, fungos filamentosos e insetos até plantas e animais. Vetores especializados, entretanto, tiveram de ser desenvolvidos, não apenas para transformar eficientemente, mas também para fornecer as condições necessárias para a expressão do DNA clonado em cada um desses tipos celulares.

A síntese de uma proteína funcional a partir do gene clonado depende de vários passos metabólicos, que deverão ser realizados pela célula hospedeira:

1) Transcrição do gene, originando o mRNA.

2) Processamento (*splicing*) do mRNA, que removerá as regiões correspondentes aos introns.

3) Tradução do mRNA em proteína.

4) Processamento pós-traducional (há proteínas que, uma vez sintetizadas, necessitam ainda sofrer modificações para adquirirem atividade biológica).

5) Por fim, uma vez pronta, é preciso que a proteína heteróloga não seja degradada pela célula hospedeira.

Elementos de engenharia genética   **159**

Evidentemente, uma falha em qualquer um desses passos resultará na ausência do produto do gene clonado.

Para garantir a expressão do gene clonado, foram desenvolvidos vetores especiais, chamados de *vetores de expressão*, que são portadores dos diversos elementos genéticos necessários às etapas de transcrição e de tradução que a célula hospedeira deverá realizar. E é importante ressaltar que diferentes sistemas hospedeiros exigem elementos específicos. Vamos aqui nos limitar a descrever os requerimentos específicos da célula bacteriana. Na Figura 4.8 está representado um modelo de vetor de expressão para *E. coli*.

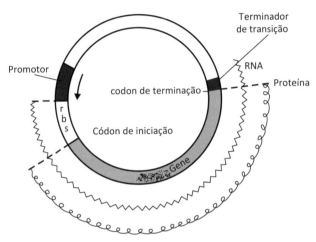

Figura 4.8 Vetor de expressão de *E. coli*. O DNA do vetor contém os elementos genéticos necessários para a transcrição (promotor e terminador) e para a tradução (rbs, compreendendo a sequência S-D e o códon de iniciação) do gene estrangeiro. A seta indica a direção em que ocorrerá a transcrição do gene pela RNA polimerase da bactéria que hospeda esse plasmídeo recombinante.

Para que ocorra a *transcrição*, é necessário que o gene clonado esteja intercalado entre um promotor e um terminador de transcrição – sequências de DNA que são reconhecidas pela RNA polimerase da célula hospedeira. Hoje, já foram isolados diferentes promotores bacterianos, que variam quanto a sua intensidade e seu modo de ação. Existem promotores fortes, que são aqueles que sustentam uma alta taxa de transcrição e foram isolados de genes cujos produtos são requeridos em altas concentrações para o funcionamento normal da célula. Por sua vez, os promotores fracos, que são relativamente ineficientes, foram isolados de genes cujos produtos são suficientes em pequenas quantidades para o funcionamento normal da célula. Dependendo da finalidade da clonagem, às vezes pode ser interessante utilizar um promotor fraco, como no caso de proteínas tóxicas para a célula hospedeira. Entretanto, a situação ideal é poder cultivar a bactéria portadora do gene clonado até a cultura atingir a máxima densidade de células, para só então provocar a expressão maciça do gene clonado. Para essa finalidade, são muito utilizados vetores contendo um *promotor regulável*, que permite um controle mais estrito da expressão.

Em *E. coli*, a regulação da transcrição pode ocorrer por indução ou repressão. Um gene induzível é aquele cuja transcrição só ocorre em presença do indutor: geralmente, o indutor consistirá do substrato da enzima codificada pelo gene em questão. Em contrapartida, um gene repressível é aquele cuja transcrição deixa de ocorrer em presença da substância repressora. Um dos promotores mais frequentemente utilizados para a expressão em *E. coli* é o promotor *lac*, que controla a transcrição do gene *lacZ*, codificador da enzima β-galactosidase. Esse promotor é induzido por lactose ou outros – β-galactosídeos, como o isopropil-tiogalactosídeo (IPTG) –, de modo que, ao se adicionar IPTG ao meio de cultura, o promotor *lac* entrará em ação e ocorrerá a transcrição do gene que tiver sido clonado sob o seu controle. Outro promotor bastante utilizado é o promotor *trp*, que é reprimido por triptofano, podendo também ser induzido por ácido 3-indolilacético. Um promotor extremamente forte é o promotor λP_L, um dos promotores responsáveis pela transcrição dos genes do bacteriófago lambda. Esse promotor é reconhecido pela RNA polimerase de *E. coli* quando o fago está desenvolvendo o ciclo lítico. Quando o fago está no ciclo lisogênico, esse promotor é reprimido pelo produto do gene λcI. Os vetores de expressão que contêm o promotor λP_L são utilizados com uma linhagem de *E. coli* portadora de uma versão mutante do gene *cI* (no próprio vetor ou então num profago), que sintetiza uma forma termossensível da proteína repressora cI. Assim, em temperaturas até 30 °C, essa proteína mutante mantém a capacidade de reprimir o promotor λP_L; em temperaturas mais elevadas, a proteína é inativada e, consequentemente, ocorre a transcrição do gene clonado sob esse promotor.

Outro sistema de expressão muito eficiente, que utiliza um promotor do fago T7 e a RNA polimerase do próprio T7, foi desenvolvido posteriormente. Quando o fago T7 infecta *E. coli*, a bactéria passa a produzir a RNA polimerase de T7, que reconhece apenas os promotores de T7, de modo que a bactéria passará a transcrever preferencialmente os genes de T7. Tirando proveito desse fato, foram construídos vetores em que o gene clonado fica sob o controle do promotor de T7 e que contêm ao mesmo tempo o gene que codifica a RNA polimerase do fago, sob o controle de um promotor regulável de *E. coli*, como o promotor *lac*. Quando se transforma a bactéria com esse vetor, a expressão do gene clonado ocorre logo após se induzir a transcrição da RNA polimerase de T7. Como essa RNA polimerase reconhece apenas o promotor do fago, ocorrerá transcrição apenas do gene clonado, e não dos demais genes da hospedeira.

Por outro lado, como as bactérias não são capazes de realizar o processamento do RNA, para obter-se expressão de genes contendo introns (a grande maioria dos genes de organismos eucarióticos) será necessário primeiramente remover esses introns. O caminho mais direto é, sem dúvida, realizar a clonagem do cDNA.

Para que ocorra a *tradução*, é necessário que o mRNA contenha um sítio de ligação ao ribossomo (rbs), que inclui o códon de iniciação da tradução (AUG ou GUG) e uma sequência complementar ao terminal 3' do RNA ribossômico 16S (sequência Shine--Dalgarno, ou S-D). Consequentemente, vetores de expressão precisam conter uma sequência rbs logo em seguida ao promotor. A sequência S-D pode variar em comprimento (3-9 bp) e precede o códon de iniciação em 3-12 bp. Essa distância deve ser respeitada para se obter boa eficiência da tradução. O processo da tradução termina quando for encontrado um códon de terminação (UAA, UAG ou UGA) no mRNA.

Elementos de engenharia genética

161

No que diz respeito ao processamento *pós-traducional*, as bactérias são incapazes de realizar a maioria das modificações características das proteínas eucarióticas. Tal é o caso, por exemplo, da insulina humana, que é sintetizada na forma de um precursor, a pró-insulina, contendo, além das cadeias A e B, uma sequência adicional de 35 aminoácidos (a cadeia C), importante para que a molécula de insulina adquira a sua conformação tridimensional final, mas que deve ser removida antes que a insulina se torne biologicamente funcional. A bactéria não é capaz de remover a cadeia C da pró-insulina, de modo que, para obter a insulina humana a partir de bactéria, foi necessário clonar e expressar separadamente genes sinteticamente construídos das cadeias A e B, purificá-las e só então ligá-las num passo *in vitro* (GOEDDEL et al., 1979). Assim, quando se deseja obter uma proteína eucariótica que precisa sofrer esse tipo de modificação, deve-se usar como hospedeira uma célula eucariótica, por exemplo, uma levedura.

Em certos casos, por exemplo, o da expressão de somatostatina e interferon humanos em *E. coli*, a proteína sofre degradação pelas proteases da célula hospedeira. Para contornar esse problema, pode-se realizar a clonagem de forma a resultar numa proteína de fusão com alguma proteína natural da hospedeira, o que protege a proteína estrangeira da ação das proteases. Assim, foi possível obter somatostatina produzida por *E. coli*, sob a forma de uma fusão com a β-galactosidase bacteriana. Para liberar a somatostatina biologicamente ativa, a proteína de fusão precisou ser clivada, o que se conseguiu num passo subsequente, realizado *in vitro*, consistindo de tratamento com brometo de cianogênio (ITAKURA et al., 1977). Entretanto, nem sempre é possível realizar satisfatoriamente esse último passo: como o brometo de cianogênio cliva a cadeia peptídica a cada resíduo de metionina, essa abordagem experimental só funciona para peptídeos que não contenham metioninas internas, como é o caso da somatostatina. Outra maneira de atenuar o problema da degradação proteica consiste em utilizar como hospedeiras linhagens mutantes, que apresentam um complemento reduzido de proteases intracelulares. Também a localização celular da proteína heteróloga pode influir na sua estabilidade na célula hospedeira. Assim, no caso da pró--insulina de rato expressada em *E. coli*, foi verificado que a meia-vida da proteína heteróloga era de ~2 minutos no citoplasma, mas de ~20 minutos no periplasma da bactéria hospedeira (TALMADGE; GILBERT, 1982).

Quando se deseja obter a *secreção* da proteína codificada pelo gene clonado, é ainda necessário que ela seja sintetizada sob a forma de um precursor, tendo no seu terminal amino um peptídeo-sinal. O peptídeo-sinal consiste de uma curta sequência de aminoácidos hidrofóbicos, que é responsável pela passagem da proteína através da membrana celular. O peptídeo-sinal é naturalmente removido por ação de uma peptidase, à medida que a proteína vai sendo secretada. Pode-se, portanto, anexar ao vetor de expressão a sequência de DNA que codifica o peptídeo-sinal de alguma proteína normalmente secretada pela célula hospedeira, de tal modo que a clonagem resulte numa fusão gênica, na qual deve ser observada a fase de leitura correta, para originar o precursor proteico contendo o peptídeo-sinal.

4.6 IDENTIFICAÇÃO DO GENE CLONADO DE INTERESSE

Em última análise, o sucesso de um experimento de clonagem depende da possibilidade de se distinguir e isolar o clone que contém o gene de interesse. Entretanto, essa tarefa é muitas vezes comparável a se achar uma agulha no palheiro! Considerando que o tamanho do genoma de uma célula de mamífero é de aproximadamente 10^9 bp, um gene (~5.000 bp) representa apenas 0,0005% do DNA total. Mesmo um organismo tão simples quanto a bactéria *E. coli* contém milhares de genes, de modo que uma digestão por enzima de restrição do DNA total produzirá não apenas o fragmento portador do gene que nos interessa, mas uma população de fragmentos contendo outros genes. Durante a etapa da DNA ligase, todos esses diferentes fragmentos estarão sujeitos a se inserir separadamente numa das moléculas do vetor e, consequentemente, serão produzidas diferentes moléculas de DNA recombinante, cada uma contendo um pedaço diferente do genoma do organismo. Após a transformação da célula hospedeira com essa coleção de plasmídeos híbridos, será obtida também uma coleção de clones recombinantes. Quando essa coleção for representativa do genoma inteiro do organismo, teremos em mãos uma biblioteca genômica, como descrito. É necessário, portanto, identificar no meio dessa coleção aquele clone específico que nos interessa. Diferentes estratégias podem ser utilizadas para essa finalidade.

4.6.1 MÉTODOS GENÉTICOS

Consistem em conseguir a complementação de alguma função deficiente na célula hospedeira. Foi assim, por exemplo, que pôde ser isolado o gene *LEU2* da levedura *S. cerevisiae*, que codifica a enzima isopropilmalato-desidrogenase (RATZKIN; CARBON, 1977). Transformando-se uma linhagem mutante de *E. coli*, incapaz de produzir essa enzima, com uma biblioteca genômica da levedura, foi isolado o plasmídeo do clone bacteriano que mostrou ter recuperado a capacidade de produzir a enzima: esse plasmídeo era portador do gene *LEU2* da levedura. Embora seja extremamente direto e eficiente, esse método exige que ocorra a expressão do gene clonado e, além disso, que a proteína heteróloga desempenhe uma função detectável na célula hospedeira. Um exemplo peculiar de detecção direta do gene estrangeiro foi a clonagem do gene da luciferase de vagalume em *E. coli*: as colônias recombinantes puderam ser identificadas porque se tornaram luminescentes no escuro.

4.6.2 MÉTODOS IMUNOQUÍMICOS

Quando a proteína estrangeira não tem uma função aparente na célula hospedeira, é necessário empregar um método de detecção imunoquímico. A aplicação de um método imunoquímico vai depender de se dispor do anticorpo contra a proteína codificada pelo gene em questão e pressupõe, portanto, que esse gene esteja sendo expresso pela célula hospedeira. Assim, quando se pretende utilizar essa metodologia, costuma-se partir de uma biblioteca de cDNA construída em vetor de expressão. Embora existam várias versões de rastreamento imunológico, a mais popular é aquela que se realiza diretamente com as colônias recombinantes, como esquematizado na Figura 4.9a. As colônias (ou placas de lise, no caso de se ter utilizado um fago como vetor) são primeiramente transferidas por "carimbagem" da placa-mãe sobre um filtro de nitrocelulose. Esse procedimento transfere uma amostra de cada colônia, mantendo a mesma localização das colônias na placa e no filtro. O filtro é então tratado para lisar as células e expor as proteínas de cada colônia e, a seguir, incubado com uma solução contendo o anticorpo contra a proteína desejada. Após remover-se o anticorpo não ligado, utiliza-se um segundo anticorpo ou a proteína A de *Staphylococcus aureus* para localizar a posição do primeiro anticorpo. A proteína A liga-se especificamente à imunoglobulina e, utilizando-se proteína A marcada com ^{125}I, a detecção da colônia que está exprimindo a proteína desejada se fará por autorradiografia. Na autorradiografia, expõe-se um filme sensível a raios X ao filtro, para então revelar-se o filme: se houver radioatividade em alguma colônia, aparecerá uma mancha preta no filme, na posição correspondente à colônia. Tendo sido identificada a colônia, volta-se à placa-mãe para recuperar as células vivas, que se encontrarão na posição correspondente.

4.6.3 MÉTODOS DE HIBRIDAÇÃO DE ÁCIDOS NUCLEICOS

Esses métodos identificarão o próprio DNA clonado, não necessitando, portanto, que a célula esteja exprimindo o produto gênico correspondente. Tais métodos baseiam-se na propriedade que moléculas de ácidos nucleicos em fita simples (DNA ou RNA) apresentam de se associarem por meio de pontes de hidrogênio, formando moléculas de dupla fita híbridas, desde que haja um grau suficiente de complementaridade entre a sequência de bases das duas fitas simples. Esse tipo de molécula híbrida pode ser formado entre duas fitas de DNA, duas fitas de RNA, ou entre uma fita de RNA e uma fita de DNA.

Essa propriedade pode ser utilizada para a identificação de um determinado clone recombinante, bastando para isso que se disponha de uma *sonda genética*, consistindo do DNA ou RNA complementar ao gene desejado. Pode-se empregar esse método de detecção, diretamente (*in situ*), em colônias bacterianas ou em placas de lise de bacteriófagos, como ilustrado na Figura 4.9b. Por um procedimento análogo ao descrito anteriormente, após o crescimento das colônias, estas são "carimbadas" sobre um filtro de nitrocelulose ou membrana de *nylon*. Esse filtro é inicialmente tratado para expor, desnaturar e fixar o DNA de cada colônia e então incubado em presença da sonda genética marcada. Para se obter a sonda marcada, o método clássico consiste na incorporação de um nucleotídeo radioativo (^{32}P), de modo que a detecção da hibridação, no passo final, é feita por meio de autorradiografia. Hoje em dia, está-se dando preferência a outros métodos de marcação, que não envolvem radioatividade, para evitar riscos desnecessários ao pesquisador e ao meio ambiente. Foram, portanto, desenvolvidos métodos alternativos de marcação, entre os quais se destacam aqueles que se baseiam na reação entre biotina e avidina, essa última acoplada a um marcador de fluorescência. Uma vez identificado o clone que contém o DNA desejado, volta-se à placa original da qual foi obtido o filtro carimbado, para recuperar as células vivas.

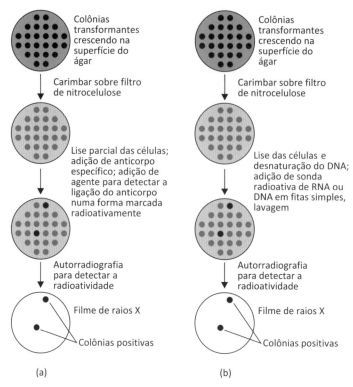

Figura 4.9 Identificação *in situ* da colônia recombinante. (a) Identificação por meio de anticorpo específico: o clone recombinante é identificado por estar produzindo a proteína codificada pelo gene clonado. (b) Identificação por meio de sonda genética: o clone recombinante é identificado por conter o DNA complementar à sonda.

É possível ter uma sonda genética disponível nos seguintes casos:

a) Quando se isolou o RNA correspondente ao gene em questão, tRNA, rRNA ou mRNA. Assim, por exemplo, o primeiro gene eucariótico a ser isolado foi o gene da globina de coelho, a partir do isolamento do seu mRNA (ROUGEON; KOURILSKY; MACH, 1975). O isolamento do mRNA da globina a partir de eritrócitos é extremamente facilitado, uma vez que os eritrócitos são células especializadas, que só produzem globina. Entretanto, essa não é a situação que se verifica para a grande maioria das proteínas. Como alternativa, pode-se obter o mRNA por meio da sua capacidade de dirigir a síntese do produto do gene desejado num sistema de tradução *in vitro*, mas essa abordagem já é mais sofisticada. Hoje em dia, graças aos desenvolvimentos na área de síntese e sequenciamento de oligonucleotídeos, cultura e transformação genética de células de mamíferos, além da PCR, tornou-se bem mais simples a tarefa de obter cDNAs completos, bem como a de clonar cDNAs a partir de mRNAs pouco abundantes na célula de origem. Uma vez tendo em mãos o mRNA, este pode evidentemente ser utilizado como sonda para identificar o clone genômico.

Elementos de engenharia genética   **165**

b) Quando se trata de um gene com alto grau de conservação, é possível empregar uma sonda heteróloga, ou seja, o DNA de outro organismo. Assim, por exemplo, o gene da actina de *S. cerevisiae* foi isolado empregando-se como sonda um cDNA de actina de *Dictyostelium discoideum* (NG; ABELSON, 1980).

c) Quando já se tiver algumas informações sobre a sequência da proteína codificada pelo gene de interesse, é possível sintetizar o oligonucleotídeo correspondente, representando uma pequena sequência do gene, e esse oligonucleotídeo será empregado como sonda. Assim, no caso do citocromo *c* da levedura, já se dispunha de dados de análise da sequência da proteína, donde foi deduzida uma sequência de DNA de 44 bp que pôde então ser utilizada como sonda para o isolamento do gene *CYC1* (MONTGOMERY et al., 1978).

Quando se dispõe de uma sonda genética, além da hibridação de colônias descrita, pode-se realizar a hibridação do tipo *Southern*. Para realizar o ensaio de *Southern*, hibrida-se a sonda com o DNA extraído das células recombinantes, previamente identificadas pela hibridação de colônias. Esse DNA é primeiramente digerido por uma ou mais enzimas de restrição, separam-se os fragmentos resultantes por eletroforese em suporte de gel e desnaturam-se os fragmentos *in situ*, antes de transferi-los para um filtro de nitrocelulose, que será incubado com a sonda marcada. Por meio da autorradiografia do filtro, pode-se identificar o fragmento de DNA que corresponde àquela determinada sonda. A mesma técnica, com ligeiras modificações, pode ser realizada utilizando RNA fixado sobre o filtro e, nesse caso, o procedimento é denominado hibridação do tipo *Northern*. Por meio desse procedimento, pode-se verificar se um determinado gene é transcrito apenas numa determinada situação ou tipo celular. Para tanto, extrai-se o RNA total da célula em diferentes momentos do seu ciclo de vida, em diferentes condições de cultivo ou de diferentes tipos celulares, para a realização do *Northern*. Se ocorrer hibridação com o DNA do gene clonado, saberemos que estava havendo transcrição do gene naquelas células. Também as proteínas das células transformantes podem ser separadas por eletroforese, para serem em seguida identificadas por meio de reação com o anticorpo específico e, nesse caso, o ensaio é denominado de *Western Blotting*.

Uma vez isolado, o gene pode ter a sua sequência de nucleotídeos determinada, ser submetido a alterações dirigidas, que permitirão compreender as relações entre estrutura e função, bem como ser transferido para diferentes vetores, que transformarão outras células hospedeiras.

No que se refere ao *sequenciamento de DNA*, destacam-se as contribuições de Fred Sanger, que desenvolveu diversas metodologias, das quais a mais utilizada é aquela que utiliza, como precursores para a síntese de DNA, 2',3'-didesoxinucleotídeos (ddNTPs), que interrompem a elongação da cadeia de DNA pela DNA polimerase (SANGER; NICKLEN; COULSON, 1977). O didesoxinucleotídeo pode ser eficientemente incorporado na cadeia nascente, todavia, bloqueará a progressão da síntese da cadeia, porque não tem o grupo hidroxila na posição 3' do açúcar. Como esse grupo hidroxila é necessário para que o nucleotídeo seguinte seja acrescentado à cadeia, toda vez que um ddNTP for incorporado, ocorrerá a terminação da cadeia nesse ponto. O princípio do método é simples: quando se colocam num tubo de ensaio, além do fragmento de DNA a ser sequenciado (em fita simples), a DNA polimerase, um *primer* marcado radioativamente, todos os quatro desoxirribonucleotídeos normais (dNTPs) e mais apenas um deles na forma didesoxi, por exemplo, a timidina (ddTTP), toda vez que houver incorporação de uma ddTTP na fita que a DNA polimerase está sintetizando ocorrerá a parada da síntese nesse ponto. Isso demonstra que, precisamente naquele ponto da fita-molde, existe uma adenosina. Na verdade, utilizam-se quatro tubos em paralelo, cada um contendo apenas um dos NTPs na forma didesoxi. No passo seguinte, os fragmentos sintetizados em cada um dos quatro tubos são separados de acordo com o seu tamanho, por meio de eletroforese desnaturante em gel de poliacrilamida. Para a leitura da sequência, expõe-se um filme de raios X ao gel. Na Figura 4.10 está esquematizado o procedimento. É importante ressaltar que a proporção ddNTP:dNTP deve ser cuidadosamente estabelecida, para permitir que a sequência de DNA seja determinada corretamente. De fato, se houver excesso do ddNTP, só será possível ler o início da sequência.

Hoje se dispõe de máquinas automatizadas que permitem o sequenciamento de genomas inteiros, como é o caso do sequenciamento total de todos os cromossomos da levedura *S. cerevisiae*, que foi completado em abril de 1996 por uma rede de laboratórios associados. A levedura foi, portanto, o primeiro organismo eucariótico a ter a sua sequência genética inteiramente determinada. Desde então, já se completaram os sequenciamentos genômicos de inúmeros organismos eucarióticos, inclusive do homem. Tendo se em mãos a sequência do gene, pode-se deduzir a sequência da proteína que ele codifica. Na verdade, é mais fácil obter a sequência da proteína por esse caminho que pelo sequenciamento da própria proteína.

Elementos de engenharia genética 167

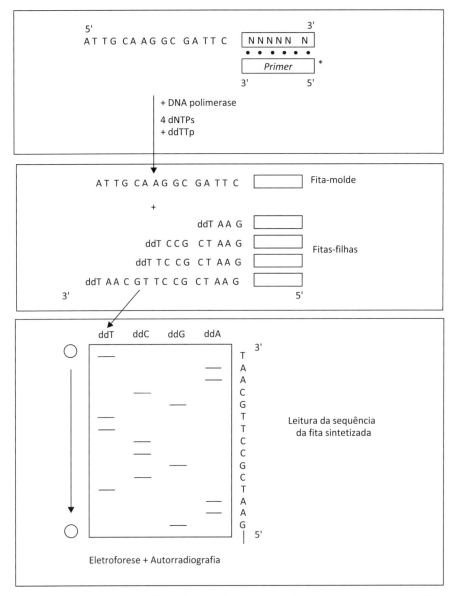

Figura 4.10 Sequenciamento de DNA pelo método enzimático de Sanger. O fragmento de DNA que se quer sequenciar foi inicialmente clonado num plasmídeo de fita simples. Para iniciar a síntese *in vitro* da nova fita pela DNA polimerase, é adicionado um *primer*, marcado na sua extremidade 5', consistindo de uma curta sequência complementar ao DNA do plasmídeo. Em cada um dos quatro tubos, adicionam-se ainda os quatro dNTPs normais e apenas um ddNTP (ddATP, ddTTP, ddCTP ou ddGTP). Esse ddNTP, ao ser incorporado na fita de DNA nascente, acarretará a terminação da segunda fita nesse ponto. No passo seguinte, essas quatro preparações são submetidas à eletroforese em gel desnaturante, para separar os fragmentos pelo seu tamanho. A autorradiografia do gel mostrará os fragmentos recém-sintetizados. Da sequência lida no autorradiograma deduz-se a sequência (complementar) do DNA original.

O DNA isolado e sequenciado pode também ser mutagenizado *in vitro*, de maneira muito precisa e deliberada, sendo em seguida devolvido à célula viva, onde o efeito fenotípico de diferentes mutações poderá ser estudado. A engenharia genética inaugurou uma nova era no campo da mutagênese: enquanto os agentes mutagênicos naturais provocam mutações nos mais variados genes dentro da célula, é agora possível produzir *mutações sítio-dirigidas,* também chamadas de oligonucleotídeo-dirigidas. O procedimento básico consiste em sintetizar um pequeno oligonucleotídeo em fita simples contendo a mutação pontual desejada e colocá-lo em presença do gene que se quer mutagenizar, clonado num vetor de fita simples. Num passo seguinte, o oligonucleotídeo servirá de *primer* para a DNA polimerase, que sintetizará a segunda fita do vetor, inclusive o gene de interesse. Esse vetor de fita dupla, contendo agora uma das fitas mutada num sítio específico, será introduzido na bactéria hospedeira, onde será replicado, originando múltiplas cópias. A natureza semiconservativa do processo de replicação do DNA fará com que 50% das moléculas resultantes sejam portadoras da mutação em ambas as fitas. Há hoje inúmeras variações desse procedimento básico, que não descreveremos aqui. É preciso, entretanto, ressaltar que a mutagênese sítio--dirigida tem um enorme potencial, tanto para a pesquisa básica quanto para a aplicada. De fato, por meio da análise de alterações introduzidas na sequência de aminoácidos da molécula da proteína, pode-se "mapear" a molécula, descobrindo-se quais são os resíduos que constituem o sítio catalítico, os diferentes domínios de ligação ao substrato etc. Em biotecnologia, como há agora várias proteínas importantes sendo produzidas por microrganismos recombinantes, pode-se aplicar a mutagênese sítio-dirigida para obter uma proteína mais ativa, mais estável e que não apresente efeitos colaterais indesejados. É o que se chama de *engenharia de proteínas*, um campo novo e altamente promissor, que se tornou realidade graças à engenharia genética.

4.7 TRANSFORMAÇÃO GENÉTICA DA CÉLULA VIVA: DIFERENTES SISTEMAS HOSPEDEIROS DO DNA RECOMBINANTE

As características ideais que um organismo deve apresentar para ser utilizado como hospedeiro de genes clonados são: capacidade de crescer em meios de cultura pouco dispendiosos, crescimento rápido, estabilidade em cultura e não patogenia. Os hospedeiros mais utilizados, portanto, têm sido alguns microrganismos bem caracterizados do ponto de vista genético, como a bactéria *E. coli* e a levedura *S. cerevisiae.*

Até há pouco tempo, existia também a necessidade de se conhecer um método que permitisse a transformação genética de cada tipo de hospedeiro. Assim, para possibilitar a entrada de DNA em *E. coli*, foram inicialmente desenvolvidos protocolos empregando cloreto de cálcio e choque térmico. No caso de *S. cerevisiae*, o primeiro procedimento de transformação requeria a protoplastização das células (obtida por meio de enzimas hidrolíticas da parede celular), seguida de regeneração dos protoplastos após o tratamento com o DNA. Esse procedimento extremamente laborioso pôde subsequentemente ser substituído por uma técnica que emprega cloreto de lítio para fragilizar a parede. Entretanto, todos esses procedimentos mostraram ser altamente traumáticos para as células, deixando poucos sobreviventes – da ordem de 10^{-6}.

Elementos de engenharia genética   **169**

Mais recentemente, foi desenvolvida uma nova técnica, chamada de *eletroporação* (SHIGEKAWA; DOWER, 1988), que permite que se transforme geneticamente qualquer tipo de célula, procariótica ou eucariótica, deixando cerca de 50% de sobreviventes. Para a eletroporação, as células são colocadas numa solução contendo o DNA e submetidas a um breve pulso elétrico, que provoca a abertura transitória de orifícios no envelope celular, por onde entrará o DNA.

4.7.1 HOSPEDEIROS PROCARIÓTICOS

O organismo mais utilizado até hoje continua sendo a bactéria *E. coli*, em virtude da grande quantidade de conhecimento acumulado sobre os seus mecanismos genéticos e bioquímicos. Entretanto, esse hospedeiro apresenta algumas desvantagens, principalmente quando se passa à produção em larga escala de proteínas recombinantes. Ocorre que essa bactéria é normalmente encontrada no trato intestinal humano e é potencialmente patogênica. Mesmo linhagens não patogênicas produzem endotoxinas, que podem contaminar os produtos, o que é particularmente problemático no caso de produtos farmacêuticos injetáveis, como a insulina. Além disso, essa bactéria não secreta eficientemente as proteínas para o meio, mas retém-nas no espaço periplasmático, o que em certos casos não é desejável.

Bacillus subtilis, uma bactéria Gram-positiva, tem também sido utilizada como hospedeira. Essa bactéria não é patogênica, não produz endotoxinas e é boa secretora, mas apresenta certos inconvenientes para a clonagem. O principal problema consiste na instabilidade estrutural e segregacional dos plasmídeos recombinantes, que não se mantêm após repiques sucessivos e sofrem intensa recombinação. Consequentemente, o DNA estrangeiro acaba se diluindo na população.

Evidentemente, no caso de hospedeiros procarióticos, devem ser utilizadas linhagens mutantes, que não produzam enzimas de restrição.

4.7.2 HOSPEDEIROS EUCARIÓTICOS

O mais utilizado dos hospedeiros eucarióticos é a levedura *S. cerevisiae*, para a qual se desenvolveram vários tipos de vetores plasmidiais especializados. Trata-se de um organismo unicelular, não patogênico, e que apresenta a vantagem de ser capaz de realizar a maioria das modificações pós-tradução que as proteínas de mamíferos sofrem nas células de origem. Tais modificações incluem: remoção da metionina do terminal amino da proteína, acetilação do terminal amino, acilação, fosforilação e glicosilação. Além disso, a levedura mostrou-se capaz de realizar corretamente o *folding* das proteínas de mamífero, indispensável para que estas adquiram a sua conformação tridimensional correta e, portanto, a sua plena atividade biológica. Um dos exemplos mais marcantes talvez seja o da montagem pela levedura de partículas do vírus da hepatite B. A partir da clonagem do gene de um dos antígenos de superfície desse vírus (HBsAg), a levedura não apenas sintetiza esse antígeno, mas ainda monta uma partícula lipoproteica multimérica complexa, muito semelhante ao envelope viral, resolvendo a questão da apresentação do antígeno, um dos principais problemas das vacinas de subunidades produzidas por DNA recombinante (VALENZUELA et al., 1982). Essas partículas (destituídas de DNA do vírus) são altamente imunogênicas e permitiram o desenvolvimento da primeira vacina recombinante a ser liberada para uso humano.

Essas características, associadas ao fato de que a levedura *S. cerevisiae* vem sendo explorada pelo homem há mais de 8 mil anos para produzir alimentos (pão, cerveja e vinho), sem nunca ter se mostrado patogênica, têm levado à escolha desse organismo para a expressão de produtos de vertebrados de alto valor agregado, principalmente para aplicação terapêutica. Por outro lado, considerando que *S. cerevisiae* já é um organismo tradicionalmente empregado em processos biotecnológicos, o desenvolvimento da engenharia genética dessa levedura também permitiu que se realizassem passos de melhoramento genético da própria célula hospedeira. Assim, por exemplo, foram obtidas linhagens recombinantes de *S. cerevisiae* capazes de degradar amido por meio da clonagem de genes que codificam enzimas amilolíticas em outros organismos (SCHENBERG; VICENTE; ASTOLFI-FILHO, 1993). A principal desvantagem que o sistema apresenta se refere aos rendimentos, que são significativamente inferiores em relação às bactérias. Ultimamente, outras leveduras além de *S. cerevisiae* estão sendo empregadas como hospedeiras, já que apresentam melhores rendimentos: as leveduras metilotróficas, como *Pichia pastoris* e *Pichia augusta* (ex-*Hansenula polymorpha*), são as mais bem estudadas até o momento.

Também são utilizadas como hospedeiras diversas linhagens de células de mamíferos em cultura. O sistema de células de mamíferos tem sido muito útil para estudos de genética humana, câncer, doenças infecciosas e da própria fisiologia dessas células. Como não se conhecem plasmídeos para células de mamífero, os vetores disponíveis são sempre vírus. O vírus SV40, que causa tumores em primatas, foi o primeiro a ser utilizado, porque o seu genoma consiste de DNA de dupla fita circular e a sua sequência nucleotídica foi uma das primeiras a ser inteiramente conhecida. Foram construídos vetores derivados do SV40 que não induzem câncer e continuam a ser muito utilizados. Por outro lado, também são utilizados retrovírus para a introdução de genes em células de mamífero, uma vez que esses vírus acabam se integrando nos cromossomos da célula hospedeira. Também é digno de menção o vírus vaccinia, um grande vírus de DNA de dupla fita que vem sendo utilizado para a clonagem de diversos genes virais para a produção de vacinas. Para células de mamífero, além da eletroporação, empregam-se também os procedimentos de fusão de lipossomos e microinjeção. O DNA pode ser incorporado a lipossomos – vesículas lipídicas artificiais – que se fundem à membrana celular e liberam o seu conteúdo no citoplasma. Por sua vez, a microinjeção de DNA pode ser agora realizada com um aparelho computadorizado, que aumenta em aproximadamente dez vezes o número de células que podem ser injetadas num único experimento. A principal desvantagem das células de mamífero é que o seu cultivo é caro, o que dificulta muito o escalonamento, além de se obterem níveis de expressão relativamente baixos.

Ultimamente, o uso de células de inseto em cultura vem ganhando muita importância. As linhagens celulares de inseto são mais fáceis de cultivar e foram desenvolvidos vetores muito eficientes a partir de um vírus de DNA, o baculovírus, que infecta especificamente células de inseto. Altos níveis de expressão de diversas proteínas heterólogas vêm sendo obtidos nesse sistema, utilizando-se o promotor do gene da poliedrina do baculovírus, proteína que é normalmente produzida em grandes quantidades pelas células infectadas (KOST; CONDREAY, 1999).

Para a transformação genética de plantas, o vetor mais empregado é um plasmídeo bacteriano, chamado Ti, natural da bactéria *Agrobacterium tumefaciens*, agente patogênico e responsável pelo aparecimento de um tumor na planta. Durante o processo de transformação maligna da célula vegetal, uma parte do plasmídeo Ti, conhecida como T-DNA, é transferida da bactéria para a planta por um processo semelhante ao da conjugação bacteriana. Esse segmento do plasmídeo, correspondente a cerca de 10% do seu genoma, penetra no núcleo e integra-se em múltiplas cópias no DNA cromossômico da célula hospedeira. Consequentemente, inserindo-se o gene estrangeiro no T-DNA, esse gene acabará também integrado no genoma da planta. Foram obtidos plasmídeos Ti mutantes nos quais as propriedades tumorgênicas estão suprimidas, que vêm sendo utilizados para a engenharia genética de plantas, num sistema que inclui outro plasmídeo auxiliador. A principal limitação desse sistema é a especificidade do plasmídeo Ti para as dicotiledôneas. Sistemas alternativos que utilizam vírus de plantas, como os geminivírus, vírus de DNA que têm um largo espectro de hospedeiros, e o vírus do mosaico dourado do tomate, também estão sendo desenvolvidos. Entretanto, esses sistemas ainda não são muito eficientes. Também para as plantas, o método de transformação por meio de eletroporação mostrou-se muito útil, mas exige que sejam usados protoplastos. Para a transformação direta de células intactas, desenvolveu-se um sistema de biobalística. Nesse procedimento, esferas diminutas de tungstênio são recobertas com o DNA para, em seguida, serem projetadas para dentro da célula, a uma velocidade de ~430 m/s, por meio de um revólver especial. Essa técnica apresenta ainda a vantagem de permitir a transformação dos cloroplastos dentro da célula vegetal, embora isso ocorra com uma eficiência cem vezes menor que a transformação do genoma nuclear (WEISING; SCHELL; KAHL, 1988).

4.8 QUESTÕES DE BIOSSEGURANÇA

O desenvolvimento da engenharia genética foi extremamente frutífero para a biotecnologia e um grande número de organismos recombinantes (*Genetic Engineered Microorganisms* – GEM) foi criado para diferentes finalidades. Entretanto, a própria rapidez com que essa ciência se desenvolve gera uma constante preocupação, por parte dos pesquisadores e da sociedade, com relação aos riscos inerentes à manipulação genética e a uma possível contaminação do meio ambiente por tais GEM.

De fato, em alguns casos, foi verificado que os GEM são capazes de interferir em populações microbianas e seus processos fisiológicos no solo. O principal ponto levantado sobre essa questão é o fato de muito pouco se conhecer sobre o comportamento desses organismos fora do laboratório e o tipo de interferências ambientais que poderiam advir da recombinação genética ou mesmo de mutações que os GEM viessem a sofrer em seguida à sua liberação na natureza. Um problema adicional que se apresenta é a falta de controle da nossa parte sobre a transferência de material genético de um organismo para outro, fenômeno corriqueiro, principalmente entre bactérias, por meio de processos como conjugação, transdução e transformação, que poderiam ocorrer entre os GEM e os microrganismos naturais do meio ambiente.

Na verdade, os próprios descobridores das novas metodologias reconheceram desde logo os riscos potenciais que elas apresentavam, tendo tomado a iniciativa de organizar, já em 1975, a Conferência de Asilomar sobre Moléculas de DNA Recombinante, que teve como principal objetivo discutir as maneiras de se trabalhar com microrganismos geneticamente manipulados e buscar definições e estratégias para garantir a segurança dos pesquisadores e da população (BERG et al., 1975). Definiram-se, naquela ocasião, regras de conduta bastante rígidas para que o trabalho científico fosse realizado com o mínimo de riscos para o pesquisador, a população e o ecossistema. Barreiras biológicas e físicas adequadas deveriam ser criadas para conter os novos microrganismos formados a partir do DNA recombinante. Felizmente, essa regulamentação foi posteriormente abrandada, para não tolher em demasia a liberdade dos pesquisadores, o que poderia vir a obstruir o progresso científico.

A meta principal do desenvolvimento de sistemas biológicos de contenção dos GEM consiste na eliminação (ou, ao menos, redução substancial) de tais populações microbianas introduzidas nos ecossistemas uma vez que sua função já tenha sido completada. Duas diferentes abordagens se apresentam para o estabelecimento desses sistemas de confinamento:

a) Um mecanismo passivo baseado na debilitação da linhagem, tornando-a incapaz de sobreviver muito tempo fora das condições de laboratório. Assim, por exemplo, foi construída a linhagem mutante X1776 de *E. coli*, que, para a constituição da parede celular, necessita do ácido diaminopimélico, molécula raramente encontrada na natureza (CURTISS et al., 1977). Entretanto, essa estratégia apresenta a desvantagem de que essas linhagens perdem muito do seu vigor, mesmo em condições ótimas de laboratório, e, evidentemente, não se prestam para desenvolver algum tipo de tarefa no meio ambiente, onde não serão capazes de competir com a microbiota natural.

b) Um mecanismo ativo, pelo qual o tempo de vida da linhagem seja controlado por meio da indução programada de uma proteína letal: o desempenho da linhagem é, portanto, normal até o momento em que ela comete suicídio. Esse mecanismo de autodestruição pode, em princípio, ser introduzido em qualquer linhagem sadia, que passaria então a carregar o gene capaz de desencadear a sua própria morte (MOLIN et al., 1987).

Os genes assassinos, que vêm sendo utilizados para o estabelecimento de tais *sistemas suicidas*, são principalmente genes que interferem com a integridade da membrana celular, como aqueles que codificam as proteínas da família Gef (POULSEN et al., 1989). Entretanto, foi verificado que o DNA liberado pelas células mortas persiste no meio ambiente por períodos suficientes para a sua transferência para outros microrganismos. Embora a transformação genética natural entre bactérias da mesma

Elementos de engenharia genética

espécie seja conhecida há quase 70 anos, só recentemente foi comprovada a ocorrência de transformação genética no ambiente entre diferentes espécies bacterianas (LORENZ; WACKERNAGEL, 1994). Na verdade, trata-se do mesmo fenômeno, em que ocorre a entrada, na célula bacteriana, de fragmentos de DNA livre (cromossômico ou plasmidial) que podem se incorporar no cromossomo da célula, de maneira que a informação genética acaba sendo transmitida às gerações subsequentes. Fragmentos de DNA livres no ambiente são continuamente produzidos por lise celular, formando agregados de DNA que se distribuem em superfícies de minerais e outros sedimentos, como também em partículas suspensas nos hábitats aquosos. Esse DNA extracelular pode transformar células competentes ou ser degradado pela atividade de DNAses extra e intracelulares, sendo os produtos dessa degradação então utilizados como nutrientes (LORENZ; WACKERNAGEL, 1994). Em consequência dessas descobertas, ultimamente vem sendo dada preferência a genes que codificam nucleases para a construção de sistemas suicidas (BALAN; SCHENBERG, 2005). No que se refere à função suicida, as nucleases apresentam vantagens sobre as proteínas da família Gef, uma vez que são capazes de degradar diretamente o material genético, além de destruir a fonte de todos os elementos celulares.

Evidentemente, o ponto crítico para a construção de um sistema suicida reside na regulação da expressão do gene assassino. Primeiramente, é importante que não haja "vazamento" da expressão do gene, ou seja, que só ocorra expressão após a indução. Em segundo lugar, é necessário conhecer as condições ambientais às quais ficará sujeito o GEM para proceder-se à escolha do promotor regulável mais adequado. Entre diferentes alternativas, promotores que são induzidos por carência nutricional vêm merecendo especial atenção, já que, fora do laboratório, esta talvez seja a condição mais comumente encontrada pelo microrganismo.

4.9 ENGENHARIA GENÔMICA OU EDIÇÃO GENÔMICA

Uma nova metodologia de manipulação genética, desenvolvida nos últimos anos, veio abrir novas perspectivas para a engenharia genética, aumentando significativamente o seu poder de ação. Essa metodologia baseia-se num sistema natural de defesa procariótico, denominado CRISPR-Cas.

Em 2012, Jinek et al. (2012), utilizando a bactéria *Streptococcus pyogenes*, elucidaram o mecanismo molecular de um sistema imune adaptativo já descrito em outras bactérias, capaz de protegê-las contra bacteriófagos e plasmídeos invasores (BARRANGOU et al., 2007). Esse sistema de defesa depende da existência de um *locus* no cromossomo da bactéria, denominado *Clustered Regularly Interspaced Short Palindromic Repeats* (CRISPR), descoberto em 1987, porém cujo significado biológico era então desconhecido (ISHINO et al., 1987). Inicialmente descoberto em *E. coli*, o *locus* CRIPSR já foi identificado em cerca de 40% das bactérias e 90% das arqueias analisadas (STERNBERG; DOUDNA, 2015).

O *locus* CRISPR caracteriza-se por curtas sequências repetidas de DNA, entre as quais se intercalam sequências espaçadoras variáveis, que correspondem a fragmentos de DNA de vírus ou plasmídeos que invadiram anteriormente a bactéria. Quando a bactéria sobrevive a uma infecção, ela pode adquirir do vírus ou plasmídeo invasor um pequeno fragmento de DNA, o chamado espaçador, que será integrado no seu *locus* CRISPR, proporcionando assim a memória genética daquela infecção (BARRANGOU et al., 2007).

Os *loci* CRISPR funcionam em associação com genes que codificam DNA endonucleases (Cas), que flanqueiam os *loci* CRISPR, de modo que a via completa é denominada CRISPR-Cas. A partir de CRISPR, é transcrito um RNA precursor não codificante (crRNA), de 20 nucleotídeos, que, após processamento enzimático, dá origem a um duplex crRNA:tracrRNA, que se liga à proteína Cas. Dessa maneira, formam-se complexos ribonucleoproteicos, cada um contendo uma única sequência espaçadora complementar ao DNA invasor. A porção crRNA do duplex emparelha-se com a sequência complementar do DNA invasor e a nuclease Cas introduz uma quebra de dupla fita no DNA invasor, inativando-o. O reconhecimento do DNA-alvo a ser clivado requer tanto o pareamento de bases entre esse DNA e o crRNA quanto a presença de uma curta sequência de três nucleotídeos adjacente à sequência-alvo no DNA, denominada *protospacer adjacent motif* (PAM), que é reconhecida pela nuclease Cas (JINEK et al., 2012).

Vislumbrando o potencial tecnológico desse sistema procariótico, Jinek et al. (2012) conseguiram simplificar o sistema CRISPR-Cas9 de *S. pyogenes*. Para tanto, construíram um RNA quimérico entre o crRNA e o tracrRNA, de modo a obter um único RNA-guia (sgRNA). O sgRNA retém duas características essenciais: a sequência de 20 nucleotídeos na sua extremidade 5', que vai permitir o seu pareamento com a sequência complementar do DNA-alvo, e a estrutura de dupla fita de RNA na extremidade 3', que permite a sua ligação com a endonuclease Cas9, que será assim recrutada para agir sobre o DNA-alvo.

Essa simplificação teve um grande impacto na aplicação do sistema CRISPR-Cas9 para a edição genômica. De fato, desenhando-se a sequência-guia do sgRNA, é possível *programar* CRISPR-Cas9 para atingir *qualquer* gene de interesse no genoma, onde poderão ser introduzidas quaisquer modificações desejadas. A edição genômica sítio--específica RNA-programável em células eucarióticas, utilizando o sistema CRISPR-Cas9 simplificado de *S. pyogenes*, já foi realizada com eficiências de 80% ou mais em várias células humanas e células-tronco embrionárias. Também já se verifica considerável impacto do uso da tecnologia CRISPR-Cas9 na agricultura, com vários exemplos de melhoramento de plantas e animais (STERNBERG; DOUDNA, 2015).

Jinek et al. (2012) foram os primeiros a demonstrar que a metodologia CRISPR--Cas9 podia ser utilizada para editar DNA purificado. Entretanto, 6 meses depois, outro grupo de pesquisa demonstrou que essa metodologia podia ser utilizada para editar células eucarióticas, inclusive células humanas (CONG et al., 2013). Ambos os grupos reivindicaram a patente sobre a metodologia, porém a patente desse último grupo foi concedida antes, de maneira que existe atualmente uma contenda entre os dois grupos envolvidos.

Elementos de engenharia genética   **175**

Por outro lado, também existe uma controvérsia de natureza ética sobre a utilização da metodologia CRISPR-Cas9 em humanos, desde que um grupo de pesquisas chinês utilizou embriões humanos para demonstrar que é possível reparar o gene responsável pela β-talassemia, uma doença hereditária (LIANG et al., 2015). Esses experimentos despertaram preocupação e suscitaram um grande debate na comunidade científica sobre os riscos decorrentes da criação de seres humanos geneticamente modificados.

REFERÊNCIAS

BALAN, A.; SCHENBERG, A. C. G. A conditional suicide system for *Saccharomyces cerevisiae* relying on the intracellular production of the Serratia marcescens nuclease. *Yeast*, v. 22, n. 3, p. 203-212, 2005.

BARRANGOU, R. et al. CRISPR provides acquired resistance against viruses in prokaryotes. *Science*, v. 315, n. 5819, p. 1709-1712, 2007.

BERG, P. et al. Asilomar Conference on Recombinant DNA Molecules. *Science*, v. 188, n. 4192, p. 991-994, 1975.

BOLÍVAR, P. et al. Construction and characterization of new cloning vehicles, II. A multipurpose cloning system. *Gene*, v. 2, n. 2, p. 95-113, 1977.

COHEN, S. et al. Construction of biologically functional bacterial plasmids *in vitro*. *Proceedings of the National Academy of Sciences USA*, v. 70, n. 11, p. 3240-3244, 1973.

CONG, L. et al. Multiplex genome engineering using CRISPR/Cas systems. *Science*, v. 339, n. 6121, p. 819-823, 2013.

CURTISS, III, R. et al. Construction and use of safer bacterial host strains for recombinant DNA research. In: SCOTT, W. A.; WERNER, R. (ed.). *Molecular Cloning of Recombinant DNA*. New York: Academic Press, 1977. p. 99-114.

GOEDDEL, D. V. et al. Expression in *Escherichia coli* of chemically synthesized genes for human insulin. *Proceedings of the National Academy of Sciences USA*, v. 76, n. 1, p. 106-110, 1979.

ISHINO, Y. et al. Nucleotide sequence of the *iap* gene, responsible for alkaline phosphatase isozyme conversion in *Escherichia coli*, and identification of the gene product. *J. Bacteriol.*, v. 169, n. 12, p. 5429-5433, 1987.

ITAKURA, K. et al. Expression in *Escherichia coli* of a chemically synthesized gene for the hormone somatostatin. *Science*, v. 198, n. 4321, p. 1056-1063, 1977.

JACKSON, D. A.; SYMONS, R. H.; BERG, P. Biochemical method for inserting new genetic information into DNA of Simian Virus 40: circular SV40 DNA molecules containing lambda phage genes and the galactose operon of *Escherichia coli*. *Proceedings of the National Academy of Sciences USA*, v. 69, n. 10, p. 2904-2909, 1972.

JINEK, M. et al. A programmable dual-RNA-guided DNA endonuclease in adaptive bacterial immunity. *Science*, v. 337, n. 6096, p. 816-821, 2012.

KOST, T. A.; CONDREAY, J. P. Recombinant baculoviruses as expression vectors for insect and mammalian cells. *Current Opinion in Biotechnology*, v. 10, n. 5, p. 428-433, 1999.

LIANG, P. et al. CRISPR/Cas9-mediated gene editing in human tripronuclear zygotes. *Protein & Cell*, v. 6, n. 5, p. 363-372, 2015.

LORENZ, M. G.; WACKERNAGEL, W. Bacterial gene transfer by natural genetic transformation in the environment. *Microbiological Reviews*, v. 58, n. 3, p. 563-602, 1994.

LURIA, S. E.; HUMAN, M. L. A nonhereditary, host-induced variation of bacterial viruses. *Journal of Bacteriology*, v. 64, n. 4, p. 557-569, 1952.

MOLIN, S. et al. Conditional suicide system for containment of bacteria and plasmids. *Nature Biotechnology*, v. 5, n. 12, p. 1315-1318, 1987.

MONTGOMERY, D. L. et al. Identification and isolation of the yeast cytochrome c gene. *Cell*, v. 14, n. 3, p. 673-680, 1978.

NG, R.; ABELSON, J. Isolation and sequence of the gene for actin in *Saccharomyces cerevisiae*. *Proceedings of the National Academy of Sciences USA*, v. 77, n. 7, p. 3912-3916, 1980.

POULSEN, L. K. et al. A family of genes encoding a cell-killing function may be conserved in all Gram-negative bacteria. *Molecular Microbiology*, v. 3, n. 11, p. 1463-1472, 1989.

RATZKIN, B.; CARBON, J. Functional expression of cloned yeast DNA in *Escherichia coli*. *Proceedings of the National Academy of Sciences USA*, v. 74, n. 2, p. 487-491, 1977.

ROUGEON, F.; KOURILSKY, P.; MACH, B. Insertion of a rabbit beta-globin gene sequence into an *E. coli* plasmid. *Nucleic Acids Research*, v. 2, n. 12, p. 2365-2378, 1975.

SAIKI, R. K. et al. Enzymatic amplification of beta-globin genomic sequences and restriction site analysis for diagnosis of sickle cell anemia. *Science*, v. 230, n. 4732, p. 1350-1354, 1985.

SANGER, F.; NICKLEN, S.; COULSON, A. R. DNA sequencing with chain-terminating inhibitors. *Proceedings of the National Academy of Sciences USA*, v. 74, n. 12, p. 5463-5467, 1977.

SCHENBERG, A. C. G.; BONATELLI JR, R. Plasmídeos de Eucariontes. In: COSTA, S. O. P. *Genética molecular e de microrganismos*. São Paulo: Manole, 1987. p. 493-509.

SCHENBERG, A. C. G.; VICENTE, E. J.; ASTOLFI-FILHO, S. Expression of heterologous amylases in the yeast *Saccharomyces cerevisiae*. *Ciência e Cultura*, v. 45, n. 3-4, p. 181-191, 1993.

SHIGEKAWA, K.; DOWER, W. J. Electroporation of eukaryotes and prokaryotes: a general approach to the introduction of macromolecules into cells. *Biotechniques*, v. 6, n. 8, p. 742-751, 1988.

SMITH, H. O.; WILCOX, K. W. A restriction enzyme from *Hemophilus influenzae*: I. Purification and general properties. *Journal of Molecular Biology*, v. 51, n. 2, p. 379-391, 1970.

STERNBERG, S. H.; DOUDNA, J. A. Expanding the biologist's toolkit with CRISPR--Cas9. *Mol. Cell*, v. 58, n. 4, p. 568-574, 2015.

TALMADGE, K.; GILBERT, W. Cellular location affects protein stability in *Escherichia coli*. *Proceedings of the National Academy of Sciences USA*, v. 79, n. 6, p. 1830-1833, 1982.

VALENZUELA, P. et al. Synthesis and assembly of hepatitis B virus surface antigen particles in yeast. *Nature*, v. 298, n. 5872, p. 347-350, 1982.

WEISING, K.; SCHELL, J.; KAHL, G. Foreign genes in plants: transfer, structure, expression, and applications. *Annual Review of Genetics*, v. 22, p. 421-477, 1988.

CAPÍTULO 5

Patrimônio biológico: obtenção, cultivo e manutenção de microrganismos de interesse em bioprocessos

Luiziana Ferreira da Silva

Flávio Alterthum

5.1 INTRODUÇÃO

A sociedade atual usufrui e até depende da produção e do consumo de substâncias diversas, por exemplo, biocombustíveis, antibióticos, bebidas (como vinho e cerveja), vacinas, aminoácidos, ácidos orgânicos, hormônios, agentes antitumorais, biocidas e outros agentes com atividade biológica, que são de grande aplicação nas áreas médico--farmacêutica, alimentícia, agrícola e ambiental. Grande parte desses produtos é gerada por diferentes organismos vivos (microrganismos, plantas, células animais) ou partes destes (DNA, proteínas, genes etc.) por meio de processos industriais. Além disso, os microrganismos atuam de modo crítico sobre ecossistemas, tornando o planeta habitável. Tanto esse conjunto de organismos vivos como seus genes constituem recursos da biodiversidade da região geográfica ou país de onde se originou ou ainda um patrimônio biológico de uma instituição ou empresa que depende do desempenho desses organismos para gerar produtos biotecnológicos.

Muitos microrganismos servem de materiais de referência e comparação em testes biológicos e de identificação de novas espécies. São também amplamente empregados em bioprocessos (visando à produção de antibióticos, combustíveis, vacinas e outros compostos já mencionados), quer sejam destinados a pesquisa, ensino ou processos industriais (DEMAIN, 2000a, 2000b; PRESCOTT; HARLEY; KLEIN, 2002; PRAKASH et al., 2013).

Assim, devem ser sempre cultivados adequadamente quando são usados em bioprocessos e, mais ainda, devem ser apropriadamente preservados sem se modificarem (com suas características originais) em culturas puras, livres de contaminações por outros organismos, a fim de garantir a reprodutibilidade dos bioprocessos que dependem do desempenho do microrganismo em questão (TRABULSI; ALTERTHUM, 2015; PRAKASH et al., 2013).

O objetivo deste capítulo é apresentar as características desejáveis para que um microrganismo seja utilizado eficientemente em bioprocessos industriais e como preservar tal patrimônio para garantir a qualidade e a continuidade dos bioprocessos de interesse. É essencial considerar que, além do organismo, o meio de cultura, a forma de condução do bioprocesso (estratégia de cultivo – crescimento e produção) e as etapas de separação e purificação do produto são fatores essenciais e de igual importância para que um bioprocesso seja bem-sucedido. Os aspectos relacionados com o meio de cultura, as formas de condução de processos em biorreatores, bem como a recuperação de produtos, serão abordados em outros capítulos desta série. Neste capítulo serão destacados alguns pontos sobre os microrganismos que podem ser eventualmente empregados em uma operação industrial e devem ser preservados adequadamente.

5.2 MICRORGANISMOS DE INTERESSE INDUSTRIAL

5.2.1 CARACTERÍSTICAS DESEJÁVEIS DE MICRORGANISMOS PARA APLICAÇÃO INDUSTRIAL

A Tabela 5.1 apresenta alguns produtos utilizados em nosso benefício e alguns dos organismos responsáveis por sua produção.

Tabela 5.1 Produtos de origem microbiana, alguns microrganismos produtores e aplicações

Produto	Organismo	Aplicação
α-amilase	*Aspergillus oryzae, Aspergillus niger, Bacillus licheniformis, Bacillus stearothermophilus, Bacillus amyloliquefaciens*	Panificação Produção têxtil Indústria cervejeira
Glutamato de sódio	*Corynebacterium glutamicum, Brevibacterium flavum, Brevibacterium lactofermentum*	Realçador de sabor
L-lisina	*Escherichia coli, Corynebacterium glutamicum*	Aminoácido usado como suplemento para balancear alimentos como cereais

(continua)

Patrimônio biológico
181

Tabela 5.1 Produtos de origem microbiana, alguns microrganismos produtores e aplicações *(continuação)*

Produto	Organismo	Aplicação
Riboflavina (vitamina B2)	*Eremothecium ashbyii, Ashbya gossypii, Bacillus subtilis, Candida* sp	Suplemento vitamínico
Vitamina B12 (cyanocobalamina)	*Propionibacterium shermanii* ou *Pseudomonas denitrificans*	Suplemento vitamínico
Vitamina C (ácido L-ascórbico)	*Erwinia herbicola*	Suplemento vitamínico
Ácido cítrico	*Aspergillus niger*	Acidificante, realçador de sabor, antioxidante, estabilizante em alimentos e produtos farmacêuticos
Ácido succínico	*Actinobacillus succinogenes*	Precursor do plástico biodegradável polibutileno succinato (PBS)
Etanol	*Saccharomyces cerevisiae*	Biocombustível
Poli-hidroxibutirato (PHB) e poli-hidroxibutirato-co-hidroxi-valerato (PHB-*co*-HV)	*Ralstonia eutropha, Burkholderia sp*	Plástico biodegradável
Goma xantana	*Xhantomonas campestris*	Estabilizante, espessante em alimentos e cosméticos
Cervejas e vinhos	*Saccharomyces cerevisiae*	Bebidas
Avermectinas	*Streptomyces avermitilis*	Anti-helmíntico
Penicilinas	*Penicillium chrysogenum*	Antibiótico
Toxina Bt	*Bacillus thuringiensis*	Bioinseticida
Lovastatina	*Aspergillus terreus*	Hipocolesterolêmico

Fonte: Demain (2000a, 2000b); Prescott, Harley e Klein (2002); Nielsen, Villadsen e Lidén (2003); Silva et al. (2007); Adrio e Demain (2014); Pandey et al. (2014).

Para que uma dada célula ou microrganismo seja utilizada em um processo industrial, algumas características são desejáveis. A seguir, são listadas as principais:

a) Ter capacidade de gerar o produto-alvo de modo eficiente, ou seja, apresentar elevada eficiência na conversão de substrato em produto.

b) Possuir estabilidade genética, a fim de garantir que o processo seja realizado de modo confiável ao longo do tempo, ou seja, o organismo deve se mostrar constante no seu comportamento fisiológico, não perdendo ou modificando sua característica que lhe conferiu o interesse industrial.

c) Apresentar possibilidade de manipulações genéticas que levem a melhoramentos na sua eficiência de produção ou mesmo na sua capacidade de gerar novos produtos.

d) Ser um microrganismo reconhecido como seguro (*generally recognized as safe* – GRAS), ou seja, não patogênico, não produtor de compostos tóxicos, exceto no caso de serem estes os produtos-alvo.

e) Ser facilmente cultivável sob condições laboratoriais, em meios de cultura, preferencialmente sem adição de nutrientes de alto custo (como vitaminas ou outros fatores de crescimento), ou seja, não exigir meios de cultura dispendiosos, apresentando capacidade de utilizar diversas fontes de carbono como matéria-prima para crescer e/ou produzir o produto-alvo. Preferencialmente ser capaz de utilizar matérias-primas de baixo custo, como resíduos de outros processos industriais. Veja mais detalhes sobre meios de cultura nos Capítulos 1 e 2 deste volume e no Capítulo 2 do Volume 2.

f) Possibilitar uma rápida liberação do produto para o meio de cultivo, permitindo facilmente a separação do produto depois de seu cultivo em biorreatores; o ideal é que o produto seja excretado do interior da célula para o meio de cultivo, de onde se poderia purificar o produto depois da remoção das células por centrifugação, por exemplo; ou ainda coletar as células, caso sejam elas o produto final.

g) Caso o produto seja intracelular, o ideal é que a célula seja rompida de modo relativamente fácil, para liberar o produto no meio.

Obviamente, nem sempre todos os requisitos são atendidos; nesses casos a otimização de diversas etapas mencionadas na introdução se torna ainda mais importante para reduzir os custos e os riscos da produção em escala industrial.

5.2.2 FONTES DE MICRORGANISMOS DE INTERESSE

Grande parte dos produtos biotecnológicos é produzida por microrganismos isolados de diferentes nichos da natureza. Entretanto, embora um desses microrganismos seja capaz de produzir, por exemplo, uma nova molécula com atividade antibiótica, esta pode ser produzida em pequena quantidade. Nesse caso, o microrganismo selvagem (ou cepa selvagem) isolado pode ter sua capacidade de produção e sua eficiência melhoradas por meio de mutações. Atualmente, técnicas de engenharia metabólica, biologia sintética (Capítulo 9) e engenharia genética (Capítulo 4) permitem propor modificações buscando melhorar uma linhagem microbiana ou mesmo a construção de novos microrganismos voltados a produtos ou aplicações específicos. Engenharia evolutiva ou mutações adaptativas podem ser induzidas por cultivo de uma linhagem sob condições controladas, selecionando clones com maior capacidade de produção (PRESCOTT; HARLEY; KLEIN, 2002; URBIETTA et al., 2015).

5.2.2.1 Microrganismos de interesse industrial isolados da natureza

Processos biotecnológicos industriais dependentes de microrganismos usualmente obtiveram suas culturas microbianas isolando-as do ambiente. Muitos dos bioprodutos, como produtos de panificação, queijos, vinhos e cervejas, se utilizavam originalmente das misturas de microrganismos presentes nas próprias matérias-primas ou nos ambientes próximos a elas. Posteriormente, foram isoladas culturas puras diretamente desses bioprocessos. Para selecionar uma cultura microbiana de interesse, usualmente se faz uma pesquisa entre o maior número possível de organismos, isolados de uma amostra ambiental, numa primeira fase, avaliando sua capacidade de gerar o produto-alvo idealmente em grande quantidade e de modo eficiente na conversão da matéria-prima em produto.

Grande parte dos microrganismos existentes não foi descrita ou cultivada. Estudos indicam que menos de 1% dos microrganismos existentes em diferentes ambientes, com base em análise de genomas presentes em amostras ambientais, pôde ser cultivado em laboratórios, ou seja, as condições adequadas para seu cultivo não foram possíveis de reproduzir em laboratório. Assim, existe um grande número de organismos a ser explorado em bioprocessos (PRESCOTT; HARLEY; KLEIN, 2002). O valor da biodiversidade envolve assim, além do grande número e da diversidade das espécies em si, os valores direto e indireto da comercialização de produtos diretamente oriundos desses organismos, como também dos processos nos quais eles estão incluídos.

A biodiversidade passou a ser ainda mais explorada após a descoberta, em 1929, de que o fungo *Penicillium chrysogenum* (atualmente *P. rubens*) era capaz de produzir o antibiótico penicilina. A partir de então, foram intensificados programas para isolar (obter culturas puras) fungos do solo, avaliando sua capacidade de produzir antibióticos novos ou similares à penicilina (WEBER et al., 2012; PANDEY et al., 2014). Assim, o processo de seleção de uma linhagem eficiente pode demandar vários anos de trabalho e custos elevados, o que aumenta, portanto, o seu valor.

Para isolar um microrganismo de interesse, pode-se optar por estratégias baseadas na coleta de amostras de diferentes nichos ambientais ao acaso: solo, água, plantas ou partes de plantas, animais ou partes de animais, esgoto, resíduos agroindustriais etc. A partir dessas amostras se faz o cultivo de microrganismos, sob condições pré-seletivas ou não, de modo a obter colônias isoladas, as quais são separadas com base nas suas características macroscópicas em uma primeira etapa. Já nessa etapa, a definição do meio de cultivo a ser empregado para selecionar a linhagem de interesse é um passo crucial. Por exemplo, se quisermos isolar bactérias capazes de utilizar como matéria-prima o amido, este deveria ser a única fonte de carbono oferecida no meio de cultura a ser utilizado. Em adição, se quisermos isolar bactérias a partir de amostras de solo, usualmente rico em fungos, devemos adicionar um agente antifúngico para eliminar tais organismos, e assim por diante (PRESCOTT; HARLEY; KLEIN, 2002; OVERMAN, 2006; SILVA et al., 2007). Em seguida, uma vez obtidas colônias morfologicamente distintas macroscopicamente, estas podem ser testadas microscopicamente e por meio de testes bioquímicos e, uma vez obtidas as culturas puras, cada isolado pode ser avaliado, ainda em pequena escala, para verificar sua capacidade de produzir compostos desejados. Por exemplo, pode-se avaliar a capacidade de um isolado produzir compostos inibitórios ao crescimento de um microrganismo-padrão semeando ambos num mesmo meio de cultura e verificando se o isolado possui capacidade de inibição sobre a cultura conhecida, para posterior identificação e avaliação do composto produzido e da eficiência produtora do microrganismo isolado (PRAKASH et al., 2013).

Outra estratégia para o isolamento de microrganismos do ambiente seria buscar um dado microrganismo num nicho em que já ocorreu uma seleção preliminar. Esse é o caso de se procurar por microrganismos capazes de degradar compostos poluentes, em regiões com histórico prévio de exposição a tais agentes. Assim, áreas onde houve derramamento de petróleo ou vazamentos de compostos aromáticos de tanques de armazenamento de combustíveis são nichos com maior probabilidade de se encontrarem microrganismos capazes de degradar tais compostos, por já terem sido previamente submetidos a uma pressão seletiva. Esses isolados teriam então potencial para serem aplicados em processos de biorremediação em outros ambientes impactados por poluentes similares (PRESCOTT; HARLEY; KLEIN, 2002; OVERMAN, 2006).

Em alguns países, como é o caso do Brasil, existe uma legislação que regulamenta e autoriza a coleta de amostras biológicas do meio ambiente, já que estas são consideradas patrimônio biológico nacional que deve ser protegido. Desse modo, são necessárias autorizações prévias para coleta e transporte de amostras ambientais a fim de evitar a biopirataria.

5.2.2.2 Coleções de culturas celulares como fonte de microrganismos de interesse biotecnológico

Como alternativa ao isolamento e à seleção a partir de amostras do ambiente, microrganismos apropriados podem ser adquiridos em coleções de cultura. As coleções de cultura são centros altamente especializados na manutenção de recursos biológicos utilizados em diferentes áreas. São capazes de fornecer material biológico certificado para uso industrial, pesquisa e educação. Tais materiais fornecidos devem ser mantidos por longos períodos, sem modificações das suas características. Para isso, padrões laboratoriais rígidos devem ser seguidos, associados a um bom gerenciamento das culturas.

Patrimônio biológico

A manutenção de grande número de culturas é uma tarefa árdua e dispendiosa, pois há necessidade de manter não somente a viabilidade celular, mas também as características de interesse. Assim, diversos laboratórios depositam suas culturas nessas coleções. Diversas publicações de pesquisa envolvendo microrganismos requerem que estes sejam depositados em coleções reconhecidas internacionalmente, a fim de garantir a reprodutibilidade das pesquisas científicas. Muitos desses organismos são de livre acesso, podendo ser adquiridos diretamente da coleção onde estão depositados e mantidos. Além disso, para o requerimento de patentes de bioprocessos envolvendo microrganismos, o depósito das linhagens, ainda que estas não sejam de livre acesso, é um requisito (OVERMAN, 2006; PRAKASH et al., 2013).

As coleções podem ser amplas ou especializadas em grupos de organismos. A Tabela 5.3 apresenta algumas das grandes coleções de cultura no mundo e suas especialidades.

Tabela 5.3 Exemplos de coleções de culturas em diferentes países e suas especialidades

Nome da coleção de cultura	Sigla	País	Tipo de organismo	Fonte
Deutsche Sammlung von Mikroorganismen und Zellkulturen GmbH	DSMZ	Alemanha	Bactérias, fungos, leveduras, vírus, archaea, plasmídios	http://www.dsmz.de
Belgian Coordinated Collections of Microorganisms/LMG Bacteria Collection	LMG	Bélgica	Fungos, leveduras, plasmídeos, bibliotecas de DNA, bactérias, micobactérias, cianobactérias polares	http://bccm.belspo.be/index.php
Coleção Brasileira de Micro-organismos do Ambiente e Indústria	CBMAI	Brasil	Bactérias, fungos e leveduras	http://www.cpqba.unicamp.br/cbmai
Agricultural Research Service Culture Collection	NRRL	EUA	Bactérias, fungos e leveduras	http://nrrl.ncaur.usda.gov/
American Type Culture Collection	ATCC	EUA	Bactérias, fungos e leveduras	http://www.atcc.org
Centraalbureau voor Schimmelcultures, Filamentous fungi and Yeast Collection Centraalbureau voor Schimmelcultures (CBS) Fungal Biodiversity Centre	CBS	Holanda	Leveduras e fungos	http://www.cbs.knaw.nl/index.php

(continua)

Tabela 5.3 Exemplos de coleções de culturas em diferentes países e suas especialidades *(continuação)*

Nome da coleção de cultura	Sigla	País	Tipo de organismo	Fonte
Japan Collection of Microorganisms	JCM	Japão	Bactérias, fungos, leveduras, acitnomicetos e archaea	http://www.jcm. riken.jp/
Industrial Yeast collection	DBVPG	Itália	Leveduras	http://www.agr. unipg.it/dbvpg
National Collection of Type Cultures	NCTC	Reino Unido	Bactérias e micoplasmas	http://www.ukncc. co.uk/
National Collections of Industrial Food and Marine Bacteria	NCIMB	Reino Unido	Bactérias, fagos e plasmídios	http://www.ncimb. co.uk

Até 2014 a Federação Mundial de Coleções de Cultura englobava mais de 700 coleções de culturas estabelecidas em mais de 70 países (WFCC, 2014). Desse modo, ao se planejar iniciar um bioprocesso industrialmente, podem-se buscar organismos previamente isolados e depositados em coleções de cultura. Embora a aquisição de uma linhagem em uma coleção reduza os custos e o tempo implicados no desenvolvimento de programas de isolamento do ambiente, as culturas estão disponíveis para aquisição por diversas instituições ou empresas, o que significa uma desvantagem competitiva industrialmente.

5.2.2.3 Melhorando as características de uma linhagem de interesse

Um dos elementos-chave para processos biotecnológicos dependentes de microrganismos é que as linhagens apresentem alta produtividade (atividade específica), alcançando valores o mais próximos possível dos valores máximos teoricamente possíveis.

Frequentemente, entretanto, quando se isolam microrganismos do ambiente ou quando estes são adquiridos de uma coleção, sua capacidade produtora se encontra aquém dos valores máximos, ideais para um processo industrial. Assim, há necessidade de melhorar a eficiência da linhagem na geração do produto-alvo. Para isso, mutantes podem ser selecionados e/ou mutações podem ser induzidas. Diversas técnicas podem ser aplicadas atualmente para obter esses mutantes, combinando procedimentos de engenharia metabólica, engenharia genética e engenharia evolutiva, como foi mencionado anteriormente. A biologia sintética oferece alternativas para a construção de novas linhagens com capacidade de produzir novos produtos ou mesmo realizando rotas metabólicas que naturalmente não estão presentes no seu metabolismo (STRYJEWSKA et al., 2013; HEINEMANN; PANKE, 2006).

Patrimônio biológico　　　　　　　　　　　　　　　　　　　　　　　　　　**187**

Além disso, o uso de técnicas de engenharia bioquímica deve estar associado para se alcançar a eficiência máxima de uma linhagem. Por vezes, somente associando-se o melhoramento genético com o melhoramento das estratégias de condução de processo por técnicas de engenharia bioquímica isso se torna possível. Um exemplo que pode ser citado se refere à produção do poliéster PHB-*co*-HV (3-hidroxibutirato copolimerizado a 3-hidroxivalerato) pela bactéria *Burkholderia sacchari*. Esse material pode ser aplicado na produção de plástico biodegradável e possui maior maleabilidade que somente polímeros de HB (PHB). PHB-*co*-HV é produzido pela bactéria a partir de carboidratos combinados a propionato, sendo esta fonte de carbono mais cara. Originalmente a bactéria produtora apresentou baixa eficiência em converter propionato a unidades HV: 0,10 g de HV por g de propionato fornecido, o que era menos que 10% do valor máximo teórico esperado de 1,35 g/g, uma vez que o desejado seria que todo o propionato se convertesse a HV. Empregando-se mutação por irradiação ultravioleta, foi possível aumentar a eficiência de conversão de substrato em produto de 0,10 para 0,80 g/g nos mutantes obtidos, valor ainda consideravelmente inferior ao máximo teórico. Empregando-se estratégias de engenharia bioquímica para a condução de cultivo em biorreator, foi alcançado o valor máximo teórico. A estratégia utilizada nesse caso foi cultivar o mutante em biorreator, controlando-se a vazão de alimentação das fontes de carbono (sacarose e propionato) e ainda empregando diferentes proporções de sacarose e propionato na solução de alimentação. Esses resultados (Tabela 5.4) ilustram a importância de uma atuação multidisciplinar para melhorar e viabilizar bioprocessos (SILVA et al., 2007; ROCHA et al., 2008).

Tabela 5.4　Combinação de estratégias de melhoramento genético e engenharia bioquímica para o melhoramento da eficiência de conversão da matéria-prima propionato no monômero HV (hidroxivalerato), essencial para melhorar as propriedades e a aplicabilidade do biopolímero PHB-*co*-HV (3-hidroxibutirato copolimerizado a 3-hidroxivalerato)

Linhagem bacteriana	Estratégia empregada	Composição do biopolímero produzido		Eficiência na conversão de propionato em HV
		HB* (mol%)	HV** (mol%)	$Y_{HV/Prp}$*** (g/g)
Burkholderia sacchari 101	Microbiologia: isolamento bacteriano de amostra solo	93,8	6,2	0,10
B. sacchari 189	Melhoramento genético por irradiação UV	44,7	55,3	0,81[†]
B sacchari 189	Técnicas de engenharia bioquímica	10-40	90-60	1,34-1,10[‡]

* *Hidro*xibutirato.　** Hidroxivalerato.
*** Conversão de propionato em unidades HV.
[†] *Silva* et al. (2007).　[‡] Rocha et al. (2008).

Observa-se na Tabela 5.4. que o emprego de técnicas de engenharia bioquímica no cultivo de um mutante parcialmente melhorado permitiu alcançar a eficiência máxima de conversão de substrato no produto-alvo.

5.3 A IMPORTÂNCIA DE PRESERVAR O PATRIMÔNIO BIOLÓGICO

Como mencionado anteriormente, para se obter uma linhagem industrialmente promissora, muito tempo e esforço frequentemente estão envolvidos. O desenvolvimento das condições de cultivo e sua otimização serão mencionados mais adiante e igualmente demandam tempo e custos financeiros. Assim, uma vez obtida a linhagem a ser utilizada, e estando as condições de cultivo adequadas a essa linhagem, é fácil avaliar os impactos resultantes em uma empresa se ocorresse a perda da sua linhagem, ou sua contaminação por organismos não desejados. Em vista disso, uma das tarefas fundamentais na indústria biotecnológica é a conservação do organismo responsável pelo bioprocesso.

Inicialmente, cada laboratório preserva suas linhagens de interesse, tendo em mente manter não somente a identidade, como também o fenótipo microbiano que lhe confere o interesse industrial. Para isso, devem ser aplicados métodos de manutenção que evitem ou reduzam uma seleção não intencional ou mutações espontâneas que causem modificações genotípicas ou fenotípicas do organismo original.

Uma das grandes dificuldades de se manter uma coleção dentro de um laboratório de pesquisa acadêmica ou industrial reside no volume de trabalho necessário para se escolher e aplicar um ou mais métodos de preservação, capazes de manter a integridade desse patrimônio genético por longos períodos. Não é raro se considerar erroneamente que a manutenção consiste de uma tarefa simples e de fácil execução. Por muitas vezes esse patrimônio pode ser perdido no longo prazo em virtude da conservação inadequada, bem como da falta de conhecimento sobre o processo de manutenção mais adequado. Assim, uma empresa deve ter clareza da importância de sua coleção ou mesmo transferir essa responsabilidade para centros especializados, como as coleções de cultura mencionadas anteriormente.

Embora possa parecer uma tarefa fácil, a manutenção de uma linhagem, incluindo não somente a preservação das células viáveis, mas também suas características originais, requer cuidados especiais. Diversos métodos de preservação foram desenvolvidos e vêm sendo melhorados para atender às necessidades de linhagens especiais. Espera-se que um bom método de preservação seja capaz de manter a linhagem tal como foi originalmente obtida, mantendo sua estabilidade genética por longos períodos. Alguns desses métodos serão abordados na seção a seguir (KIRSOP; SNELL, 1984; OVERMAN, 2006; PRAKASH et al., 2013).

5.3.1 ALGUNS MÉTODOS DE PRESERVAÇÃO DE LINHAGENS MICROBIANAS

5.3.1.1 Subcultivo ou transferência periódica da cultura

Geralmente, quando uma bactéria ou fungo é isolado do ambiente por um laboratório, ou mesmo quando é adquirido em uma coleção de cultura, sua manutenção inicialmente ocorre por meio de cultivo em um meio de cultura apropriado, a partir do qual a cultura é então subcultivada periodicamente, já que o meio é obviamente consumido à medida que o crescimento ocorre e a cultura continua se desenvolvendo, ainda que a uma velocidade menor, dependendo da temperatura em que é armazenada. Assim, as culturas devem ser transferidas periodicamente para um meio de cultura novo. Embora os meios de cultura sejam formulados para maximizar a manutenção do número de células possível, mantendo suas características de interesse industrial, a transferência das células para um novo meio nutriente favorece a manutenção da atividade metabólica e da proliferação celular. Assim, ocorre constante renovação da população, o que pode acarretar a modificação das características originais da cultura, pela ocorrência da seleção de mutantes naturais ou variantes ao longo do tempo de armazenamento. Outra desvantagem é o grau de trabalho necessário para as transferências de cultura para o novo meio de cultivo, dependendo do número de linhagens a preservar, além de demanda por espaço laboratorial ou refrigerador para o estoque dos tubos.

5.3.1.2 Manutenção de culturas sob óleo mineral

Alguns cultivos de fungos, por exemplo, obtidos em tubos com meio de cultura sólido, são cobertos por uma camada de óleo mineral esterilizado, fechados com tampa rosqueável e mantidos à temperatura ambiente (15-20 °C). Para recuperar a cultura, uma pequena quantidade dessas células cobertas com óleo é retirada e reinoculada em meio de cultura novo quando necessário para estudo ou processo industrial (KIRSOP; SNELL, 1984). Nesse caso, as culturas também são mantidas metabolicamente ativas, incorrendo nas mesmas desvantagens do subcultivo. Recomenda-se o uso de métodos que mantêm as células metabolicamente ativas apenas nos casos em que não seja possível sua manutenção por outros métodos, para evitar perda de características de interesse em bioprocessos.

Tanto o subcultivo como as culturas sob óleo mineral são métodos que requerem espaço para armazenamento, o que pode ser um limitante, dependendo do número de culturas a preservar.

Os dois métodos descritos em 5.3.1.1 e 5.3.1.2, embora tenham sido os primeiros a serem utilizados, apresentam desvantagens em comum, como a demanda de mão de obra e os materiais em demasia, dependendo do número de organismos a preservar e/ou a existência de atividade metabólica ao longo do armazenamento, selecionando a população, o que tende à perda de propriedades industriais interessantes. Por essa razão, diversos outros métodos, a serem descritos a seguir, foram desenvolvidos com o objetivo de reduzir esse fenômeno, mantendo a cultura com as características originais. Sobretudo para reduzir esses riscos, métodos de preservação de culturas por congelamento, ultracongelamento, secagem e liofilização são constantemente avaliados e aprimorados para garantir a preservação de cepas industriais.

5.3.1.3 Congelamento e ultracongelamento

A redução da temperatura diminui a velocidade das reações químicas, assim, a atividade metabólica microbiana pode ser reduzida com o armazenamento em baixas temperaturas e, em geral, quanto mais baixa a temperatura, maior será o tempo de preservação das culturas. A temperatura do *freezer* doméstico, entretanto, deve ser evitada (–15 °C a –20 °C), pois já foi demonstrado que houve modificações deletérias às culturas mantidas sob tal condição. Preservação por congelamento tem encontrado melhores resultados ao se empregarem temperaturas entre –70 °C e –80 °C em ultrafreezers ou sob vapores de nitrogênio líquido (–140 °C) ou imersão em nitrogênio líquido (–180 °C).

Quando se congela uma cultura líquida microbiana, cristais de gelo se formam com a água pura e também a concentração de solutos aumenta na água em estado líquido remanescente, à medida que o congelamento prossegue. Assim, as células podem sofrer danos por desidratação ou efeitos de concentração de solutos. Dessa forma, crioprotetores devem ser adicionados às alíquotas de culturas puras, distribuídos em ampolas de polipropileno, para evitar esses danos. Alguns crioprotetores empregados são leite desnatado, glutamato de sódio, dimetil-sulfóxido, glicerol, entre outros. O emprego de uma redução controlada da temperatura (por exemplo, decréscimo a 1 °C por minuto), para promover um congelamento gradual, também pode reduzir os danos às células, ao contrário do descongelamento, que deve ocorrer rapidamente. Esse método é vantajoso para preservar microrganismos por longos períodos (30 anos ou mais), entretanto, depende do suprimento contínuo de energia para os *freezers* ou de um fornecimento ininterrupto de nitrogênio líquido.

5.3.1.4 Secagem

Desidratação e prevenção da reidratação têm sido usadas como forma de preservar microrganismos, especialmente fungos, que possuem estruturas denominadas esporos que se mostraram resistentes a esse processo. Esporos podem ser mantidos secos em solo por diversos anos. Outros suportes empregados para manter esporos ou mesmo células de leveduras incluem discos ou tiras de papel filtro, discos de gelatina ou de outros materiais previamente secos (esferas de vidro, de dextranas ou de amido) sobre os quais se depositam gotas da cultura ou suspensão de esporos que se quer preservar, com nova secagem e armazenamento em frascos fechados sob vácuo. Trata-se de método simples, de fácil execução, mas nem sempre aplicável a todos os tipos

Patrimônio biológico   **191**

de organismos, como bactérias ou células mais sensíveis. O tempo de armazenamento também é mais reduzido quando comparado à criopreservação.

5.3.1.5 Liofilização

Neste método de preservação, a água é removida, por evaporação, a partir de uma amostra congelada de células. De modo similar à criopreservação, um volume da cultura a ser preservada é adicionado do crioprotetor, mas, após o congelamento, a suspensão é submetida ao vácuo. Desse modo, o vapor de água é removido da amostra e transferido para um condensador refrigerado, em equipamentos apropriados para esse fim, os liofilizadores. Ao final do processo, se obtêm amostras secas formando um *pellet*, e os frascos ou ampolas onde estão acondicionadas devem ser fechados a vácuo, evitando entrada de umidade do ar, que traz efeitos deletérios às células preservadas. O armazenamento em temperatura de refrigerador aumenta o tempo da preservação das células. Este também é um método que permite a manutenção por longos períodos, tanto da viabilidade celular como das características de interesse industrial ou médico de um microrganismo. O estoque das ampolas requer pouco espaço, entretanto, obviamente, há necessidade de equipamento especializado

5.3.1.6 Recuperação e controles de qualidade após a preservação

Os métodos apresentados possuem vantagens e desvantagens, algumas das quais foram ressaltadas. Cada um desses métodos pode ainda resultar na seleção involuntária de parte da população. Por exemplo, ao se congelar uma cultura microbiana, ainda que se use crioprotetor, dependendo do estado fisiológico de cada célula da população, parte pode sofrer efeitos deletérios mortais ou que resultem na perda de características importantes no bioprocesso ou qualquer finalidade do seu uso. Esses problemas devem ser monitorados para cada microrganismo de interesse nos bioprocessos ou usos clínicos nos quais são empregados

Assim, como se observa no exposto, dificilmente um único método é plenamente eficiente, nem pode ser aplicado a qualquer tipo de célula ou microrganismo. Portanto, mais de um método deve ser empregado para linhagens de interesse, além de se pensar na instalação de estoques de segurança para tais linhagens. Após a preservação, controles periódicos devem ser feitos, monitorando-se a manutenção da viabilidade das células e das características de interesse biotecnológico das culturas. As culturas preservadas devem ser recuperadas por transferência para meio de cultivo apropriado, incubando-as a temperatura e condições físicas ideais para fazer a contagem do número de células viáveis e avaliar características relevantes. Meios de cultura para recuperar células possivelmente danificadas durante a preservação são em geral bastante ricos e complexos. Assim, para aplicação na produção industrial, tais meios podem ser onerosos dependendo do custo do produto final, devendo, assim, ser adequados aos processos de produção em larga escala para serem economicamente viáveis. Esses aspectos estão abordados em outros capítulos.

5.4 CONSIDERAÇÕES FINAIS

Microrganismos e linhagens celulares são ferramentas essenciais em diversos ramos da sociedade. Diversos processos de diagnóstico e de produção industrial dependem dessas células. Organismos produtores de novas moléculas de interesse são isolados de nichos ambientais ou desenvolvidos e melhorados com técnicas avançadas das ciências biológicas, associadas cada vez mais a outras disciplinas. Esses novos organismos ou células desenvolvidos assumem uma importância e um valor no contexto de sua aplicação, quer seja industrial, biotecnológico, na área da saúde ou do meio ambiente. A preservação desses organismos continua sendo a chave para permitir a reprodutibilidade de tais processos, que são os pilares de algumas indústrias. O uso correto de métodos de preservação desse patrimônio deve ser considerado um elemento estratégico dentro de uma empresa que depende desses organismos. A preservação de microrganismos não deve ser encarada como uma tarefa de menor importância nem relegada a um segundo plano. Deve-se investir na formação de pessoal especializado e interagir com coleções de cultivo dedicadas a essa atividade. Investimentos significativos no isolamento de novos organismos e no uso de técnicas sofisticadas para o seu melhoramento podem ser totalmente perdidos caso esse novo organismo de interesse não seja adequadamente preservado para garantir a continuidade dos processos que dele dependem.

REFERÊNCIAS

ADRIO, J. L.; DEMAIN, A. L. Microbial enzymes: tools for biotechnological processes. *Biomolecules*, v. 4, p. 117-139, 2014.

BAESHEN et al. Cell factiories for insulin production. *Microbial Cell Factories*, v. 13, p. 141, 2014.

BARBOSA, H. R.; TORRES, B. B. *Microbiologia básica*. São Paulo: Atheneu, 1999.

BHOSLE, S. H. et al. Molecular and industrial aspects of glucose isomerase. *Microbiological Reviews*, v. 60, n. 2, p. 280-230, jun. 1996.

CHISTI, I. C.; MOO-YOUNG, M. Disruption of microbial cells for intracellular products. *Enzyme Microbiology & Technology*, v. 8, p. 194-204, abr. 1986.

DEMAIN, A. L. Microbial Biotechnology. *THIBTECH*, v. 18, p. 26-31, jan. 2000a.

DEMAIN, A. L. Small bugs, big business: the economic power of microbe. *Biotechnology Advances*, v. 18, p. 499-514, 2000b.

HEINEMANN, M.; PANKE S. Synthetic biology – putting engineering into biology. *Bioinformatics*, v. 22, n. 22, p. 2790-2799, 2006.

KIRSOP, B. E.; SNELL, J. J. *Maintenance of microorganisms*: a manual of laboratory methods. Cambridge: Academic Press, 1984.

MADIGAN, M. T. et al. *Biology of microorganisms*. 14. ed. Boston: Benjamin Cummings, 2015.

NIELSEN, J.; VILLADSEN, J., LIDÉN, G. From cellular functions to industrial products. In: NIELSEN, J.; VILLADSEN, J., LIDÉN, G. *Bioreaction Engineering Principles*. 2. ed. New York: Kluwer, 2003. p. 9-46.

OVERMAN, J. Principles of enrichment, isolation, cultivation and preservation of prokaryotes. In: DWORKIN, M. et al. (ed.). *Prokaryotes*. 3. ed. Minnesota: M. Springer, 2006. v. 1. p. 80-136.

PANDEY, S. et al. Penicillin production and history: an overview. *International Journal of Microbiology and Allied Sciences IJOMAS*, v. 12, p. 103-108, 2014.

PRAKASH, O. et al. Microbial cultivation and the role of microbial resource centers in the omics era. *Applied Microbiology Biotechnology*, Berlin, v. 97, n. 1, p. 51-62, jan. 2013.

PRESCOTT, L. M.; HARLEY, J. P.; KLEIN, D. A. *Microbiology*. 5. ed. New York: McGraw-Hill, 2002.

REBAH, B. et al. Agro-industrial waste materials and wastewater sludge for rhizobial inoculant production: a review. *Bioresource Technology*, v. 98, n. 18, p. 3535-3546, dez. 2007.

ROCHA, R. et al. Production of poly (3-hydroxybutyrate-*co*-3-hydroxyvalerate) P (3HB-*co*-3HV) with a broad range of 3HV content at high yields by *Burkholderia sacchari* IPT189. *World Journal of Microbiology and Biotechnology*, v. 24, p. 427-431, 2008.

SILVA, L. F. et al. Produção biotecnológica de poli-hidroxialcanoatos para a geração de polímeros biodegradáveis no Brasil. *Química Nova*, v. 30, n. 7, p. 1732-1743, 2007.

STEPHENS, J. H. G.; RASK, H. M. Inoculant production and formulation. *Field Crops Research*, v. 65, p. 249-258, 2000.

STRYJEWSKA, A. et al. Biotechnology and genetic engineering in the new drug development. *Pharmacological Reports*, v. 65, p. 1075-1085, 2013.

TRABULSI, L. R.; ALTERTHUM, F. *Microbiologia*. 6. ed. São Paulo: Atheneu, 2015.

URBIETTA, M. S. et al. Thermophiles in the genomic era: biodiversity, science and applications. *Biotechnology Advances*, v. 1, n. 33(6 Pt 1), p. 633-47, 2015.

WEBER, S. S. et al. Increased penicillin production in *Penicillium chrisogenum* production strains via balanced overexperession of isopenicillin N acyltransferase. *Applied and Environmental Microbiology*, v. 78, n. 19, p. 7107-7113, 2012.

WFCC – World Federation for Culture Collections. Disponível em: http://www.wfcc.info/home/. Acesso em: 6 fev. 2020.

ZABED, H. et al. Bioethanol production from fermentable sugar juice. *The Scientific World Journal*, v. 2014, article ID 957102, 2014.

CAPÍTULO 6
Elementos de enzimologia

Bayardo B. Torres

6.1 INTRODUÇÃO

Uma reação química pode ser analisada quanto à sua *termodinâmica* ou quanto à sua *cinética*. A termodinâmica estuda a viabilidade e a reversibilidade das reações, a partir da comparação do conteúdo energético dos estados inicial e final de uma transformação – no caso das reações químicas, o conteúdo energético de reagentes e produtos. Se o conteúdo energético dos reagentes for maior que o dos produtos, a reação pode ocorrer e é classificada como *exergônica* ou *espontânea*; caso contrário, é dita *endergônica* ou *não espontânea* e não ocorre.

O significado das expressões *espontânea* e *não espontânea* nada tem a ver com a acepção coloquial dos vocábulos, uma vez que a termodinâmica nada esclarece sobre a *velocidade* com que a transformação ocorre. Uma reação ser termodinamicamente favorável significa apenas que ela *pode* ocorrer e, *se* ocorrer, o conteúdo energético dos produtos será menor que o dos reagentes.

As análises das velocidades das reações são objeto de estudo da cinética. Uma reação química pode ser termodinamicamente viável, mas não se efetivar em determinadas condições, ou seja, ter velocidade igual a zero ou muito próxima de zero. É o caso de combustões – a reação de combustíveis com oxigênio, quando ocorre, libera grande quantidade de energia, correspondente à diferença entre o conteúdo energético dos reagentes e dos produtos. Entretanto, álcool, gasolina e outros derivados de petróleo podem ser armazenados em contato com o oxigênio atmosférico sem que se detecte qualquer reação.

Nos parâmetros termodinâmicos os organismos não podem interferir. Como será visto adiante, sua intervenção incide exclusivamente sobre o aspecto cinético, isto é, sobre a velocidade das reações.

Tomando a conversão irreversível de uma substância A em B (A → B), a *velocidade da reação* (*v*) será:

$$v = \frac{d[B]}{dt} \quad \text{ou} \quad v = -\frac{d[A]}{dt}$$

A unidade habitual de *v* é moles por litro por segundo, se [B] e [A] representarem as concentrações molares de B e de A.

A última equação mostra que a velocidade da reação diminui à medida que a reação prossegue e a concentração de A diminui. A velocidade é, portanto, proporcional à concentração de A:

$$v = -\frac{d[A]}{dt} = k[A]$$

A constante k é chamada de *constante de velocidade* da reação, com unidade de seg^{-1}. Essa é uma reação de *primeira ordem*, já que sua velocidade depende da concentração do reagente com expoente 1.

A maior parte das reações químicas processadas nos organismos são mais complexas, por envolverem pelo menos três moléculas diferentes e por serem, geralmente, reversíveis. São reações de *segunda ordem*, representadas, por exemplo, por

$$2A \rightleftharpoons B+C \quad \text{ou, mais frequentemente,} \quad A+B \rightleftharpoons C+D$$

para as quais, pode-se demonstrar, as velocidades de reação serão, respectivamente,

$$v = k[A]^2 \quad \text{e} \quad v = k[A][B]$$

Nesses casos, a velocidade da reação é explicada pela *teoria das colisões*. Essa teoria estabelece que, para reagir, as moléculas presentes em uma solução devem colidir com orientação apropriada e a colisão deve levá-las a adquirir uma quantidade mínima de energia que lhes permita atingir um estado reativo, chamado *estado de transição*. Para levar todas as moléculas de 1 mol de uma substância ao estado de transição, necessita-se de uma quantidade de energia definida como *energia de ativação*. Essa energia é, portanto, a barreira que separa os reagentes dos produtos. A decorrência direta desse modelo é que a velocidade das reações pode ser aumentada de pelo menos três maneiras diferentes: 1) aumentando o número de moléculas em solução, ou seja, sua concentração, como previsto pela equação da velocidade; 2) aumentando o número de choques entre as moléculas, por aumento da energia cinética decorrente do aumento de temperatura; 3) diminuindo a barreira imposta pela energia de ativação, o que pode ser obtido pela introdução de um catalisador (Figura 6.1).

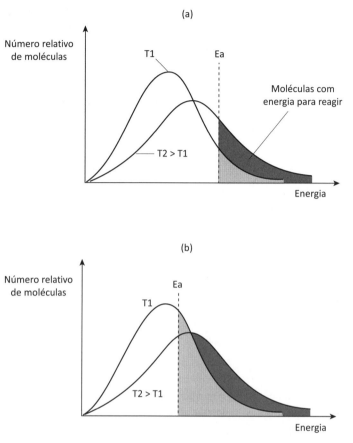

Figura 6.1 (a) Distribuição de energia entre as moléculas de um sistema, em duas temperaturas, sendo T2 > T1; a barra vertical assinala o valor da energia de ativação (Ea) e a área colorida sob as curvas representa a população de moléculas com energia suficiente para reagir. (b) Alteração provocada na fração de moléculas com energia para reagir pela introdução de um catalisador.

Em uma população de moléculas, nem todas têm o mesmo conteúdo energético em um dado instante. Algumas têm conteúdo muito pequeno, outras, muito grande, e a maioria apresenta um conteúdo médio, característico da temperatura na qual a população se encontra. Quando se eleva a temperatura de um sistema, as moléculas, no seu conjunto, adquirem um conteúdo energético maior (Figura 6.1(a)), mas é respeitado o mesmo padrão de distribuição de energia entre elas. Como em qualquer sistema a velocidade da reação é diretamente proporcional ao número de moléculas com energia igual ou superior à do estado de transição, o aumento da temperatura de um sistema acarreta uma maior velocidade da reação química. Por outro lado, se a energia de ativação necessária para a reação ocorrer for menor, mesmo mantida a temperatura, um número maior de moléculas conterá energia maior que a do estado de transição e estará, portanto, em condições de reagir (Figura 6.1(b)); nesse caso, a velocidade de reação também será aumentada.

A redução do valor da energia de ativação pode ser obtida pela presença de *catalisadores*, compostos capazes de aumentar a velocidade da reação sem alterar a proporção entre reagentes e produtos encontrada no final da reação. Por não serem consumidos no processo, podem atuar em quantidades mínimas, ditas *catalíticas*, várias ordens de grandeza menores que a concentração dos reagentes. O catalisador participa efetivamente da reação, sofrendo alterações em sua estrutura química durante o processo; invariavelmente, porém, retorna à sua forma original no final da reação.

Figura 6.2 Curso da reação química sem (linha mais clara) e com catalisador (linha mais escura). G = energia; R = reagentes; P = produtos; ΔG = energia livre da reação (diferença entre o conteúdo energético dos produtos e dos reagentes); $G^{\#}$ = energia de ativação da reação não catalisada; $G^{\#}c$ = energia de ativação da reação catalisada.

O processo pelo qual os catalisadores aceleram uma reação química consiste em criar um novo "caminho" de reação, para o qual a energia de ativação requerida é menor (Figura 6.2). Um exemplo simples desse novo caminho é mostrado na Figura 6.3: a hidrólise de um éster catalisada por íons H^+. Sem catalisador, a energia de ativação requerida para atingir o estado de transição é alta, mas a presença dos íons H^+ cria um caminho alternativo para a reação. A reação se inicia com o ataque do oxigênio da molécula de água (que tem carga residual negativa) ao carbono da carbonila presente no éster (que tem carga residual positiva, em virtude de sua dupla ligação com o oxigênio); o íon H^+ liga-se ao oxigênio presente no éster, aumentando a carga positiva do carbono e tornando-o mais suscetível ao ataque do oxigênio da água. Para esse novo caminho a energia necessária é menor e, portanto, em uma mesma temperatura, mais moléculas poderão reagir e a velocidade da reação será aumentada pela presença de H^+, que, tomando parte em etapas intermediárias da reação, é reconstituído ao final. Seguindo modelos análogos, muitas reações químicas poderão ser aceleradas por íons OH^-, por íons de metais etc.

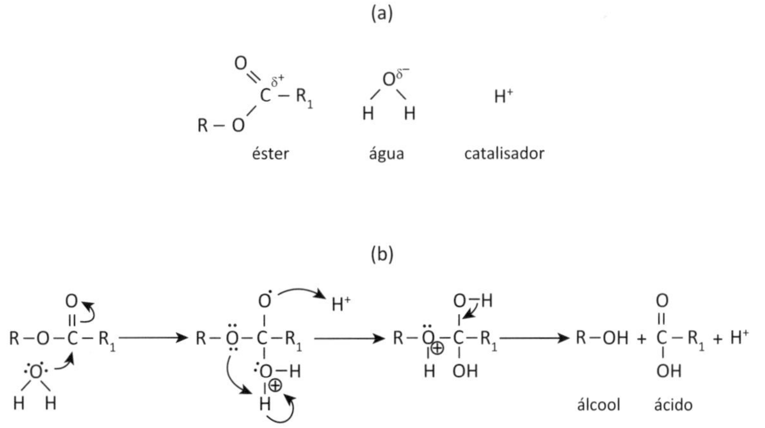

Elementos de enzimologia

(a)

Figura 6.3 Mecanismo da hidrólise de um éster catalisada por H^+. (a) Estrutura dos reagentes, com suas cargas residuais e o catalisador da reação. (b) Mecanismo da hidrólise.

Praticamente todas as reações químicas que se processam nos organismos são catalisadas. Os catalisadores biológicos são proteínas chamadas *enzimas*. A catálise das reações biológicas é imprescindível para a conservação e a reprodução dos seres vivos, uma vez que a maioria das reações químicas que ocorrem nos organismos tem, na ausência de catalisadores, velocidades muito baixas. É comum ocorrerem nas células reações que, na ausência de catalisadores, demoram horas, dias ou anos para completar-se ou têm velocidades iguais a zero, quando medidas em tempo finito. Por exemplo, a oxidação de glicose a CO_2 tem velocidade praticamente nula à temperatura ambiente: pode-se conservar uma solução de glicose em contato com o oxigênio do ar sem que sua concentração seja perceptivelmente alterada. Nas células, graças à presença de enzimas, a reação completa-se em minutos. O fato de muitos microrganismos duplicarem-se em tempos inferiores a 1 hora só é possível pela catálise enzimática de suas reações, que atingem velocidades muito altas, de 10^6 a 10^{14} vezes maiores que as reações não catalisadas e algumas ordens de grandeza maiores que as reações catalisadas por catalisadores inorgânicos.

Além disso, as enzimas apresentam sobre os catalisadores inorgânicos outras vantagens. Como será visto ao longo deste capítulo, graças à sua estrutura complexa, podem apresentar um *alto grau de especificidade*, propriedade ausente nos catalisadores inorgânicos, e, portanto, sua presença permite a seleção das reações que poderão ocorrer em um organismo, ainda que milhares de compostos diferentes estejam presentes no interior das células. É também em virtude das propriedades estruturais das proteínas que a *regulação da atividade enzimática* se processa, permitindo um ajuste contínuo da velocidade da reação catalisada às condições celulares vigentes. Além disso, as enzimas são *sintetizadas nas próprias células* onde atuam e sua concentração celular também está sob rígido controle.

Resumindo, as enzimas: 1) diminuem a energia de ativação, levando a altas velocidades de reação; 2) são muito específicas; 3) são sintetizadas pelas próprias células onde atuam; 4) têm concentração celular variável, de acordo com as condições fisiológicas; e 5) podem ter sua atividade modulada, permitindo um ajuste fino do metabolismo às variações do meio ambiente. O conjunto desses aspectos favoráveis justifica o alto investimento energético necessário para a síntese de enzimas e possibilita a manutenção da vida como a conhecemos.

6.2 ESTRUTURA DAS ENZIMAS

A compreensão das características e das propriedades das enzimas depende do conhecimento de sua estrutura. As enzimas são proteínas globulares e, como todas as proteínas, são heteropolímeros de 20 diferentes aminoácidos; algumas incluem em sua estrutura um componente não proteico, designado *grupo prostético*. São macromoléculas, com massa molar variando entre cerca de 5 mil a até mais de 1 milhão de daltons, podendo ser formadas por dezenas, até milhares de aminoácidos. Com exceção da prolina, os aminoácidos componentes das proteínas (Figura 6.4) apresentam uma porção comum: um átomo de carbono ligado a uma carboxila, a um grupo amino e a um átomo de hidrogênio. O quarto substituinte do carbono é uma cadeia, chamada *cadeia lateral* ou *grupo R*, específica para cada aminoácido. As propriedades particulares de cada aminoácido são dadas, portanto, pelo grupo R.

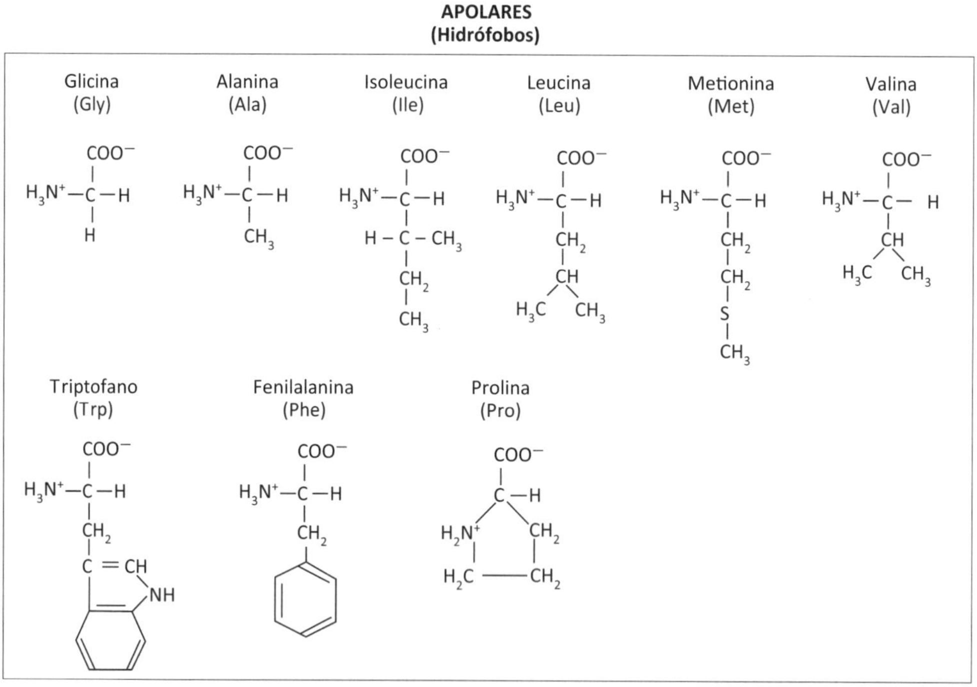

Figura 6.4 Aminoácidos presentes nas proteínas, com a forma predominante em pH = 7. São chamados aminoácidos *ácidos* aqueles que apresentam carga elétrica líquida negativa neste pH, e aminoácidos *básicos* os que têm carga positiva. Os aminoácidos apolares apresentam o grupo R hidrofóbico. Os aminoácidos polares sem carga têm grupo R polar, mas sem apresentar carga elétrica efetiva. Notar que o grupo α-amino de todos os aminoácidos está voltado para a esquerda, explicitando tratar-se do isômero L. Isômeros D dos aminoácidos não são encontrados nas proteínas. A prolina tem estrutura especial, sem o grupo α-amino. É, a rigor, um iminoácido (*continua*).

Elementos de enzimologia

POLARES
(Hidrófilos)

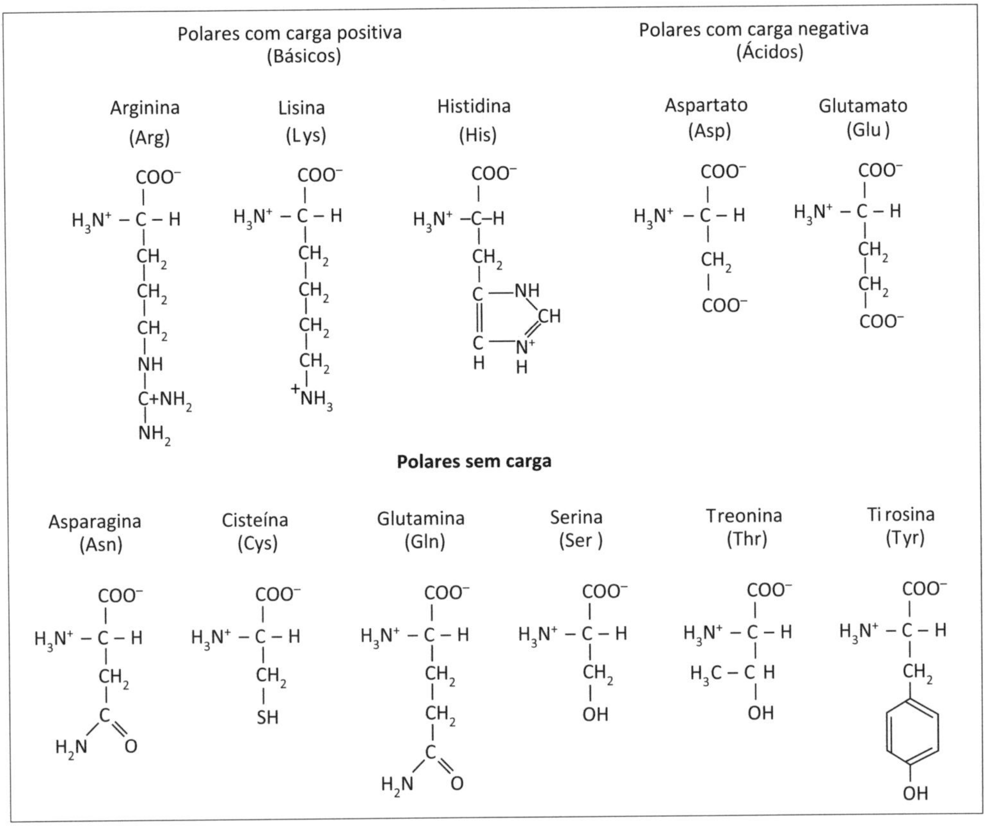

Polares com carga positiva
(Básicos)

Polares com carga negativa
(Ácidos)

Arginina
(Arg)

Lisina
(Lys)

Histidina
(His)

Aspartato
(Asp)

Glutamato
(Glu)

Polares sem carga

Asparagina
(Asn)

Cisteína
(Cys)

Glutamina
(Gln)

Serina
(Ser)

Treonina
(Thr)

Ti rosina
(Tyr)

Figura 6.4 Continuação.

6.2.1 ESTRUTURA PRIMÁRIA

Na molécula proteica, os aminoácidos estão ligados uns aos outros pela ligação peptídica (traço cinza na equação a seguir), estabelecida entre o grupo α-carboxila de um aminoácido e o grupo α-amino do aminoácido subsequente, formando uma longa cadeia.

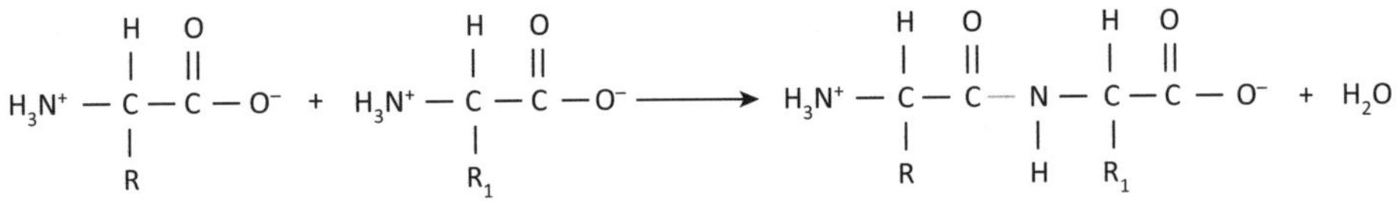

Essa reação, da forma como está representada, *jamais* acontece nas células; o processo que leva à formação da ligação peptídica é muito complexo, envolvendo toda a maquinaria celular de síntese proteica: diferentes tipos de RNA, ribossomos, fatores proteicos, nucleosídios trifosfatos etc. O esquema é apenas didático e representa o resultado parcial do processo.

A ligação peptídica é sempre feita com os grupos α-carboxila e α-amino. Os grupos carboxila e amino presentes na cadeia lateral R (como em glutamato, aspartato e lisina) não formam ligações peptídicas e, por isso, todas as cadeias polipeptídicas têm uma estrutura linear, sem ramificações. Uma das extremidades tem o grupo α-amino do primeiro aminoácido livre e outra, a α-carboxila do último aminoácido livre. Por convenção, a ordem dos aminoácidos na cadeia polipeptídica é sempre escrita iniciando-se com o aminoácido que tem o grupo α-amino livre, ou seja, no sentido amino terminal → carboxila terminal. O eixo da cadeia tem a repetição regular do motivo [–C–C–N–] ao qual estão ligadas as cadeias laterais dos aminoácidos (Figura 6.5).

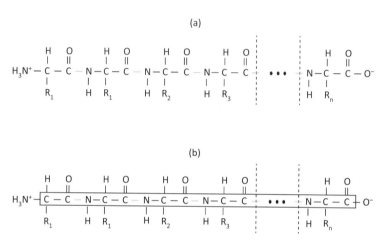

Figura 6.5 (a) Esquema de uma cadeia polipeptídica composta de *n* aminoácidos. As ligações peptídicas estão representadas pelos traços cinza. (b) Regularidade de composição da cadeia linear.

O que caracteriza cada enzima é o *número* de aminoácidos componentes de sua cadeia e a *ordem* em que eles se encontram, ou seja, a sua *estrutura primária*. Apesar de constituídas por apenas 20 aminoácidos diferentes, as possibilidades de estruturas diversas para as proteínas são muito grandes. A estrutura primária é responsável pelas estruturas de ordem superior que a proteína exibe em sua conformação celular, a estrutura *nativa*. Note-se que a monotonia da estrutura proteica é apenas aparente. A diversidade dos grupos R e as ligações químicas que ocorrem entre eles fazem com que cada proteína, com sua estrutura primária própria, adquira uma conformação espacial que lhe é peculiar e permite que exerça sua função, que é dependente da sua forma. A cadeia peptídica linear, como está representada na Figura 6.5, não existe em solução.

6.2.2 ESTRUTURA SECUNDÁRIA

Dois tipos de organização regular, as chamadas *estruturas secundárias*, são encontrados nas enzimas. O primeiro é a α-*hélice*. Esta estrutura é formada e estabilizada por *ligações de hidrogênio* estabelecidas entre o átomo de nitrogênio e o átomo de oxigênio (Figura 6.6(a)).

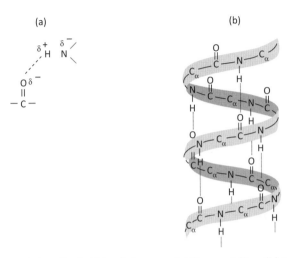

Figura 6.6 (a) Esquema da ligação de hidrogênio que estabiliza a α-hélice. (b) Segmento em α-hélice de uma cadeia polipeptídica, com as ligações de hidrogênio dispostas paralelamente ao eixo da hélice; não estão mostrados os grupos R dos aminoácidos, ligados ao carbono α (Cα).

Cada ligação peptídica oferece os elementos para a formação da ligação de hidrogênio: um átomo de hidrogênio covalentemente ligado ao nitrogênio e o oxigênio preso ao carbono por uma dupla ligação. A ligação de hidrogênio é uma ligação fraca, mas o grande número dessas interações confere muita estabilidade à estrutura que mantêm. As ligações constituintes do eixo da cadeia proteica não têm ângulos de 180°, como o esquema da Figura 6.5 sugere. Os átomos dispõem-se espacialmente como pertencentes a uma hélice, com 3,6 aminoácidos por volta, de tal forma que a ligação de hidrogênio é estabelecida entre os átomos constituintes de uma ligação peptídica qualquer e os átomos da quarta ligação peptídica subsequente, que a volta da hélice aproximou da primeira (Figura 6.6(b)). As ligações de hidrogênio dispõem-se paralelamente ao eixo da hélice e os grupos R projetam-se para o seu exterior.

O segundo tipo de estrutura secundária encontrada nas proteínas é chamado *folha β-pregueada* (Figura 6.7). Essa estrutura é formada por um arranjo paralelo de dois ou mais segmentos de cadeias peptídicas quase totalmente distendidas; também é mantida por ligações de hidrogênio, formadas pelos mesmos elementos que as formam na α-hélice. Neste caso, porém, a ligação de hidrogênio une dois segmentos distintos da cadeia proteica e situa-se em posição perpendicular ao eixo da cadeia polipeptídica.

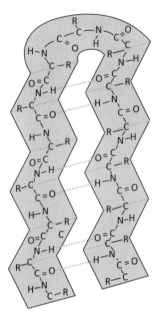

Figura 6.7 Segmento de cadeia polipeptídica com estrutura em folha β-pregueada. As ligações de hidrogênio estão indicadas por linhas pontilhadas.

Deve-se notar que a estrutura secundária tem sempre um padrão regular, já que é formada por elementos derivados de outra estrutura absolutamente regular na cadeia proteica, a ligação peptídica. As enzimas apresentam, em sua conformação espacial, os dois tipos de estruturas secundárias, em proporção que depende da enzima considerada: parte da cadeia está organizada em α-hélice, parte em folha β-pregueada e aparecem ainda regiões sem conformação regular, conectando os segmentos com arranjo definido (Figura 6.8).

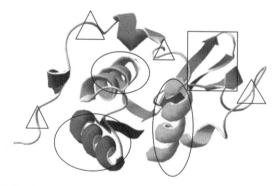

Figura 6.8 Estrutura da lisozima, uma enzima encontrada na lágrima, mostrando segmentos em α-hélice (elipses), segmentos em folha β-pregueada (quadrado) e regiões sem estrutura regular (triângulos).

Elementos de enzimologia   **205**

6.2.3 ESTRUTURA TERCIÁRIA

A *estrutura terciária* descreve a conformação tridimensional que a molécula proteica assume em solução. É sua conformação real, pois os níveis inferiores de organização têm apenas interesse didático, não existindo proteínas que contenham apenas aquelas estruturas. A estrutura terciária explica o dobramento da cadeia peptídica, com enrolamentos, dobras e voltas que a compõem e a levam a uma forma geral globular. As ligações químicas que estabelecem e mantêm a estrutura terciária são formadas entre os grupos R dos aminoácidos. Como esses aminoácidos variam em número e posição para cada enzima considerada, a organização espacial também varia para cada enzima. As forças químicas, porém, são comuns a todas. Para entender o enovelamento da cadeia proteica, deve-se notar, em primeiro lugar, que os grupos R dos aminoácidos podem ser divididos em dois tipos (Figura 6.4). Cerca de metade deles é *apolar* e, portanto, hidrofóbica. Os outros são *polares*. Entre estes, alguns apresentam carga elétrica líquida (positiva ou negativa) e os restantes, embora não tenham carga elétrica, são polares por apresentar regiões do grupo R mais negativas (como o oxigênio da serina e da treonina e o enxofre da cisteína) e regiões mais positivas (como o átomo de hidrogênio ligado àqueles átomos negativos). Como a água é um solvente polar, os grupos R apolares tendem sempre a aproximar-se uns dos outros (de forma a excluir a água) e, no seu conjunto, situarem-se voltados para o interior da molécula, enquanto os grupos polares voltam-se para a superfície. Essa localização diferencial dos grupos R, provocada pelas *interações hidrofóbicas*, constitui uma força poderosa de dobramento da cadeia polipeptídica.

Outras forças devem também ser consideradas. Grupos R com carga elétrica positiva (presentes em lisina e arginina) fazem *ligações eletrostáticas* com grupos R com carga negativa (aspartato e glutamato). Esse tipo de ligação, também chamada *salina* ou *iônica*, é encontrado mais frequentemente na superfície da molécula enzimática, por formar-se entre radicais hidrofílicos; pode, porém, estar localizada no seu interior, porque grupos com carga elétrica situados em um segmento predominantemente hidrofóbico da cadeia polipeptídica são sequestrados para a região interna da molécula pela interiorização da região apolar. Outra força importante de dobramento da α-hélice são *ligações de hidrogênio* formadas entre grupos R. Note-se que essas ligações, ao contrário das ligações de hidrogênio da estrutura secundária, não apresentam qualquer padrão regular, pois a localização dos grupos R capazes de oferecer os elementos para a sua formação estão distribuídos irregularmente ao longo da cadeia peptídica, segundo a estrutura primária da enzima.

As interações referidas até aqui como responsáveis pela estrutura tridimensional das enzimas são todas forças fracas. Mas pode ser encontrada também uma ligação covalente fazendo parte das ligações que mantêm a estrutura terciária das proteínas: são as *pontes dissulfeto*, ou *pontes S-S*. Essas ligações são formadas por oxidação de dois grupos -SH, cada um presente na cadeia lateral de um resíduo de cisteína, o único aminoácido a apresentar -SH no grupo R. Designa-se resíduo de aminoácido a fração da molécula de aminoácido efetivamente inserida na cadeia proteica. Nem toda a molécula do aminoácido está presente, porque alguns átomos foram eliminados na formação da ligação peptídica.

A forma espacial da enzima, responsável pela sua função, é resultado indireto de sua estrutura primária. Uma mutação que levasse à troca de um único aminoácido da longa cadeia polipeptídica de uma enzima poderia acarretar sua completa inativação, se o grupo R do "novo" aminoácido não pudesse estabelecer uma ligação de estrutura terciária essencial para a conformação correta da enzima. É fácil prever, por exemplo, as consequências para a estrutura terciária da substituição de um resíduo de glutamato (com grupo R negativo) por um resíduo de lisina (com grupo R positivo). A Figura 6.9 ilustra as principais ligações da estrutura terciária.

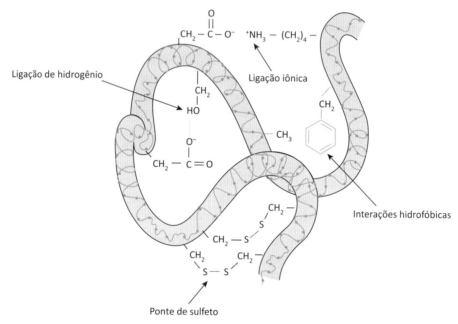

Figura 6.9 Esquema das principais ligações responsáveis pela estrutura terciária das enzimas.

6.2.4 ESTRUTURA QUATERNÁRIA

Os termos polipeptídio e proteína não são sinônimos. *Polipeptídio* é a cadeia constituída pelos aminoácidos ligados por ligações peptídicas; a definição é estrutural. A palavra *proteína* está associada a uma função. Muitas enzimas são constituídas por uma única cadeia polipeptídica, com organização espacial estabelecida por interações químicas dos grupos R dos aminoácidos; por terem uma função são consideradas proteínas. Outras enzimas são formadas por duas ou mais cadeias polipeptídicas, iguais ou diferentes, que, isoladamente, não têm capacidade catalítica; nesses casos, o termo proteína só pode ser aplicado ao conjunto funcional, e não às subunidades (Figura 6.10). Estrutura quaternária é a organização presente nas proteínas compostas por mais de uma cadeia polipeptídica e descreve quantos e quais monômeros compõem a molécula e como estão associados. As forças que mantêm unidos os monômeros componentes de enzimas com estrutura quaternária são as mesmas que mantêm a estrutura terciária, ou seja, interações hidrofóbicas, ligações de hidrogênio e ligações iônicas, formadas, entretanto, entre grupos R de aminoácidos pertencentes a cadeias polipeptídicas diferentes. A exceção são as pontes dissulfeto, quase sempre ausentes da estrutura quaternária.

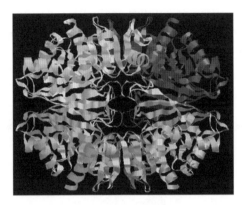

Figura 6.10 Estrutura quaternária da gliceraldeído 3-fosfato desidrogenase, uma enzima do metabolismo da glicose. Trata-se de um tetra-homopolímero; cada uma das cadeias polipeptídicas iguais, formada de α-hélices e folhas β-pregueadas, está representada em tons de cinza.

6.3 AÇÃO CATALÍTICA DAS ENZIMAS

A estrutura proteica auxilia o entendimento das propriedades catalíticas das enzimas. O primeiro ponto a considerar é a grande diferença de tamanho entre a enzima e seus substratos. Um exemplo numérico: a enzima urease, que catalisa a reação de hidrólise da ureia [ureia + $H_2O \rightarrow CO_2 + 2NH_3$], tem massa molar aproximada de 500 mil daltons, enquanto a ureia tem massa molar de 60, e a água, de 18. O investimento energético para a síntese de uma molécula proteica tão grande justifica-se pela obtenção de uma estrutura muito precisa, com reentrâncias de forma apropriada e com grupos químicos localizados em posições exatas para servir à catálise. Para que esta seja exercida, os reagentes (aqui chamados *substratos*) devem ligar-se à molécula da enzima em uma região específica de sua superfície, chamada *sítio ativo*. O sítio ativo é uma cavidade com forma definida, aberta na superfície da molécula globular da enzima, constituída por grupos R de aminoácidos que podem estar distanciados na estrutura primária da proteína, mas que os dobramentos da estrutura terciária trouxeram à proximidade uns dos outros. É essa forma definida do sítio ativo que confere *especificidade* à catálise enzimática: para ser reconhecida como substrato, uma molécula deve ter a forma adequada para acomodar-se no sítio ativo e os grupos químicos devem ser capazes de estabelecer ligações com os grupos R ali presentes (Figura 6.11).

A relação espacial entre substrato e enzima não deve ser vista segundo um modelo rígido de chave-fechadura. A aproximação e a ligação do substrato à enzima alteram o delicado balanço de forças responsável pela manutenção da estrutura tridimensional da enzima, amoldando sua forma à do substrato e fazendo-a adquirir uma nova conformação, ideal para a catálise. Como a enzima, os substratos têm sua conformação tensionada e distorcida, aproximando-se da conformação do estado de transição. Além disso, o substrato corretamente posicionado no sítio ativo está próximo de grupos R decisivos para a catálise. Retomando o exemplo mostrado na Figura 6.3, os íons H$^+$ da catálise não enzimática poderiam ser substituídos por um radical R positivo de um aminoácido do sítio ativo na catálise enzimática, passando a reação, portanto, a independer dos choques casuais entre as moléculas dos reagentes. É esse conjunto de mecanismos que torna a catálise enzimática tão eficiente.

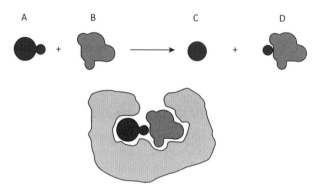

Figura 6.11 Esquema de uma reação do tipo A + B → C + D, que consiste na transferência de um grupo químico do composto A para o composto B. A reação depende da colisão entre as moléculas de A e B na posição favorável. Com a ligação dos substratos ao sítio ativo da enzima, a reação é facilitada.

6.4 INIBIÇÃO DA ATIVIDADE ENZIMÁTICA

A catálise enzimática pode ser inibida por compostos que se ligam à enzima, impedindo sua ação. Existem dois tipos principais de *inibidores*: competitivos e não competitivos.

Os *inibidores competitivos* são compostos que têm forma estrutural suficientemente semelhante à do substrato para poderem ligar-se ao sítio ativo da enzima (Figura 6.12). Faltam-lhes, entretanto, grupos químicos que possam levar a reação a cabo; o resultado da sua presença no meio de reação é o estabelecimento de uma competição entre as moléculas do inibidor competitivo e as do substrato pela ligação com o sítio ativo da enzima. Naturalmente, o porcentual de inibição dependerá: 1) das concentrações relativas de substrato e inibidor competitivo; 2) das afinidades da enzima pelo substrato e pelo inibidor. Por suas características, a inibição competitiva é bastante específica.

Os inibidores *não competitivos* têm mecanismo de ação completamente diverso. Sua forma estrutural não guarda qualquer semelhança com a do substrato e a inibição é exercida pela sua capacidade de ligar-se a grupos R específicos, geralmente fora do sítio ativo. Essa ligação altera a estrutura da enzima e inviabiliza a catálise. Por exemplo, íons de metais pesados, como Pb^{2+} e Hg^{2+} ligam-se facilmente a grupos –SH, presentes na cadeia lateral de cisteína, modificando a conformação da enzima. A alteração repercute no sítio ativo e a catálise é comprometida. A ação inibitória dos íons é bastante inespecífica, já que a cisteína está presente em um grande número de enzimas, o que explica a toxidez desses íons metálicos, alvo atual de sérias preocupações ambientalistas.

Os inibidores competitivos, pela sua especificidade, têm tido largo emprego terapêutico e constituem um instrumento potencialmente interessante no controle de vias metabólicas. A presença de inibidores não competitivos nos organismos é, geralmente, acidental e tóxica.

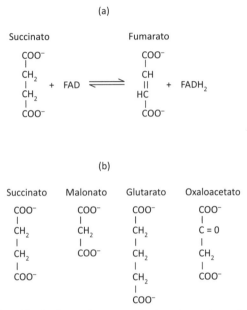

Figura 6.12 (a) Reação de oxidação do succinato, catalisada pela succinato desidrogenase. (b) Estrutura do substrato (succinato) e de três inibidores competitivos da succinato desidrogenase.

6.5 REGULAÇÃO DA ATIVIDADE ENZIMÁTICA

Os organismos podem regular a velocidade de uma reação catalisada enzimaticamente em dois níveis diferentes. Primariamente, a síntese da enzima é um processo controlado, respondendo às variações das condições do meio. Como a velocidade da reação catalisada é diretamente proporcional à concentração da enzima, o aumento da síntese privilegia a via metabólica da qual a enzima participa; o contrário também é verdadeiro. Esse nível de regulação processa-se na transcrição do gene que codifica a enzima e é objeto de estudo da biologia molecular.

As enzimas já sintetizadas não têm uma atividade constante; estão sujeitas a um segundo nível de regulação. A modulação de sua atividade pode dar-se por meio de *regulação alostérica* ou *modificação covalente*.

6.5.1 REGULAÇÃO ALOSTÉRICA

Alguns compostos produzidos pelo metabolismo têm a propriedade de ligarem-se, com alta especificidade, a uma região de determinadas enzimas, designada *sítio alostérico*, diferente do sítio ativo. Como é possível prever, a ligação de um composto qualquer modifica a estrutura terciária da enzima, com dois resultados possíveis: a nova conformação pode auxiliar a catálise ou prejudicá-la. No primeiro caso, o composto é dito *efetuador alostérico positivo* e, no segundo, *efetuador alostérico negativo*; a enzima que contém o sítio alostérico e pode receber o efetuador alostérico é chamada *enzima alostérica* (Figura 6.13).

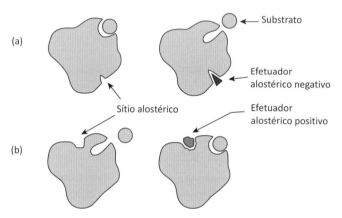

Figura 6.13 Esquema de uma enzima alostérica. (a) A ligação do efetuador alostérico negativo ao sítio alostérico altera a estrutura da enzima, dificultando a ligação do substrato ao centro ativo e, portanto, a catálise. (b) O sítio ativo não funcional adquire conformação catalítica pela ligação do efetuador alostérico positivo à enzima.

Esse recurso para a regulação da atividade enzimática é largamente empregado pelas células no controle de seu metabolismo. Praticamente todas as vias metabólicas contam com uma reação catalisada por uma enzima alostérica, sensível a algum dos produtos finais da via, que atua como efetuador alostérico negativo. A ligação do efetuador alostérico à enzima é reversível e, portanto, o porcentual de enzimas que se encontram ligadas ao efetuador está na dependência da concentração deste. Quando o composto se acumula em virtude do intenso funcionamento da via, sua ligação à enzima alostérica acarreta diminuição da velocidade da reação por ela catalisada e a via é desacelerada. Se, a seguir, o efetuador alostérico é consumido por outra via, a diminuição de sua concentração provoca seu desligamento da enzima, que volta a funcionar com velocidade "normal". O processo constitui um mecanismo perfeito de *feedback*, impedindo o acúmulo de produtos desnecessários. O efeito alostérico é específico para um par efetuador alostérico-enzima. Assim, um determinado composto pode atuar como efetuador alostérico negativo sobre algumas enzimas e como efetuador alostérico positivo sobre outras, pertencentes a vias metabólicas diferentes.

Elementos de enzimologia   **211**

Quando a concentração celular do efetuador alostérico aumenta, algumas vias são inibidas, mas, simultaneamente, outras vias são estimuladas, tornando harmônico o funcionamento celular.

6.5.2 MODIFICAÇÃO COVALENTE

Algumas enzimas são submetidas a um processo de regulação que consiste na ligação covalente de um grupo químico à sua estrutura. Um exemplo frequente é a transferência de um grupo fosfato, proveniente do ATP (adenosina trifosfato, o principal composto de alta energia presente nos organismos) para a enzima-alvo (Figura 6.14). O fosfato liga-se ao grupo –OH da cadeia lateral de serina, treonina ou tirosina. A presença do grupo fosfato acarreta mudança na conformação espacial da enzima, com duas consequências possíveis: para algumas enzimas, a nova conformação é cataliticamente inativa; para outras, só então forma-se um sítio ativo funcional. Assim, quando várias enzimas são simultaneamente fosforiladas, o metabolismo é drasticamente alterado, sendo acionadas vias que estavam inativas e inibidas vias até então funcionantes.

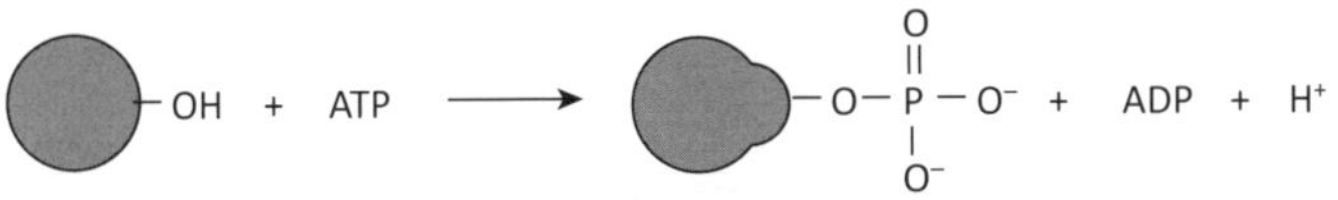

Figura 6.14   Modificação covalente de uma enzima. A ligação do grupo fosfato, proveniente do ATP, muda a conformação da enzima, conferindo-lhe atividade catalítica ou inibindo-a.

6.6 INFLUÊNCIA DO MEIO SOBRE A ATIVIDADE ENZIMÁTICA

A estrutura e a forma do sítio ativo são uma decorrência da estrutura tridimensional da enzima e podem ser afetadas por quaisquer agentes capazes de provocar mudanças conformacionais na estrutura proteica. Isso torna a atividade enzimática dependente do meio ambiente, notadamente do pH e da temperatura.

6.6.1 pH

A maioria das enzimas apresenta um valor de pH no qual a sua atividade é máxima – a velocidade da reação diminui à medida que o pH se afasta desse valor ótimo, que é característico para cada enzima, mas, com frequência, está próximo do pH neutro. A influência do pH sobre a catálise enzimática só pode ser compreendida a partir da análise dos grupos dissociáveis presentes nas cadeias laterais R dos aminoácidos. De fato, histidina, arginina, lisina, glutamato, aspartato, cisteína e tirosina (Figura 6.4) têm na cadeia lateral grupos que são ácidos fracos de Brönsted. Pela definição de Brönsted, ácidos são compostos capazes de dissociar-se liberando H^+. Ácidos fracos são aqueles em que a dissociação não é completa, restando em solução também uma porcentagem do ácido não dissociado; existe, portanto, um equilíbrio químico que pode ser escrito como:

$$HA \rightleftharpoons A + H^+$$

Como essa equação indica, as concentrações relativas de HA e de A dependem do pH. Quando o valor do pH é baixo (grande concentração de prótons), o equilíbrio rearranja-se por aumento da concentração de HA e diminuição da concentração de A. Quando o valor do pH é alto (pequena concentração de prótons), ocorre o inverso. Os grupos R dissociáveis dos aminoácidos comportam-se de maneira análoga, como está exemplificado na Figura 6.15. Portanto, cada grupo apresenta-se ligado ou não ao próton dependendo do pH. E, segundo a natureza do grupo considerado, as formas protonadas ou desprotonadas apresentam cargas elétricas negativas ou positivas.

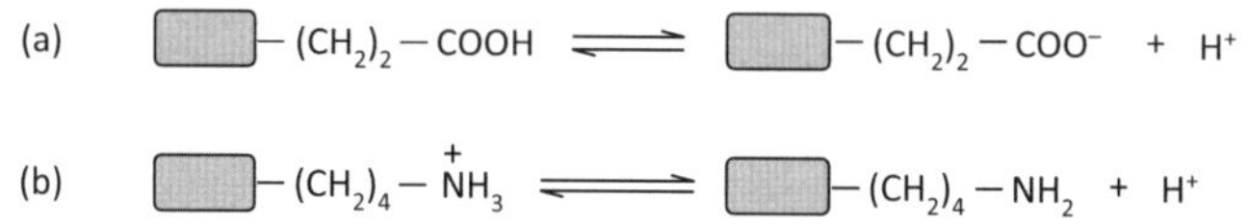

(a) $\boxed{} - (CH_2)_2 - COOH \rightleftharpoons \boxed{} - (CH_2)_2 - COO^- + H^+$

(b) $\boxed{} - (CH_2)_4 - \overset{+}{N}H_3 \rightleftharpoons \boxed{} - (CH_2)_4 - NH_2 + H^+$

Figura 6.15 Dissociação dos grupos ionizáveis, carboxila e amino, presentes nas cadeias laterais, respectivamente, de (a) aspartato e (b) lisina.

As formas dos aminoácidos representadas na Figura 6.4 são as predominantes em pH = 7. Nesse valor de pH, alguns grupos R (como o grupo $-COO^-$ presente no glutamato e no aspartato) encontram-se dissociados e com carga elétrica. Outros (como o grupo $-NH_3^+$ da lisina) encontram-se associados ao próton, mas também têm carga elétrica nessa situação. Uma enzima em solução de pH igual a 7 apresenta os grupos R de seus aminoácidos na situação descrita e, portanto, aptos a formar ligações eletrostáticas importantes na estrutura terciária da molécula. Se o valor de pH da solução for diminuído, alguns grupos do tipo $-COO^-$ captam prótons, atendendo ao aumento de sua concentração e à necessidade de reajustar o equilíbrio da dissociação. Convertem-se, assim, em $-COOH$, perdendo a carga elétrica. A ligação iônica da qual eventualmente participavam ($-COO^- - NH_3^+$) deixa de existir e a estrutura espacial da enzima é alterada. Analogamente, se o valor de pH for elevado, grupos do tipo $-NH_3^+$ serão dissociados, convertendo-se a $-NH_2$, perdendo também a carga elétrica; a ligação eletrostática da qual participavam será igualmente desfeita. Além de contribuírem para a manutenção da estrutura terciária da enzima, alguns desses grupos podem fazer parte do sítio ativo e, para exercerem seu papel, deverão apresentar carga elétrica.

Em resumo, a influência do pH na catálise enzimática é exercida sobre os grupos dissociáveis de vários aminoácidos. Alguns desses grupos podem fazer parte do sítio ativo ou ser importantes na manutenção da estrutura espacial da molécula. A cada valor de pH, alguns desses grupos apresentam-se protonados ou desprotonados. Existe uma concentração hidrogeniônica que propicia um determinado arranjo de grupos protonados e desprotonados que leva a molécula de enzima à conformação ideal para exercer seu papel catalítico. Esse *pH ótimo* depende, portanto, do número e do tipo de grupos ionizáveis que uma enzima apresenta, ou seja, depende de sua estrutura primária. Por outro lado, quando o substrato contém grupos ionizáveis, as variações de pH também podem afetar sua carga. A eficiência da catálise dependerá, então, de enzima e substrato encontrarem-se com conformação e carga adequadas para permitir sua interação.

6.6.2 TEMPERATURA

A influência da temperatura sobre a cinética da reação enzimática deve ser entendida em duas fases distintas: em princípio, aumentos de temperatura levam a aumentos de velocidade de reação, por elevarem a energia cinética das moléculas componentes do sistema, fazendo crescer a probabilidade de choques efetivos entre elas. Esse efeito é observado em um intervalo de temperatura compatível com a manutenção da estrutura espacial da enzima. Temperaturas mais altas levam à *desnaturação* da enzima, ou seja, à perda de sua estrutura nativa, catalítica, por alterarem as ligações químicas que mantêm sua estrutura tridimensional. Rompidas as ligações de hidrogênio, que são interações bastante termolábeis, desencadeia-se uma cascata de alterações estruturais, levando a enzima a uma nova conformação ou a um estado sem estrutura definida; a enzima é dita, então, *desnaturada*. A temperatura que provoca desnaturação naturalmente varia para cada enzima, mas, geralmente, está pouco acima de sua temperatura ótima.

6.6.3 DESNATURAÇÃO

A desnaturação proteica é entendida como a perda da estrutura que propicia a função da proteína. Habitualmente, os agentes desnaturantes preservam apenas as ligações covalentes da estrutura proteica, ou seja, as ligações peptídicas (da estrutura primária) e as pontes dissulfeto (da estrutura terciária). Não só temperaturas elevadas levam à desnaturação; outras variáveis do meio que afetam as ligações químicas têm o mesmo efeito. Assim, *valores extremos de pH*, provocando protonação ou desprotonação de grupos, ocasionam perda da atividade da enzima. Os *detergentes* contêm porções hidrofóbicas em suas moléculas e sua presença em solução interfere fortemente nas interações hidrofóbicas entre os grupos R, importantes na manutenção da estrutura proteica. *Solventes apolares*, mudando a constante dielétrica do meio, alteram a força das ligações eletrostáticas, provocando desnaturação. Na maior parte dos casos, a desnaturação é um processo irreversível.

6.7 COFATORES E COENZIMAS

Muitas enzimas necessitam da associação com outras moléculas ou íons para exercer seu papel catalítico. Esses componentes da reação enzimática são genericamente chamados de *cofatores*. Os cofatores podem ser *íons metálicos* ou moléculas orgânicas, não proteicas, de complexidade variada, que recebem o nome de *coenzimas*.

Os íons metálicos ligam-se a grupos R de aminoácidos da cadeia proteica ou estão presentes em grupos prostéticos. Cumprem papel decisivo na catálise, participando efetivamente da reação química. Algumas enzimas aceitam vários íons metálicos bivalentes como ativadores, como Ca^{2+}, Mg^{2+} ou Mn^{2+}, enquanto outras exigem um íon específico para a catálise. Esse íon pode ser Fe^{2+}, Cu^{2+}, Ni^{2+}, Co^{2+}, Zn^{2+} ou de outros metais.

As coenzimas atuam como aceptores de átomos ou grupos funcionais retirados do substrato em uma dada reação e como doadores desses mesmos grupos ao participarem de outra reação e, por isso, diz-se que as coenzimas são transportadoras de determinados grupos (Quadro 6.1). Durante a catálise, coenzima e substrato acham-se alojados no centro ativo da enzima, consistindo a reação na remoção de determinado grupo químico do substrato e sua transferência para a coenzima, ou vice-versa. Vê-se, portanto, que as coenzimas não apenas sofrem modificações em sua estrutura ao participar de uma reação enzimática, mas são necessárias em quantidades estequiométricas em relação ao substrato. Todavia, o fato de as coenzimas serem constantemente recicladas, oscilando entre apenas duas formas, permite que suas concentrações celulares sejam bastante reduzidas, muito menores que as de substrato.

Quadro 6.1 Coenzimas e grupos aos quais se ligam ou desligam em diferentes reações

Coenzima	Grupo transportado
Adenosina trifosfato (ATP)	Fosfato
Biotina	CO_2
Coenzima A	Acila
Flavina adenina dinucleotídio (FAD)	Hidrogênio
Tetra-hidrofolato	Carbono
Nicotinamida adenina dinucleotídio (NAD+)	Hidreto
Tiamina pirofosfato (TPP)	Aldeído

Nem sempre é imediata a diferença entre substrato e coenzima. Um critério diferencial é o fato de o substrato sofrer novas alterações nas reações metabólicas subsequentes, enquanto a coenzima, por outra reação, volta à sua forma original. A reação que modifica a coenzima e a reação que restaura sua forma original são catalisadas por enzimas diferentes e específicas, que têm em comum apenas o fato de utilizarem a mesma coenzima. Além disso, na maior parte das reações, a ligação da coenzima à enzima precede a ligação do substrato à enzima.

Em alguns casos, a coenzima encontra-se covalentemente ligada à molécula enzimática, constituindo, portanto, um grupo prostético da proteína; em outros, a

Elementos de enzimologia   **215**

coenzima é uma molécula "livre", reunindo-se à enzima apenas no momento da catálise. Duas coenzimas transportadoras de hidrogênio são exemplos das duas possibilidades: a flavina adenina dinucleotídio (FAD) é grupo prostético de enzimas, enquanto a nicotinamida adenina dinucleotídio (NAD$^+$) é, geralmente, livre, atuando como coenzima de diversas enzimas (Figuras 6.16 e 6.17).

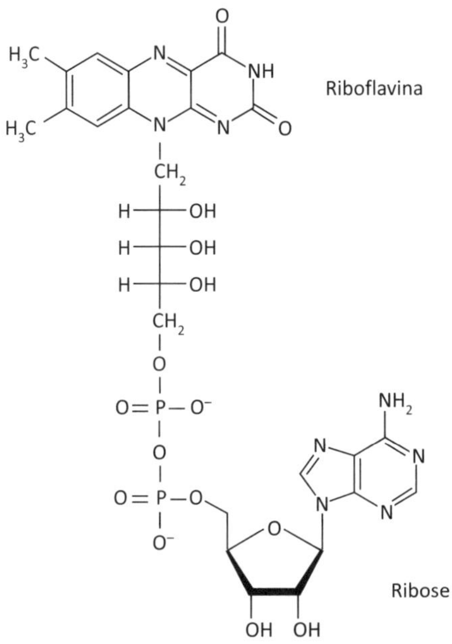

Figura 6.16 Estrutura da coenzima flavina adenina dinucleotídio (FAD). Esta coenzima é grupo prostético de várias enzimas. A riboflavina é uma vitamina para o ser humano.

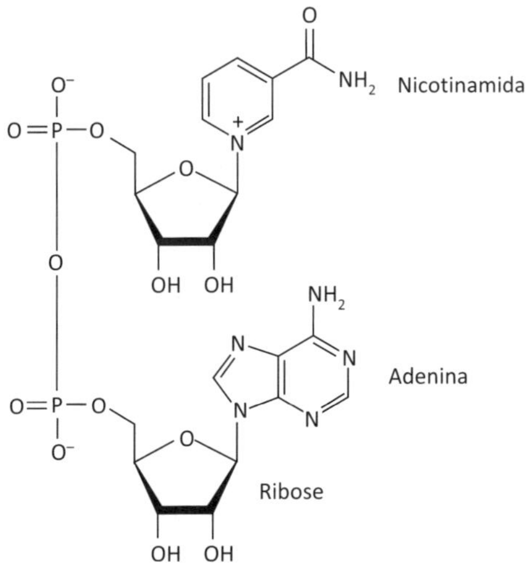

Figura 6.17 Estrutura da coenzima nicotinamida adenina dinucleotídio (NAD$^+$). A nicotinamida é uma vitamina para o ser humano.

A estrutura química das coenzimas é bastante variável. Algumas coenzimas, como a adenosina trifosfato (ATP) e a guanosina trifosfato (GTP), são integralmente sintetizadas pelas células. Outras apresentam em sua molécula um componente orgânico que não pode ser sintetizado pelos animais superiores. Esse componente, ou um precursor imediato, deve então ser obtido por meio da dieta, constituindo uma *vitamina*. As vitaminas são, portanto, compostos orgânicos indispensáveis ao crescimento e às funções normais dos animais superiores e, ao contrário de carboidratos, proteínas e lipídeos, são requeridos na dieta em pequenas quantidades (miligramas ou microgramas diários), já que são precursores de coenzimas, cujas concentrações celulares são muito pequenas. Na microbiologia, as vitaminas incluem-se entre os compostos que, genericamente, são chamados de *fatores de crescimento*, assinalando a necessidade de sua presença no meio de cultura para o desenvolvimento do microrganismo. A necessidade desses compostos varia com a espécie. *Escherichia coli*, uma bactéria comum no trato intestinal humano, é capaz de multiplicar-se em uma solução contendo apenas uma fonte de carbono (glicose, por exemplo), uma fonte de nitrogênio (NH_4^+, por exemplo) e alguns sais minerais; é, portanto, capaz de sintetizar todos os compostos necessários a sua manutenção e sua reprodução, inclusive aqueles que para os animais superiores constituem vitaminas. Outras espécies bacterianas necessitam de vitaminas, aminoácidos, bases nitrogenadas etc.

As vitaminas são classicamente divididas em hidrossolúveis e lipossolúveis. São hidrossolúveis: tiamina (B_1), riboflavina (B_2), ácido pantotênico (B_3), nicotinamida (B_5), piridoxina (B_6), biotina (B_7), ácido fólico (B_9), cobalamina (B_{12}) e ácido ascórbico (C). As vitaminas A, D, E e K são lipossolúveis. As vitaminas hidrossolúveis são as que têm função de coenzimas ou fazem parte de moléculas de coenzimas. A participação das vitaminas lipossolúveis nas reações metabólicas processa-se por outras formas e é muito menos conhecida.

6.8 MEDIDA DA ATIVIDADE ENZIMÁTICA

As medidas de concentração de soluções, expressas em unidades de massa por unidades de volume, de uso corrente na química, não têm utilidade para soluções enzimáticas, já que, para estas, o que importa não é a massa, mas a atividade. Uma solução de enzimas desnaturadas conserva a massa proteica, mas a propriedade catalítica está perdida. Desnaturações parciais podem levar duas soluções de mesma concentração enzimática a ter atividades muito diferentes.

Em virtude do exposto, a dosagem de enzimas é sempre feita pela medida de sua *atividade*, que é avaliada pela velocidade da reação que a enzima catalisa. Dada a especificidade das enzimas, essa medida é possível, mesmo na presença de outras proteínas. Para efetuar essas dosagens, uma amostra da solução contendo a enzima é incubada com concentrações altas de substratos (para garantir a velocidade máxima e impedir que pequenas variações na concentração do substrato afetem as medidas). A velocidade da reação é medida e expressa em Unidades Internacionais.

Uma *Unidade Internacional (U)* é a quantidade de enzima capaz de formar 1 μmol de produto por minuto em condições ótimas de medida (pH, temperatura etc.), especificadas para cada caso.

A medida da atividade enzimática é imprescindível para monitorar a purificação de uma enzima. Quando se pretende purificar uma enzima, inicia-se o processo de isolamento a partir de um macerado de células, órgão ou tecido, o *extrato celular*. Tomando uma amostra desse extrato, deve-se determinar a atividade da enzima de interesse (em U/mL, geralmente) e a quantidade de Unidades presentes no volume total do extrato. Para adotar um parâmetro que permita a comparação com outras preparações e com etapas posteriores do processo de purificação, é necessário usar um referencial; a referência habitualmente utilizada é a concentração total de proteína presente na preparação. Define-se, assim, a *atividade específica*, ou seja, o número de Unidades de enzima por miligrama de proteína. A cada etapa da purificação da enzima, são feitas novas medidas de atividade e de concentração de proteína e calculada a nova atividade específica. Se a etapa de purificação for bem-sucedida, a atividade específica deve aumentar. Esse aumento significa, naturalmente, que o procedimento eliminou proteínas indesejáveis. Novos processos de purificação são efetuados até que, no caso ideal, a atividade específica da preparação torna-se máxima e constante, indicando que a enzima está pura.

6.9 CLASSIFICAÇÃO E NOMENCLATURA

Pelas regras oficiais de classificação e nomenclatura, as enzimas são divididas em seis grupos, de acordo com o tipo de reação que catalisam (Quadro 6.2). Cada um desses grupos é ainda subdividido em classes e subclasses, numeradas de tal forma que cada enzima possa ser identificada sem ambiguidade. Assim, por exemplo, a enzima que catalisa a remoção de elétrons do etanol (portanto, uma *oxidorredutase*) é designada *álcool:NAD$^+$:oxidorredutase* e recebe o número de classificação EC 1.1.1.1. (*Enzyme Comission* – EC). Essa nomenclatura oficial é, na prática, muitas vezes desobedecida em favor de nomes mais simples ou que se tornaram clássicos. A enzima citada que catalisa a oxidação do etanol é comumente referida como *álcool desidrogenase*; a enzima que catalisa a síntese de glicogênio (oficialmente designada *UDPglicose:glicogênio 4-α-D-glicosiltransferase*) é chamada de *glicogênio sintase*. Como se vê nesses exemplos, na nomenclatura usual, o nome é dado indicando o substrato, seguido de outra palavra terminada em *ase* que especifica o tipo de reação que a enzima catalisa. Mesmo essa forma simplificada de nomenclatura apresenta exceções, como é o caso das enzimas digestivas: *pepsina, tripsina* etc., cujos nomes triviais tornaram-se clássicos antes que as regras sistemáticas de classificação e nomenclatura fossem estabelecidas. Apesar disso, não é necessário memorizar os nomes das enzimas, pois, com um pouco de prática, é possível prever o nome da enzima conhecendo a reação que ela catalisa, ou vice-versa.

Quadro 6.2   Classificação das enzimas segundo a Enzyme Comission

Classe	Tipo de reação	Exemplo
1) Oxidorredutases	Oxidorredução	$A^- + B \rightleftharpoons A + B^-$
2) Transferases	Transferência de grupos	$A - X + B \rightleftharpoons A + B - X$
3) Hidrolases	Hidrólise	$A - B + H_2O \rightleftharpoons A - H + B - OH$
4) Liases	Adição de grupos a duplas ligações ou remoção de grupos, deixando dupla ligação	$X - Y + A = B \rightleftharpoons \overset{X}{\underset{\vert}{}} \overset{Y}{\underset{\vert}{}} A - B$
5) Isomerases	Rearranjos intramoleculares	$\overset{X}{\underset{\vert}{}}\overset{Y}{\underset{\vert}{}} A - B \rightleftharpoons \overset{Y}{\underset{\vert}{}}\overset{X}{\underset{\vert}{}} A - B$
6) Ligases	Formação de ligação covalente entre duas moléculas, associada à hidrólise de ATP	$A + B \longrightarrow A - B$

6.10 APLICAÇÕES BIOTECNOLÓGICAS

De maneira geral, as enzimas são específicas com relação aos seus substratos e às reações que catalisam. Muitas, entretanto, "desobedecem" essa regra e são chamadas de enzimas *promíscuas*. As variações exibidas pelas enzimas podem ser creditadas às diferentes condições ambientais. Nos organismos, variáveis como o pH, a força iônica, a hidratação e, no caso dos animais endotérmicos, a temperatura são mantidas estáveis, sob rígido controle. Em contraposição, no laboratório ou na indústria, essas variáveis podem ser manipuladas, tornando o meio reacional diferente do natural. Há, por exemplo, a alternativa de substituir a água por solventes orgânicos polares, como a dimetilformamida (DMF), ou usar meios com valores extremos de pH e temperatura. Essas alterações podem propiciar mudanças de especificidade. Nos biorreatores gás-sólido, por exemplo, não há fase líquida – a enzima é imobilizada em suporte sólido e os substratos estão na fase gasosa, onde também se dissolvem os produtos, condições radicalmente diferentes das celulares.

Por manipulações dirigidas, é possível alterar a especificidade pelos substratos ou pelas coenzimas, aumentando, por exemplo, a afinidade de uma enzima por $NADP^+$ em detrimento de NAD^+.[1] O próprio íon metálico que atua como cofator pode ser removido e substituído.

---

[1] $NADP^+$ difere de NAD^+ pela presença de um grupo fosfato na molécula. É usada, em geral, nas reações de sínteses, ao contrário do NAD^+, presente em reações de oxidação do substrato.

Enormes campos de pesquisa e aplicações foram abertos, e têm sido largamente aproveitados, pelo desenvolvimento da engenharia genética e pela possibilidade de alterar as enzimas.

LEITURAS COMPLEMENTARES RECOMENDADAS

BERG, J. M. et al. *Biochemistry*. 9. ed. New York: W.H. Freeman and Company, 2019.

DIXON, M.; WEBB, E. C. *Enzymes*. 3. ed. London: Longman, 1979.

MARZZOCO, A.; TORRES, B. B. *Bioquímica básica*. 4. ed. Rio de Janeiro: Guanabara Koogan, 2015.

NELSON, D. L.; COX, M. M. *Princípios de bioquímica de Lehninger*. 7. ed. Porto Alegre: Artmed, 2019.

VOET, D.; VOET, J. G.; PRATT, C. *Fundamentals of biochemistry*. 5. ed. New York: Wiley, John & Sons, 2016.

CAPÍTULO 7
Caminhos metabólicos

Otto Jesu Crocomo

Luiz Eduardo Gutierrez

7.1 INTRODUÇÃO

Os avanços no conhecimento das reações químicas que acontecem no contexto da célula animal, vegetal ou de microrganismos e que, portanto, são reações bioquímicas, e de como elas interagem para o aparecimento e a continuação da vida sobre a terra tiveram início nos anos finais do século XIX, quando Buchner obteve um extrato livre de células de levedura e descobriu que esse lisado de células transformava glicose em etanol (BUCHNER, 1897). Buchner recebeu o Prêmio Nobel de Química em 1907. Essa transformação bioquímica só fora possível porque descobriu-se também que no extrato (e, portanto, nas células) existem proteínas cuja função é "fazer com que" as reações aconteçam, ou seja, são catalisadoras: as enzimas.

Essa reação *in vitro* corroborou os estudos anteriores sobre fermentação de carboidratos, mais especificamente de hexoses, que Gay Lussac, em 1815, representou pela equação geral:

$$C_6H_{12}O_6 \rightarrow 2CH_3CH_2OH + 2CO_2;\ \Delta F = -56.000\ cal/mol \tag{7.1}$$

Na realidade, a reação bioquímica representada por essa equação engloba uma série de reações intermediárias elucidadas graças aos exaustivos trabalhos de Parnas, Embden, os Cori, Lori, Meyerhoff, Warburg e muitos outros pesquisadores, na primeira metade do século XX. A degradação de glicose nos músculos dos animais e a fermentação alcoólica em leveduras são semelhantes, o que facilitou a visualização das reações. A bioquímica comparada auxiliou grandemente o avanço dos conhecimentos nessa área. Esses resultados foram corroborados com o uso de técnicas radioisotópicas em levedura por Koshland e Westheimer (1950), fazendo com que se estabelecesse definitivamente a sequência de reações bioquímicas que recebe o nome de glicólise, ou seja, a molécula de hexose (representada pela glicose) é cindida (*lisis*) em um determinado momento numa série de reações. Inicialmente há formação de açúcar fosforilado, seguindo-se seu desdobramento até triose fosfato, o qual sofre oxidação, produzindo finalmente piruvato, produto final da glicólise.

7.2 PROCESSOS DE OBTENÇÃO DE ENERGIA

7.2.1 GLICÓLISE OU VIA DE EMBDEN-PARNAS-MEYERHOF

O caminho metabólico da glicólise envolve várias fases, que serão apresentadas a seguir.

7.2.1.1 1ª fase – Fosforilação do açúcar

No final do século passado, os trabalhos de Cremer apontaram o fato de que extratos de levedura contendo 10% ou mais de açúcares fermentescíveis eram capazes de sintetizar glicogênio. Observou-se posteriormente que o glicogênio era metabolizado em levedura por meio de processos de fosforilação e que o produto era uma mistura de glicose e frutose-6-fosfato. No final da década de 1930, o grupo de Cori demonstrou que extratos de músculos dialisados degradavam glicogênio a glicose-1-fosfato (chamada éster de Cremer-Cori), pela ação de uma fosforilase, que existe em células de levedura. Observe-se que, embora essa enzima seja detectada em levedura, o glicogênio não pode agir como única fonte de carbono *in vivo*, uma vez que essas células não produzem as amilases necessárias para a sua degradação.

A glicose-1-fosfato é convertida em glicose-6-fosfato (éster de Robinson) pela enzima fosfoglicomutase, que é encontrada em células de levedura. Íons manganês, magnésio ou cobalto são exigidos como fatores para a ação dessa enzima, que catalisa a transferência do grupo fosfato do C-1 para o C-6 da molécula de glicose. Essa complexa reação foi elucidada pelo grupo de Leloir, na Argentina, evidenciando a glicose-1,6--difosfato como coenzima. Utilizando compostos marcados com ^{32}P, os pesquisadores observaram uma troca entre o grupo fosfato marcado na enzima (fosfoglumutase) e glicose-1-fosfato, o que permitiu resolver não somente o modo de transferência do grupo fosfato, mas também o envolvimento de glicose-1,6-difosfato na reação.

A enzima age sob duas formas, uma fosforilada (fosfoenzima) e uma não fosforilada (defosfoenzima):

a) A fosfoenzima transfere o grupo fosfato para a molécula de glicose-1-fosfato, produzindo-se glicose-1,6-difosfato:

Glicose-1-fosfato + fosfoenzima ↔
glicose-1,6-difosfato + defosfoenzima (7.2)

b) A defosfoenzima reage com glicose-1,6-difosfato:

Glicose-1,6-difosfato + defosfoenzima ↔
glicose-6-fosfato + fosfoenzima (7.3)

Segue-se então a isomerização de glicose-6-fosfato em frutose-6-fosfato (éster de Neuberg), catalisada pela *enzima fosfohexoseisomerase* (Figura 7.1).

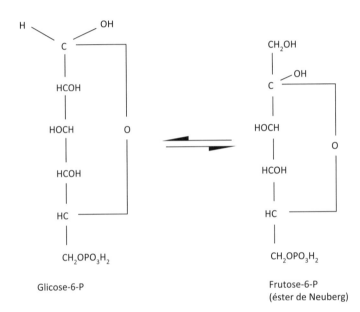

Figura 7.1 Isomerização entre glicose-6-fosfato e frutose-6-fosfato.

A formação dessas duas fosfohexoses pode dar-se também pela transferência de fosfato da molécula de adenosina trifosfato (ATP) para a molécula de glicose ou de frutose, pela ação de hexoquinase, em presença de íons magnésio:

Glicose + ATP ↔ glicose-6-fosfato + ADP (7.4)

Frutose + ATP ↔ frutose-6-fosfato + ADP (7.5)

O equilíbrio da reação desloca-se no sentido da formação dos ésteres fosforilados, entretanto, experimentos com glicose-6-fosfato-^{14}C e glicose-^{14}C indicam que ela é reversível.

Hexoquinase exige Mg^{2+} porque um dos componentes (ATP) da reação não está sob a forma de ATP^{4-}, e sim na do complexo $MgATP^{2-}$ (Figura 7.2).

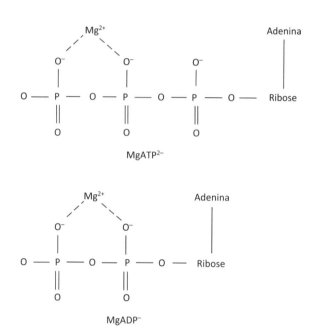

Figura 7.2 Complexo MgATP.

Por outro lado, glicose-6-fosfato sofre isomerização produzindo frutose-6-fosfato pela ação da enzima fosfoglicomutase. Essa reação envolve a migração do oxigênio carbonílico do C-1 para o C-2, exige também íons magnésio e é prontamente reversível.

Glicose-6-fosfato ↔ frutose-6-fosfato (7.6)

Uma vez formada, frutose-6-fosfato converte-se em frutose-1,6-difosfato (éster de Harden-Young), em presença de ATP e íons magnésio, em uma reação catalisada pela enzima fosfofrutoquinase.

Frutose-6-fosfato + ATP ↔ frutose-1,6-difosfato + ADP (7.7)

7.2.1.2 2ª fase – Desdobramento do açúcar fosforilado

Graças à ação de frutose difosfato aldolase, ou simplesmente aldolase, a frutose-1,6--difosfato é cindida em duas moléculas de triosefosfato: fosfodiidroxiacetona (PDHA) e gliceraldeído-3-fosfato (GA-3P). Tão logo são formadas, essas duas triosefosfatos entram em equilíbrio entre si, em presença de fosfotrioseisomerase.

Frutose-1,6-difosfato ↔
Diidroxiacetonafosfato + gliceraldeído-3-fosfato (7.8)

Essa reação é a cisão da molécula original de hexose que foi fosforilada nos C-1 e 6, e então clivada para formar as duas moléculas de triosefosfato, as quais na realidade são moléculas de gliceraldeído-3-fosfato, uma vez que as reações posteriores dependem de GA-3P e, portanto, essa é a molécula que será desassimilada, dando formação a ácido 3-fosfoglicérico.

7.2.1.3 3ª fase – Oxidação de triosefosfato

Needham estudou a oxidação de 3-fosfogliceraldeído em células de músculos, e Meyerhoff, como Green, em músculos e células de levedura. Trabalhos posteriores de Negelein e de Warburg demonstraram que a oxidação processa-se em duas etapas: inicialmente a molécula de GA-3P dá formação a 3-fosfogliceril-fosfato (também denominado ácido 1,3-difosfoglicérico: 1,3-DPGA) em uma reação catalisada pela enzima desidrogenase de gliceraldeído-3-fosfato e que exige fosfato inorgânico e dinucletídeo de nicotinamida-adenina oxidado (NAD). A oxidação da forma aldeídica é precedida pela sua fosforilação, com formação de um éster tiólico como intermediário. Glutationa funciona como grupo prostético da desidrogenase de GA-3P, que é uma enzima-SH. Desse modo, a oxidação de triosefosfato pode ser visualizada na Figura 7.3.

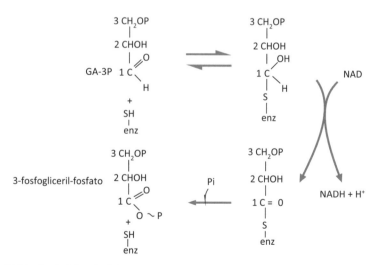

Figura 7.3 Oxidação de triosefosfato.

Essa é uma das reações glicolíticas em que ocorre conservação de energia, a qual, posteriormente, aparecerá sob a forma de ATP. Observe-se que durante a reação o grupo aldeído de GA-3P sofre desidrogenação, produzindo um anidrido carboxílico com o ácido fosfórico (Pi = fosfato inorgânico). Esse anidrido é o 3-fosfogliceril-fosfato, que é um acil-fosfato com alta energia livre de hidrólise padrão ($\Delta G° = -11,8$ kcal/mol) localizada no C-1 de sua molécula. A ligação fosfórica do C-3 é de baixa energia livre de hidrólise padrão, cerca de 3,2 kcal/mol.

A enzima gliceraldeído fosfato desidrogenase tem peso molecular igual a 140.000 e contém quatro subunidades idênticas, cada uma consistindo de uma cadeia polipeptídica simples, com aproximadamente 330 resíduos de aminoácidos. A enzima é inibida por iodoacetato, que se combina com os grupos -SH essenciais da enzima, inibindo-a. A descoberta dessa inibição é um dos mais importantes marcos na história da elucidação dos passos metabólicos comprometidos na glicólise e no processo fermentativo.

Na segunda etapa, a enzima fosfogliceroquinase, na presença de íons magnésio, catalisa a transferência do grupo acil-fosfato rico de energia para o ADP, recuperando a energia sob a forma de ATP. Ao mesmo tempo forma-se o ácido 3-fosfoglicérico (3-PGA):

3-fosfogliceril-fosfato + ADP ↔ ácido 3-fosfoglicérico + ATP

($\Delta G° = -4,50$ kcal/mol)

(7.9)

Essa reação, junto com a que a precede, constitui um processo de acoplamento bioquímico de energia.

Nos estudos iniciais da glicólise, Embden observou que extratos de músculo eram capazes de metabolizar 3-PGA, com formação de piruvato e fósforo inorgânico. Essas observações foram seguidas pelas de Lohman e de Meyerhoff, que isolaram o ácido 2-fosfoenolpirúvico como intermediário nessa reação.

A formação desse ácido fosforilado ocorre por eliminação de água e desvio do grupo fosfórico da posição C-3 para a posição C-2 na molécula de 3-PGA. Postulou-se, então, e comprovou-se, que em extratos de levedura o 2-PGA era intermediário na reação. A conversão de 3-PGA em 2-PGA se dá graças à ação da enzima fosfogliceromutase, que requer o ácido 2,3-difosfoglicérico (2,3-DPGA) como coenzima (Figura 7.4).

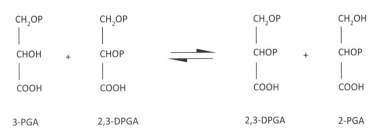

Figura 7.4 Esquema da conversão de 3-PGA em 2-PGA.

7.2.1.4 4ª fase – Formação de piruvato

A formação do produto final da glicólise, piruvato, é precedida pela remoção de uma molécula de água de 2-PGA, catalisada por enolase, produzindo fosfoenolpiruvato (PEP) em presença de íons magnésio, em uma reação com geração de composto fosfatado rico em energia:

2-fosfoglicerato ↔ fosfoenolpiruvato + H_2O

($\Delta G° = 0{,}44$ kcal/mol) (7.10)

A energia livre de hidrólise padrão de PEP é de cerca de $-14{,}8$ kcal, enquanto a de 2-PGA é de cerca de $-4{,}2$ kcal. A perda da molécula de água de 2-PGA determina uma redistribuição de energia dentro da molécula, criando uma molécula com alta energia livre, que é liberada quando o grupo fosfato de PEP é posteriormente hidrolisado.

A enzima enolase possui peso molecular igual a 85.000 e exige íons magnésio, os quais formam um complexo com a enzima antes da união com o substrato. A enzima é inibida por íons fluoreto e fosfato; na realidade o íon fluorfosfato une-se ao magnésio, formando o verdadeiro agente inibidor. Íons manganês podem substituir os íons magnésio como cofatores da enzima e, nesse caso, não ocorre a inibição.

Finalmente, pela ação de quinase pirúvica, fosfoenolpiruvato transfere seu grupo fosfato rico de energia para o ADP, com formação de enolpiruvato e ATP, em presença de íons magnésio e potássio:

Fosfoenolpiruvato + ADP ↔ enolpiruvato + ATP (7.11)

A forma enólica de piruvato sofre um rearranjamento rápido e não enzimático para produzir a forma cetônica (cetopiruvato), que predomina em pH 7,0 (Figura 7.5).

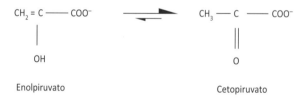

Figura 7.5 Rearranjamento não enzimático entre as formas enólica e cetônica de piruvato.

O equilíbrio dessa reação desloca-se para a direita e, por ação de massa, a reação de quinase pirúvica é direcionada para a formação de cetopiruvato, dando uma reação global assim representada:

Fosfoenolpiruvato + ADP + H^+ → cetopiruvato + ATP

$\Delta G° = -7{,}5$ kcal/mol (7.12)

A reação processa-se em presença de íons potássio e magnésio ou manganês. O elevado valor da energia livre padrão dessa reação é devido, em parte, à conversão espontânea da forma enólica do piruvato para a forma cetônica. Cerca de metade da energia livre padrão de hidrólise do fosfoenolpiruvato (–14,8 kcal/mol) é recuperada como ATP (–7,3 kcal/mol), sendo o restante (–7,5 kcal/mol) utilizado para direcionar a reação para a direita, uma vez que, em condições fisiológicas, essa reação é essencialmente irreversível.

A sequência geral das reações bioquímicas envolvidas no processo glicolítico, apresentadas anteriormente, pode ser visualizada na Figura 7.6.

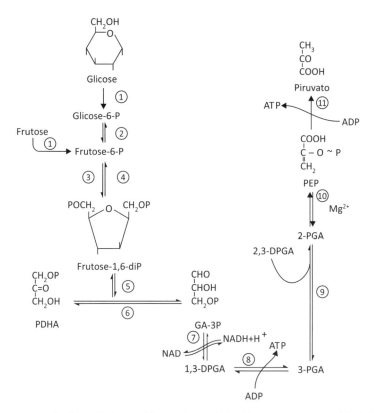

Figura 7.6 Esquema glicolítico. Enzimas: 1) hexoquinase; 2) fosfohexoseisomerase; 3) fosfofrutoquinase; 4) fosfatase; 5) aldolase; 6) fosfotrioseisomerase; 7) desidrogenase detriosefosfato; 8) fosfogliceroquinase; 9) fosfogliceromutase; 10) enolase; 11) quinase pirúvica.

7.2.2 FERMENTAÇÃO ALCOÓLICA

É um processo anaeróbio para produção de energia, que ocorre com degradação de carboidratos e formação de etanol e CO_2 como compostos principais e, como subprodutos, glicerol, ácido pirúvico, ácido succínico e álcoois superiores. É realizada por leveduras, principalmente do gênero *Saccharomyces*, e bactérias como a *Zymomonas mobilis*.

A sequência das reações é a mesma apresentada na Figura 7.6 do processo glicolítico até a formação do piruvato. A partir de piruvato as seguintes reações ocorrem:

Ação da descarboxilase pirúvica

$$
\begin{array}{l}
\text{COOH} \\
\mid \\
\text{CO} \longrightarrow CO_2 + \text{CHO} \\
\mid \qquad\qquad\qquad \mid \\
\text{CH}_3 \qquad\qquad\quad \text{CH}_3 \\
\text{Piruvato} \qquad\quad \text{Acetaldeído}
\end{array}
\qquad (7.13)
$$

A descarboxilase pirúvica exige pirofosfato de tiamina (TPP) como cofator e a atividade é prejudicada pela presença de sulfito, pois este destrói TPP. A enzima não é altamente específica, atuando sobre outros cetoácidos.

Ação da desidrogenase alcoólica

$$
\begin{array}{l}
\text{CHO} \qquad\qquad\qquad\qquad\quad \text{CH}_2\text{OH} \\
\mid \quad + \text{ NADH} + \text{H}^+ \longrightarrow \mid \quad +\text{NAD} \\
\text{CH}_3 \qquad\qquad\qquad\qquad\quad \text{CH}_3 \\
\text{Acetaldeído} \qquad\qquad\qquad \text{Etanol}
\end{array}
\qquad (7.14)
$$

A enzima é inibida por sulfito, porque o acetaldeído forma um composto de adição com o ânion HSO_3^-.

a) *Efeito Pasteur*: em meio anaeróbio ocorre decréscimo na produção de etanol e redução do consumo de açúcar. A explicação mais aceita é dada pela atividade da fosfofrutoquinase, enzima alostérica da glicólise, que é inibida por ATP e citrato (presentes em maior quantidade no meio aeróbio) e ativada por AMP, ADP e fosfato inorgânico.

b) *Efeito Crabtree*: para algumas leveduras, altas concentrações de açúcares inibem a atividade de enzimas respiratórias e a formação de mitocôndrias, ocorrendo, portanto, produção de etanol, mesmo em meio aeróbio.

c) *Formação de glicerol*: durante a fermentação alcoólica, cerca de 5% do açúcar consumido pode ser convertido em glicerol a partir de um desvio da fosfodiidroxiacetona da glicólise:

$$
\begin{array}{l}
\text{CH}_2\text{OH} \qquad\qquad\qquad\qquad \text{CH}_2\text{OH} \qquad\qquad \text{CH}_2\text{OH} \\
\mid \qquad\qquad\qquad\qquad\qquad\quad \mid \qquad\qquad\qquad \mid \\
\text{C=O} \quad + \text{ NADH} + \text{H}^+ \rightarrow \text{CHOH} \longrightarrow \text{CHOH} \quad + \text{ Pi} \\
\mid \qquad\qquad\qquad\qquad\qquad\quad \mid \qquad\qquad\qquad \mid \\
\text{CH}_2\text{OP} \qquad\qquad\qquad\qquad \text{CH}_2\text{OP} \qquad\qquad \text{CH}_2\text{OH} \\
\text{Fosfodiidroxiacetona} \qquad\quad \text{Glicerolfosfato} \qquad \text{Glicerol}
\end{array}
\qquad (7.15)
$$

A formação de glicerol durante a fermentação alcoólica foi explicada por Nordstrom (1966) como consequência da produção de biomassa pelas leveduras, pois é um processo oxidativo que exige NAD oxidado; e também por Oura (1977), segundo o qual a formação do ácido succínico seria a principal causa da formação do glicerol.

d) *Formação de álcoois superiores*: durante o processo de biossíntese de alguns aminoácidos como valina, treonina, leucina e isoleucina, são produzidos cetoácidos intermediários, como descrito por Webb e Ingraham (1963). Ocorre descarboxilação e redução desses ácidos pela descarboxilase pirúvica e desidrogenase alcoólica com produção dos álcoois como esquematizado a seguir:

Leucina → alfacetoisocaproico → isoamílico

Valina → alfacetoisovalérico → isobutílico

Isoleucina → alfacetobetametilvalérico → amílico ativo

Treonina → alfacetobutírico → n-propílico

e) *Formação de ácido succínico*: ocorre durante a fermentação alcoólica, por meio da fase oxidativa do ciclo de Krebs:

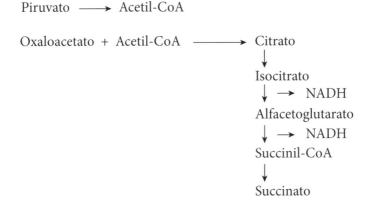

Como em meio anaeróbio não há formação de mitocôndrias ativas, a desidrogenase succínica não apresenta atividade e, portanto, acumula-se succinato.

7.2.3 FERMENTAÇÃO LÁTICA

As bactérias láticas homofermentativas como *Lactobacillus acidophilus*, *L. lactis*, *L. delbrueckii*, *Streptococcus thermophilus* e *Pediococcus damnosus* fermentam glicose, frutose, galactose, manose e lactose com produção de ácido lático por meio da sequência glicolítica. Como o meio é anaeróbio, há necessidade de regeneração de NAD pela desidrogenase lática:

Caminhos metabólicos

$$\text{Glicose} \longrightarrow \overset{\text{pirúvico}}{\longrightarrow} \longrightarrow + \text{NADH} + \text{H}^+ \longrightarrow \text{LACTATO}$$

No caso de galactose, as bactérias láticas fosforilam até galactose-6P, em seguida é isomerizada até tagatose-6P, fosforilada até tagatose-1,6-diP e cindida nas trioses fosfodiidroxiacetona e gliceraldeído-3P.

No processo heterofermentativo pode ocorrer, dependendo da espécie envolvida, produção de lactato, etanol, gás carbônico e acetato. A formação de etanol pode ser esquematizada pelas equações:

$$\text{glicose} \longrightarrow \text{glicose-6P} \longrightarrow \text{6P-gluconato} \longrightarrow \text{ribulose-5P}$$

$$\text{ribulose-5P} \longrightarrow \text{xilulose-5P} \longrightarrow \text{acetil-PO}_4 \quad + \text{Ga-3P}$$
$$\downarrow$$
$$\text{acetil-CoA}$$
$$\downarrow$$
$$\text{acetaldeído}$$
$$\downarrow$$
$$\text{ETANOL}$$

Alguns subprodutos da fermentação lática, como acetaldeído, acetona, acetoína e diacetil, são importantes para o aroma em alimentos produzidos com essas bactérias. Acetaldeído origina-se do piruvato e dos aminoácidos aspártico, metionina e treonina; diacetil e acetoína são produzidos a partir de citrato.

7.2.4 FERMENTAÇÃO ACETONA-BUTANOL

A fermentação de açúcares com produção de ácido butírico foi descoberta por Pasteur em 1861 (GOTTSCHALK, 1986). De modo geral, apenas anaeróbios obrigatórios como *Clostridium* são capazes de formar ácido butírico como produto principal da fermentação.

Algumas espécies de *Clostridium*, como *Clostridium acetobutylicum*, são capazes de produzir pequenas quantidades de butanol e acetona, como pode ser visto nas equações a seguir, a partir da glicólise:

$$\text{Glicose} \longrightarrow \text{piruvato} \longrightarrow \text{acetil-CoA} \longrightarrow \text{acetoacetil-CoA}$$

$$\text{Acetoacetil-CoA} \longrightarrow \text{acetoacetato} \longrightarrow \text{ACETONA}$$
$$\downarrow$$
$$\text{Butiril-CoA} \longrightarrow \text{butiraldeído} \longrightarrow \text{BUTANOL}$$

7.2.5 FORMAÇÃO DE METANO

Outro processo anaeróbio interessante é a formação de metano pelas bactérias metanogênicas, como *Methanobacterium*, *Methanococcus*, *Methanosarcina* e *Methanolobus*, que conseguem obter energia a partir dos substratos hidrogênio molecular, gás carbônico, ácido fórmico, metanol, metilamina e ácido acético, dependendo da espécie.

A formação de CH_4 a partir de metanol e H_2 está acoplada, em *Methanosarcina barkeri*, com a formação de ATP pela ATP sintase.

Exemplos de capacidade energética de algumas reações são representadas pelas seguintes equações:

$$CH_3 - OH + H_2 \rightarrow CH_4 + H_2O \qquad \Delta_F = -26,9 \text{ kcal} \tag{7.16}$$

$$CO_2 + 4H_2 \rightarrow CH_4 + 2H_2O \qquad \Delta_F = -32,4 \text{ kcal} \tag{7.17}$$

$$4H - COOH \rightarrow CH_4 + 3CO_2 + 2H_2O \qquad \Delta_F = -34,5 \text{ kcal} \tag{7.18}$$

7.2.6 MECANISMO DE ENTNER-DOUDOROFF

O processo glicolítico ou de Embden-Parnas-Meyerhof descrito anteriormente é encontrado em considerável número de organismos: microrganismos, vegetais e animais. Porém, há microrganismos como *Pseudomonas saccarhophila*, *Alcaligenes eutrophus*, *Rhizobium japonicum*, *Xanthomonas phaseoli* e *Thiobacillus ferrooxidans* que apresentam outro mecanismo para a degradação de açúcares, conhecido como mecanismo de Entner-Doudoroff (ED). No caso da *Escherichia coli* pode ocorrer a presença das duas vias em função do substrato: na presença de glicose ocorre glicólise e na presença de gluconato, a via de Entner-Doudoroff. Esse mecanismo é encontrado em grande número de bactérias Gram-negativas.

Como pode ser observado na Figura 7.7, a glicose-6P é desidrogenada até 6P-gluconato, reação que envolve a presença de NADP e água. Em seguida, 6P-gluconato é convertido em uma molécula de gliceraldeído-3P e uma de piruvato, por meio da ação das enzimas desidratase e aldolase. Gliceraldeído-3P é oxidado até piruvato pelas enzimas do processo glicolítico. Um ponto interessante para destacar é a produção de ATP: enquanto na sequência glicolítica o rendimento líquido é de 2 ATP/mol de glicose, na ED é de apenas 1 ATP/mol de glicose.

Existem muitas enzimas comuns aos dois processos, sendo que as duas enzimas-chave do processo ED são: 6P-gluconato desidratase; e 2-ceto-3-deoxi-6P-gluconato aldolase.

Dois métodos podem ser utilizados para detectar qual processo a célula está utilizando para a degradação de açúcares:

a) *Método 1*: coletar as células crescidas em glicose, extrair as enzimas e detectar as atividades. Se níveis elevados de 6P-gluconato desidratase e 2-ceto-3-deoxi-6P-gluconato aldolase e baixos níveis de fosfofrutoquinase forem encontrados, trata-se de um organismo realizando o processo ED.

b) *Método 2*: comparando-se o processo glicolítico (Figura 7.6) com o processo ED (Figura 7.7), nota-se que o carbono carboxílico do ácido pirúvico na glicólise origina-se dos carbonos 3 e 4 da glicose, enquanto no processo ED origina-se dos carbonos 1 e 3. Assim, o método de rádiorrespirometria, utilizando glicose com os carbonos 1, 3 e 4 radioativos, pode ser utilizado para essa diferenciação.

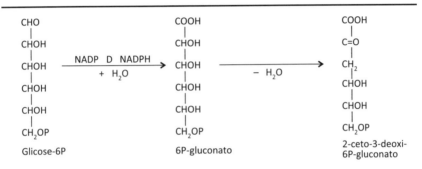

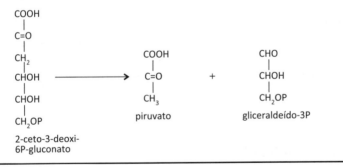

Figura 7.7   Processo de Entner-Doudoroff.

7.2.7 CICLO DAS PENTOSES

A maioria das células de microrganismos, vegetais e animais utiliza o ciclo das pentoses (Figura 7.8) para a produção de pentoses necessárias para a formação de nucleotídeos dos ácidos nucleicos, ATP, coenzimas etc., além de NADPH + H^+ para os processos biossintéticos.

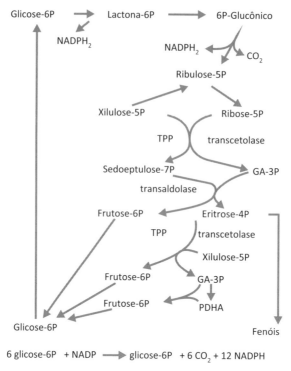

Figura 7.8 Ciclo das pentoses.

Alguns microrganismos como *Thiobacillus novellus* e *Brucella abortus* são deficientes em enzimas-chave dos processos glicolíticos e ED, entretanto, crescem em meio de glicose. Essas bactérias utilizam-se do ciclo das pentoses, desviando gliceraldeído-3P para oxidação até piruvato, e, posteriormente, do ciclo de Krebs para a produção de energia acoplado ao transporte de elétrons. Também há a possibilidade de excreção de acetato, como ocorre na *Gluconobacter*, bactéria acética que apresenta o ciclo de Krebs operando parcialmente.

7.2.8 PROCESSO AERÓBIO

Os organismos que se utilizam do ciclo de Krebs (ciclo do ácido cítrico ou dos ácidos tricarboxílicos) para a produção de coenzimas reduzidas para a cadeia respiratória e de compostos precursores para as biossínteses são mais eficientes no processo de obter energia a partir da glicose, podendo ainda realizar essa obtenção a partir da degradação de ácidos graxos e aminoácidos.

Para a operação do ciclo de Krebs a partir de piruvato há necessidade da reação inicial de ativação com a formação de acetil-coenzima A. O complexo enzimático da piruvato oxidase, que exige os cofatores NAD, coenzima A, pirofosfato de tiamina, ácido lipoico e magnésio, converte piruvato em acetil-CoA:

$$\text{Piruvato} + \text{NAD} + \text{HS-CoA} \xrightarrow[\text{TPP} \quad \text{Mg}^{+2}]{\text{Ácido lipoico}} \text{Acetil-CoA} + \text{NADH} + \text{H}^+ \qquad (7.19)$$

Acetil-CoA pode ainda ser formado a partir da beta-oxidação dos ácidos graxos e da oxidação de aminoácidos.

Componentes do ciclo de Krebs como alfacetoglutarato e oxaloacetato são precursores para a síntese de glutamato e aspartato, respectivamente. Succinil-CoA é precursor para a síntese das porfirinas.

As reações do ciclo de Krebs estão sumarizadas na Figura 7.9.

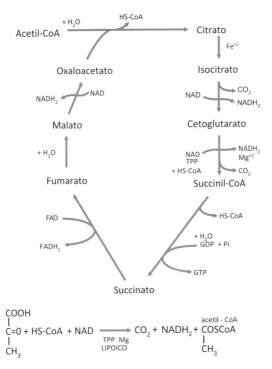

Figura 7.9 Ciclo de Krebs.

As coenzimas $FADH_2$ e $NADH + H^+$ são reoxidadas no processo do transporte de elétrons acoplado à fosforilação oxidativa, conforme esquema apresentado na Figura 7.10. Deve-se chamar atenção para a necessidade de algumas vitaminas do complexo B para a formação das coenzimas atuantes no processo aeróbio de obtenção de energia: niacina (NAD), tiamina (TPP), riboflavina (FAD), ácido pantotênico (coenzima A).

As coenzimas reduzidas são transferidas para citocromos da cadeia respiratória, gerando força próton-motiva para a formação de ATP. O ácido acético é excretado, podendo atingir concentrações elevadas no meio, por exemplo, de 100 g/L em condições ideais de oxigenação.

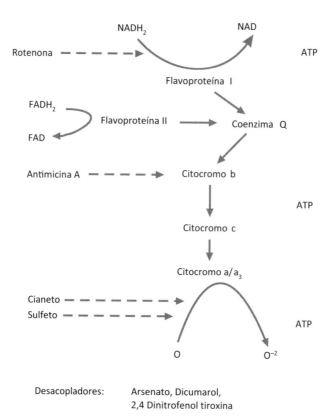

Figura 7.10 Cadeia respiratória: transporte de elétrons e fosforilação oxidativa.

7.2.8.1 Bactérias acéticas

As bactérias acéticas do gênero *Acetobacter* são organismos estritamente aeróbios, que obtêm ATP a partir da oxidação do etanol até ácido acético:

$$\underset{\text{etanol}}{\underset{|}{\overset{CH_3}{CH_2OH}}} + \text{Coenzima ox.} \longrightarrow \underset{\text{acetaldeído}}{\underset{|}{\overset{CH_3}{CHO}}} + \text{Coenzima red.} \qquad (7.20)$$

$$\underset{|}{\overset{CH_3}{CHO}} + \text{Coenzima ox.} \xrightarrow{H_2O} \underset{\text{Ácido acetaldeído}}{\underset{|}{\overset{CH_3}{COOH}}} + \text{Coenzima red.} \qquad (7.21)$$

Se o etanol não está mais disponível, o ciclo de Krebs passa a operar de modo completo e o ácido acético pode ser oxidado até gás carbônico e água.

7.3 BIOSSÍNTESE

7.3.1 CARBOIDRATOS

Bactérias e leveduras em meio ausente de carboidratos como acetato, glicerol, hidrocarbonetos e ácidos graxos são capazes de produzir carboidratos, utilizando-se do *ciclo do glioxilato* para formação de succinato, e de realizar gliconeogênese com as enzimas reversíveis da glicólise, como pode ser observado nas Figuras 7.11 e 7.12.

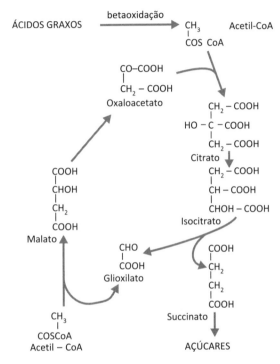

Figura 7.11   Ciclo do glioxilato.

A trealose, dissacarídeo não redutor constituído por duas unidades de glicose unidas pelo carbono anomérico, é um carboidrato com função de proteção contra agentes estressantes e de reserva nas células vegetativas de leveduras e nos esporos de fungos.

A biossíntese da trealose é realizada pelas enzimas sintetase de trealose-P e trealose-P fosfatase a partir de glicose, como esquematizado:

Ação da hexoquinase e da fosfoglucomutase:

glicose + ATP → glicose-6P   (7.22)

glicose-6P → glicose-1P   (7.23)

Ação da pirofosforilase:

Glicose-1P + UTP → UDP-glicose + PPi (7.24)

Ação da sintetase de tralose-P:

UDP-glicose + glicose-6P → trealose-P + UDP (7.25)

Ação da trealose-P fosfatase:

Trealose-P → trealose + Pi (7.26)

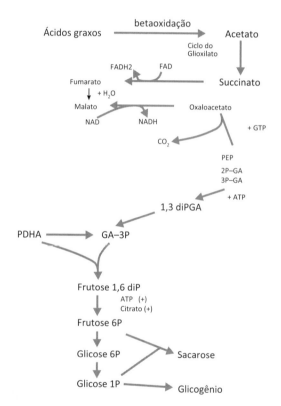

Figura 7.12 Gliconeogênese.

7.3.2 ÁCIDOS GRAXOS

O sistema para síntese de ácidos graxos saturados a partir de acetil-CoA está localizado no citossol. A acetil-CoA, enzima alostérica inibida por acil-CoA de cadeia longa, é o primeiro passo para a síntese, produzindo malonil-CoA a partir de acetil--CoA e exigindo ATP e biotina, sendo ativada por citrato e frutose-1,6-diP.

Acetil-CoA + CO_2 → malonil-CoA (7.27)

Caminhos metabólicos   **239**

O complexo enzimático da sintetase de ácidos graxos realiza a condensação do malonil e exige que o radical acil esteja ligado ao grupo sulfidrila da proteína carregadora de grupos acil (ACP), de modo semelhante ao que ocorre com a coenzima A. Resumidamente, o processo pode ser esquematizado com as seguintes passagens:

$$\text{Acetil-SACP} + \text{malonil-SACP} \rightarrow \text{acetoacetil-SACP}$$
(iniciador) \hfill (7.28)

$$\text{Acetoacetil-SACP} + \text{NADPH} + \text{H}^+ \rightarrow \text{D(-)-beta-OH-butiril-SACP}$$
(iniciador) \hfill (7.29)

$$\text{D(-)-beta-Oh-butiril-SACP} \rightarrow \text{crotonil-SACP} \hfill (7.30)$$

$$\text{Crotonil-SACP} + \text{NADPH} + \text{H}^+ \rightarrow \text{butiril-SACP} \hfill (7.31)$$

Butiril-SACP retorna para a reação, Equação (7.28), para mais uma incorporação de malonil e o processo se repete até a formação de ácido mirístico (14 carbonos) ou ácido palmítico (16 carbonos).

7.3.3 POLI-OH-ALCANOATOS

São polímeros produzidos principalmente por bactérias com a função de reserva de carbono ou de energia. A produção é estimulada em determinadas condições, por exemplo, a deficiência de nitrogênio, e pode atingir até 80% do material celular seco.

Bactérias do gênero *Alcaligenes* são capazes de produzir poli-OH-butirato a partir de glicose e sacarose, as do gênero *Burkholderia* a partir de glicose, frutose, sacarose e gluconato e *Rhodococcus ruber* produz um copolímero de polihidroxibutirato com 3-OH-valerato, mediante a adição de ácido propiônico ao substrato constituído por glicose ou sacarose, segundo o seguinte esquema:

$$\text{Propionato} + \text{HS-CoA} \longrightarrow \text{Propionil-SCoA} + \text{AMP} + \text{PPi} \hfill (7.32)$$

$$\text{Glicose} \xrightarrow{\text{Entner-Doudoroff}} \longrightarrow \longrightarrow \longrightarrow \text{Acetil-SCoA} \hfill (7.33)$$

$$\text{Propionil-SCoA} + \text{Acetil-SCoA} \longrightarrow \text{3-cetovaleril-SCoA}$$
$$\downarrow \text{NADPH} + \text{H}^+$$
$$\text{D(-)-3-OH-valeril-SCoA}$$
$$\downarrow \text{Polimerase} \hfill (7.34)$$
$$\text{POLÍMERO}$$

Poli-OH-butirato é um polímero do D(-)-beta-OH butirato com peso molecular entre 60.000 e 250.000. É considerado a reserva de energia característica de procariotos como: *Alcaligenes eutrophus, Azotobacter vinelandii, Bacillus megaterium, Pseudomonas multivorans, Rhodospirillum rubrum, Schaerotilus natans*, bacilos de modo geral e bactérias fototrópicas. Acumula-se nas células, como grânulos cercados por membranas, em condições de deficiência de nitrogênio. As reações de síntese estão apresentadas na sequência:

$$+ \text{ NADH}$$
$$2 \text{ CH}_3\text{-CO-SCoA} \rightarrow \text{CH}_3\text{-CO-CH}_2\text{-CO-SCoA} \longrightarrow \text{CH}_3\text{-CHOH-CH}_2\text{-CO-SCoA}$$

Acetil-CoA   Acetoacetil-CoA   beta-OH-buritil-CoA

$$\downarrow$$

POLI-OH-BUTIRATO

$$(7.35)$$

7.4 BIOSSISTEMAS SINTÉTICOS

O principal objetivo dos microrganismos é a sua proliferação, sendo que as bioconversões que acontecem no interior de suas células são produtos colaterais, como os resultados de processos fermentativos – vinho, queijos, pães, cerveja – utilizados pelo homem há milhares de anos e, mais recentemente, o etanol. Nesses processos os carboidratos são o substrato.

A utilização de extratos livres de células de leveduras, como *Saccharomyces cerevisiae* por Buchner nos anos finais do século XIX, permitiu descobertas de outros caminhos metabólicos naturais. Alguns de seus usos tiveram importante significado para o desenvolvimento das ciências biológicas. No século XX, por exemplo, permitiu a identificação de enzimas-chave na glicólise (como citado anteriormente), a elucidação da assimilação de carbono em plantas, no processo da fotossíntese, por Calvin (Prêmio Nobel de Química em 1961), e a interpretação do código genético e de sua função na síntese de proteínas por Nirenberg e Matthaei (Prêmio Nobel de Fisiologia em 1968) (ZHANG, 2014).

Desde a proposta da biogênese por Louis Pasteur na segunda metade do século XIX, células intactas e/ou extratos livres de células de microrganismos têm sido utilizados em sistemas de produção de metabólitos de interesse para o homem e os animais. Assim, o uso de células intactas permitiu a produção industrial de: acetona e butanol pelo sistema de fermentação submersa (década de 1910); antibióticos penicilina e estreptomicina (década de 1940); insulina e vacinas pela tecnologia do DNA recombinante (década de 1980); eritropoietina e anticorpos por células em cultura *in vitro* (década de 1980); e, atualmente, substâncias bioquímicas e biocombustíveis por biossistemas biológicos e/ou sintéticos.

Caminhos metabólicos

Por outro lado, a produção *in vitro* (livre de células) tem permitido a obtenção de: frutose e antibióticos da família das cefalosporinas pela tecnologia de enzimas imobilizadas (1970-1980 e atualmente); precursores de várias drogas medicinais pela tecnologia de *multi-enzyme one pot* (década de 1990); e, mais recentemente, células-tronco, biocombustíveis, substâncias bioquímicas, ração animal e alimentos para humanos pela tecnologia de biossistemas sintéticos.

A produção de produtos de interesse comercial utilizando-se biossistemas sintéticos exige, entre muitos outros conhecimentos, a reconstrução de passos metabólicos *in vitro*, seleção de enzimas e o domínio de processos e técnicas de engenharia de enzimas.

Os caminhos enzimáticos sintéticos são baseados nas sequências de reações que já se sabe ocorrerem *in vivo*, com algumas modificações, considerando-se o balanço de produção e consumo de ATP, de NAD e NADP, a escolha correta de enzimas e coenzimas, as considerações termodinâmicas, o equilíbrio das reações envolvidas, processos de separação dos produtos e muitas outras ferramentas dessa nova tecnologia.

7.4.1 PRODUÇÃO *IN VITRO* DE N-BUTANOL

Clostridium acetobutylicum produz n-butanol pela via fermentativa acetona-butanol-etanol, que envolve a transição entre acidogênese e solvogênese, com baixa produção. Entretanto, utilizando-se o sistema *in vitro*, estabelecido por Krutsakorn et al. (2013), a produção máxima de n-butanol foi de 82% comparada ao processo *in vivo* (EZEJI; QURESHI; BLASCHEK, 2007). Foram utilizadas relações de otimização de temperatura e enzimas específicas.

Esse sistema, no qual n-butanol é produzido a partir de glicose, utiliza 16 enzimas. O caminho metabólico é dividido em três módulos (ZHANG, 2014):

1) Geração de 2 moléculas de piruvato e 2 de NADH a partir de 1 molécula de glicose, sem acúmulo de ATP, o que a diferencia da glicólise:

$$C_6H_{12}O_6 + 2NAD^+ = 2 \text{ piruvato} + 2NADH + 2H^+ \qquad (7.36)$$

2) Produção de acetil-CoA a partir de piruvato:

$$2 \text{ piruvato} + 2 \text{ CoA} = 2 \text{ acetil-CoA} + 2 \text{ CO}_2 \qquad (7.37)$$

3) Produção de n-butanol a partir de 2 acetil-CoA:

$$2 \text{ acetil-CoA} + 2 \text{ NADH} = C_4H_{10}O \text{ (n-butanol)} + H_2O + 2 \text{ CoA} + 2 \text{ NAD}^+ \qquad (7.38)$$

4) Resultado final: 1 glicose pode produzir 1 n-butanol, 2 CO_2 e 1 molécula de água:

$$C_6H_{12}O_6 = C_4H_{10}O \text{ (n-butanol)} + 2 \text{ CO}_2 + H_2O \qquad (7.39)$$

Esse caminho metabólico sintético tem várias características, entre elas o balanço de ATP, ou seja, o consumo do trifosfato de adenosina durante a conversão de glicose em frutose-1,6-difosfato corresponde à regeneração de ATP quando, na glicólise *in vivo*, fosfoenolpiruvato converte-se em piruvato, em uma reação mediada por quinase pirúvica (ZHANG, 2014).

REFERÊNCIAS

BUCHNER, E. Alkoholische Garung ohne Hefezellen (Vorlaufige Mitteilung). *Ber Dtsch Chem Ges*, v. 30, p. 117-124, 1897.

EZEJI, T. C.; QURESHI, N.; BLASCHEK, H. P. Bioproduction of butanol from biomass: from genes to bioreactors. *Curr. Opin. Biotechnol.*, v. 18, n. 3, p. 220-227, 2007.

GOTTSCHALK, G. *Bacterial metabolism*. 2. ed. New York: Springer-Verlag, 1986.

KOSHLAND JR., D. E.; WESTHEIMER, F. H. *Journal of the American Chemical Society*, v. 72, p. 3383-3388, 1950.

KRUTSAKORN, B. et al. In vitro production of n-butanol from glucose. *Metab. Eng.*, v. 20, p. 84-91, 2013

NORDSTROM, K. Yeast growth and glycerol formation. *Acta Chemica Scandinavica*, v. 20, n. 4, p. 1016-1025, 1966.

OURA, E. Reaction products of yeast fermentations. *Process Biochemistry*, v. 12, p. 19-35, 1977.

WEBB, A. D.; INGRAHAM, J. L. Fusel Oil. *Advances in Applied Microbiology*, v. 5, p. 317-53, 1963.

ZHANG. Y.-H. P. Production of biofuels and biochemical by in vitro synthetic biosystems: oportunities and challenges. *Biotechnology Advances*, v. 33, n. 7, p. 1467-1483, nov. 2015.

LEITURAS COMPLEMENTARES RECOMENDADAS

CROCOMO, O. J. *Transformações metabólicas em micro-organismos*. Curitiba: Instituto de Bioquímica da Universidade Federal do Paraná, 1967.

LEHNINGER, A. L. *Principles of Biochemistry*. New York: Worth Publishers, 1982.

CAPÍTULO 8
Aspectos fisiológicos e bioquímicos da fermentação etanólica nas destilarias brasileiras

Luiz Carlos Basso

Thalita Peixoto Basso

Thiago Olitta Basso

8.1 INTRODUÇÃO

As mudanças climáticas globais e a volatilidade do preço do petróleo têm incentivado a redução da utilização de combustíveis fósseis, substituindo-os por fontes de energia renovável. A produção de etanol combustível a partir de matérias-primas agrícolas (bioetanol) já está estabelecida, tanto nos Estados Unidos como no Brasil, a partir de milho e cana-de-açúcar, respectivamente. O etanol é o biocombustível mais consumido no mundo e o Brasil é o primeiro país a introduzir esse combustível renovável em sua matriz energética. Uma gigantesca indústria surgiu no país dessa iniciativa inovadora e atualmente o Brasil detém o processo mais econômico para produção de bioetanol.

Muitos fatores contribuíram para a eficiência desse processo industrial, como: natureza da matéria-prima, cultivo e preparo, melhorias na engenharia do processo, melhorias na condução da fermentação etc. Neste capítulo, aspectos gerais do metabolismo da levedura, bem como do processo fermentativo industrial brasileiro de produção de etanol, serão exibidos; impactos das peculiaridades do processo sobre a fisiologia da levedura serão discutidos; fatores limitantes da produtividade serão mencionados; e recentes melhorias na fermentação serão apresentadas.

8.2 BREVE HISTÓRICO

A humanidade se utiliza da fermentação alcoólica desde a mais remota antiguidade: há mais de 4 mil anos os egípcios fabricavam o pão e produziam bebidas alcoólicas a partir de cereais e frutas. Entretanto, apenas mais recentemente se pôde relacionar a fermentação com a levedura, fungo amplamente distribuído na natureza e com capacidade de sobrevivência tanto em condições aeróbias como anaeróbias. Esse microrganismo foi notado pela primeira vez por Antonie van Leeuwenhoek (1632-1723) com o auxílio de seu rudimentar microscópio, ao observar uma amostra de cerveja em fermentação.

Depois de formulada a estequiometria (proporção entre reagentes e produtos) da fermentação por Gay-Lussac (1815), Pasteur demonstrou a natureza microbiológica da fermentação alcoólica, qualificando-a como a manifestação da vida na ausência de ar (oxigênio). Em 1897 os irmãos Buchner obtiveram um extrato de levedura livre de células, com a capacidade de conduzir a fermentação alcoólica. Tal observação estimulou pesquisas que levaram à descoberta das enzimas, proteínas fabricadas pela célula viva que catalisam as reações responsáveis pela fermentação. Entre 1900 e 1940 as pesquisas culminaram na elucidação das reações enzimáticas responsáveis pela transformação química do açúcar em etanol e gás carbônico no interior da levedura, por meio das contribuições científicas de Neuberg, Meyerhof, Warburg, Wieland, Embden e Parnas (WALKER, 1998; AMORIM; LEÃO, 2005; VOET; VOET, 2013).

Em virtude das facilidades de sua manipulação em laboratório e da importância econômica dos processos biotecnológicos envolvendo a levedura, notadamente a espécie *Saccharomyces cerevisiae* (quer na panificação ou na produção de cerveja, vinho e outras bebidas alcoólicas, quer na produção de um biocombustível renovável), tal microrganismo pode ser considerado o eucarioto (célula com núcleo organizado e processos metabólicos compartimentalizados) cujo metabolismo é o mais conhecido (WALKER, 1998).

8.3 CANA-DE-AÇÚCAR: MATÉRIA-PRIMA ADEQUADA À PRODUÇÃO DE ETANOL

Tecnicamente o etanol pode ser obtido a partir de uma grande variedade de matérias-primas renováveis, as quais podem ser agrupadas nas seguintes categorias: 1) aquelas que contêm os açúcares diretamente fermentescíveis (cana-de-açúcar, beterraba açucareira, sorgo doce); 2) materiais amiláceos ou contendo fructanas (milho, batata, trigo, arroz, agave, tupinambur); e 3) biomassa lignocelulósica (bagaço e palha de cana-de-açúcar, palhada e sabugo de milho, resíduo das culturas de trigo, cavacos de madeira, gramíneas forrageiras, entre outras). Enquanto cana-de-açúcar, beterraba e sorgo doce fornecem açúcares prontamente disponíveis para a levedura (sacarose, glicose e frutose), as matérias-primas amiláceas ou lignocelulósicas exigem uma hidrólise prévia dos polissacarídeos em seus açúcares constituintes (na forma de mono-, di- e/ou tri-sacarídeos), aumentando sobremaneira os custos de produção do etanol. De uma forma geral, esses custos são afetados enormemente por: natureza da matéria-prima, região e tipos de processamento (Tabela 8.1).

Aspectos fisiológicos e bioquímicos da fermentação etanólica nas destilarias brasileiras **245**

Tabela 8.1 Custos de produção do etanol referentes a várias matérias-primas

Região/matéria-prima	US$ L^{-1}
Brasil/cana-de-açúcar	0,21
EUA/milho	0,28
Austrália/melaço	0,32
Canadá/milho	0,33
UE/cereais	0,45
UE/beterraba	0,60
EUA/beterraba	0,62
EUA/cana-de-açúcar	0,63
EUA/lignocelulose de milho (*corn stover*)	0,90
Brasil/lignocelulose de cana (bagaço)*	0,32

* Cenário para processo integrado de 1ª e 2ª geração, com uso de 50% da palha da cana e melhor aproveitamento do vapor.

Fonte: Dias et al. (2011).

Um grande desafio tecnológico deste milênio é a utilização dos resíduos lignocelulósicos, quer para a produção de etanol, quer para outros bioprodutos de maior valor agregado. Da mesma forma que o amido, os polissacarídeos da biomassa lignocelulósica (celulose e hemicelulose) não são processados pela levedura, exigindo um tratamento prévio para sua hidrólise, resultando nos monômeros (predominantemente glicose e xilose). Outra dificuldade a ser vencida é o fato de a levedura *S. cerevisiae* (a levedura preferida para a produção industrial de etanol) não ser metabolicamente capaz de fermentar as pentoses, bem como a xilose. Grande esforço vem sendo realizado para tornar economicamente viável o processo de obtenção do etanol de segunda geração, ou seja, aquele obtido da biomassa lignocelulósica, empregando-se tanto bactérias como leveduras (ALTERTHUM; INGRAM, 1989; HAHN-HAGERDAL et al., 2006).

A cana-de-açúcar, como uma espécie fotossintetizadora C-4, apresenta alta produtividade de biomassa (80-120 ton.ha^{-1}.ano^{-1}), permitindo uma produção de etanol de 8.000 L.ha^{-1}, superior aos 3.000 L.ha^{-1} de milho. Tal fato se deve à maior quantidade de açúcares presente na cana (WHEALS et al., 1999). Porém, o milho tem a vantagem de apresentar conteúdos apreciáveis de proteína que são recuperados em produtos de alto valor agregado, como o *dry distilled grain* (DDG), utilizado na alimentação animal.

Bactérias endofíticas fixadoras de nitrogênio (*Acetobacter diazotrophicus, Azospirillum* spp., *Herbaspirillum* spp., *Gluconacetobacter diazotrophicus*) foram isoladas tanto de cana-de-açúcar como de milho. Em cana-de-açúcar se acredita que, no mínimo, cerca de 60% das necessidades de nitrogênio possam ser propiciadas endogenamente pelas bactérias endofíticas, quando essa cultura cresce em solos pobres no nutriente em questão. Como os fertilizantes nitrogenados não são somente os de maiores custos, mas também aqueles que requerem maior quantidade de energia fóssil para a sua produção, o cultivo da cana-de-açúcar apresenta benefícios econômicos e ambientais quando comparado com outras culturas. A tolerância à seca apresentada pela cana-de-açúcar também adiciona atributos agrícolas desejáveis, e condições de clima e solo permitem que o Brasil seja o maior produtor dessa cultura (cerca de 600 Mton/safra).

A cana-de-açúcar contém 12-17% (m/m) de açúcares totais (sendo 90% como sacarose e 10% na forma de glicose e frutose) em base de massa úmida (68-72% de umidade). A eficiência industrial de extração do açúcar, por meio de moendas ou difusores, está em torno de 95-97%. O resíduo sólido dessa extração é o bagaço, gerado na proporção de 20-30% (com 50% de umidade) da cana processada (também na base úmida). O bagaço é responsável por tornar o processo de produção de etanol de cana-de-açúcar o de melhor balanço energético, pois permite a geração de energia térmica e elétrica durante o processo. Enquanto o balanço energético (relação entre a energia obtida do etanol e aquela empregada na sua produção) é estimado em 2,3:1 ou mesmo 2,8:1 na produção de etanol de milho (SHAPOURI et al., 2008), esse parâmetro é de 10:1 no caso do etanol de cana-de-açúcar (LEITE, 2005). Isso porque o bagaço é queimado em caldeiras, gerando vapor para as etapas de moagem da cana, aquecimento do caldo e destilação do etanol. Colabora também para a cogeração elétrica, tornando uma destilaria brasileira não apenas autossuficiente em termos energéticos, como uma exportadora de energia.

8.4 ASPECTOS FISIOLÓGICOS E BIOQUÍMICOS DA LEVEDURA *SACCHAROMYCES CEREVISIAE*

8.4.1 O METABOLISMO DOS CARBOIDRATOS

A levedura, como entidade viva independente, realiza a fermentação do açúcar com o objetivo de conseguir a energia química necessária à sua sobrevivência (crescimento e perpetuação da espécie, objetivos de qualquer espécie viva). A célula de levedura possui compartimentações para adequação de sua atividade metabólica, sendo que a fermentação alcoólica (glicólise anaeróbica) ocorre no citoplasma, enquanto a oxidação biológica completa do açúcar (respiração) se dá nas mitocôndrias e apenas em condições de aerobiose (WALKER, 1998; GANCEDO; SERRANO, 1989) (Figura 8.1).

O objetivo primordial da levedura é gerar o máximo possível de biomassa (células de levedura), qualquer que seja a condição na qual se encontra. Para tal, deve ser gerada energia química na forma de ATP (adenosina trifosfato, a moeda corrente nas transações energéticas na célula viva), necessária para a realização de trabalhos fisiológicos (absorção, excreção e outros), biossíntese de macromoléculas (para a estruturação da biomassa resultando no crescimento/propagação) e ainda produção de energia para a manutenção das células.

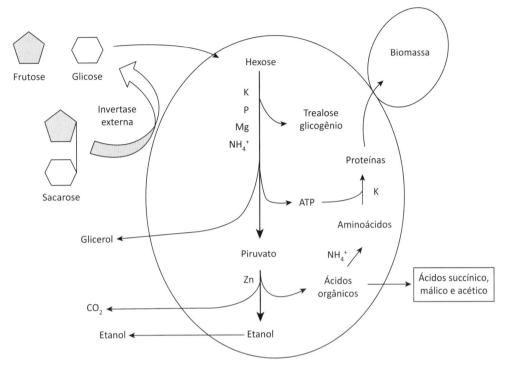

Figura 8.1 Esquema da conversão dos açúcares da cana (sacarose, glicose e frutose) em etanol pela via glicolítica e demais produtos secundários (biomassa, glicerol e ácidos orgânicos).

A fermentação alcoólica tem por primeiro objetivo gerar essa energia (ATP) e alguns metabólitos essenciais (precursores) à formação de novas células. O etanol, nosso principal foco, não tem nenhuma utilidade metabólica para a levedura, sendo por isso excretado (GANCEDO; SERRANO, 1989). A escolha do etanol como produto de excreção durante a evolução do metabolismo deu à levedura uma maior competitividade ante outros microrganismos, pois o etanol exerce um efeito antimicrobiano e ainda pode ser utilizado pela própria levedura, quando em condições de aerobiose. O mesmo se pode dizer sobre a formação de ácido lático pelas bactérias láticas. Curiosa é a constatação de que esses dois microrganismos (leveduras e bactérias láticas) repartem nichos naturais (frutas e néctar de flores) e mesmo ambientes artificiais (os diversos tipos de fermentações ao longo da jornada humana até a atualidade). Essa convivência, nem sempre harmoniosa em nosso ponto de vista, é devida à tolerância da levedura ao ambiente ácido (causado pela presença do ácido lático e outros ácidos orgânicos) e de muitas bactérias láticas ao etanol.

A transformação do açúcar (glicose) até resultar em etanol e CO_2 envolve 12 reações enzimáticas em sequência ordenada, cada qual catalisada por uma enzima específica. Tais enzimas sofrem ações de diversos fatores (nutrientes minerais, vitaminas, inibidores, substâncias do próprio metabolismo, pH, temperatura etc.), sendo que alguns estimulam e outros reprimem a ação enzimática, afetando assim o desempenho do processo fermentativo (Figura 8.2).

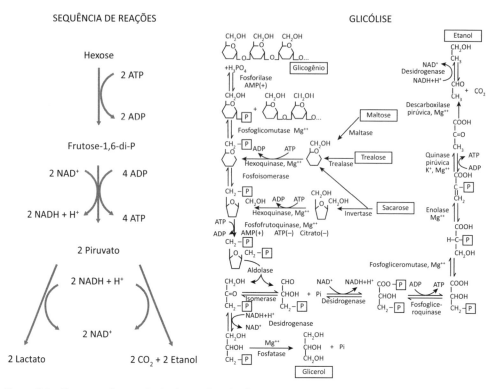

Figura 8.2 Esquema da sequência de reações das fermentações lática (exceto a última reação: piruvato/lactato) e etanólica, conduzida por *Lactobacillus* e *Saccharomyces cerevisiae*, respectivamente. Detalhes das reações enzimáticas de glicólise anaeróbica ou fermentação a partir de vários açúcares.

Convém ressaltar que a levedura *S. cerevisiae* é um aeróbio facultativo, ou seja, tem a habilidade de se ajustar metabolicamente tanto em condições de aerobiose como de anaerobiose (ausência de oxigênio molecular). Os produtos finais da metabolização do açúcar dependerão das condições ambientais nas quais a levedura se encontra (WALKER, 1998).

Assim, em aerobiose, a metabolização de 100 g de açúcar permite uma produção de cerca de 50 g de biomassa seca de levedura em processo industrial (HARRISON, 1993). Isso é possível pelo fato de que parte do açúcar é totalmente oxidada (ciclo de Krebs e cadeia respiratória), propiciando 36 moles de ATP por mol de glicose oxidada (LEHNINGER, 1982; VOET; VOET, 2013).

No entanto, em virtude da baixa eficiência da fermentação alcoólica em converter a energia do substrato (açúcar) em ATP na condição de anaerobiose (apenas 2 moles de ATP são produzidos por mol de glicose metabolizada), a maior parte do açúcar (90%) deve ser transformada em etanol, contribuindo para uma elevada conservação da energia no processo (LEHNINGER, 1982). Dessa feita, a quantidade de ATP gerada é suficiente para a formação de, no máximo, 5 g de biomassa seca por 100 g de açúcar metabolizado. Esse baixo desvio de açúcar para a biomassa torna o processo anaeróbio extremamente vantajoso quando se pretende a produção de etanol. Por outro lado, quando o objetivo é gerar biomassa, o processo aeróbio é mais adequado.

A razão pela qual a fermentação alcoólica ocorre em anaerobiose se deve ao perfeito balanço de oxirredução no transcorrer da glicólise. Assim, a formação de NADH pela desidrogenase de gliceraldeído-fosfato (6ª reação da glicólise na Figura 8.2) é compensada pela sua utilização na última reação com a formação do etanol (GANCEDO; SERRANO, 1989). Desse modo, a conversão de açúcar em etanol não necessita de nenhum aceptor de hidrogênios e elétrons, podendo ocorrer em anaerobiose (Figura 8.3). No entanto, como veremos a seguir, outros destinos do açúcar podem gerar excessos de NADH, exigindo, em anaerobiose, outros aceptores de H^+ que não o oxigênio molecular.

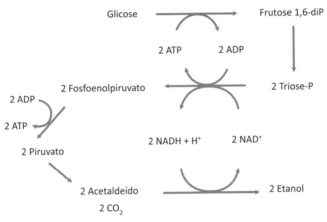

Figura 8.3 Equilíbrio de oxidorredução mantido durante a fermentação alcoólica e formação líquida (ao nível de triose) de 2 moles de ATP por mol de glicose.

Do ponto de vista termodinâmico, essa baixa eficiência em remover a energia química contida na molécula do açúcar em condições de anaerobiose (apenas 7% da energia do açúcar é posta em disponibilidade, gerando ATP e calor dissipado durante a fermentação) permite que 93% da energia química ainda se mantenha na molécula do etanol (LEHNINGER, 1982). Como a massa de etanol gerada corresponde a cerca de metade daquela do açúcar processado, a sua densidade energética é quase que duplicada (7,1 cal/g em comparação com 3,8 cal/g do açúcar), o que, associado à sua forma líquida e de fácil volatilização, torna o etanol um biocombustível automotivo.

8.4.2 PRODUTOS SECUNDÁRIOS DA FERMENTAÇÃO

Na sequência de reações enzimáticas de produção de ATP (via glicolítica) e intrínsecas à formação de etanol, rotas metabólicas alternativas aparecem para propiciar a formação de materiais necessários à constituição da biomassa (polissacarídeos, lipídeos, proteínas, ácidos nucleicos e outros), bem como de outros produtos de interesse metabólico, relacionados direta ou indiretamente com adaptação e sobrevivência.

Dessa forma, junto com etanol e CO_2, o metabolismo anaeróbio permite a formação e a excreção de glicerol, ácidos orgânicos (succínico, acético, pirúvico e outros), álcoois superiores, acetaldeído, acetoína, butilenoglicol, além de outros compostos de menor significado quantitativo. Simultaneamente ocorre o crescimento da levedura (formação de biomassa).

Afirmava Pasteur que cerca de 5% do açúcar seria desviado para a formação dos diversos produtos secundários e que um rendimento em etanol de 95% seria possível em condições adequadas de fermentação (com mostos sintéticos). Entretanto, em condições industriais, nas quais fatores desfavoráveis de natureza química, física e microbiológica atuam, o rendimento pode ser drasticamente reduzido. Mesmo assim, rendimentos industriais satisfatórios de 90-92% podem ser obtidos, implicando em desvios de cerca de 8-10% do açúcar metabolizado.

Levando-se em consideração as reações responsáveis e a estequiometria delas, pode-se calcular o equivalente em açúcar consumido para a formação de cada um dos produtos da fermentação, incluindo a biomassa, como se vê na Tabela 8.2. Dessa tabela se depreende que o rendimento da fermentação alcoólica pode ser aumentado mediante diminuição dos desvios de açúcar consumido na formação dos diversos produtos secundários, e tentativas de reduções nos teores de glicerol e ácidos orgânicos há muito já foram sugeridas (OURA, 1977). Detalhes fisiológicos desses expedientes serão discutidos mais adiante.

Tabela 8.2 Estequiometria da fermentação alcoólica, informando a contribuição de cada produto no consumo do açúcar metabolizado

Produtos da fermentação	% do ART consumido
Etanol + CO_2	85-92
Biomassa	2-5
Glicerol	3-6
Ácido succínico	0,3-1,2
Ácido acético	0,1-0,7
Álcoois superiores	0,2-0,6
Butilenoglicol	0,2-0,6

Fonte: Lima, Basso e Amorim (2001).

8.4.2.1 Biomassa

A produção de biomassa, convém repetir, é o objetivo primordial da levedura, cujo metabolismo está ajustado para maximizar não apenas a produção como também a manutenção da viabilidade celular. Como já dito, durante a fermentação alcoólica apenas uma pequena fração (7%) do conteúdo energético da glicose é posta em disponibilidade, permitindo a produção de apenas 2 moles de ATP por mol de glicose metabolizada. Tal quantidade limitada de ATP permite que, no máximo, 5% do açúcar metabolizado seja direcionado para biomassa, pois, do restante, 90% deve ser convertido em etanol e CO_2 (o processo glicolítico objetiva a produção de ATP pela chamada fosforilação ao nível de substrato). Considerar que 5% do açúcar será convertido em glicerol para restabelecer o balanço de redox devido à formação da biomassa.

A energética do crescimento ou o custo energético para a formação de biomassa (*growth energetics*) trata da relação entre a geração e o consumo de energia livre na forma de ATP, que estão ligados às reações que geram e consomem energia no metabolismo celular e culminam, em última estância, no crescimento celular (GANCEDO; SERRANO, 1989). De uma forma geral, o custo energético para a formação da biomassa (*ATP yield coefficient* – Y_{xATP}) é calculado em 71-91 milimoles de ATP exigidos para a produção de 1 g de biomassa seca, estimado em condições ótimas de laboratório, mas muito variável dependendo de outras condições de crescimento (Tabela 8.3). A acidificação externa e a presença de ácidos fracos no meio promovem um aumento na entrada de H^+ nas células (na forma dos ácidos fracos protonados), obrigando a enzima ATPase da membrana a expulsar esses prótons para o exterior da célula, evitando assim a acidificação do citoplasma celular que poderia levar à sua morte. No entanto, essa expulsão de prótons exige ATP, cujo consumo compete com a formação de biomassa, e é mencionada como uma das modalidades de *energia de manutenção* das células (STEPHANOPOULOS; ARISTIDOU; NIELSEN, 1998; VERDUYN et al., 1990). Assim pode-se assumir que o ATP gerado na dissimilação da fonte de carbono é consumido tanto para o crescimento celular como para funções celulares não relativas ao crescimento (como manutenção celular, ciclos fúteis etc.).

Tabela 8.3 Influência das condições fisiológicas sobre o custo energético da biomassa de *Saccharomyces cerevisiae*

Condições fisiológicas	Y_{xATP} (mmoles ATP/g MS)	Referência
Quimiostato, meio YEPD, pH = 5, taxa de diluição $0,1^{-h}$	91	Verduyn et al. (1990)
Quimiostato, meio YEPD, pH = 2,8, taxa de diluição $0,1^{-h}$	151	Verduyn et al. (1990)
Quimiostato, meio YEPD pH = 5, taxa de diluição $0,1^{-h}$, 0,18% ácido propiônico	238	Verduyn et al. (1990)

(continua)

Tabela 8.3 Influência das condições fisiológicas sobre o custo energético da biomassa de *Saccharomyces cerevisiae (continuação)*

Condições fisiológicas	Y_{xATP} (mmoles ATP/g MS)	Referência
Fermentação da glicose em batelada empregando-se amônia como fonte de nitrogênio	490*	Harrison (1993)
Propagação linhagem PE-2, meio de melaço para 5,6% (v/v) de etanol final	151*	Basso e Amorim (2002)
Propagação linhagem PE-2, meio de melaço para 6,1% (v/v) de etanol final	197*	Basso e Amorim (2002)
Propagação linhagem PE-2, meio de melaço para 6,6% (v/v) de etanol final	228*	Basso e Amorim (2002)
Fermentação de melaço linhagem PE-2, reciclo de células com tratamento ácido (pH = 2,5), 90% de eficiência de conversão e 8,5% (v/v) de etanol final	530*	Basso et al. (2008)

* Valores calculados a partir dos dados estequiométricos das referências, segundo a equação Y_{xATP} = (milimoles de etanol – milimoles de glicerol).(g biomassa seca gerada)$^{-1}$.

Aumentos na temperatura, bem como no teor de etanol, afetam a permeabilidade/fluidez da membrana plasmática, favorecendo a entrada de prótons na célula, e igualmente resultam em maior dispêndio de energia em relação à biomassa formada (ALEXANDRE, 1994). Em outras palavras, uma quantidade extra de energia (ATP) será exigida para a manutenção da célula.

Assim, durante a fermentação alcoólica industrial com reciclo de células, tratamento ácido e com teores elevados de etanol, o custo energético da biomassa pode ser significativamente aumentado, restringindo ainda mais a sua formação. Nessas condições se verifica que apenas 2 g de biomassa seca de levedura são produzidos a partir de 100 g de açúcar metabolizado segundo valores calculados com base em dados de Basso et al. (2008). Valor semelhante pode ser obtido da estequiometria de uma fermentação empregando glicose e amônia como fonte de nitrogênio (HARRISON, 1993).

Por tais dados se estima, *grosso modo*, que durante a fermentação simulando as condições do processo industrial brasileiro a energia de manutenção requerida pela levedura é quatro vezes maior que aquela exigida para a produção da biomassa em condições-padrão, ou seja, na ausência de fatores de estresse adicionais. Nessas condições o crescimento em biomassa é extremamente limitado (como vimos, apenas 2 g de biomassa seca produzidos por 100 g de açúcar metabolizado), o que resulta em elevados valores de conversão do açúcar em etanol. Essas observações serão consideradas quando da abordagem do aumento do custo energético da biomassa como estratégia para incremento na eficiência de produção de etanol.

8.4.2.2 Glicerol

O glicerol é considerado o produto secundário excretado em maior quantidade pela levedura durante a fermentação alcoólica. É o único poliol produzido por *S. cerevisiae* (JENNINGS, 1984), sendo gerado pela redução enzimática catalisada pela desidrogenase de di-diidroxiacetona-fosfato (NADH-dependente), seguida de ação de fosfatase. Para a formação de glicerol, a levedura renuncia à formação de etanol e, por conseguinte, de ATP (ver glicólise), o que atesta a grande importância fisiológica desse poliol para a levedura (GANCEDO; SERRANO, 1989).

A produção de biomassa é um processo acoplado à formação do equivalente a 1,4 moles de NADH (coenzima reduzida) por cada 100 g de biomassa seca (LAGUNAS; GANCEDO, 1973; OURA, 1977). Como nas condições anaeróbias da fermentação não é possível a reoxidação da coenzima reduzida pela cadeia respiratória, a única alternativa é outro composto substituir o oxigênio molecular na função de aceptor final de elétrons e hidrogênios. O metabolismo anaeróbio da levedura evoluiu no sentido de se utilizar a di-hidroxiacetona-fosfato (intermediário da glicólise) como aceptor de elétrons e hidrogênios, gerando assim o glicerol (Figura 8.4). Não por casualidade o glicerol é um soluto osmo-compatível, relacionado com a proteção ao estresse osmótico frequentemente encontrado pela levedura (HOHMANN, 2002). Portanto, a produção de glicerol durante a fermentação alcoólica não apenas restabelece o balanço de coenzimas como protege a levedura contra o estresse osmótico. A estequiometria mencionada (1,4 moles de NADH/100 g de biomassa seca) equivale à produção de 1,29 g de glicerol acoplado à formação de 1 g de biomassa seca. Em fermentações simulando o processo industrial se verifica um desvio de 3,8% do açúcar para a formação de glicerol (BASSO et al., 2008), sendo possível estimar que cerca de 50% do glicerol formado estaria acoplado à manutenção do balanço de redox devido à formação de biomassa.

A formação de glicerol é aumentada quando do estresse osmótico, causado tanto por teores elevados de açúcar como sais, como ocorre com mostos à base de melaço. Tal mecanismo previne a perda de água por parte da célula mediante acúmulo do poliol no citoplasma (WALKER, 1998; HOHMANN, 2002). O mesmo estímulo ocorre devido à presença de sulfito no melaço, pois o acetaldeído é sequestrado ao reagir com o SO_2, impedindo que ele seja convertido em etanol. Resulta, portanto, um desbalanço de redox, que é compensado por formação adicional de glicerol. Enquanto são bem conhecidos os mecanismos envolvidos na formação de glicerol em função dos fatores anteriormente mencionados (GANCEDO; SERRANO, 1989), ainda se especulam as razões pelas quais a contaminação bacteriana, especificamente com *Lactobacillus* sp. do tipo heterofermentativo, induz a levedura a produzir mais glicerol (BASSO et al., 2014).

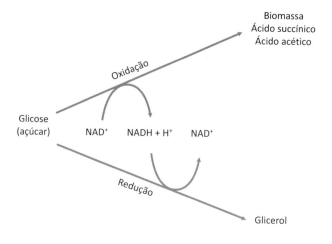

Figura 8.4 Processos metabólicos com geração de coenzimas reduzidas (NADH) e sua utilização para a formação do glicerol, composto que serve como depositário final de elétrons e hidrogênios em condições de anaerobiose.

8.4.2.3 Ácidos orgânicos

Durante a fermentação a levedura excreta vários ácidos orgânicos, como acético, málico e pirúvico; porém, o ácido succínico é o mais abundantemente encontrado no final da fermentação. Os ácidos pirúvico e málico são excretados no início da fermentação e logo a seguir reabsorvidos. O ácido succínico é continuamente excretado, sendo que a maior porção é gerada nas primeiras 2 horas de uma fermentação tipo batelada. Fermentações de mosto à base de caldo e melaço são finalizadas com teores de 1.000 mg L^{-1} de ácido succínico e 200-300 mg L^{-1} de ácido acético, empregando-se linhagens de panificação. Ácido málico é produzido em grande quantidade pela linhagem de panificação, apresentando um pico correspondente a mais de 3 g L^{-1} na primeira hora de fermentação, porém a linhagem PE-2 produz quantidades menores tanto de malato como succinato (ALVES, 2000).

O caminho metabólico para a formação de 1 mol de acetato a partir de glicose acarreta uma produção extra de 2 moles de NADH, enquanto a de succinato (pela via oxidativa) acarretaria uma formação de 5 moles de NADH (Figura 8.5). Em decorrência desses processos oxidativos de produção de ácidos orgânicos, o balanço de redox deverá ser restabelecido mediante produção de glicerol em quantidades estequiométricas em relação ao NADH formado. Assim, calcula-se que a produção de 1 g de acetato estaria acoplada à formação de 3,07 g de glicerol, e a produção de 1 g de succinato geraria 3,9 g de glicerol. Como a relação molar entre glicose consumida e ácido orgânico produzido é 1:2 e 1:1 para as formações de acetato e succinato, respectivamente, é possível calcular valores de desvios de glicose de 4,5 g para a produção de 1 g de acetato e de 5,3 g para a formação de 1 g de succinato durante a fermentação (computando a glicose utilizada para arquitetar o esqueleto carbônico dos ácidos orgânicos, conforme a estequiometria da Figura 8.5).

Como se denota, existe um dispêndio significativo de açúcar relacionado com a formação de succinato, embasando sugestões de que incrementos de 5% na eficiência de conversão de açúcar a etanol poderiam ser obtidos com reduções nas formações de biomassa, glicerol e ácidos orgânicos. Ademais, não foram encontradas razões fisiológicas para a tamanha produção de succinato pela levedura (OURA, 1977).

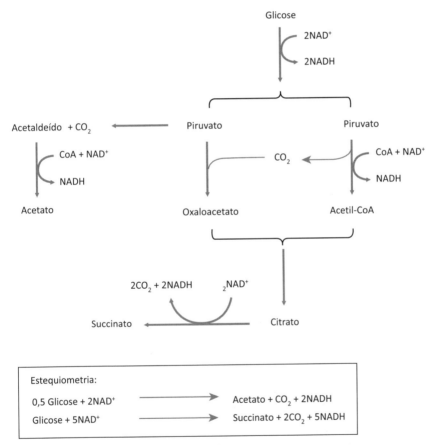

Figura 8.5 Esquema de biossínteses dos ácidos acético e succínico, permitindo a dedução da estequiometria para cálculos dos desvios de açúcar para a formação desses ácidos. A via oxidativa de formação de succinato é a mais aceita, utilizando reações do Ciclo de Krebs que opera parcialmente na condição de anaerobiose.

Fonte: Gancedo e Serrano (1989).

Entre vários inibidores avaliados para a redução do crescimento da levedura, objetivando aumentos na conversão do açúcar em etanol, o ácido benzoico se mostrou apropriado, pois não comprometia a viabilidade celular em doses eficientes em reduzir a formação de biomassa e glicerol. Com tais evidências, esse inibidor foi empregado em escala industrial em três destilarias que apresentavam excessiva formação de biomassa com comprometimento da produção de etanol. Doses de ácido benzoico de 1,2 mM aplicadas no pé-de-cuba durante o tratamento ácido (condições preestabelecidas em laboratório) foram muito eficientes em reduzir as formações de biomassa e glicerol, incrementando significativamente o rendimento da fermentação durante vários ciclos fermentativos, sem comprometimento da viabilidade da levedura (Tabela 8.4).

Tabela 8.4 Efeitos de ácido benzoico (1,2 mM) no tratamento ácido do pé-de-cuba de três diferentes destilarias (A, B e C) sobre parâmetros tecnológicos da fermentação com reciclo de células. Os dados representam a média semanal de cada destilaria

Destilaria	Tratamento	Eficiência fermentativa (%)	Glicerol (g/100 g ART)	Contaminação bacteriana (células/mLx10⁶)
A	Controle	90,6	3,05	66
A	Ácido benzoico	90,8	2,78	295
B	Controle	87,7	3,63	12
B	Ácido benzoico	90,2	3,00	38
C	Controle	90,8	4,08	8
C	Ácido benzoico	92,7	2,89	48

Fonte: Basso, Alves e Amorim (1997).

No entanto, após uma semana de reciclos fermentativos, observou-se uma drástica elevação na contaminação bacteriana, tornando impraticável a fermentação. Análises mais detalhadas em laboratório vieram a demonstrar que a aplicação do ácido benzoico reduziu também a formação de ácido succínico, tornando o ambiente da fermentação mais propício ao crescimento bacteriano (Tabela 8.5).

Mais ainda, ficou também demonstrado que o ácido succínico, no nível em que é produzido durante a fermentação, exerce um efeito antagônico ante os lactobacilos contaminantes, efeito este que é potencializado pelo etanol (BASSO; ALVES; AMORIM, 1997). Tais resultados vieram a demonstrar que a redução de ácido succínico com intuito de ganhos de eficiência em etanol não foi vantajosa no processo industrial. Foi sugerida, portanto, uma razão ecológica para a produção de succinato: tornar a levedura mais competitiva no ambiente da fermentação. Assim, leveduras industriais com elevada produção de succinato seriam desejáveis, pois produziriam um antibacteriano a preço de açúcar.

Tabela 8.5 Efeitos do ácido benzoico (1,2 mM) no tratamento ácido do pé-de-cuba (pH = 2,5 por 1 hora) sob parâmetros tecnológicos de fermentação com reciclo de células, em condições de laboratório, com a levedura de panificação. Os dados representam a média de quatro ciclos fermentativos

Parâmetro da fermentação	Controle	Ácido benzoico*
Eficiência fermentativa (%)*	86,2	89,4
Glicerol (g/100 g de açúcar consumido)	4,26	2,99
Biomassa (fermento no vinho bruto em % m/v)*	9,7	8,8
Ácido succínico (mg/L no vinho delevurado)	774	249
Contaminação bacteriana (células/mL)*	<0,1x10^6	21x10^6
Viabilidade celular da levedura (%)	71	69

* Os valores são referentes ao último ciclo fermentativo.

Fonte: Basso, Alves e Amorim (1997).

8.5 O PROCESSO INDUSTRIAL BRASILEIRO DE PRODUÇÃO DE ETANOL

8.5.1 CARACTERÍSTICAS DO PROCESSO

8.5.1.1 O substrato para a fermentação

Tradicionalmente, a produção de etanol no Brasil esteve acoplada à produção de açúcar. A cana de açúcar é inicialmente prensada (em algumas unidades se empregam difusores), obtendo o caldo e o resíduo sólido fibroso (bagaço). A sacarose é obtida mediante cristalização após clarificação e concentração do caldo, resultando ainda um resíduo escuro, viscoso e saturado de sacarose, o melaço, contendo 50-60% de sacarose e 5-15% de glicose mais frutose. O melaço, gerado numa proporção de cerca de 60 kg.ton^{-1} de cana processada, é misturado com caldo de cana em diferentes proporções e utilizado para a fermentação. A mistura de melaço e caldo resulta num substrato de melhor qualidade, pois o caldo normalmente apresenta deficiências de nutrientes, enquanto o melaço contém compostos inibidores da fermentação e conteúdos excessivos de alguns sais. No entanto, o melaço contribui não somente com minerais necessários a uma boa fermentação, mas com aminoácidos, vitaminas do complexo B, ácidos graxos insaturados, e ácidos orgânicos (trans-aconítico, cítrico) que exercem um desejado poder tampão durante a fermentação.

Assim, a composição mineral dos substratos à base de cana-de-açúcar varia muito em função de proporção de melaço, variedade e maturação da cana, solo, clima e processamento da cana na indústria. Na Tabela 8.6 se encontram os níveis adequados dos nutrientes para uma fermentação, com breve menção às suas funções na célula e aos efeitos tóxicos de alguns (Tabela 8.6).

258 Fundamentos

Tabela 8.6 Concentrações de nutrientes minerais no mosto consideradas adequadas à fermentação

Mineral	Concentração (mg L^{-1})	Observações
N	50-150	Formas nitrogenadas aproveitáveis: amoniacal ($N\text{-}NH_4^+$) e alfa-amínica de aminoácidos ($\alpha\text{-}NH2$)
P	50-250	$H_2PO_4^-$ é a forma preferencialmente absorvida e mais abundante no pH = 4,5. Pela ação da fosfatase ácida a levedura pode aproveitar o P dos ésteres fosfóricos
K	700-1.300	Atua como ativador enzimático, facilita a absorção de P e Zn e aumenta a tolerância aos íons tóxicos, como o H$^+$
Ca	40	Já em excesso nos mostos industriais. Antagoniza os efeitos benéficos do Mg
Mg	100-200	Atua como ativador enzimático, estimula a absorção do P, mantém a integridade das membranas
S	<100	Já em excesso nos mostos industriais na forma de SO_4^{-2}. A forma SO_2 é tóxica acima de 200 mg L^{-1}
Zn	1-5	Participa da glicólise e da síntese de vitaminas, sendo essencial ao crescimento e à fermentação
Mn	1-5	Estimula a síntese de proteínas e vitaminas e induz a formação de desidrogenase alcoólica. Atua em sinergismo com o Zn
Cu	1-5	Integrante de enzimas, estimulando fermentação e crescimento, mas tóxico em concentrações mais elevadas
Fe	<1	Já em excesso nos mostos industriais
Al	<10	É mais tóxico em mosto de caldo e bem tolerado em mosto de mel (cujos ácidos orgânicos provavelmente complexam o metal)

8.5.1.2 O processo fermentativo

A maior parte das destilarias emprega o processo batelada alimentada, sendo que cerca de 20% das unidades utilizam uma versão contínua, ambas as modalidades com reciclo de leveduras (Figura 8.6).

Para o início da safra normalmente se empregam 2 ton a 12 ton de levedura de panificação (disponível na quantidade exigida e a preço acessível), acrescida de 10 kg a 300 kg de levedura selecionada (na forma de levedura seca ativa). Este ainda é um pré-inóculo que deve ser propagado até atingir a quantidade necessária para o volume de dorna disponível. Já com quantidade suficiente de levedura, a fermentação se inicia pela adição do mosto (pH 5,0-5,5) contendo 18-25% (m/v) de açúcares (ART) sobre o inóculo, agora denominado pé-de-cuba (suspensão de células de leveduras com cerca de 25% a 35% de biomassa úmida) e que representa 25% a 40% do volume final da fermentação. Em virtude do grande volume da dorna, o tempo de alimentação é de 4 a 6 horas, sendo que a fermentação é finalizada com 6 a 10 horas, dependendo do teor alcoólico final a ser atingido.

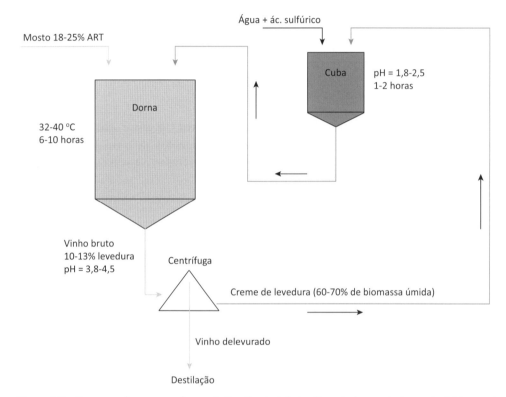

Figura 8.6 Esquema do processo fermentativo tipo batelada alimentada com tratamento ácido e recirculação do fermento. O mosto é adicionado ao pé-de-cuba já contido na dorna, iniciando-se a fermentação, que é finalizada após 6-10 horas. As células de levedura são coletadas por centrifugação, tratadas com ácido e reutilizadas em fermentação subsequente.

Teores alcoólicos entre 8% e 12% (v/v) são atingidos com uma densidade de células no reator de 10% a 14% (m/v) com base na massa úmida (ou 22 g a 30 g de biomassa seca por litro, na faixa de 10^8 células.mL^{-1}). A temperatura da dorna fica entre 32-35 °C, porém, em virtude do curto tempo de fermentação e de um sistema de arrefecimento nem sempre eficiente, a temperatura pode atingir cerca de 40 °C, especialmente durante o verão (LIMA; BASSO; AMORIM, 2001; WHEALS et al., 1999; BASSO et al., 2008).

Cessada a fermentação, as leveduras são separadas por centrifugação (recuperação de 90-95% da biomassa do fermentador), resultando numa fase pesada (creme de levedura) contendo 60-70% (massa úmida/volume) e o meio fermentado livre de células, denominado vinho "delevedurado", que é encaminhado para a destilação.

O "creme de levedura" é diluído com igual volume de água e tratado com ácido sulfúrico (até pH 1,8-2,5, por 1-2 horas), objetivando a redução da contaminação bacteriana, e reutilizado numa fermentação subsequente. Assim, o teor alcoólico no pé-de-cuba é cerca de metade daquele obtido no final da fermentação. Esse processo brasileiro de reciclo de células é bem peculiar e permite até duas fermentações por dia no transcorrer da safra, que abrange 200-250 dias.

A reutilização de células reduz a propagação da levedura, desviando menor quantidade de açúcar para a formação de nova biomassa. Estima-se entre 5% e 10% o incremento de biomassa durante a fermentação, e que tal crescimento reponha a biomassa perdida na centrifugação e nas sangrias de fermento.

No transcorrer da fermentação os teores de açúcares (sacarose, glicose e frutose) sofrem elevações até o final da alimentação, sendo reduzidos até o final da fermentação. Os teores de açúcares presentes no meio fermentativo serão governados pelo tempo de enchimento da dorna e pelas velocidades de hidrólise da sacarose e das absorções de glicose e frutose pela levedura. Na Figura 8.7 se observa que a hidrólise da sacarose sobrepuja em muito as intensidades com que glicose e frutose são absorvidas pela levedura, acarretando uma elevação nos teores desses monossacarídeos (a invertase catalisa a hidrólise da sacarose no ambiente externo da levedura). Embora o teor final de etanol atingido fique em cerca de 10% (v/v), a levedura experimentou um teor máximo de açúcares totais de apenas 3,9% (expressos como ART). Neste caso, em particular, o estresse osmótico causado pelo açúcar ainda poderia ser reduzido pelo aumento no tempo de alimentação, sem que ocorresse incremento do tempo de fermentação.

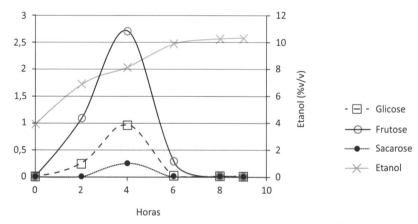

Figura 8.7 Cinética de uma fermentação batelada alimentada, com tempo de alimentação de 4 horas com mosto de mel (21% de sacarose, 1,8% de glicose e 1,83% de frutose) e teor de fermento final de 13,4% (m/v). O pé-de-cuba com 26% de fermento representava 40% do volume da dorna. Mosto e pé-de-cuba obtidos de uma destilaria.

8.5.2 FATORES ESTRESSANTES À LEVEDURA, INERENTES AO PROCESSO INDUSTRIAL

Como visto, a levedura encontra diversos fatores estressantes que atuam sequencialmente e simultaneamente, como: alto teor alcoólico, alta pressão osmótica, baixo pH, alta temperatura, inibidores no mosto, entre outros. Tais fatores estressantes são intensificados pela prática do reciclo de células. Os principais são relacionados a seguir.

8.5.2.1 Estresse etanólico

Em vista dos teores elevados de etanol ao final de cada ciclo fermentativo [de 8% a 12% (v/v)], este álcool é um dos principais fatores de estresse que atuam sobre a levedura durante a fermentação industrial. Embora o papel inibitório do etanol sobre a levedura *S. cerevisiae* não seja completamente compreendido, sabe-se que o alvo principal é a membrana citoplasmática das células. A composição da membrana citoplasmática é alterada na presença de etanol, e, como resultado, a permeabilidade dela para alguns íons (como íons hidrogênio) é significativamente aumentada (ALEXANDRE, 1994). Existem vários outros efeitos do etanol sobre a fisiologia da levedura durante a fermentação, incluindo a inibição do crescimento celular e a inativação de algumas enzimas, levando a uma diminuição da viabilidade celular.

O reciclo celular exacerba ainda mais o efeito estressante do etanol, em vista do estresse cumulativo que as células enfrentam nas bateladas subsequentes. Como é desejável que as células de levedura mantenham alta viabilidade celular (porcentagem de células viáveis em relação ao total de células) ao final de cada ciclo fermentativo, os teores finais de etanol na indústria sucroalcooleira não devem ultrapassar um dado limite, que gira em torno de 11-12% (v/v). Com efeito, se a viabilidade celular não é um motivo de preocupação ao final da batelada, como no caso da fermentação do milho e de alguns cereais, onde não se emprega o reciclo celular, teores de etanol entre 17% e 23% (v/v) são normalmente praticados.

Apesar desses percalços, as fermentações com elevado teor de etanol são extremamente desejáveis no contexto da indústria produtora de etanol, pois permitem reduzir tanto o consumo de água (diluição de fermento e mosto) como o gasto energético durante a etapa de destilação, favorecendo a sustentabilidade do processo industrial. Nas destilarias, o teor final de etanol é limitado pela tolerância da linhagem presente no processo, e elevadas temperaturas e acidez exacerbam o estresse etanólico (BASSO; BASSO; ROCHA, 2011).

8.5.2.2 Estresse ácido

Embora seja bem conhecido que leveduras toleram ambientes ácidos, o tratamento com ácido sulfúrico, amplamente empregado na indústria entre uma batelada e outra, pode causar perturbações fisiológicas importantes na levedura. No tratamento ácido o pH do creme de levedo é ajustado para cerca de 1,8 a 2,5 pela adição de ácido sulfúrico, e mantido nessa condição por 1 a 2 horas, no intuito de reduzir a contaminação bacteriana. Os efeitos deletérios são constatados pelo extravasamento de minerais (como N, P, K, Mg) e pela diminuição dos teores intracelulares de trealose na levedura, com concomitante redução na viabilidade celular. Assim, não é de se surpreender que linhagens de leveduras mais tolerantes às condições estressantes das fermentações industriais normalmente apresentam níveis mais elevados de trealose (BASSO et al., 2008).

A membrana plasmática é permeável às formas não dissociadas dos ácidos orgânicos fracos (lactato, acetato, benzoato, sorbato etc.), que ao adentrarem as células dissociam-se parcialmente liberando prótons e, consequentemente, acidificando o meio intracelular. Para manter a homeostase intracelular, as células gastam energia (ATP) para remover os prótons em excesso, por meio da ATPase de membrana (AZMAT et al., 2012; PAMPULHA; LOUREIRO-DIAS, 2000; QUINTAS et al., 2005). Esses eventos são agravados pela acidificação da própria fermentação (excreção de ácidos orgânicos e absorção de potássio e amônio mediante antiporte com íons H^+). No entanto, em mostos à base de melaço, esses efeitos são atenuados pelo poder tamponante desse substrato. Na prática, ao operar com mostos de elevada capacidade tampão, é recomendável uma redução menos intensa do pH no tratamento ácido, pois o consumo de ácido será significativamente aumentado (maior gasto com o insumo), além de promover a protonação dos ácidos orgânicos fracos (que estarão presentes em maior quantidade), exacerbando os seus efeitos tóxicos à levedura.

Níveis residuais de sulfito (SO_2, igualmente considerado um ácido fraco), utilizado na clarificação do caldo de cana, podem ser encontrados principalmente em substratos à base de melaço. Embora seja considerado um agente tóxico para as células quando presente em concentração acima de 200 mg.L^{-1}, o sulfito pode ser considerado benéfico para a fermentação em níveis ao redor de 100 mg.L^{-1}, uma vez que auxilia na redução da contaminação bacteriana.

8.5.2.3 Estresse osmótico

É intuitivo imaginar que as leveduras estão expostas a elevadas concentrações de sacarose e outros açúcares da cana durante a fermentação industrial, uma vez que o teor final de etanol gira em torno de 8-12% (v/v). No entanto, como se trata de um processo em regime descontínuo alimentado (batelada alimentada), as leveduras não são expostas a elevadas concentrações de açúcares, a despeito de o mosto conter entre 18-25% de ART (m/v), conforme se observa na Figura 8.7. No entanto, nessa mesma figura, pode-se deduzir que a velocidade de fermentação é diminuída quando os teores de açúcar atingem o ponto máximo (final da alimentação de 4 horas). Tais dados sugerem que esse tempo de alimentação não é adequado para uma boa fermentação, pois está induzindo um estresse osmótico à levedura.

O estresse osmótico causado por sais, que estão presentes em grandes quantidades no melaço de cana-de-açúcar, é certamente um motivo de preocupação. Os altos níveis de potássio, cálcio e magnésio excedem em muito os requisitos para a nutrição da levedura. Por exemplo, os níveis médios de potássio são elevados o suficiente para

Aspectos fisiológicos e bioquímicos da fermentação etanólica nas destilarias brasileiras **263**

induzir respostas de estresse em leveduras, com aumento da formação de glicerol, redução de carboidratos de reserva e queda no rendimento fermentativo (ALVES, 2000).

Teores aumentados de glicerol são observados durante estresse osmótico, contaminação bacteriana e várias outras condições, sugerindo que tal subproduto se constitua num indicativo seguro de condições gerais de estresse para a levedura. De 5% a 8% do açúcar consumido pode resultar em glicerol, e reduções em sua formação podem ser obtidas mediante ajuste da velocidade de alimentação, uso de linhagens com menor produção do poliol e restrição no crescimento da levedura durante a fermentação.

Leveduras com alta atividade de invertase provocam maiores elevações nos teores de glicose e frutose durante a alimentação (Figura 8.7), o que pode incrementar o estresse osmótico e resultar em maior quantidade de glicerol excretada.

8.5.2.4 Contaminação bacteriana

Em vista das particularidades do processo industrial de produção de etanol, condições assépticas são muito difíceis de serem alcançadas, e a fermentação opera sob contaminação bacteriana. Além de redirecionar açúcares que poderiam ser usados na formação de etanol para a formação de outros metabólitos bacterianos, existem efeitos prejudiciais de alguns desses mesmos metabólitos (como ácidos lático e acético) sobre o desempenho fermentativo das leveduras. Como resultado da contaminação bacteriana, observa-se redução no rendimento em etanol, aumento da floculação celular, aumento da formação de espuma e redução da viabilidade celular (BASSO et al., 2014). A floculação induzida pela presença de bactérias prejudica a eficiência da etapa de centrifugação e reduz a superfície de contato entre as células de levedura e o meio de fermentação. Por sua vez, a formação excessiva de espuma, causada pela presença de bactérias, aumenta os custos do processo pelo uso de antiespumantes. Por fim, os antibióticos utilizados para controlar a contaminação igualmente aumentam os custos do processo. Por outro lado, níveis residuais de antibióticos na levedura seca (subproduto da indústria de etanol) a tornam imprópria para a comercialização como suplemento alimentar.

A maioria dos contaminantes bacterianos presentes nas fermentações industriais são bactérias lácticas. Acredita-se que a sua prevalência nesse processo se deva à maior capacidade desse tipo de bactéria em lidar com ambientes ácidos e concentrações elevadas de etanol em comparação a outros microrganismos. Nas usinas brasileiras, bactérias do gênero *Lactobacillus* são as mais abundantes nas principais regiões produtoras do país (GALLO, 1990; LUCENA et al., 2010).

As bactérias lácticas são tradicionalmente classificadas em dois grandes subgrupos metabólicos, de acordo com a via utilizada para metabolização das hexoses: bactérias homo e heterofermentativas. Isolados bacterianos a partir de substratos à base de cana-de-açúcar englobam os dois subgrupos, os quais produzem ambos os isômeros do lactato [L(+) ou D(-)], em variáveis proporções dependendo da linhagem bacteriana.

Foi recentemente demonstrado que as linhagens heterofermentativas parecem ser mais prejudiciais às leveduras que as homofermentativas durante a fermentação industrial (BASSO et al., 2014). A formação de ácido lático é um bom parâmetro para avaliar os prejuízos causados pelas bactérias, parâmetro este que está associado à atividade metabólica desses contaminantes e que reflete melhor o impacto na fermentação que a simples contagem de células bacterianas.

8.5.2.5 Outros estresses

A presença de níveis tóxicos do metal alumínio em substratos industriais à base de cana-de-açúcar também é responsável pela diminuição do desempenho das leveduras na fermentação. Em virtude da condição ácida da fermentação, o íon alumínio (que é absorvido pela planta em solos ácidos) está presente na sua forma iônica trivalente (Al^{3+}), que é mais tóxica que as demais. O Al^{3+}, por sua vez, afeta negativamente a viabilidade das leveduras, o acúmulo de trealose e a velocidade da produção de etanol. Linhagens industriais diferem muito em relação à tolerância ao alumínio, em termos de viabilidade celular, produção de etanol e acúmulo de alumínio. Por exemplo, a linhagem industrial CAT-1 é mais tolerante em comparação à linhagem PE-2 e à levedura de panificação *Fleischmann®*. Existem evidências dos efeitos do Al^{3+} sobre a membrana plasmática e sobre a transdução da energia do ATP. Esse metal tem uma afinidade mil vezes maior que o Mg^{2+} em complexar o ATP, e o complexo ATP-Al não carreia a energia química para os processos celulares endergônicos.

Níveis muito baixos de cádmio (Cd^{2+}), considerados seguros, foram encontrados em cana-de-açúcar fertilizada com lodo de esgoto. Mesmo assim, fermentações com reciclo aliadas à capacidade de bioacumulação resultaram em níveis tóxicos para as próprias leveduras. Com isso, as células de levedura apresentam baixa viabilidade, redução na velocidade de captação de açúcares e baixo rendimento fermentativo.

Os efeitos tóxicos do alumínio podem ser parcialmente aliviados por íons magnésio (Mg^{2+}) e completamente abolidos em meios formulados com melaço. Da mesma forma, os efeitos tóxicos do alumínio e do cádmio podem ser parcialmente aliviados pela suplementação do mosto com vinhaça (efluente gerado na etapa de destilação), sugerindo a presença de compostos quelantes desses metais nesse efluente (BASSO; BASSO; ROCHA, 2011).

Outro importante fator de estresse na fermentação alcoólica é a temperatura da etapa fermentativa, que normalmente é controlada entre 32 °C e 35 °C. Sabe-se que altas temperaturas intensificam outros estresses, como o ácido e o etanólico. Linhagens termotolerantes já foram obtidas, o que permitiria reduções nos custos energéticos do resfriamento das dornas. No entanto, como a contaminação bacteriana é fortemente estimulada por temperaturas acima de 32 °C, discute-se se a fermentação conduzida com temperaturas mais elevada seria realmente vantajosa.

A Figura 8.8 esquematiza os diversos fatores estressantes mencionados atuando principalmente na membrana plasmática, bem como interferindo na homeostase e em outros processos no citoplasma celular.

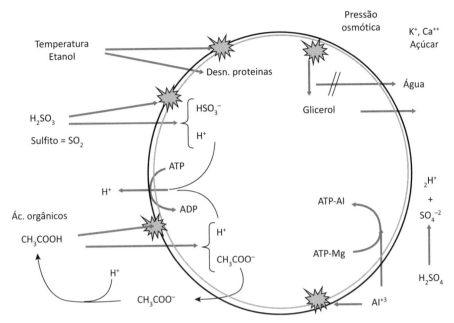

Figura 8.8 A membrana plasmática é afetada em sua fluidez e sua integridade por todos os fatores estressantes mencionados. A pressão osmótica, ocasionada por sais e açúcares, estimula a produção de glicerol. O tratamento com ácido sulfúrico, a contaminação bacteriana e a presença do sulfito no mosto facilitam a acidificação do citoplasma celular, exigindo ATP para a expulsão dos prótons. O Al^{3+} substitui o Mg^{2+} do complexo com ATP, afetando a transferência da energia.

Outros fatores de estresse, como herbicidas usados no cultivo de cana-de-açúcar, fenóis encontrados no caldo de cana-de-açúcar colhida mecanicamente e quantidades excessivas de ferro no melaço, podem igualmente afetar a fermentação, mas seus efeitos ainda precisam ser mais bem demonstrados. Além disso, mudanças drásticas durante a fermentação, como a variação da vazão de alimentação do mosto, o tratamento ácido e as paradas frequentes do processo em função das chuvas, afetam negativamente o desempenho das leveduras.

8.5.2.6 Importância dos carboidratos de reserva (glicogênio e trealose) na tolerância aos estresses

Enquanto a maior parte dos organismos optou por uma única reserva de carboidrato, as leveduras acumulam, simultaneamente, glicogênio e trealose. Essas reservas chegam a representar até 40% da matéria seca da biomassa. Enquanto o glicogênio se comporta como uma reserva típica, a trealose se mostra de suma importância para a tolerância da levedura às diversas situações de estresse, quer térmico, etanólico ou de desidratação, sendo que tal tolerância é decorrente de a trealose se associar à membrana plasmática, mantendo a integridade desta.

Durante a fermentação alcoólica em batelada pura, glicogênio e trealose são intensamente metabolizados: seus teores sofrem queda abrupta na primeira hora de fermentação, sendo recompostos no transcorrer do processo fermentativo. Os teores dessas reservas no final da fermentação podem ser superiores ou inferiores ao do início do processo (Figura 8.9), o que pode promover flutuações na eficiência fermentativa de um ciclo para outro (BASSO; AMORIM, 1988). Em outras palavras, açúcar do mosto pode ser convertido em reserva celular, reduzindo a formação de etanol, enquanto em outras ocasiões as reservas, previamente armazenadas, podem contribuir para a formação adicional de etanol.

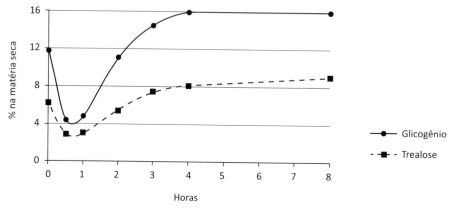

Figura 8.9 Variações nos teores celulares de glicogênio e trealose no transcorrer de uma fermentação batelada pura.

Fonte: Basso e Amorim (1988).

É desejável que a levedura apresente elevados níveis das reservas ao final da fermentação, mesmo onerando a eficiência de conversão açúcar/etanol, pois durante o tratamento ácido, processado a seguir, ocorrerá a fermentação dessas reservas endógenas. Essas reservas serão em parte convertidas em etanol, gerando ATP que fornecerá a energia de manutenção necessária à sobrevivência durante os estresses na etapa do tratamento ácido. Esse etanol produzido na cuba de tratamento do fermento não é medido, porém é computado como etanol gerado na fermentação que se segue.

A mobilização dessas reservas explica por que o teor de etanol continua a aumentar (lentamente) mesmo após o consumo total do açúcar do mosto. Na ausência de fonte externa de açúcar, a levedura mobiliza suas reservas para sobreviver durante condições de estresse (temperatura, etanol, ácido etc.), promovendo a chamada *fermentação das reservas endógenas de açúcar* (Figuras 8.10 e 8.11).

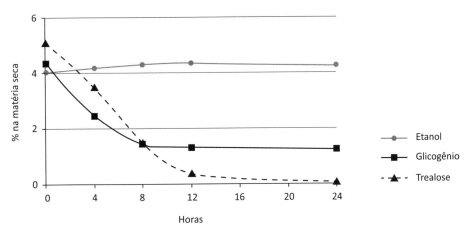

Figura 8.10 Teores celulares de glicogênio, trealose (% na matéria seca) e etanol (% v/v) durante a fermentação das reservas endógenas. Linhagem PE-2 suspensa em vinho diluído a 40 °C.

Fonte: Paulillo (2001).

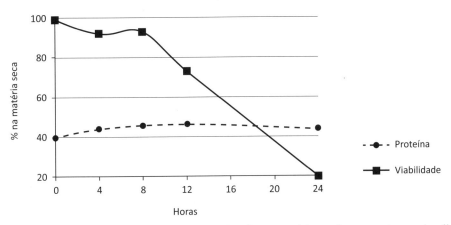

Figura 8.11 Teores celulares de proteína na levedura (% na matéria seca) e porcentagem de células viáveis da linhagem PE-2, no transcorrer da fermentação das reservas endógenas a 40 °C.

Fonte: Paulillo (2001).

Se a biomassa for produzida em excesso no processo, ela pode ser removida e comercializada na forma de levedura seca, sendo desejáveis teores proteicos acima de 40%. No entanto, elevados teores de glicogênio e trealose na levedura correspondem a baixos conteúdos de proteína. A capacidade metabólica de promover a fermentação das reservas de carboidratos permite obter incrementos de até 30% no teor de proteína da levedura, valorizando esse subproduto com simultânea produção adicional de etanol de 50-200 L.ton^{-1} de levedura seca produzida. Isso porque, em condições controladas de estresse, se promove uma redução nos teores de carboidrato da biomassa (que se converte em etanol), porém preservando os teores de proteína (AMORIM; BASSO, 1991).

8.6 AS LINHAGENS INICIADORAS ("STARTER") TRADICIONALMENTE EMPREGADAS NO PROCESSO INDUSTRIAL DE PRODUÇÃO DE ETANOL ATÉ INÍCIO DA DÉCADA DE 1990

Há muito tempo a fermentação industrial de etanol emprega linhagens iniciadoras, sendo a levedura de panificação amplamente utilizada pela disponibilidade em quantidade e preço acessíveis. Até o início da década de 1990, o parque alcooleiro, principalmente do estado de São Paulo (o maior produtor de etanol), dispunha das linhagens de S. *cerevisiae* IZ-1904, TA (fornecidas pela Escola Superior de Agricultura Luiz de Queiroz, da Universidade de São Paulo – Esalq/USP), além da levedura de panificação de diferentes marcas.

As destilarias obtinham as linhagens IZ-1904 e TA na forma de uma cultura pura (em tubo de ensaio ou dezenas de litros de uma suspensão de células) e as propagavam na destilaria até ter biomassa suficiente para a operação do processo industrial, pois elas não eram produzidas industrialmente. Já com as leveduras de panificação, a destilaria podia dar a partida com quantidade maior de pré-inóculo, empregando entre 2 e 12 toneladas de fermento fresco (a granel).

Uma avaliação comparativa entre as três linhagens mostrou que a IZ-1904 apresentava maior eficiência fermentativa e menor formação de glicerol em relação às leveduras de panificação e TA, empregando-se mosto sintético em fermentação sem reciclo e com baixa concentração de inóculo. No entanto, a comparação dessas mesmas três linhagens, em condições mais próximas da indústria e com reciclo de células, evidenciou diferenças fisiológicas e tecnológicas marcantes. Nessas condições a linhagem IZ-1904 apresentou queda abrupta de viabilidade e drástica redução de biomassa, tornando-a inadequada à fermentação com reciclo de células, a despeito de apresentar nos ciclos iniciais maior eficiência de formação de etanol. O estudo com reciclo de células permitiu demonstrar que a referida linhagem não conseguiu manter a quantidade desejável de células viáveis, tampouco teores intracelulares adequados de trealose e glicogênio (reservas internas de carboidratos que contribuem para manutenção da viabilidade celular), e o aumento na produção de etanol foi em detrimento da biomassa e das reservas que contribuem para a tolerância aos estresses da fermentação. Tais resultados sugeriam que a linhagem IZ-1904 não sobreviveria às condições de reciclo celular (Tabela 8.7).

Aspectos fisiológicos e bioquímicos da fermentação etanólica nas destilarias brasileiras **269**

Tabela 8.7 Comparação entre leveduras quanto aos parâmetros fisiológicos e tecnológicos de uma fermentação com reciclo de células

Parâmetros da fermentação (%)	7-8% etanol a 30 °C		9% etanol a 33 °C	
	PAN	IZ-1904	PAN	PE-2
Eficiência fermentativa[1]	88,8	90,0	89,5	93,2
Glicerol[1]	4,6	5,1	5,7	3,7
Biomassa[2]	41	−10	35	49
Viabilidade[3]	80	28	48	97
Glicogênio[3]	16	7	9	16
Trealose[3]	7	0	4	9

[1] Fração do ART convertida em etanol ou glicerol (os dados representam a média de seis ciclos fermentativos).
[2] Variação na biomassa do primeiro para o sexto ciclo fermentativo. [3] Valores referentes ao último ciclo fermentativo; teores das reservas na matéria seca de levedura.

Fonte: Basso et al. (2008).

No entanto, não havia unanimidade entre os produtores de etanol quanto às três linhagens, sendo cada uma enaltecida por alguns e depreciada por outros. A grande dificuldade metodológica de uma identificação inequívoca da presença das linhagens iniciadoras nas dornas de fermentação ao longo da safra não permitia uma relação entre as características da fermentação na indústria e a presença de uma determinada linhagem no processo.

Porém, no início de 1990 a técnica molecular de *cariotipagem eletroforética* (modalidade TAFE) foi utilizada para confirmar se a linhagem IZ-1904 (que se mostrou incapaz de suportar reciclos fermentativos em condições de laboratório) realmente seria inadequada como iniciadora num processo industrial. O mesmo estudo permitiria avaliar a superioridade da linhagem TA, amplamente empregada pelas destilarias, naquela ocasião. Os resultados obtidos foram de enorme impacto, estabelecendo-se como um marco no conhecimento da microbiologia do processo industrial brasileiro, como se denota na seção a seguir.

8.7 DINÂMICA POPULACIONAL DE LEVEDURAS NO AMBIENTE DA FERMENTAÇÃO INDUSTRIAL DE PRODUÇÃO DE ETANOL

Como a cariotipagem eletroforética havia sido utilizada com sucesso na identificação de linhagens empregadas na fermentação vínica, a mesma técnica foi aplicada em amostras oriundas de cinco destilarias que utilizaram as várias linhagens disponíveis como iniciadoras (IZ-1904, TA, leveduras de panificação etc.). Os resultados, coletados no transcorrer de duas safras (1991-1993), demonstraram que nenhuma das linhagens iniciadoras empregadas foi capaz de se implantar no processo industrial, sendo substituídas por outras, dentro de 15 a 30 dias, enquanto a safra perduraria por cerca de 250 dias. Ademais, a cariotipagem permitiu evidenciar que a fermentação industrial era conduzida por linhagens indígenas, autóctones, contaminantes das próprias destilarias (BASSO et al., 1993).

Nesse estudo também se percebeu que a única linhagem capaz de se implantar com sucesso, permanecendo na dorna ao longo da safra, era uma linhagem contaminante (JA-1) previamente isolada do próprio processo industrial. Em outras palavras, nenhuma das linhagens iniciadoras (IZ-1904, TA ou de panificação) possuía atributos de tolerância adequados para suportar os estresses da fermentação industrial. Os resultados indicavam uma sucessão de diferentes linhagens indígenas de *S. cerevisiae* no transcorrer da safra, e que novas linhagens poderiam ser selecionadas dessa biodiversidade natural. Esse trabalho foi publicado numa revista técnica do setor sucroalcooleiro, amplamente distribuída às destilarias brasileiras, privilegiando os produtores que vinham e continuaram financiando as pesquisas conduzidas pela Esalq/USP e pela Fermentec (ambas em Piracicaba-SP), objetivando o estudo das populações de levedura que habitavam as dornas de fermentação.

Com o estímulo financeiro das destilarias (principalmente do estado de São Paulo) e a *expertise* da Fermentec, foi possível realizar o mais extenso programa de seleção de leveduras para aplicação industrial no Brasil. Desse trabalho resultaram linhagens que muito contribuíram para maiores rendimentos industriais e reduções nos custos de produção do etanol, como descrito na próxima seção (BASSO et al., 2008).

8.8 SELEÇÃO DE LINHAGENS DE *S. CEREVISIAE* A PARTIR DA BIODIVERSIDADE ENCONTRADA NAS DESTILARIAS BRASILEIRAS

O monitoramento da dinâmica populacional de leveduras nas dornas de fermentação foi conduzido mediante análises de cariotipagem de amostras mensalmente coletadas de um universo de 20 a 78 destilarias, dependendo da safra (as quais produziam a maior parte do etanol brasileiro), cobrindo um período de 12 safras anuais (1994 a 2006).

Durante esse período, 12.760 isolados foram cariotipados, identificando-se 350 linhagens indígenas *prevalentes* (as quais apresentavam dominância em relação às demais linhagens da dorna) e/ou *persistentes* (que se mantinham presentes ao longo da safra). Essas linhagens foram a seguir submetidas a uma pré-seleção em ensaios de laboratório quanto a características fermentativas desejáveis, sendo que mais de 80% delas foram descartadas em virtude de floculação, formação de espuma e altos teores de açúcares residuais. As linhagens com potencial tecnológico passaram para a fase seguinte de seleção, avaliando-se o rendimento em etanol, formação de glicerol, viabilidade celular durante reciclos e teores intracelulares de glicogênio e trealose. Dessa etapa de seleção resultaram apenas 14 linhagens indígenas que foram reintroduzidas em várias destilarias (até 54, dependendo da safra). Na Figura 8.12 se observam os distintos perfis eletroforéticos de algumas dessas linhagens, o que permitiu o rastreamento delas ao longo das várias safras. Entre elas, a PE-2 foi monitorada durante 10 anos em diferentes destilarias, de diferentes regiões, com diferentes processos (batelada ou contínuo) e diferentes substratos (caldo/melaço), portanto, experimentando grandes variações.

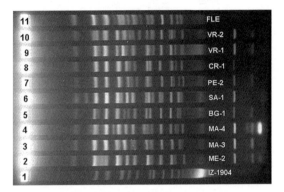

Figura 8.12 Cariotipagem eletroforética (modalidade TAFE) de algumas linhagens introduzidas nos processos industriais. Os perfis únicos para cada linhagem permitiram seu monitoramento ao longo das safras.

Fonte: Basso et al. (2008).

A maior parte das linhagens reintroduzidas não foi capaz de se perpetuar permanentemente nas dornas. Algumas puderam dominar a população por algumas safras, provavelmente por variações em condições do processo, clima, substrato etc. Poucas linhagens foram hábeis em persistir e dominar em muitas destilarias durante muitas safras. As linhagens PE-2 e CAT-1 foram aquelas com as maiores taxas de implantação, sendo encontradas em mais de 50% das destilarias onde foram introduzidas. Essas linhagens apresentavam igualmente alta competitividade em relação às linhagens contaminantes, representando, respectivamente, 45% e 54% da biomassa da dorna durante a safra. Em algumas destilarias essas linhagens representavam a biomassa total do fermentador durante a safra toda (mais de 200 dias de reciclos fermentativos).

Por esses notáveis atributos fermentativos, CAT-1 e PE-2 são as linhagens mais amplamente empregadas na indústria do etanol, representando cerca de 80% das linhagens comercializadas no Brasil na forma de levedura seca ativa (*active dry yeast*). São empregadas anualmente em cerca de 200 destilarias responsáveis pela produção de cerca de 60% do etanol produzido no país. Na Tabela 8.7 se observam parâmetros fisiológicos e tecnológicos superiores da PE-2 em relação à linhagem de panificação, em condições mais drásticas de fermentação com reciclo de células. Tais atributos fisiológicos e de tolerância aos estresses industriais explicam o sucesso de implantação dessa linhagem, a despeito da pequena quantidade de inóculo normalmente utilizada (Figura 8.13). Mesmo em destilarias onde a linhagem selecionada (PE-2) foi substituída por linhagens indígenas mais robustas, se verificam efeitos benéficos durante o período em que ela habitou o ambiente da fermentação, como no consumo de antiespumante (Figura 8.14).

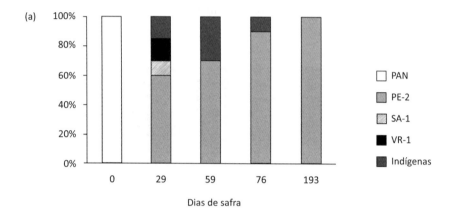

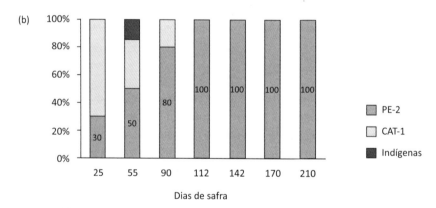

Figura 8.13 Dinâmica populacional ao longo da safra de linhagens introduzidas em processos industriais. A destilaria (a) empregou 2 ton de levedura de panificação acrescida de 500 g de cada linhagem selecionada (PE-2, SA-1 e VR-1); a destilaria (b) iniciou com as linhagens PE-2, CAT-1 e BG-1 (esta não se implantou).

Fonte: Basso et al. (2008).

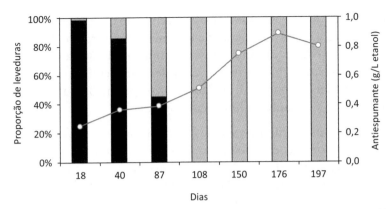

Figura 8.14 A linhagem PE-2 (preta) foi gradativamente substituída por outra linhagem indígena (cinza) com elevada produção de espuma. O consumo de antiespumante foi menor no período em que a linhagem PE-2 se manteve no processo.

Fonte: Basso et al. (2008).

O emprego de outra metodologia molecular em destilaria do Nordeste brasileiro igualmente demonstrou a maior capacidade de implantação de linhagem indígena resgatada de processo industrial (DA SILVA et al., 2005).

Atualmente as destilarias operam em condições muito diferentes daquelas nas quais essas linhagens foram selecionadas, como a elevada proporção de melaço no substrato atual, acarretando maiores estresses à levedura. A colheita mecânica da cana também adiciona mais terra e contaminações microbianas na matéria-prima, bem como é provável que maiores quantidades de ponta de cana carreiem mais amido, ácido transaconítico e fenóis no caldo, exigindo medidas mais drásticas de processamento deste. Pouco se sabe sobre os efeitos desses fenóis sobre essas linhagens. Esses fatores, aliados a outros relacionados ao processo fermentativo, permitem supor que as fermentações atuais sejam mais estressantes à levedura quando comparadas com safras passadas. Esses provavelmente são os fatores que estão reduzindo a capacidade de implantação dessas linhagens selecionadas.

Portanto, a busca por novas linhagens ainda é necessária para que o parque alcooleiro do país possa ter material biológico adequado aos seus processos fermentativos, que se mostram cada vez mais peculiares para cada destilaria. Essa situação torna muito difícil a obtenção de uma linhagem que possa ser utilizada por várias destilarias, e o emprego de linhagens adaptadas a cada destilaria surge como alternativa já demonstrada em algumas situações.

Nesse particular, a linhagem PE-2 ainda se mostra muito útil, pois a plasticidade do seu genoma, seu heterotalismo e sua grande capacidade de esporulação com esporos viáveis permitem uma descendência de variantes (novas leveduras, normalmente na forma de rearranjos cromossômicos) com atributos fermentativos variáveis. Entre essas variantes, é possível a seleção daquelas com características mais desejáveis que os parentais, mormente em relação à tolerância aos vários estresses do processo fermentativo. Particularmente notável é o aparecimento de tais variantes nas próprias destilarias, com capacidade de suplantar a linhagem PE-2 original. O monitoramento da população de leveduras durante a safra permite a seleção dessas variantes mais adaptadas ao ambiente fermentativo de cada destilaria em particular. No entanto, nem sempre é possível demonstrar, em laboratório, que atributo fisiológico responde pela diferença entre a variante e a linhagem original.

Em virtude da enorme biodiversidade de linhagens de *S. cerevisiae* nas dornas de fermentação e das condições fisiológicas específicas impostas à levedura em cada destilaria, o processo industrial brasileiro se constitui num rico manancial de onde novas linhagens com atributos desejáveis podem ser prospectadas. O próprio processo industrial permite, pela condição de reciclo de células, uma evolução adaptativa resultando em linhagens multitolerantes aos vários estresses aos quais estão submetidas (inclusive fatores ainda desconhecidos). Tais linhagens tolerantes não seriam necessariamente boas fermentadoras, mas poderiam ser selecionadas quanto às características fisiológicas e tecnológicas desejáveis, contribuindo para atender às necessidades atuais do parque industrial brasileiro.

8.9 ESTRATÉGIAS DE ENGENHARIA METABÓLICA PARA AUMENTO DA EFICIÊNCIA NA CONVERSÃO DE AÇÚCARES EM ETANOL

Pelo fato de o etanol ser um produto de baixo valor agregado, o fator de conversão de substrato em produto (ou rendimento fermentativo) é um parâmetro que impacta fortemente na economia do processo. No intuito de aumentar a eficiência de conversão dos açúcares do mosto em etanol por estratégias de engenharia metabólica, alguns trabalhos ilustrativos são brevemente apresentados a seguir. Uma excelente revisão sobre o assunto é apresentada por Gombert e Van Maris (2015).

8.9.1 REDUÇÃO NA FORMAÇÃO DE GLICEROL

Conforme discutido na seção anterior, sob condições anaeróbias, o crescimento da levedura *S. cerevisiae* é acompanhado pela formação de glicerol, desviando assim parte do açúcar (fonte de carbono) para a formação desse metabólito e, consequentemente, reduzindo a de etanol. Estima-se que cerca de 2-5% do açúcar consumido do mosto industrial acabe sendo convertido em glicerol. A formação de glicerol é essencial para reoxidar o excesso de NADH formado durante o crescimento celular a partir da fonte de carbono, como já anteriormente mencionado.

A deleção dos genes *GPD1* e *GPD2* elimina por completo as duas isoenzimas responsáveis pela formação de glicerol (glicerol 3-fosfato desidrogenase), porém impede o crescimento da levedura em anaerobiose pela impossibilidade de reoxidação das coenzimas reduzidas (NADH). Para contornar esse problema algumas estratégias foram propostas. Numa delas, por uma adequação da força dos promotores dos genes

Aspectos fisiológicos e bioquímicos da fermentação etanólica nas destilarias brasileiras 275

supracitados, atingiu-se uma redução de 61% na formação de glicerol (PAGLIARDI-NI et al., 2013). Noutra, buscaram-se metabólitos alternativos ao glicerol como depositário final dos elétrons gerados nas reações de biossíntese da biomassa. Cabe destaque o trabalho realizado por Guadalupe-Medina et al. (2013), que se basearam na conversão teórica de CO_2 e NADH em etanol e água, no qual houve a inserção heteróloga de duas enzimas do *ciclo de Calvin* (fosforibuloquinase e Rubisco) na levedura *S. cerevisiae*. O sucesso na expressão funcional dessas duas enzimas em uma linhagem laboratorial resultou em 90% de redução na formação de glicerol e 10% de aumento no rendimento em etanol.

8.9.2 AUMENTO DO CUSTO ENERGÉTICO DA BIOMASSA

A magnitude do crescimento celular é dependente de nutrientes e da quantidade disponível de energia livre na forma de ATP. Pode-se assumir que o ATP gerado na dissimilação da fonte de carbono é consumido tanto para o crescimento celular como para funções celulares não relativas ao crescimento (como manutenção celular, ciclos fúteis etc.). Tal consumo de ATP é referenciado como o *custo energético da biomassa*, ou seja, a quantidade de ATP necessária para formar uma dada quantidade de biomassa celular. A manipulação desse parâmetro pode resultar em aumentos na conversão de açúcares a etanol e, assim, impactar positivamente o processo industrial de produção de etanol.

Algumas estratégias elegantes explorando a diversidade de rotas metabólicas alternativas já foram apresentadas. Numa delas se altera a estequiometria do transporte de açúcares, expressando-se um transportador de sacarose. Normalmente a levedura *Saccharomyces cerevisiae* utiliza a enzima invertase para hidrolisar a sacarose (açúcar mais abundante do mosto) no ambiente extracelular em glicose e frutose, as quais são posteriormente captadas pelas células por difusão facilitada (sem gasto de energia na forma de ATP). Ao substituir esse mecanismo nativo pela captação de sacarose por meio do cotransporte com prótons e subsequente hidrólise intracelular da sacarose, o gasto extra para remover os prótons assimilados pelo transporte ativo diminui em 25% o rendimento em ATP por molécula de sacarose (de 4 para 3 ATP gerados por molécula de sacarose assimilada). Esse aumento no custo energético da biomassa exigirá que mais sacarose seja dissimilada, resultando em maior formação de etanol. Combinando-se essa estratégia metabólica com evolução, foi possível, em laboratório, aumentar significativamente o rendimento em etanol sobre sacarose (BASSO; BASSO; ROCHA, 2011).

Em outro estudo pioneiro, Nissen et al. (2000) propuseram uma alternativa para a reoxidação de NADH, simultaneamente com aumento no consumo de ATP nas reações de biossíntese, objetivando aumentar o rendimento da fermentação. Para tanto, substituíram a enzima glutamato desidrogenase (GDH1) – responsável pela primeira etapa na assimilação de nitrogênio na forma amoniacal (NH_4^+), que é dependente de NADPH – por outras duas enzimas, glutamina sintetase (GLN1) e glutamato sintase (GLT1), que igualmente assimilam o NH_4^+, porém consumindo ATP e NADH. Mediante tal estratégia, houve redução de 38% na formação de glicerol e incremento de 10% na produção de etanol. Cabe ressaltar que essa estratégia é dependente de crescimento vigoroso da levedura e de uma fonte de nitrogênio amoniacal, o que nem sempre ocorre nas condições industriais com mosto à base de cana-de-açúcar.

Outra possibilidade de se reduzir a formação líquida de ATP na dissimilação do açúcar é a sobre-expressão de ATPases, ou outras enzimas capazes de hidrolisar ATP, como fosfatases (SEMKIV et al., 2014). Cria-se assim um ciclo fútil de geração e consumo de ATP, similar ao que ocorre quando leveduras são expostas aos ácidos orgânicos fracos (como no caso do ácido benzoico, mencionado no item "Ácidos orgânicos" da Seção 8.4.2).

Cabe ressaltar que tais estratégias baseadas no aumento do custo da biomassa se mostram bem vantajosas em processos com elevadas taxas de crescimento da levedura. No processo industrial brasileiro, com elevada densidade de células e baixa taxa de propagação da levedura, provavelmente o impacto será de menor magnitude. As condições estressantes do processo industrial já impõem uma elevada energia de manutenção que onera o custo energético da biomassa, de modo que a margem para tais estratégias pode ser reduzida.

Nesse particular, é digno de menção um dos raros trabalhos que abordam aspectos fisiológicos de *Saccharomyces cerevisiae* gerando etanol em condições de "crescimento quase zero" (*near-zero growth*). Em tais condições fisiológicas, provavelmente próximas às do processo de algumas destilarias brasileiras, praticamente toda a energia produzida na dissimilação do açúcar é despendida como energia de manutenção da biomassa (BOENDER et al., 2009). Sem sombra de dúvidas uma melhor compreensão do metabolismo e da fisiologia da fermentação nas condições do processo industrial brasileiro redundará em estratégias para uma melhor eficiência na produção de bioetanol.

REFERÊNCIAS

ALEXANDRE, H. Relationship between etanol tolerance, lipid composition and plasma membrane fluidity in *Saccharomyces cerevisiae* and *Kloeckera apiculata*. *FEMS Microbiology Letters*, v. 124, p. 17-22, 1994.

ALTERTHUM, F.; INGRAM, L. O. Efficient ethanol production from glucose, lactose and xylose by recombinant *Escherichia coli*. *Applied and Environmental Microbiology*, v. 55, p. 1943-1948, 1989.

ALVES, D. M. G. *Respostas fisiológicas de duas linhagens de Saccharomyces cerevisiae frente ao potássio durante a fermentação alcoólica*. 2000. 118 p. Tese (Doutorado em Microbiologia Aplicada) – Instituto de Biociências, Universidade Estadual Paulista "Júlio de Mesquita Filho", Rio Claro, 2000.

AMORIM, H. V.; BASSO, L. C. *Processo para aumentar os teores alcoólico do vinho e protêico da levedura após o término da fermentação*. INPI, Pedido de Privilégio de Propriedade Industrial, sob número 9102738, 1991.

AMORIM, H. V.; LEÃO, R. M. *Fermentação alcoólica* – ciência e tecnologia. Piracicaba: Fermentec, 2005.

AZMAT, U. et al. Quantitative analysis of the modes of growth inhibition by weak organid acids in *Saccharomyces cerevisiae*. *Applied and Environmental Microbiology*, v. 78, n. 23, p. 8377-8387, 2012.

BASSO, L. C.; AMORIM, H. V. Mobilização e armazenamento dos carboidratos de reserva durante a fermentação alcoólica. *Relatório Anual de Pesquisas em Fermentação Alcoólica – ESALQ/USP*, Piracicaba, v. 8, p. 44-47, 1988.

BASSO, L. C.; AMORIM, H. V. Consumo de açúcar para a produção de biomassa: comparação entre as leveduras Fleischmann e PE-2. *Relatório Anual de Pesquisas em Fermentação Alcoólica*, Piracicaba, v. 22, p. 13-17, 2002.

BASSO, L. C.; ALVES, D. M. G.; AMORIM, H. V. The antibacterial action of succinic acid produced by yeast during fermentation. *Revista de Microbiologia* (Suppl.1), v. 28, p. 77-82, 1997.

BASSO, L. C.; BASSO, T. O.; ROCHA, S. N. Ethanol production in Brazil: the industrial process and its impact on yeast fermentation. In: BERNARDES, M. A. S. (Ed.). *Biofuel Production* – Recent Developments and Prospects. Croácia: INTECH, 2011. p. 85-100.

BASSO, L. C. et al. Dominância das leveduras contaminantes sobre as linhagens industriais avaliada pela técnica da cariotipagem. Congresso Nacional da STAB, 5, Águas de São Pedro, 1993. *Anais*, v. 1, p. 246-250, 1993.

BASSO, L. C. et al. Yeast selection for fuel ethanol in Brazil. *FEMS Yeast Research*, v. 8, n. 7, p. 1155-1163, 2008.

BASSO, T. O. et al. Homo- and heterofermentative lactobacilli differently affect sugarcane-based fuel ethanol fermentation. *Antonie Van Leeuwenhoek International Journal of General and Molecular Microbiology*, v. 105, n. 1, p. 169-177, 2014.

BOENDER, L. G. M. et al. Quantitative physiology of *Saccharomyces cerevisiae* at near-zero specific growth rates. *Applied and Environmental Microbiology*, v. 75, n. 15, p. 5607-5614, 2009.

DA SILVA, E. A. et al. Yeast population dynamics of industrial fuel-ethanol fermentation process assessed by PCR-fingerprinting. *Antonie Van Leeuwenhoek International Journal of General and Molecular Microbiology*, v. 88, n. 1, p. 13-23, 2005.

DIAS, M. O. S. et al. Second generation ethanol in Brazil: Can it compete with electricity production? *Bioresource Technology*, v. 102, p. 8964-8971, 2011.

GALLO, C. R. *Determinação da microbiota bacteriana de mosto e de dornas de fermentação alcoólica*. 1990. 338 p. Tese (Doutorado em Ciência de Alimentos) – Universidade de Campinas, Campinas, 1990.

GANCEDO, C.; SERRANO, R. Energy-yielding metabolism. In: ROSE, A. H.; HARRISON, J. S. (Ed.). *The Yeasts*. 2. ed. Oxford: Academic Press, 1989. v. 3. p. 205-259.

GOMBERT, A. K.; VAN MARIS, A. J. A. Improving conversion yield of fermentable sugars into fuel ethanol in 1st generation yeast-based production processes. *Current Opinion in Biotechnology*, v. 33, p. 81-86, 2015.

GUADALUPE-MEDINA, V. et al. Carbon dioxide fixation by Calvin-Cycle enzymes improves ethanol yield in yeast. *Biotechnology for Biofuels*, v. 6, 2013.

HAHN-HAGERDAL, B. et al. Bioethanol – the fuel of tomorrow from the residues of today. *Trends in Biotechnology*, v. 24, p. 549-556, 2006.

HARRISON, J. S. Food and fodder yeast. In: ROSE, A.; HARRISON, J. S. (Ed.). *The Yeasts*. 2. ed. Oxford: Academic Press Limited, 1993. v. 5. p. 399-433.

HOHMANN, S. Osmotic stress signaling and osmoadaptation in yeasts. *Microbiology and Molecular Biology Reviews*, v. 66, n. 2, p. 300-372, 2002.

JENNINGS, D. H. Polyol metabolism in fungi. *Advances in Microbial Physiology*, v. 25, p. 149-193, 1984.

LAGUNAS, R.; GANCEDO, J. M. Reduced pyridine-nucleotides balance in glucose--growing *Saccharomyces cerevisiae*. *European Journal of Biochemistry*, v. 37, p. 90-94, 1973.

LEITE, R. C. C. *Biomassa, a esperança verde para poucos*. 2005. Disponível em: <http://www.agrisustentavel.com/san/biomassa.htm>. Acesso em: 23 mar. 2011.

LEHNINGER, A. L. *Principles of biochemistry*. New York: Worth Publications, 1982.

LIMA, U. A.; BASSO, L. C.; AMORIM, H. V. Produção de etanol. In: LIMA, U. A. et al. (Ed.). *Biotecnologia Industrial*: processos fermentativos e enzimáticos. São Paulo: Edgard Blucher, 2001. v. 3. p. 1-43.

LUCENA, B. T. L. et al. Diversity of lactic acid bacteria of the bioethanol process. *BMC Microbiology*, v. 10, p. 298, 2010.

NISSEN, T. L. et al. Optimization of ethanol production in *Saccharomyces cerevisiae* by metabolic engineering of the ammonium assimilation. *Metabolic Engineering*, v. 2, n. 1, p. 69-77, 2000.

OURA, E. Reaction products of yeast fermentations. *Process Biochemistry*, v. 12, n. 3, p. 644-651, 1977.

PAGLIARDINI, J. et al. The metabolic costs of improving ethanol yield by reducing glycerol formation capacity under anaerobic conditions in *Saccharomyces cerevisiae*. *Microbial Cell Factories*, v. 12, 2013.

PAMPULHA, M. E.; LOUREIRO-DIAS, M. C. Energetics of the effect of acetic acid on growth of *Saccharomyces cerevisiae*. *FEMS Microbiology Letters*, v. 84, p. 69-72, 2000.

PAULILLO, S. C. L. *Mobilização do glicogênio e trealose endógenos de leveduras industriais*. 2001. 86 p. Tese (Doutorado em Ciência dos Alimentos) – Universidade Estadual de Campinas, Faculdade de Engenharia de Alimentos, Campinas, 2001.

QUINTAS, C. et al. A model of the specific rate inhibition by weak acids in yeast based in energy requirements. *International Journal of Food Microbiology*, v. 100, p. 125-130, 2005.

SEMKIV, M. V. et al.. Increased ethanol accumulation from glucose via reduction of ATP level in a recombinant strain of *Saccharomyces cerevisiae* overexpressing alkaline phosphatase. *BMC Biotechnology*, v. 14, 2014.

SHAPOURI, H. et al. *Energy calance for the corn-ethanol industry*. 2008. Disponível em: <www.usda.gov/oce/reports/energy/2008Ethanol_June_final.pdf>. Acesso em: 27 fev. 2011.

STEPHANOPOULOS, G. N.; ARISTIDOU, A. A.; NIELSEN, J. *Metabolic engineering*: principles and methodologies. New York: Academic Press, 1998.

VERDUYN, C. et al. Physiology of *Saccharomyces cerevisiae* in anaerobic glucose-limited chemostat cultures. *Journal of General Microbiology*, v. 136, p. 395-403, 1990.

VOET, D.; VOET, J. G. *Bioquímica*. 4. ed. Porto Alegre: Artmed, 2013.

WALKER, G. *Yeast physiology and biotechnology*. Chichester: John-Willey & Sons, 1998.

WHEALS, A. E. et al. Fuel ethanol after 25 years. *Trends in Biotechnology*, v. 17, n. 12, p. 461-506, 1999.

CAPÍTULO 9
Introdução à engenharia metabólica

Andreas Karoly Gombert

Thiago Olitta Basso

9.1 INTRODUÇÃO

O termo engenharia metabólica (ou engenharia do metabolismo) é oriundo do termo original em inglês *metabolic engineering*. Trata-se de uma abordagem de melhoramento de organismos vivos. A diferença principal entre essa abordagem e outros tipos de melhoramento genético é que a engenharia metabólica pode ser definida como a modificação *racional* ou *dirigida* do metabolismo de um organismo, fazendo-se uso de ferramentas da tecnologia do DNA recombinante e, mais recentemente, também da biologia sintética. Nesse sentido, a engenharia genética (Capítulo 4) caracteriza-se como uma das principais ferramentas da engenharia metabólica. Como afirmou Stephanopoulos (1994), a engenharia metabólica não é uma forma diferente de manipulação do metabolismo intermediário, e sim o projeto objetivo de redes metabólicas. Ou seja, busca-se modificar o metabolismo de um organismo, de forma que ele passe a operar de modo a melhorar seu fenótipo, que pode ser o rendimento aumentado de um determinado produto da biotecnologia industrial, uma planta que apresente maior tolerância a condições climáticas adversas (como seca, por exemplo) ou um animal que apresente ganho de peso acelerado, sempre em relação aos fenótipos originais.

Sabe-se que o fenótipo de um ser vivo é resultado da combinação entre seu genótipo e as condições ambientais às quais esse organismo é submetido. Dessa maneira, fica claro que existem em princípio infinitos fenótipos para um determinado genótipo.

Por outro lado, conhecemos atualmente a sequência genômica completa de milhares de seres vivos e é sabido que não se consegue facilmente prever o fenótipo de um organismo, dada uma determinada condição ambiental, com base somente em sua sequência genômica completa.

Como é possível, então, que a engenharia metabólica tenha a ambição de prever fenótipos de interesse? Ou, em outras palavras, como se consegue, a partir de uma determinada sequência genômica e de um conjunto de condições ambientais, projetar quais são as modificações genéticas que devem ser introduzidas num determinado organismo para que seu metabolismo passe a operar de tal forma que o fenótipo de interesse seja melhorado? Quais ferramentas podem ser usadas para facilitar essa árdua tarefa? O que é uma rede metabólica? Será mesmo necessário conhecer o genoma completo do organismo para que se possa aplicar engenharia metabólica? O objetivo deste capítulo é fornecer informações e subsídios ao leitor, para facilitar a obtenção de respostas a essas questões.

9.2 BREVE HISTÓRICO

Conforme detalhado no Capítulo 4 ("Elementos de engenharia genética"), a tecnologia do DNA recombinante surgiu na década de 1970. Foi nessa época que se realizaram pela primeira vez modificações genéticas dirigidas em microrganismos. Até então, somente era possível realizar modificações genéticas de maneira aleatória, seja por meio de procedimentos de mutagênese (com agentes mutagênicos) e seleção, seja por cruzamentos genéticos para a obtenção de fenótipos melhorados, processos que são baseados em probabilidade e exigem muito trabalho, tempo e investimento para serem bem-sucedidos.

A engenharia metabólica como disciplina surgiu no início da década de 1990, sendo o termo empregado pioneiramente nos trabalhos de Bailey (1991), Cameron e Tong (1993) e Stephanopoulos e Sinskey (1993). No entanto, trabalhos de engenharia metabólica já vinham sendo realizados anteriormente a essas datas, o que pode ser atestado pelos mais de cem exemplos de aplicação apresentados por Cameron e Tong (1993) em sua revisão da literatura. Esses mesmos autores também já propuseram uma categorização das atividades de engenharia metabólica, dividindo-as em cinco principais linhas: 1) produção melhorada de compostos naturalmente sintetizados por um organismo; 2) aumento da gama de substratos assimiláveis por um organismo, tanto para crescimento como para formação de produtos; 3) adição de novas atividades catabólicas para a degradação de compostos tóxicos; 4) produção de novos compostos pelo organismo hospedeiro; e 5) modificação de propriedades celulares. Nota-se que essa classificação tem um enfoque quase exclusivo em microrganismos, num contexto biotecnológico. Mais tarde, Nielsen (2001) propôs uma categorização das atividades de engenharia metabólica em sete linhas. Estas são divididas de acordo com a estratégia empregada ou o objetivo almejado (Tabela 9.1).

Introdução à engenharia metabólica

Tabela 9.1 Categorias da engenharia metabólica e suas principais características segundo Nielsen (2001)

Categoria	Características
(1) Produção de proteínas heterólogas	Inicialmente, o gene heterólogo deve ser inserido no organismo hospedeiro. Posteriormente, pode ser necessário modificar a via de síntese e de exportação da proteína.
(2) Ampliação da gama de substratos assimiláveis	Muitas vezes é preciso inserir a via metabólica para a utilização do substrato de interesse (incluindo transportadores específicos). É igualmente importante garantir que o substrato seja metabolizado a uma velocidade razoável e que não ocorra formação de subprodutos indesejados.
(3) Vias metabólicas que levam à formação de novos produtos	Este objetivo pode ser obtido por meio da extensão das vias já existentes ou pela inserção de vias completamente novas, eventualmente incluindo genes de diversos organismos.
(4) Degradação de xenobióticos	Nos processos de biorremediação, é importante haver organismos capazes de degradar diversos xenobióticos.
(5) Melhoramento da fisiologia celular	Em processos industriais é importante o emprego de organismos robustos e tolerantes às condições de processo, por exemplo, elevadas temperaturas e/ou valores extremos de pH.
(6) Eliminação ou redução da formação de subprodutos indesejados	Em muitos processos industriais existem subprodutos que desviam parte considerável do carbono contido no substrato, em detrimento da formação do produto-alvo. Há também subprodutos tóxicos ou ainda aqueles que dificultam as etapas de purificação. Em alguns casos, os subprodutos podem ser eliminados por meio da simples deleção de genes, mas, em outros, a formação do subproduto é essencial à sobrevivência do organismo em questão. Nesses casos, é necessário analisar a rede metabólica como um todo e propor outras estratégias para contornar esse problema.
(7) Melhoramento do rendimento ou da produtividade	Processos que visam à obtenção de produtos de baixo valor agregado têm como requisito alto rendimento e alta produtividade. Isso pode ser obtido simplesmente intensificando-se a via metabólica envolvida na formação do produto. Em outras situações, torna-se necessário interferir na regulação do fluxo pela via metabólica de formação do produto-alvo.

Já em sua década inicial, a engenharia metabólica passou a abordar os seres vivos superiores, como as plantas, que podem ser melhoradas em vários aspectos, por exemplo, aumentando sua digestibilidade por animais ou sua tolerância a doenças (DIXON et al., 1996). É claro que somente é possível aplicar engenharia metabólica a um dado organismo se houver ferramentas de tecnologia do DNA recombinante aplicáveis a ele. A cura de doenças humanas também passou a ser objeto de engenharia metabólica (YARMUSH; BERTHIAUME, 1997). Células de mamíferos e *archaeas* hipertermofílicas são outros exemplos de seres vivos que passaram a ser objeto de engenharia metabólica (VAN DER OOST et al., 1998; BECKER et al., 1994).

Já no final da década de 1990 houve o lançamento da primeira revista científica dedicada exclusivamente à engenharia metabólica, intitulada *Metabolic Engineering* (STEPHANOPOULOS, 1999), e de alguns livros dedicados ao assunto (STEPHANOPOULOS; ARISTIDOU; NIELSEN, 1998; LEE; PAPOUTSAKIS, 1999).

Desde então, a engenharia metabólica vem sendo aplicada continuamente pela comunidade científica, tanto na academia quanto em empresas, aos mais variados seres vivos, desde os mais simples (procariotos) até os mais complexos (plantas e animais), não somente em contextos biotecnológicos industriais, mas também nas áreas de saúde, agricultura e meio ambiente. Alguns exemplos mais recentes são citados mais adiante neste capítulo.

9.3 FERRAMENTAS

As atividades de engenharia metabólica podem ser mais facilmente apresentadas e entendidas na forma de um ciclo (Figura 9.1). Assim, essas atividades podem ser divididas em três categorias diferentes, nomeadamente: 1) análise da rede metabólica de interesse; 2) definição da rede metabólica melhorada e das modificações genéticas a serem introduzidas; e 3) introdução das modificações genéticas pela tecnologia do DNA recombinante. Essas atividades não necessariamente têm início na etapa 1, podendo ser executadas também a partir da etapa 2 (NIELSEN, 2001). Assim, o ciclo pode ser seguido pelo esquema 1 → 2 → 3 → 1 ou 2 → 3 → 1, sempre terminando com a etapa de análise, que é crucial para que se avalie se as modificações genéticas implementadas geraram o fenótipo esperado ou não. É claro que o ciclo pode ser seguido inúmeras vezes, na busca de fenótipos ainda melhores.

Introdução à engenharia metabólica

Figura 9.1 Ciclo da engenharia metabólica, identificando as principais etapas envolvidas.

Fonte: adaptada de Nielsen (2001).

9.3.1 FERRAMENTAS EMPREGADAS PARA MODIFICAÇÕES GENÉTICAS (ETAPA 3)

No ciclo da engenharia metabólica, há ferramentas disponíveis para cada uma das diferentes etapas. Na etapa 3, a *tecnologia do DNA recombinante* é uma ferramenta importante (vide o Capítulo 4).

Como ponto de partida, devemos ter à nossa disposição organismos que sejam passíveis de modificações genéticas rápidas e eficientes. Caso contrário, será necessário desenvolver métodos para que isto se torne possível, o que nem sempre é tarefa simples ou rápida. Outro ponto importante é o acesso a regiões promotoras que sejam capazes de dirigir a expressão gênica com diferentes intensidades. Com isso, pode-se modular a expressão de determinados genes de interesse dentro de uma dada rede metabólica. Em outras situações, genes devem ser interrompidos (ou deletados) para se alcançar um determinado efeito dentro da rede metabólica de interesse, como no caso da eliminação de um subproduto indesejável do metabolismo celular.

Com os avanços recentes das técnicas de inserção de múltiplos genes, é possível expressar genes oriundos de um organismo em outro e, com isso, trazer para o hospedeiro novas vias metabólicas que se conectam com as originalmente presentes. Igualmente, a exploração da biodiversidade e o uso de técnicas precisas de edição gênica (como a técnica CRISPR-Cas9) permitem construir genes que codifiquem proteínas com propriedades alteradas (por exemplo, com uma maior estabilidade ou uma maior atividade catalítica em relação à proteína original). Todos esses avanços desempenharão um papel contundente no futuro da engenharia metabólica (MANS et al., 2015).

Mais recentemente, avanços tecnológicos e o barateamento dos métodos de sequenciamento de DNA permitiram um aumento considerável no número de genomas sequenciados. Como mencionado anteriormente, o conhecimento da sequência genômica de um dado ser vivo não necessariamente permite que o fenótipo desse organismo seja previsto em uma determinada condição ambiental. Assim, na chamada Era Pós-Genômica, um grande esforço tem sido feito para integrar diferentes níveis de informação biológica, numa área do conhecimento interdisciplinar denominada *biologia de sistemas* (vide o Capítulo 20 do Volume 2), que tem como principal objetivo explicar e predizer o comportamento de sistemas biológicos complexos.

No caso da biotecnologia industrial, podemos também incluir o desenho de rotas metabólicas inteiramente novas à biologia, o que faz parte de uma área do conhecimento denominada *biologia sintética* (Capítulo 20 do Volume 2). Dessa forma, a biologia sintética procura estender princípios da engenharia e da computação para redefinir a biologia, com o objetivo de gerar moléculas com propriedades inéditas, melhorar a saúde humana/animal e resolver problemas ambientais. O avanço da biologia sintética, por sua vez, depende fortemente de avanços expressivos na biologia de sistemas. Para tanto, uma abordagem que tenta superar as limitações na compreensão de sistemas biológicos complexos é a utilização de células mínimas, ou seja, células contendo um conjunto mínimo de genes que funcionariam como chassis para a reconstrução de sistema biológicos (WAY et al., 2014).

9.3.2 FERRAMENTAS EMPREGADAS PARA ANÁLISE DA FISIOLOGIA CELULAR E DAS REDES METABÓLICAS (ETAPAS 1 E 2)

Na etapa 1 (análise da rede metabólica de interesse), várias ferramentas podem ser empregadas, incluindo todas as chamadas ômicas (genômica, transcriptômica, proteômica, metabolômica, interactômica, fluxômica, lipidômica etc.), além das ferramentas clássicas de bioquímica, como a medida de atividades enzimáticas ou a caracterização da cinética de ação de uma enzima. Normalmente, quanto mais medidas forem realizadas, melhor é a compreensão da rede metabólica em estudo e melhor será a capacidade de se projetar a rede metabólica melhorada (etapa 2). No entanto, em função dos limitados recursos que os grupos de pesquisa possuem (tempo e dinheiro, principalmente), deve-se sempre escolher as ferramentas mais importantes para o estudo em questão, e talvez esse ponto seja o mais importante para o êxito de uma estratégia de engenharia metabólica, não havendo, infelizmente, uma receita geral para isso. O genoma de um organismo é, entre todos os tipos de análise indicados, o único que não varia com as condições ambientais. Todos os demais tipos de análise fornecerão respostas diferentes para condições ambientais diferentes. Assim, a escolha das condições ambientais nas quais se deseja levantar informações do organismo em estudo é também ponto crucial da etapa 1 (análise da rede metabólica de interesse) dentro da engenharia metabólica.

Introdução à engenharia metabólica

Talvez pela natureza da comunidade científica que inicialmente foi bastante atuante em engenharia metabólica, sendo constituída principalmente por engenheiros, ou talvez pelo enfoque dado na identificação de nós rígidos ou flexíveis em redes metabólicas, a análise de fluxos metabólicos foi provavelmente a primeira ferramenta amplamente difundida por essa comunidade, com suas diferentes variações. Métodos de modelagem matemática e computacionais para a resolução dos problemas lineares ou não lineares envolvidos nessas análises também foram objeto de muito estudo desde o início da criação da disciplina de engenharia metabólica (Capítulo 20 do Volume 2). A chamada análise do controle metabólico também foi uma ferramenta bastante discutida e aplicada inicialmente para o desenho de estratégias de engenharia metabólica (STEPHANOPOULOS, 1994; FELL, 1997). O principal aspecto dessa ferramenta está no cálculo da contribuição de cada etapa enzimática, numa dada via metabólica, para o controle do fluxo metabólico por essa via. Assim, em vez de se raciocinar da maneira clássica, que é enxergando uma etapa-gargalo para uma via metabólica, estipula-se e calcula-se a contribuição de cada etapa. Isso permite, por exemplo, que se preveja o que ocorrerá com o controle do fluxo por uma via metabólica quando se modifica uma determinada etapa, ou seja, qual será a etapa que passará a exercer o maior controle após a modificação.

Em suma, na análise de fluxos metabólicos, essas ferramentas procuram atingir três objetivos principais, que são: 1) a identificação da estrutura da rede metabólica; 2) a quantificação dos fluxos nas ramificações dessa rede; e 3) a identificação das estruturas de controle dentro dela (Tabela 9.2).

Tabela 9.2 Ferramentas empregadas para análise de fluxos metabólicos em engenharia metabólica*

Objetivos	Ferramentas empregadas
Identificação da estrutura da rede metabólica	• Dados da sequência genômica • Dados bioquímicos • Medidas de atividade enzimática • Caracterização da cinética de ação de uma enzima • Emprego de substrato marcado (isótopo) e posterior análise do padrão de marcação dos metabólitos intracelulares por cromatografia acoplada a espectrometria de massas (GC-MS)
Quantificação dos fluxos nas ramificações da rede	• Balanço de metabólitos e medida de alguns fluxos externos • Balanço de metabólitos acoplado ao balanço de isótopos com o uso de substrato marcado • Modelagem matemática
Identificação das estruturas de controle	• Quantificação dos metabólitos presentes na rede por cromatografia acoplada a espectrometria de massas (GC-MS e LC-MS-MS) (metabolômica) • Regulação da atividade enzimática

* Ver também o Capítulo 20 do Volume 2.

Entre as ferramentas ômicas (Figura 9.2), as mais importantes são transcriptômica, proteômica e metabolômica. Visto que fluxos metabólicos são controlados em diversos níveis hierárquicos, compreendidos nas etapas de transcrição (síntese e processamento do RNA) e/ou nas etapas de tradução (síntese e processamento das proteínas com atividade catalítica, ou seja, as enzimas), é difícil prever como uma alteração no nível genômico (modificações no DNA) impactará a rede metabólica em questão. Assim, as ferramentas ômicas têm um papel muito importante na etapa de análise da rede metabólica de interesse (etapa 1).

A transcrição dos genes em RNA mensageiro (mRNA) determina os níveis de mRNA num organismo numa dada condição ambiental. A transcriptômica refere-se à determinação do repertório de RNAs mensageiros. O mRNA, por sua vez, é o ponto de partida para o processo de tradução, que resulta na síntese de proteínas, que desempenham funções catalíticas (enzimas) ou regulatórias (fatores de transcrição). De forma análoga, a proteômica refere-se à determinação do repertório de proteínas num organismo numa dada condição ambiental. Por fim, a atividade catalítica das enzimas determina os níveis dos metabólitos, que, por sua vez, influenciam os fluxos metabólicos por meio de efeitos diretos (alosterismo em enzimas, por exemplo) ou indiretos (como as proteínas regulatórias e o mecanismo de repressão catabólica). A metabolômica, assim, é a determinação do repertório de metabólitos nessas condições.

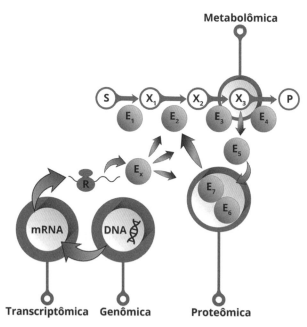

Figura 9.2 Ferramentas ômicas, com destaque para transcriptômica, genômica, proteômica e metabolômica. S: substrato; X: metabólito intracelular; P: produto; E: enzimas ou proteínas de regulação; R: ribossomo (síntese protéica).

Fonte: adaptada de Nielsen (2001).

9.3.3 FERRAMENTAS ACESSÓRIAS

Apesar de se mostrar muito promissora, inicialmente, para atacar os desafios da biotecnologia industrial, a engenharia metabólica raramente atinge seus objetivos de forma isolada, ou seja, sem a aplicação de outras ferramentas de melhoramento genético, principalmente a engenharia evolutiva e as tradicionais ferramentas de mutagênese e seleção e/ou cruzamentos genéticos.

9.3.3.1 Engenharia evolutiva

O termo *Evolutionary Engineering* (aqui traduzido como engenharia evolutiva) tem sido empregado com frequência nos últimos anos para designar uma estratégia de melhoramento de microrganismos baseada no princípio de variação e seleção natural, conforme proposto originalmente por Charles Darwin em sua *Teoria da origem das espécies* (SAUER, 2001). Outras denominações comumente usadas para designar esta estratégia são: *evolução em laboratório* e *evolução adaptativa em laboratório*. Assim, desde que seja possível impor a pressão seletiva adequada em laboratório, torna-se viável "forçar" um fenótipo desejado ao microrganismo em estudo. Essa estratégia representa uma alternativa ou uma complementação à engenharia metabólica (STEPHANOPOULOS et al., 1998), a qual se baseia em modificações genéticas dirigidas na busca de um fenótipo desejado, ao contrário da engenharia evolutiva, que busca o fenótipo desejado por meio da imposição de uma ou mais pressões seletivas, contando com a ocorrência de mutações, adaptação e seleção natural.

Com frequência, engenharia evolutiva e engenharia metabólica são combinadas (Figura 9.1), com o objetivo de obter microrganismos melhorados. A abordagem clássica consiste em primeiramente introduzir um ou mais genes heterólogos no microrganismo em estudo, conferindo-lhe uma determinada capacidade que ele originalmente não possuía, dentro do escopo da engenharia metabólica. Em seguida, procede-se com a engenharia evolutiva, por meio de experimentos longos com uma população do microrganismo em estudo, em que várias gerações transcorrem, aumentando-se a probabilidade de ocorrerem mutações. O fenótipo desejado pode ser, por exemplo, uma maior tolerância a inibidores ou maiores velocidades específicas de crescimento (vide o Capítulo 11). Assim, a pressão seletiva é imposta pelo aumento gradativo da concentração de inibidores ou pelo cultivo em batelada sequencial, respectivamente.

A obtenção de linhagens evoluídas em laboratório é uma estratégia comprovadamente eficiente para diversas finalidades. As ferramentas podem ser tanto cultivos descontínuos em série (bateladas repetidas) como quimiostatos, que são cultivos contínuos em que um substrato é limitante do crescimento e que são operados em estado estacionário (ou regime permanente; vide o Capítulo 6 do Volume 2), dependendo dos objetivos do estudo. O fato é que uma população de microrganismos, que frequentemente contém milhões de indivíduos num mililitro, os quais se duplicam num intervalo de poucas horas, após várias gerações acaba sofrendo mutações e, dentro de um ambiente que confere pressão seletiva, passará também por seleção para os indivíduos com melhores condições de desenvolvimento nesse ambiente. Dessa maneira, as células menos adaptadas serão eliminadas desses sistemas de cultivo; nas bateladas repetidas, a cada vez que se renova o meio, e nos quimiostatos, continuamente pelo sistema de retirada de meio.

9.3.3.2 Engenharia metabólica inversa

Há, tanto na academia como na indústria, uma crescente conscientização de que a obtenção de organismos melhorados requer uma integração da engenharia metabólica com modificações genéticas sem alvos específicos, como aquelas obtidas por meio da engenharia evolutiva ou por mutagênese e posterior seleção. Essas abordagens, ditas "não orientadas", foram e ainda são um dos principais impulsos da biotecnologia industrial. Apesar da sua inestimável importância, essas abordagens geralmente levam a um melhoramento incremental a longo prazo e são difíceis de serem transferidas para outros organismos. Dessa forma, no intuito de superar tais limitações, é essencial que se identifiquem as alterações genéticas e os seus mecanismos subjacentes, responsáveis pelo desempenho superior dos organismos melhorados (OUD et al., 2012).

O processo de elucidação dos princípios tecnológicos de um sistema por meio da análise e da reconstrução de sua estrutura e sua função é conhecido como engenharia reversa. Esse conceito foi introduzido por Jay Bailey no campo da biotecnologia, sendo designado engenharia metabólica inversa ou reversa (BAILEY et al., 1996).

Na engenharia metabólica inversa, o ciclo se inicia (Figura 9.1) com um organismo que já apresenta desempenho melhorado em relação ao organismo de referência. Esse organismo melhorado pode ter sido obtido de diferentes formas, como: 1) isolamento a partir de hábitats naturais; 2) aquisição a partir de coleções de culturas; ou ainda 3) abordagens não orientadas, incluindo engenharia evolutiva, mutagênese e seleção, cruzamentos genéticos (vide os Capítulos 3, 4 e 5), entre outras. Para entender o fenótipo melhorado, o próximo passo consiste na elucidação da base genética responsável pelo melhor desempenho, o que é hoje facilmente obtido pelo sequenciamento genômico do organismo em questão. Por fim, é preciso demonstrar, de forma incontestável, que a reintrodução de um conjunto definido de alterações genéticas no organismo de referência pode reproduzir o desempenho do organismo melhorado (OUD et al., 2012).

9.4 EXEMPLOS DE APLICAÇÕES

Em biotecnologia industrial, vários microrganismos e células têm sido alvo de diferentes estratégias de engenharia metabólica, em combinação ou não com outras abordagens, como a engenharia evolutiva. Até o início do século XXI, os principais casos de sucesso na obtenção de fenótipos melhorados envolveram a integração ou a eliminação de um único gene (NIELSEN, 2001). Desde então, estratégias envolvendo mais de um gene vêm sendo relatadas e a complexidade dos trabalhos aumenta gradativamente, atingindo situações como a produção de opioides por leveduras, para a qual cerca de 20 genes oriundos de bactérias, plantas e mamíferos foram introduzidos nesses organismos (GALANIE et al., 2015).

Alguns exemplos de aplicações da engenharia metabólica são apresentados na Tabela 9.3. Procurou-se selecionar aqui exemplos em que diferentes organismos foram utilizados para a produção de diversos produtos de interesse da *biotecnologia industrial*, como biocombustíveis tradicionais e avançados, produtos químicos e fármacos. São apresentados, para cada exemplo, o organismo utilizado, a área de aplicação, o objetivo do trabalho, as modificações inseridas, os principais resultados obtidos em relação ao fenótipo original, a categoria em que se enquadra segundo Nielsen (2001) e, finalmente, se a estratégia tem ou não aplicação industrial. Mais detalhes podem ser encontrados nas referências indicadas.

Apenas como ilustração das diferentes abordagens possíveis, na estratégia empregada por Basso et al. (2011) foi necessária a aplicação de engenharia evolutiva após os procedimentos de engenharia metabólica, enquanto na estratégia descrita por Guadalupe-Medina et al. (2013) isso não foi necessário. Por outro lado, na estratégia utilizada para produção de triterpenos em células de tabaco (JIANG et al., 2016) foi necessária a inserção de genes contendo sequências de sinalização das proteínas para uma organela celular, no caso, o cloroplasto.

As plantas contêm rotas metabólicas responsáveis pela biossíntese de produtos complexos. Por essa razão, são organismos que apresentam um elevado potencial como fonte de genes para estratégias de engenharia metabólica em microrganismos, visando à obtenção de moléculas complexas, por exemplo, na síntese de fármacos (TATSIS; O'CONNOR, 2016). Isso pode ser exemplificado com a construção de linhagens microbianas que produzem drogas para o tratamento da malária (RO et al., 2006) ou para a dor (GALANIE et al., 2015), substâncias que são tipicamente extraídas de plantas e cuja produção industrial em biorreatores contendo microrganismos engenheirados representa um significativo avanço.

Tabela 9.3 Exemplos de aplicações da engenharia metabólica

Organismo	Área de aplicação	Objetivo	Estratégia
Levedura *S. cerevisiae*	Produção de biocombustíveis (etanol)	Aumentar a conversão de sacarose em etanol	Substituição da hidrólise extracelular da sacarose por hidrólise intracelular, acoplada à engenharia evolutiva para aumento da velocidade de transporte da sacarose
Levedura *S. cerevisiae*	Produção de biocombustíveis (etanol)	Aproveitar o CO_2 como fonte de carbono e sumidouro de elétrons, para aumentar o rendimento da fermentação alcoólica	Inserção de dois genes que codificam enzimas do ciclo de Calvin (ribulose-5-fosfato quinase e Rubisco)
Levedura *S. cerevisiae*	Produção de fármacos originalmente extraídos de plantas (artemisinina)	Produzir o fármaco artemisinina para o tratamento de malária usando células microbianas	• Redirecionamento da via do mevalonato para acúmulo de farnesil pirofosfato (FPP) • Inserção dos genes da planta *Artemisia annua* para síntese de amorfadieno a partir de FPP • Inserção da citocromo P450 para oxidação do amorfadieno em ácido artemisínico
Planta *Nicotiana tabacum*	Produção de biocombustíveis avançados (triterpenos)	Produção de triterpenos C30 e seus derivados metilados C31 e C32 em tabaco sem a necessidade de fornecimento da fonte de carbono	Inserção de genes da alga verde *Botryococcus braunii*, contendo sequências de sinalização das proteínas para o cloroplasto, de forma a conferir à planta a capacidade de sintetizar, nesta organela, os triterpenos metilados almejados

Introdução à engenharia metabólica

Principais resultados	Categoria segundo Nielsen (2001)	Referência
Aumento de 11% no fator de conversão de sacarose em etanol	Melhoramento do rendimento ou da produtividade	Basso et al. (2011)
Aumento de 10% no fator de conversão de substrato em produto e redução de 90% na formação do subproduto glicerol	• Ampliação da gama de substratos assimiláveis • Eliminação ou redução da formação de subprodutos indesejados • Melhoramento do rendimento ou da produtividade	Guadalupe-Medina et al. (2013)
• Fração do produto em relação à massa seca comparável à da planta (4,5% *vs.* 1,9%) • Diminuição do tempo de produção, de vários meses na planta para poucos dias na levedura	• Vias metabólicas que levam à formação de novos produtos • Melhoramento do rendimento ou da produtividade	Ro et al. (2006)
Produção de 0,2 mg a 1,0 mg de triterpeno por grama de planta úmida	• Vias metabólicas que levam à formação de novos produtos • Melhoramento do rendimento ou da produtividade	• Jiang et al. (2016) • Tatsis e O'Connor (2016)

(continua)

Tabela 9.3 Exemplos de aplicações da engenharia metabólica *(continuação)*

Organismo	Área de aplicação	Objetivo	Estratégia
Célula animal (hibridoma)	Produção de anticorpos em células de mamíferos	Redirecionar o fluxo de carbono e nitrogênio em células de mamífero para diminuição da formação de um subproduto tóxico (amônio)	Aumento da expressão do gene da glutamina sintetase, eliminando a necessidade de glutamina no meio de cultivo
Fungo filamentoso *Penicillium chrysogenum*	Melhoramento da produção de antibióticos tipo cefalosporina num fungo produtor de penicilinas	Aumentar a incorporação de ácido adípico na síntese de cefalosporina, diminuindo sua utilização pelas células como fonte de carbono	Eliminação de genes (oxidases e desidrogenases) envolvidos no catabolismo de ácido adípico
Bactéria *Lactococcus lactis*	Produção de moléculas-base para a obtenção de outros produtos químicos	Obter 2,3-butanodiol de bactérias lácticas	• Eliminação da formação de lactato e etanol na bactéria • Superexpressão dos genes nativos envolvidos na biossíntese de 2,3-butanodiol

9.4.1 APLICAÇÕES EM BIOCOMBUSTÍVEIS

A engenharia metabólica, acoplada ou não a outras ferramentas acessórias, encontra grande potencial de aplicação na produção de biocombustíveis. Em função da importância desse setor na economia do Brasil, alguns exemplos ilustrativos, que tiveram como objetivo o melhoramento da produção de etanol, são descritos a seguir. Uma revisão mais detalhada sobre o assunto é apresentada por Gombert e Van Maris (2015).

9.4.1.1 Diminuição da conservação de energia livre

Em organismos quimio-heterotróficos, que é o caso da grande maioria dos microrganismos industriais (vide o Volume 3), a energia livre de Gibbs disponibilizada durante a dissimilação da fonte de energia (que frequentemente é também fonte de carbono) é consumida nas reações de biossíntese e na manutenção celular. Essa energia livre é majoritariamente armazenada, de forma temporária, nas ligações químicas

Principais resultados	Categoria segundo Nielsen (2001)	Referência
• Células independentes de glutamina • Eliminação da produção de NH_4^+ • Aumento da produtividade do anticorpo	• Eliminação ou redução da formação de subprodutos indesejados • Melhoramento do rendimento ou da produtividade	• Birch et al. (1994) • Young (2013)
• Aumento de cerca de quatro vezes na produção do intermediário cefalosporínico adipoil-6-ácido aminopenicilânico • Diminuição da assimilação de ácido adípico pelas células	Melhoramento do rendimento ou da produtividade	Veiga et al. (2012)
O rendimento teórico máximo de 2,3-butanodiol sobre glicose (67%) foi alcançado	• Eliminação ou redução da formação de subprodutos indesejados • Melhoramento do rendimento ou da produtividade	• Gaspar et al. (2011) • Bosma et al. (2017)

das moléculas de trifosfato de adenosina (ATP). Na levedura *S. cerevisiae*, durante o metabolismo fermentativo, a síntese de ATP está intrinsicamente atrelada à formação e excreção de etanol. Dessa forma, qualquer estratégia de engenharia metabólica que force as células a direcionarem uma maior parte da fonte de carbono e energia para a síntese de ATP resultará, ao menos em teoria, num maior rendimento em etanol, concomitantemente à diminuição no rendimento de outros compostos (glicerol ou biomassa, por exemplo).

Normalmente as leveduras utilizam a enzima invertase para hidrolisar a sacarose (fonte de carbono mais abundante do mosto de cana-de-açúcar; vide o Capítulo 1 do Volume 3) no ambiente extracelular. A glicose e a frutose geradas dessa forma são transportadas para o interior das células por difusão facilitada (sem gasto de energia livre). Ao se substituir esse mecanismo nativo pela captação de sacarose por meio do cotransporte com prótons e posterior hidrólise intracelular desse dissacarídeo, ocorre uma diminuição de 25% na conservação de energia livre (moles de ATP por mol de açúcar consumido), pois as células são obrigadas a gastar energia para remover os prótons do ambiente intracelular, de forma a manter a homeostase. Assim, ao se reduzir a quantidade de ATP gerada na dissimilação da sacarose, espera-se um maior desvio da sacarose para a formação de etanol. Combinando-se essa estratégia metabólica com evolução em laboratório, foi possível aumentar em 11% o fator de conversão de sacarose em etanol em relação ao fenótipo original (BASSO et al., 2011; Tabela 9.3).

9.4.1.2 Ampliação das fontes de carbono assimiláveis

A produção de etanol a partir de fontes lignocelulósicas, também conhecido como etanol de segunda geração, requer a fermentação da fração hemicelulósica da biomassa, a qual é rica em pentoses, como xilose e arabinose. Entretanto, o crescimento de linhagens de *S. cerevisiae* modificadas geneticamente para a metabolização de xilose geralmente é comprometido por problemas no balanço redox dos cofatores NAD^+ e $NADP^+$ das enzimas xilose redutase e xilitol desidrogenase, ou pela baixa atividade de xilose isomerase, dependendo da estratégia de engenharia metabólica em questão.

Nesse contexto, Sonderegger e Sauer (2003) demonstraram a aplicação da engenharia evolutiva para a seleção de uma linhagem de *S. cerevisiae* capaz de crescer em xilose sob condições de anaerobiose. Primeiramente, uma linhagem recombinante (expressando as enzimas xilose redutase e xilitol desidrogenase), capaz de crescer eficientemente em xilose sob condições de aerobiose, foi lentamente adaptada, em regime de quimiostato, para crescer em condições de microaerobiose, para depois ser submetida à situação de anaerobiose plena. Tal procedimento, que totalizou 260 gerações de seleção, é um forte indicativo de que múltiplas mutações foram necessárias para obtenção desse novo fenótipo.

Kuyper et al. (2004, 2005) demonstraram a possibilidade do uso de estratégias de engenharia metabólica aliadas à engenharia evolutiva para obtenção de uma linhagem de *S. cerevisiae* capaz de converter eficientemente xilose em etanol. Para tanto, uma linhagem expressando a enzima xilose isomerase foi submetida a transferências seriadas, em meio contendo xilose como única fonte de carbono. Posteriormente, em regime de bateladas repetidas, foi iniciada outra etapa de engenharia evolutiva, sob condições crescentes de limitação de oxigênio, até o ponto de plena anaerobiose. Ao final dessa seleção, obteve-se um mutante capaz de crescer em xilose sob condições estritas de anaerobiose.

9.4.1.3 Redução da formação de subprodutos

Sob condições anaeróbias, o crescimento da levedura empregada na produção de biocombustíveis é acompanhado pela formação de glicerol, o que resulta na diminuição do fator de conversão do substrato em etanol (rendimento da fermentação). No entanto, a formação de glicerol é essencial para reoxidar o excesso de NADH formado durante o crescimento celular e também para proteger as células do estresse osmótico, comum em processos industriais.

Introdução à engenharia metabólica

Num exemplo contundente, o CO_2 foi empregado como o depositário final dos elétrons gerados nas reações de biossíntese da biomassa, como alternativa ao glicerol (GUADALUPE-MEDINA et al., 2013). Para tanto, o CO_2 foi reduzido a etanol por meio da inserção de dois genes de plantas, responsáveis pela síntese de duas enzimas do ciclo de Calvin, ribulose-5-fosfato quinase e Rubisco. Essa estratégia resultou em redução de 90% na formação de glicerol e aumento de 10% no rendimento em etanol (Tabela 9.3).

9.5 PERSPECTIVAS FUTURAS

O desenvolvimento das chamadas fábricas celulares (do inglês *cell factories*), que podem ser usadas industrialmente para a produção de combustíveis, produtos químicos, farmacêuticos ou alimentícios, entre outros, requer a execução de várias etapas e de várias repetições do ciclo da engenharia metabólica (Figura 9.1), o que torna o processo lento e caro. Isso se deve principalmente ao fato de ainda haver um desconhecimento grande sobre como o metabolismo é regulado. Células microbianas, animais ou vegetais evoluíram na natureza para apresentar o melhor desempenho possível dentro dos seus hábitats naturais, ou seja, estão adaptadas ao crescimento e à sobrevivência, dentro de sua respectiva condição natural. No momento em que se modificam essas células, com o propósito de empregá-las num processo biotecnológico industrial, vários mecanismos celulares entram em ação, os quais frequentemente agem contra o estabelecimento do fenótipo almejado pela estratégia de engenharia metabólica.

Grande parte das aplicações e dos estudos atuais é ainda baseada em algumas poucas espécies microbianas, principalmente a bactéria *Escherichia coli* e a levedura *Saccharomyces cerevisiae*. A perspectiva é que outras fábricas celulares passem a ser alvo de engenharia metabólica com cada vez maior frequência, principalmente explorando características importantes para aplicações industriais, como tolerância a extremos de pH ou de temperatura.

Conforme os conhecimentos sobre os sistemas celulares usados em engenharia metabólica avançam e são depositados e organizados em bases de dados públicas na internet, deverá se tornar cada vez mais ágil o processo de modificar uma dada célula para uma aplicação biotecnológica. O uso de algoritmos computacionais, *machine learning* e interpretação de *big data* para a integração de todas as informações disponibilizadas será cada vez mais importante. Assim, a biologia de sistemas e a biologia sintética certamente terão um papel fundamental nessas atividades, incluindo a possibilidade de sintetizar moléculas inteiras de DNA *in vitro* e, quem sabe, chegaremos em algum momento à primeira célula totalmente sintética.

REFERÊNCIAS

BAILEY, J. E. Toward a science of metabolic engineering. *Science*, v. 252, n. 5013, p. 1668-75, 21 Jun. 1991. Review.

BAILEY, J. E. et al Inverse metabolic engineering: A strategy for directed genetic engineering of useful phenotypes. *Biotechnol. Bioeng.*, v. 52, p. 109-121, 1996.

BASSO, T. O. et al. Engineering topology and kinetics of sucrose metabolism in Saccharomyces cerevisiae for improved ethanol yield. Metabolic Engineering, v. 13, p. 694-703, 2011.

BECKER, T. C. et al. Use of recombinant adenovirus for metabolic engineering of mammalian cells. *Methods Cell Biol.*, v. 43, Pt A, p. 161-189, 1994. Review.

BIRCH, J. R. et al. Selecting and designing cell lines for improved physiological characteristics. *Cytotechnology*, v. 15, p. 11-16, 1994.

BOSMA, E. F. et al. *Lactobacilli* and *Pediococci* as versatile cell factories – Evaluation of strain properties and genetic tools. *Biotechnology Advances*, v. 35, n. 4, p. 419-442, 2017.

CAMERON, D. C.; TONG, I. T. Cellular and metabolic engineering. An overview. *Appl. Biochem. Biotechnol.*, v. 38, n. 1-2, p. 105-140, Jan.-Feb. 1993. Review.

DIXON, R. A. et al. Metabolic engineering: prospects for crop improvement through the genetic manipulation of phenylpropanoid biosynthesis and defense responses – a review. *Gene*, v. 179, n. 1, p. 61-71, 7 Nov. 1996. Review.

FELL, D. *Understanding the control of metabolism*. Brookfield: Ashgate Publishing, 1997.

GALANIE, S. et al. Complete biosynthesis of opioids in yeast. *Science*, v. 349, p. 1095-1100, 2015.

GASPAR, P. et al. High yields of 2,3-butanediol and mannitol in *Lactococcus lactis* through engineering of NAD^+ cofactor recycling. *Applied and Environmental Microbiology*, v. 77, p. 6826-6835, 2011.

GOMBERT, A. K.; VAN MARIS, A. J. A. Improving conversion yield of fermentable sugars into fuel ethanol in 1st generation yeast-based production processes. *Curr. Opin. Biotechnol.*, v. 33, p. 81-86, 2015.

GUADALUPE-MEDINA, V. et al. Carbon dioxide fixation by Calvin-Cycle enzymes improves ethanol yield in yeast. *Biotechnol. Biofuels*, v. 6, p. 125, 2013.

JIANG, Z. et al. Engineering triterpene and methylated triterpene production in plants provides biochemical and physiological insights into terpene metabolism. *Plant. Physiol.*, v. 170, p. 702-716, 2016.

KUYPER, M. et al. Minimal metabolic engineering of Saccharomyces cerevisiae for efficient anaerobic xylose fermentation: a proof of principle. *FEMS Yeast Research*, v. 4, p. 655-664, 2004.

KUYPER, M. et al. Evolutionary engineering of mixed-sugar utilization by a xylose- -fermenting Saccharomyces cerevisiae strain. *FEMS Yeast Research*, v. 5, p. 925-934, 2005.

LEE, S. Y.; PAPOUTSAKIS, E. T. *Metabolic Engineering*. Boca Raton: CRC Press, 1999.

MANS, R. et al. CRISPR/Cas9: a molecular Swiss army knife for simultaneous intro- duction of multiple genetic modifications in Saccharomyces cerevisiae. *FEMS Yeast Research*, v. 15, p. 2, 2015.

NIELSEN, J. Metabolic engineering. *Appl. Microbiol. Biotechnol.*, v. 55, n. 3, p. 263- 283, Apr. 2001. Review.

NIELSEN, J.; KEASLING, J. D. Engineering Cellular Metabolism. *Cell*, v. 164, p. 1185- 1197, 2016.

OUD, B. et al. Genome-wide analytical approaches for reverse metabolic engineering of industrially relevant phenotypes in yeast. *FEMS Yeast Research*, v. 12, p. 183-196, 2012.

RO, D.-K. et al. Production of the antimalarial drug precursor artemisinic acid in engineered yeast. *Nature*, v. 440, p. 940-943, 2006.

SAUER, U. Evolutionary engineering of industrially important microbial phenotypes. *Adv. Biochem. Eng. Biotechnol.*, v. 73, p. 129-169, 2001.

SONDEREGGER, M.; SAUER, U. Evolutionary engineering of Saccharomyces cere- visiae for anaerobic growth on xylose. *Appl. Environ. Microbiol.*, v. 69, p. 1990-1998, 2003.

STEPHANOPOULOS, G. Metabolic engineering. *Curr. Opin. Biotechnol.*, v. 5, n. 2, p. 196-200, Feb. 1994. Review.

STEPHANOPOULOS, G. Metabolic fluxes and metabolic engineering. *Metab. Eng.*, v. 1, n. 1, p. 1-11, Jan. 1999. Review.

STEPHANOPOULOS, G.; ARISTIDOU, A. A.; NIELSEN, J. *Metabolic engineering*: principles and applications. London: Academic Press, 1998.

STEPHANOPOULOS, G.; SINSKEY, A. J. Metabolic engineering – methodologies and future prospects. *Trends Biotechnol.*, v. 11, n. 9, p. 392-396, Sep. 1993. Review.

TATSIS, E. C.; O'CONNOR, S. E. New developments in engineering plant metabolic pathways. *Curr. Opin. Biotechnol.*, v. 42, p. 126-132, 2016.

VAN DER OOST, J. et al. Molecular biology of hyperthermophilic Archaea. *Adv. Bio- chem. Eng. Biotechnol.*, v. 61, p. 87-115, 1998. Review.

VEIGA, T. et al. Metabolic engineering of β-oxidation in Penicillium chrysogenum for improved semi-synthetic cephalosporin biosynthesis. *Metabolic Engineering*, v. 14, p. 437-448, 2012.

WAY, J. C. et al. Integrating biological redesign: where synthetic biology came from and where it needs to go. *Cell*, v. 157, p. 151-161, 2014.

YARMUSH, M. L.; BERTHIAUME. F. Metabolic engineering and human disease. *Nat. Biotechnol.*, v. 15, n. 6, p. 525-528, Jun. 1997. Review.

YOUNG, J. D. Metabolic flux rewiring in mammalian cell cultures. *Curr. Opin. Biotechnol.*, v. 24, p. 1108-1115, 2013.

CAPÍTULO 10
Cinética de reações enzimáticas

Walter Borzani

10.1 INTRODUÇÃO

A cinética de reações enzimáticas é, a rigor, um caso particular da cinética química. Seus objetivos são:

a) medir as velocidades das transformações que se processam;

b) estudar a influência de condições de trabalho (por exemplo, concentrações dos reagentes e das enzimas, temperatura, pH, concentrações de ativadores e de inibidores) naquelas velocidades;

c) correlacionar (quer por meio de equações empíricas, quer por meio de modelos matemáticos) as velocidades das transformações com alguns dos fatores que as afetam;

d) colaborar na otimização do processo considerado;

e) estabelecer critérios para o controle do processo;

f) projetar o reator mais adequado.

Esses objetivos, resumidamente apontados, dispensam comentários adicionais relativos à importância prática desse estudo.

Em um curso de graduação não cabe um estudo aprofundado, com vistas ao exame de todos os casos conhecidos e de todos os importantes pormenores inerentes a sistemas complexos. Visa-se tão somente estudar alguns casos simples, com o principal objetivo de adquirir e consolidar conhecimentos fundamentais indispensáveis a futuros desenvolvimentos. Os interessados em um estudo mais completo poderão consultar a literatura indicada no final deste capítulo.

10.2 MEDIDA DA VELOCIDADE

Consideremos o caso em que, em solução aquosa, um dado substrato, de fórmula molecular S, é transformado em produtos de fórmulas moleculares P, Q etc., em uma reação catalisada por uma enzima de fórmula molecular E. Esquematicamente:

$$S \xrightarrow{\ E\ } P + Q + \ldots$$

Como exemplo, poderíamos citar a decomposição da água oxigenada em água e oxigênio na presença da enzima catalase:

$$H_2O_2 \xrightarrow{\ Catalase\ } H_2O + \frac{1}{2}O_2$$

O primeiro problema que se apresenta, ao pretendermos estudar a cinética da reação, é a medida de sua velocidade em condições experimentais conhecidas.

Suponhamos que seja possível, no sistema que nos interessa, medir a concentração do substrato (ou de um dos produtos) durante o desenvolvimento da reação a partir de seu início. Essas medidas conduzirão a curvas do tipo das representadas na Figura 10.1. Essas curvas nos mostram que a velocidade de consumo do substrato (ou de formação do produto escolhido) varia com o tempo, porque, como consequência da reação, variam as condições em que o sistema se encontra. De fato, durante o desenvolvimento da reação, mesmo mantendo-se constantes a temperatura e o pH, a concentração do substrato decresce e a concentração da enzima, levando em conta sua labilidade, também pode diminuir consideravelmente, sem esquecer que, em muitos casos, os produtos formados podem atuar como inibidores da ação catalítica da enzima.

A rigor, portanto, o único instante em que as condições experimentais são conhecidas é o instante inicial. Por esse motivo, a velocidade da reação enzimática deve ser calculada, sempre que possível, no instante $t = 0$, obtendo-se assim a *velocidade inicial* ou de consumo do substrato, ou de formação do produto (Figura 10.1).

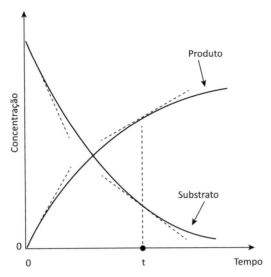

Figura 10.1 Representação esquemática das variações das concentrações do substrato e do produto. Medidas das velocidades no instante *t* e das velocidades iniciais (*t* = 0).

Muitas são as reações enzimáticas cujas velocidades iniciais podem ser determinadas, desde que se tomem os devidos cuidados experimentais. Além da já citada decomposição da água oxigenada, poderíamos citar, a título de exemplos, a hidrólise da sacarose catalisada pela invertase e a hidrólise da ureia catalisada pela urease.

Há, porém, casos mais complexos, em que a velocidade inicial não pode ser medida porque não existe uma técnica experimental que permita acompanhar as variações das concentrações no sistema em estudo, ou porque a transformação não pode ser representada por uma equação química com reagentes e produtos bem definidos. A velocidade da reação, nesses casos, é frequentemente representada por uma *velocidade média* de consumo, ou de produção, de substâncias convenientemente escolhidas (Figura 10.2) ou, ainda, de variação de uma propriedade do sistema (viscosidade, textura, absorbância etc.) em um intervalo de tempo prefixado. O amolecimento de carnes pela ação da papaína é um exemplo de processo enzimático em que não há condições de medir uma velocidade inicial.

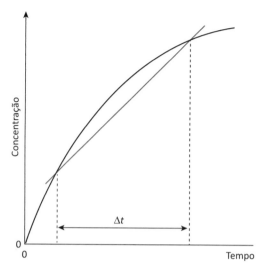

Figura 10.2 Medida da velocidade média de formação do produto no intervalo de tempo Δt.

10.3 INFLUÊNCIA DAS CONCENTRAÇÕES DA ENZIMA E DO SUBSTRATO (LEI DE MICHAELIS E MENTEN)

Consideremos uma dada reação enzimática cuja *velocidade inicial* pode ser determinada experimentalmente. Imaginemos vários ensaios diferindo um do outro *apenas* pela concentração inicial da enzima. A experiência mostra que, dentro de certos limites, a velocidade da reação é proporcional à concentração da enzima (Figura 10.3).

Figura 10.3 Representação esquemática da influência da concentração da enzima na velocidade da reação.

Se, porém, os ensaios realizados diferirem entre si *apenas* pela concentração inicial do substrato, a velocidade inicial da reação será afetada, como indica a Figura 10.4. Em outras palavras, a curva obtida é análoga à que se observa em fenômenos em que ocorre saturação: a velocidade da reação é função crescente da concentração do substrato até um determinado valor dessa concentração, mantendo-se praticamente constante para concentrações de substrato superiores a esse valor.

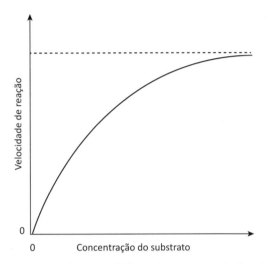

Figura 10.4 Representação esquemática da influência da concentração do substrato na velocidade da reação.

O modelo cinético de Michaelis e Menten é, ainda hoje, um dos mais aceitos com o objetivo básico de explicar a influência das concentrações iniciais de enzima e de substrato na velocidade inicial da reação enzimática. As hipóteses básicas desse modelo são:

a) o substrato e a enzima reagem reversivelmente entre si formando um composto intermediário denominado *complexo enzima-substrato*;

b) o complexo formado se decompõe ou reage com outra substância, regenerando a enzima e formando os produtos da reação.

Consideremos o caso mais simples possível, caracterizado pelos seguintes pontos:

a) a formação do complexo enzima-substrato se dá na proporção de 1 mol de substrato para 1 mol de enzima, produzindo 1 mol do complexo;

b) o complexo formado se decompõe, sem reagir com outras substâncias existentes no sistema.

Esquematicamente, teremos, em um dado instante t:

$$E + S \underset{k_2}{\overset{k_1}{\rightleftharpoons}} ES \xrightarrow[k_3]{\upsilon} E + P$$
$$\underset{e-x}{} \underset{s-x}{} \underset{x}{}$$

sendo:

k_1 = constante de velocidade de formação do complexo;

k_2 = constante de velocidade de dissociação do complexo;

k_3 = constante de velocidade de decomposição do complexo formando o produto;

υ = velocidade de formação do produto;

s = molaridade inicial do substrato;

e = molaridade inicial da enzima;

x = molaridade do complexo no instante t.

Podemos, então, escrever:

$$\frac{dx}{dt} = k_1(e-x)(s-x) - k_2 \cdot x - k_3 \cdot x \tag{10.1}$$

Admitindo, o que é muito comum na prática, que a concentração do substrato é muito maior que a da enzima e, portanto, muito maior que a do complexo, podemos desprezar x em relação a s. A Equação (10.1) será, então:

$$\frac{dx}{dt} = k_1(e-x)s - (k_2 + k_3) \cdot x \tag{10.2}$$

Supondo, ainda, que após um regime transiente inicial muito curto (da ordem de alguns microssegundos) a concentração do complexo se mantém constante (hipótese de Briggs e Haldane), isto é, $dx/dt = 0$, a Equação (10.2) fornece:

$$x = \frac{k_1 \cdot e \cdot s}{k_2 + k_3 + k_1 \cdot s} = \frac{e \cdot s}{K_m + s} \tag{10.3}$$

sendo:

$$K_m = (k_2 + k_3)/k_1 \tag{10.4}$$

A Equação (10.3) permite, agora, calcular a velocidade de formação do produto:

$$\upsilon = k_3 \cdot x = k_3 \cdot e \frac{s}{K_m + s} \tag{10.5}$$

O máximo valor da velocidade será alcançado quando toda a enzima se encontrar na forma de complexo, isto é, quando $x = e$. Indicando-se com V essa velocidade máxima, teremos $V = k_3 \cdot e$.

Logo, a Equação (10.5) nos dará:

$$v = V \frac{s}{K_m + s} \quad (10.6)$$

que é a equação de Michaelis e Menten, representada na Figura 10.5.

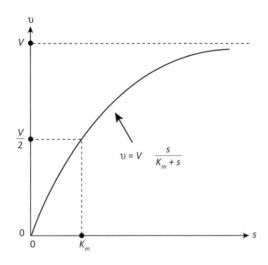

Figura 10.5 Representação esquemática da equação de Michaelis e Menten.

A constante K_m, denominada constante de Michaelis da enzima (ou, segundo alguns autores, constante de Michaelis do substrato, ou ainda constante de Michaelis do sistema enzima-substrato), é a concentração de substrato que corresponde a uma velocidade igual à metade da máxima. De fato, fazendo $s = K_m$ na Equação (10.6), resulta $v = V/2$. A Tabela 10.1 reúne alguns valores de K_m.

Tabela 10.1 Valores da constante de Michaelis

Enzima	Substrato	K_m
Invertase	Sacarose	0,020 mol/L
Urease	Ureia	0,025 mol/L
Catalase	HA	0,025 mol/L
Amilase	Amido	4,0 g/L

Se a constante de velocidade k_3 for muito menor que k_2, a Equação (10.4) dará:

$$K_m \cong \frac{k_2}{k_1} \qquad (10.7)$$

isto é, K_m será, neste caso, praticamente igual à constante de equilíbrio de dissociação do complexo *enzima-substrato*.

Quanto menor for o valor de K_m, maior será a afinidade da enzima pelo substrato.

A determinação de K_m e V a partir de valores experimentais de s e υ pode ser efetuada linearizando-se a Equação (10.6).

Para tanto, um método muito utilizado, chamado método de Lineweaver-Burk, consiste em inverter ambos os membros da Equação (10.6):

$$\frac{1}{\upsilon} = \frac{1}{V} + \frac{K_m}{V} \cdot \frac{1}{s} \qquad (10.8)$$

Essa última equação nos diz que $1/\upsilon$ varia linearmente com $1/s$. Os coeficientes linear e angular dessa reta são iguais a $1/V$ e K_m/V, respectivamente.

Tendo-se os valores experimentais de s e os correspondentes valores de υ, determina-se, por regressão linear, os valores de $1/V$ e K_m/V e, consequentemente, V e K_m (Figura 10.6).

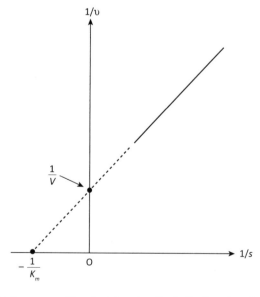

Figura 10.6 Representação esquemática da determinação de V e K_m pelo método de Lineweaver-Burk.

Cinética de reações enzimáticas

A linearização da Equação (10.6) pode ser realizada por outros métodos além do de Lineweaver-Burk, já citado. Faremos referência apenas a mais um deles, o método de Hanes, que consiste simplesmente em multiplicar por s ambos os membros da Equação (10.8):

$$\frac{s}{\upsilon} = \frac{K_m}{V} + \frac{1}{V} \cdot s \qquad\qquad (10.9)$$

Nesse último método, s/υ varia linearmente com s e os coeficientes linear e angular da reta correspondente são, respectivamente, iguais a K_m/V e $1/V$.

Qualquer que seja o método utilizado, uma boa determinação de K_m e V requer uma cuidadosa análise estatística dos valores experimentais.

A título de exemplo, consideremos os valores da Tabela 10.2, que nos dá, em uma reação enzimática, a velocidade inicial de formação do produto para diversos valores da concentração inicial do substrato (ver Figura 10.7).

Tabela 10.2   Velocidade inicial de formação do produto em função da concentração inicial do substrato

s (g/L)	v (g/L·h)
0,25	0,78
0,51	1,25
1,03	1,66
2,52	2,19
4,33	2,35
7,25	2,57

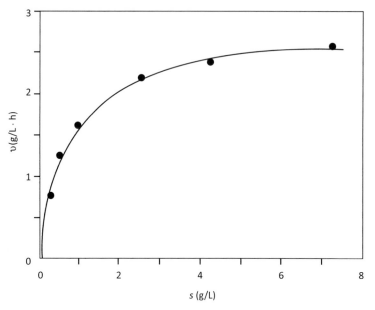

Figura 10.7 Representação gráfica dos valores da Tabela 10.2.

Se aplicarmos aos valores da Tabela 10.2 o método de Lineweaver-Burk e o de Hanes, obteremos os resultados representados, respectivamente, nas Figuras 10.8 e 10.9.

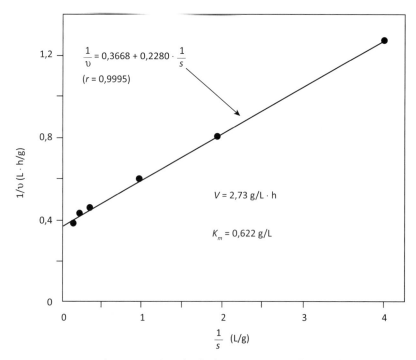

Figura 10.8 Determinação de V e K_m pelo método de Lineweaver-Burk aplicado aos valores da Tabela 10. 2 (r = coeficiente de correlação).

Cinética de reações enzimáticas

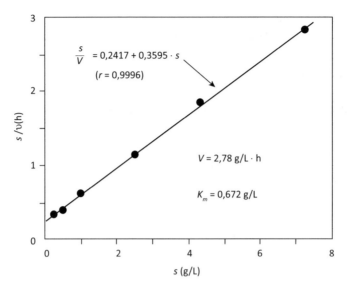

Figura 10.9 Determinação de V e K_m pelo método de Hanes aplicado aos valores da Tabela 10.2 (r = coeficiente de correlação).

Resta-nos examinar a ordem da reação enzimática em duas situações particulares.

Se a concentração do substrato for muito menor que K_m, isto é, se $K_m + s \cong K_m$, a Equação (10.6) nos dará:

$$\upsilon \cong \frac{V}{K_m} \cdot s$$

isto é, a reação se comporta como se fosse de primeira ordem.

Se, porém, a concentração do substrato for muito maior que K_m, de modo que $K_m + s \cong s$, teremos, pela Equação (10.6):

$$\upsilon \cong V$$

ou seja, a reação se comporta como se fosse de ordem zero.

10.4 INFLUÊNCIA DA PRESENÇA DE UM INIBIDOR

Chama-se inibidor da reação enzimática uma substância que acarreta diminuição da velocidade da reação.

Quando o inibidor reage irreversivelmente com a enzima, bloqueando-a parcial ou totalmente, a inibição é do tipo denominado irreversível. Se, porém, o inibidor reage reversivelmente com a enzima, a inibição é do tipo chamado reversível. Esse último caso é o que tem interesse prático e, por esse motivo, será considerado nesta seção.

Cumpre destacar que, em alguns casos, o inibidor pode ser uma das substâncias que participam da reação, quer como substrato, quer como produto. Assim, por exemplo, a invertase (que catalisa a hidrólise da sacarose, formando glicose e frutose) pode ser inibida pela sacarose quando esta se encontra presente em concentrações relativamente altas, enquanto a alfa-amilase (que catalisa a hidrólise do amido produzindo dextrinas e maltose) é inibida pelas dextrinas e pela maltose.

Consideraremos, entre os muitos tipos de inibição reversível de reações enzimáticas, apenas dois: inibição competitiva e inibição não competitiva.

Diz-se que um inibidor é competitivo quando *compete* com o substrato, ocupando o sítio ativo da enzima.

Indicando-se com I a fórmula molecular do inibidor e com i sua molaridade inicial, o modelo de Michaelis e Menten, no caso mais simples possível, pode ser representado pelas seguintes equações químicas:

$$\underset{e-x-y}{E} + \underset{s-x}{S} \underset{k_2}{\overset{k_1}{\rightleftarrows}} \underset{x}{ES} \overset{v_i}{\underset{k_3}{\longrightarrow}} E + P$$

$$\underset{e-x-y}{E} + \underset{i-y}{I} \underset{k_5}{\overset{k_4}{\rightleftarrows}} \underset{y}{EI} \underset{k_6}{\longrightarrow} E + P'$$

em que v_i, velocidade de formação do produto P, é obviamente menor que v (ver item 10.3), uma vez que parte da enzima está "bloqueada" na reação com o inibidor I.

Uma vez que, na prática, $s \gg x$ e $i \gg y$, teremos:

$$\frac{dx}{dt} = k_1 \left(e - x - y\right)s - \left(k_2 + k_3\right)x \tag{10.10}$$

$$\frac{dy}{dt} = k_4 \left(e - x - y\right)i - \left(k_5 + k_6\right)y \tag{10.11}$$

Cumpre destacar que na reação entre a enzima e o inibidor pode não ocorrer a formação do produto P', isto é, pode-se ter apenas:

$$E + I \underset{k_5}{\overset{k_4}{\rightleftarrows}} EI$$

e, consequentemente, $k_6 = 0$.

Sendo $dx/dt = dy/dt = 0$ (ver a hipótese de Briggs e Haldane na Seção 10.3), as Equações (10.10) e (10.11) nos darão:

$$x = \frac{e \cdot s}{K_m \left(1 + i/K_i\right) + s} \tag{10.12}$$

sendo $K_m = (k_2 + k_3)/k_1$ e $K_i = (k_5 + k_6)/k_4$.

A velocidade v_i será, então:

$$v_i = k_3 \cdot x = V \cdot \frac{s}{K_m(1+i/K_i)+s} \tag{10.13}$$

em que $V = k_3 \cdot e$.

Aplicando-se, na Equação (10.13), o método de Lineweaver-Burk, teremos:

$$\frac{1}{v_i} = \frac{1}{V} + \frac{K_m(1+i/K_i)}{V} \cdot \frac{1}{s} \tag{10.14}$$

representada esquematicamente na Figura 10.10.

A Equação (10.14) pode ainda ser graficamente representada colocando-se, em abscissas, a concentração do inibidor em vez de $1/s$, como nos mostra a Figura 10.11. Pode-se aqui demonstrar que as retas obtidas para diferentes concentrações de substrato cruzam-se no ponto de abscissa $-K_i$ e ordenada $1/V$.

As Equações (10.6) e (10.13) nos permitem calcular a relação entre as velocidades da reação sem inibidor e com inibidor:

$$\frac{v}{v_i} = 1 + \frac{K_m}{K_i(K_m+s)} \cdot i \tag{10.15}$$

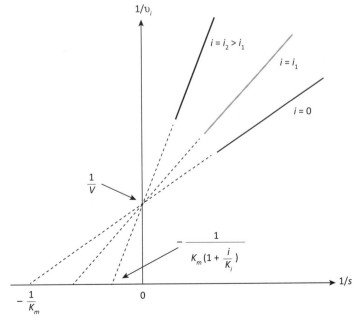

Figura 10.10 Representação esquemática da aplicação do método de Lineweaver-Burk ao caso de inibição competitiva.

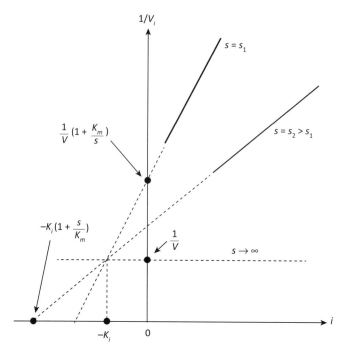

Figura 10.11 Representação esquemática da aplicação do método de Lineweaver-Burk ao caso de inibição competitiva. Determinação de K_i.

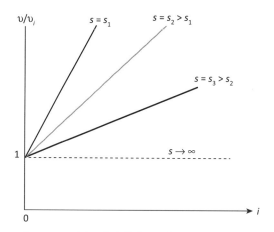

Figura 10.12 Representação esquemática da influência das concentrações do substrato e do inibidor competitivo na relação v/v_i.

Essa última equação, representada na Figura 10.12, nos mostra a influência das concentrações do substrato e do inibidor na relação v/v_i. Em particular, se for possível trabalhar com concentrações de substrato relativamente altas (matematicamente, $s \to \infty$), a influência do inibidor pode se tornar desprezível. Essa tendência pode ser também observada no exemplo numérico representado na Figura 10.13, no qual $V = 6{,}10$ mg/L·min, $K_m = 2{,}50$ mg/L e $K_i = 1{,}60$ mg/L.

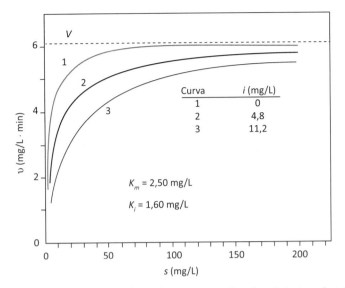

Figura 10.13 Exemplo numérico da influência das concentrações do substrato e do inibidor competitivo na velocidade da reação.

Um exemplo de inibição competitiva é o efeito inibidor da glicose na hidrólise da sacarose, catalisada pela invertase. A inibição provocada pela alfadextrina na hidrólise de amido catalisada pela alfa-amilase é outro.

Uma vez examinados os pontos fundamentais da influência de um inibidor competitivo na velocidade da reação enzimática, passemos ao exame de um caso simples de inibição não competitiva.

Nesse tipo de inibição, o inibidor não compete com o substrato pelo sítio ativo, mas vai ocupar outro sítio da enzima (sítio regulativo ou de inibição) como indicado esquematicamente a seguir:

$$E + S \rightleftarrows ES \xrightarrow{\upsilon} E + P$$

$$E + I \rightleftarrows EI$$

$$ES + I \rightleftarrows EIS$$

$$EI + S \rightleftarrows EIS$$

formando-se, além dos complexos enzima-substrato (ES) e enzima-inibidor (EI), um terceiro complexo, enzima-inibidor-substrato (EIS).

A velocidade da reação enzimática será, neste caso:

$$\upsilon = V \cdot \frac{K_i}{K_i + i} \cdot \frac{s}{K_m + s} \quad (10.16)$$

Como exemplos de inibição não competitiva podem ser citados os efeitos inibidores tanto da maltose quanto da dextrina-limite na hidrólise do amido catalisada pela alfa-amilase.

Finalmente, parece-nos aconselhável examinar o caso de inibição não competitiva *irreversível*, ou seja, quando o inibidor reage irreversivelmente com a enzima bloqueando-a em parte, como acontece quando o inibidor é um metal pesado.

Sendo i a molaridade inicial do inibidor e indicando com z-i a molaridade da enzima por ele bloqueada, o modelo de Michaelis e Menten pode ser representado pelas seguintes equações químicas:

$$\underset{e-x-z\cdot i}{E} + \underset{s-x}{S} \underset{k_2}{\overset{k_1}{\rightleftarrows}} \underset{x}{ES} \overset{v_i}{\underset{k_3}{\longrightarrow}} E+P$$

Considerando que $s - x \cong s$, podemos escrever:

$$\frac{dx}{dt} = k_1\left(e-x-z\cdot i\right)s - \left(k_2+k_3\right)x = 0 \qquad (10.17)$$

Logo:

$$x = \frac{\left(e-z\cdot i\right)s}{K_m+s} \qquad (10.18)$$

sendo $K_m = (k_2 + k_3)/k_1$.

Teremos, então:

$$v_i = k_3 \cdot x = \left(k_3\cdot e - k_3\cdot z\cdot i\right)\cdot\frac{s}{K_m+s} \qquad (10.19)$$

Considerando que $k_3 \cdot e = V$, resulta:

$$v_i = \left(V - k_3\cdot z\cdot i\right)\cdot\frac{s}{K_m+s} \qquad (10.20)$$

representada graficamente na Figura 10.14.

Cinética de reações enzimáticas

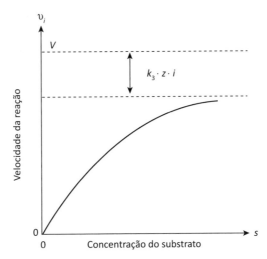

Figura 10.14 Representação esquemática da influência da concentração do substrato na velocidade da reação na presença de um inibidor não competitivo, que reage irreversivelmente com a enzima.

A aplicação do método de Lineweaver-Burk à Equação (10.20) nos dá:

$$\frac{1}{v_i} = \frac{1}{V - k_3 \cdot z \cdot i} + \frac{K_m}{V - k_3 \cdot z \cdot i} \cdot \frac{1}{s} \qquad (10.21)$$

esquematicamente representada na Figura 10.15.

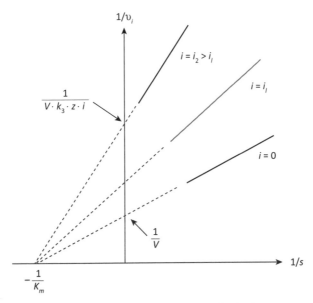

Figura 10.15 Representação esquemática da aplicação do método de Lineweaver-Burk ao caso da inibição não competitiva, em que o inibidor bloqueia irreversivelmente parte da enzima.

As Equações (10.13) e (10.16) nos mostram ainda que, enquanto na inibição competitiva a velocidade máxima não é afetada e a constante de Michaelis é multiplicada por um fator maior que 1, na inibição não competitiva a constante de Michaelis não é afetada e a velocidade máxima é menor que V.

10.5 INFLUÊNCIA DA TEMPERATURA

Na reação enzimática

$$E + S \rightleftharpoons ES \xrightarrow{k} E + P$$

a constante de velocidade k, dentro de certos limites, é função crescente da temperatura do sistema.

A experiência mostra que a influência da temperatura na constante de velocidade k obedece à lei de Arrhenius, representada pela Equação (10.22) e pela Figura 10.16:

$$k = k_0 \cdot e^{-\alpha/RT} \tag{10.22}$$

em que α é a energia de ativação, R é a constante dos gases perfeitos e T é a temperatura absoluta do sistema.

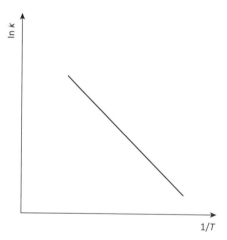

Figura 10.16 Representação esquemática da variação da constante de velocidade (k) com a temperatura absoluta (T).

Lembrando, porém, que as enzimas são termolábeis, ao mesmo tempo que ocorre a reação enzimática que nos interessa, desenvolve-se também a reação de inativação térmica da enzima que atua no sistema:

$$E \xrightarrow{k'} \text{Enzima inativada}$$

e a constante de velocidade dessa reação (k') também é afetada pela temperatura de acordo com a lei de Arrhenius:

$$k' = k'_0 \cdot e^{-\beta/RT} \tag{10.23}$$

sendo β a correspondente energia de ativação.

A experiência mostra que, enquanto o valor de α se situa no intervalo 4-20 kcal/mol, o de β é consideravelmente maior, atingindo 40-200 kcal/mol.

Levando em conta esses fatos, suponhamos uma dada reação enzimática com α = 12 kcal/mol e β = 120 kcal/mol, desenvolvendo-se a 20 °C e a 30 °C. Tanto o valor de k quanto o de k' aumentam quando a temperatura passa de 20 °C a 30 °C, e as Equações (10.22) e (10.23) permitem calcular esses aumentos: enquanto k (constante de velocidade de formação do produto) se torna aproximadamente duas vezes maior, k' (constante de velocidade de inativação térmica da enzima) se torna cerca de 860 vezes maior. Compreende-se, assim, por que a elevação da temperatura acima de um certo valor acarretará, em virtude das altas velocidades de inativação térmica da enzima, diminuição da velocidade de formação do produto. Gráficos como o da Figura 10.17 representam esse fenômeno.

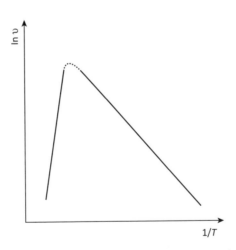

Figura 10.17 Representação esquemática da influência da temperatura absoluta (*T*) na velocidade de formação do produto (υ).

10.6 INFLUÊNCIA DO pH

Partindo-se do fato, bem conhecido, de que o pH do meio aquoso em que se desenvolve uma reação enzimática afeta tanto o estado de ionização da enzima quanto a velocidade da reação, pode-se supor que a atividade catalítica da enzima depende de seu estado de ionização.

Imaginemos, então, o seguinte sistema relativamente simples:

1) A enzima se encontra em três estados de ionização, representados por $E^{(0)}$, $E^{(-1)}$ e $E^{(-2)}$.

2) Somente $E^{(-1)}$ apresenta atividade catalítica.

3) Os seguintes equilíbrios coexistem no sistema:

$$E^{(0)} \rightleftarrows E^{(-1)} + H^+ \qquad E^{(-1)} \rightleftarrows E^{(-2)} + H^+$$

e as respectivas constantes de equilíbrio são K_1 e K_2.

4) As molaridades de $E^{(0)}$, $E^{(-1)}$, $E^{(-2)}$ e H^+ são, respectivamente, e_0, e_1, e_2 e h.

5) A molaridade total da enzima presente no sistema é e.

Podemos, então, escrever:

$$K_1 = \frac{h \cdot e_1}{e_0} \tag{10.24}$$

$$K_2 = \frac{h \cdot e_2}{e_1} \tag{10.25}$$

$$e = e_0 + e_1 + e_2 \tag{10.26}$$

que nos permitem calcular e_1 (concentração da fração da enzima que apresenta atividade catalítica) em função de e (concentração total da enzima no sistema) e de h (e, consequentemente, do pH). O valor de e_1 vai determinar a velocidade v na Equação (10.5).

10.7 CONSIDERAÇÕES FINAIS

No início deste capítulo tivemos o cuidado de informar que não seriam examinados, aqui, todos os temas que integram o vasto campo da cinética dos processos enzimáticos.

Em particular, não fizemos referência aos casos em que se utilizam enzimas imobilizadas, cuja importância vem crescendo consideravelmente. Esse assunto será examinado nos Volumes 2 e 3 desta série.

Outro tópico que, por seu potencial interesse prático, vem merecendo atenção crescente é o da ação catalítica de enzimas em meios não aquosos.

A literatura que indicamos a seguir poderá ser consultada para um primeiro aprofundamento dos estudos.

LEITURAS COMPLEMENTARES RECOMENDADAS

BAILEY, J. E.; OLLIS, D. F. *Biochemical engineering fundamentals.* New York: McGraw-Hill, 1986.

DIXON, M.; WEBB, E. C. *Enzymes.* 3. ed. New York: Academic Press, 1979.

ILLANES, A. *Biotecnologia de enzimas.* Valparaiso: Ediciones Universitarias de Valparaiso de la Universidad Católica de Valparaiso, 1994.

LAIDLER, K. J.; BUNTING, P. S. *The chemical kinetics of enzyme action.* 2. ed. Oxford: Clarendon Press, 1973.

SEGEL, I. H. *Enzyme kinetics.* New York: Wiley-Interscience, 1975.

CAPÍTULO 11
Estequiometria e cinética de bioprocessos

Agenor Furigo Junior

Débora de Oliveira

11.1 INTRODUÇÃO

A problemática relacionada ao desenvolvimento de um processo biológico em nível industrial envolve a escolha do microrganismo, a definição do meio de cultivo, o desenvolvimento do processo propriamente dito e as formas de recuperação do produto de interesse. Os fundamentos relacionados a esse desenvolvimento estão apresentados neste volume.

A definição adequada do microrganismo a ser empregado, bem como do meio de cultura para ele, é etapa fundamental e ainda desafiadora para o sucesso de um processo fermentativo. Esse assunto foi abordado nos Capítulos 1 e 5 deste volume.

Neste capítulo, de forma fundamental, a abordagem do desenvolvimento do processo biológico propriamente dito será apresentada, tendo-se em mente o microrganismo e o meio de cultura a serem utilizados. A interação entre microrganismos e meio será primeiramente apresentada, apontando as bases da estequiometria do crescimento microbiano. Na sequência se abordará o tema cinética de bioprocessos, enfatizando a definição de parâmetros cinéticos necessários ao entendimento e à comparação de diferentes condições operacionais, bem como a modelagem cinética envolvendo parâmetros que interferem diretamente no processo.

11.2 ESTEQUIOMETRIA DO CRESCIMENTO MICROBIANO

Utilizando balanços materiais de elementos químicos, podem-se relacionar os substratos e os nutrientes necessários para o crescimento microbiano com os produtos desse crescimento. Esse balanço material é semelhante aos cálculos estequiométricos utilizados em reações químicas, porém com a complexidade e as limitações que os sistemas microbianos nos impõem.

A utilização da estequiometria do crescimento microbiano tem grande potencial de aplicação prática no campo da engenharia, pois são estabelecidas relações entre a biomassa e os principais componentes do meio de cultivo. Quando meios de cultivo definidos são utilizados, podem-se ainda levantar dados que auxiliarão no estudo do cultivo e da fisiologia dos microrganismos.

As noções de estequiometria do crescimento microbiano pretendidas para este capítulo serão dirigidas para o crescimento heterotrófico em condições simplificadas e com fonte inorgânica de nitrogênio. Porém, as bases estequiométricas apresentadas podem ser também utilizadas para sistemas biológicos de maior complexidade.

Os principais elementos químicos de relevância em um balanço de massa de um sistema microbiano são carbono, hidrogênio, oxigênio e nitrogênio e, portanto, esses elementos devem ser incluídos nos balanços. Outros elementos também podem ser incluídos, como enxofre e fósforo, porém as pequenas frações mássicas desses e de outros elementos na célula podem não justificar as suas inclusões. Quando se trabalha com quantidades pequenas, os erros experimentais de medida de fluxo mássico e as aproximações na composição de substratos e produtos podem inviabilizar o balanço de massa.

11.2.1 COMPOSIÇÃO ELEMENTAR DA BIOMASSA

A célula microbiana, que catalisa as reações de crescimento, é um dos principais produtos do crescimento e, portanto, deve ser considerada na equação estequiométrica. Para isso, é necessário definir a fórmula molecular da célula. Considera-se para tanto a célula seca, ou seja, sem água livre e também sem os elementos que compõem as suas cinzas.

A composição de uma célula pode ser obtida experimentalmente, porém é dependente das condições em que essa célula está sendo cultivada. Apesar das variações, é possível estabelecer uma composição média para determinados microrganismos, ou uma composição média geral. Roels (1983) compilou a composição média de uma variedade de organismos crescendo em diferentes condições e adotou uma composição geral para a biomassa microbiana de $CH_{1,8}O_{0,5}N_{0,2}$. Há outras propostas para composição média de células na literatura, por exemplo, $C_5H_7O_2N$. Nota-se que a fórmula molecular de uma célula é definida, normalmente, com base em um átomo de carbono, adotada neste capítulo, ou nitrogênio.

Com base na composição média compilada por Roels (1983), pode-se definir a massa molar do microrganismo genérico como 24,6 g (mol-C)$^{-1}$, definindo-se a unidade

Estequiometria e cinética de bioprocessos 325

carbono-mol (mol-C) como a massa seca de biomassa livre de cinzas em 1 mol de carbono dessa biomassa.

11.2.2 EQUAÇÃO ESTEQUIOMÉTRICA DO CRESCIMENTO MICROBIANO

Os compostos relevantes, do ponto de vista mássico, para o crescimento celular de heterotróficos são a fonte de carbono (normalmente também a fonte de energia), a fonte de nitrogênio e o aceptor de elétrons (quando em processos de respiração). Como produtos, além da própria biomassa, aqueles associados ao crescimento celular, o gás carbônico e a água também são importantes para o balanço de massa.

Considerando um cultivo puramente fermentativo (sem oxigênio ou outro aceptor externo de elétrons) a partir de uma fonte orgânica de carbono e energia, amônia como a única fonte de nitrogênio e apenas um produto associado ao crescimento, pode-se estabelecer a estequiometria do crescimento representada pela Equação (11.1).

$$1CH_xO_y + aNH_3 \rightarrow cCH_\alpha O_\beta N_\delta + dCH_kO_l + eCO_2 + fH_2O \qquad (11.1)$$

Similarmente, para um cultivo com geração de energia unicamente pelo processo de respiração aeróbia e sem produtos associados ao crescimento, a equação estequiométrica pode ser representada pela Equação (11.2).

$$1CH_xO_y + aNH_3 + bO_2 \rightarrow cCH_\alpha O_\beta N_\delta + eCO_2 + fH_2O \qquad (11.2)$$

Nas equações generalizadas apresentadas, a fonte de carbono (CH_xO_y) e o produto associado ao crescimento (CH_kO_l) foram escritos, por conveniência, pela sua fórmula mínima, com relação a um átomo de carbono, da mesma forma que a biomassa seca $(CH_\alpha O_\beta N_\delta)$. As fórmulas moleculares dos compostos também podem ser utilizadas na equação estequiométrica, com a necessária adequação dos coeficientes estequiométricos.

As Equações (11.1) e (11.2) serão utilizadas para apresentar as bases da estequiometria do crescimento por processo fermentativo e por respiração aeróbia, respectivamente. Nada impede, porém, que equações mais complexas de crescimento sejam utilizadas, por exemplo, com um maior número de produtos e substratos, fontes orgânicas de nitrogênio e outros aceptores de elétrons.

Os cinco coeficientes estequiométricos, a, c, d, e, f para o processo fermentativo ou a, b, c, e, f para a respiração aeróbia, foram estabelecidos com base em 1 mol-C da fonte de carbono. Assim, esses coeficientes representam relações entre o composto (ou biomassa) e a fonte de carbono. Os coeficientes estequiométricos dos produtos, como definidos nas equações, são conhecidos como o fator de conversão ou fator de rendimento $(Y'_{i/S}$ ou $Y_{i/S})$ entre o substrato e o produto i considerado.

Como exemplo, tem-se que o coeficiente c é o fator de conversão de substrato em biomassa $(Y^*_{X/S})$ que representa o quanto de biomassa é formada (em mol-C) por mol-C de substrato que é utilizado. Devem-se utilizar relações molares para os fatores de conversão (coeficientes estequiométricos) quando se trabalha com a equação estequiométrica do crescimento, embora seja usual no campo da engenharia bioquímica os fatores de conversão serem apresentados por relações mássicas ($g\ g^{-1}$). Para evitar confusão, será adotado neste capítulo o sobrescrito (*) para se referir a relações, variáveis e parâmetros com unidades molares. Assim, a nomenclatura $Y^{*}_{i/S}$ será usada para se referir ao fator de conversão de substrato em um produto i com unidades molares (correspondentes à estequiometria definida) e $Y_{i/S}$ quando o mesmo fator de conversão se referir a uma relação mássica.

Os fatores de conversão, ou qualquer outra relação entre os coeficientes estequiométricos, representam também uma relação de velocidades entre os componentes considerados. A Equação (11.3) mostra um exemplo para o fator de conversão do substrato em biomassa ($Y^{*}_{X/S}$), que pode ser escrito como uma relação entre a velocidade de crescimento (v^{*}_{X}) e a velocidade de consumo de substrato (v^{*}_{S}). Qualquer definição de velocidade pode ser utilizada na relação representada pela Equação (11.3).

$$c = Y^{*}_{X/S} = \frac{v^{*}_{X}}{v^{*}_{S}} \tag{11.3}$$

No caso de se trabalhar com um processo descontínuo (batelada) de volume constante, por meio de balanços de massa, pode-se escrever o fator de conversão de substrato em células como uma relação entre a concentração de células (X^{*}) e a concentração do substrato (S^{*}) conforme a Equação (11.4).

$$c = Y^{*}_{X/S} = -\frac{dX^{*}}{dS^{*}} \tag{11.4}$$

As relações entre os coeficientes estequiométricos, incluindo os fatores de conversão, são dependentes do metabolismo da biomassa. Assim, uma vez fixados o meio e as condições de cultivo, espera-se que as relações estequiométricas sejam constantes. Havendo alterações no meio de cultivo que provoquem mudanças no metabolismo, as relações estequiométricas e os fatores de conversão podem ser alterados.

A constância dos parâmetros estequiométricos pode ser verificada experimentalmente. No caso da Equação (11.4) (cultivo batelada de volume constante), o fator de conversão pode ser obtido colocando-se em gráfico os dados experimentais da concentração de células pela concentração de substrato. Caso esses dados possam ser representados por uma reta, o fator de conversão de substrato em células, obtido pelo coeficiente angular, pode ser considerado constante. Caso duas retas sejam obtidas, podem-se calcular dois fatores de conversão e inferir que o metabolismo foi alterado em determinado momento do cultivo. Por exemplo, uma mudança de pH pode levar a uma alteração de metabolismo da biomassa, sendo necessário gastar mais energia para manter seu crescimento, diminuindo-se consequentemente o fator de conversão de substrato em células.

Estequiometria e cinética de bioprocessos 327

Apesar dos parâmetros estequiométricos estarem vinculados ao metabolismo e desvinculados da velocidade com que ocorre esse metabolismo, para velocidades baixas de crescimento e consumo de substrato, as relações estequiométricas são alteradas, pois a equação do crescimento envolve também o fenômeno de manutenção celular, que pode se tornar importante para baixas velocidades de crescimento.

11.2.3 BALANÇO DOS ELEMENTOS QUÍMICOS

Os balanços para os elementos C, N, H e O podem ser realizados a partir do estabelecimento da equação estequiométrica. Assim, com base na Equação (11.1) estabelecida para um processo fermentativo, obtém-se o sistema de equações algébricas:

Carbono: $c + d + e - 1 = 0$ (11.5)

Nitrogênio: $c.\delta - a = 0$ (11.6)

Oxigênio: $c.\beta + d.l + e.2 + f - y = 0$ (11.7)

Hidrogênio: $c.\alpha + d.k + f.2 - x - a.3 = 0$ (11.8)

Uma vez conhecidas as composições elementares de substrato, biomassa e produto, o sistema de equações algébricas – Equações (11.5), (11.6), (11.7) e (11.8) – terá cinco incógnitas (a, c, d, e, f) e quatro equações, possuindo, assim, grau de liberdade igual a 1. Dessa maneira, conhecendo-se por testes experimentais apenas uma relação estequiométrica, todo o sistema será conhecido.

A mesma análise pode ser realizada para o sistema de crescimento aeróbio descrito pela Equação (11.2), obtendo-se o seguinte sistema de equações algébricas:

Carbono: $c + e - 1 = 0$ (11.9)

Nitrogênio: $c.\delta - a = 0$ (11.10)

Oxigênio: $c.\beta + e.2 + f - y - b.2 = 0$ (11.11)

Hidrogênio: $c.\alpha + f.2 - x - a.3 = 0$ (11.12)

Da mesma forma que para o processo fermentativo, no processo estritamente aeróbio há cinco incógnitas (a, b, c, e, f) que representam relações estequiométricas com base no consumo de substrato. Assim, há de se conhecer um coeficiente estequiométrico (relação entre duas velocidades) por meio de medida experimental para ter-se todo o sistema determinado.

11.2.4 ANÁLISE DA OXIRREDUÇÃO

Os microrganismos heterotróficos obtêm energia para o seu crescimento por meio da oxidação da matéria orgânica. O processo de oxidação envolve, assim, a migração de elétrons normalmente da fonte de carbono para o material celular produzido e também para os produtos orgânicos da reação de crescimento, quando do processo fermentativo. No caso de processos que envolvem respiração, os elétrons são transferidos para o oxigênio (respiração aeróbia) ou outro aceptor externo de elétrons (respiração anóxica).

Como o número de elétrons envolvidos no processo de oxirredução se conserva, pode-se realizar uma análise dos elétrons disponíveis para essas reações. Assim, os elétrons disponíveis para oxirredução nos "reagentes" serão iguais aos disponíveis nos "produtos", excetuando-se evidentemente os elétrons direcionados ao aceptor externo de elétrons, no caso da respiração.

11.2.4.1 Grau de redução

Para determinar a quantidade de elétrons disponíveis para o processo de oxirredução, deve-se ponderar o quanto a célula ou os compostos envolvidos no processo de crescimento estão reduzidos. O grau de redução (γ), assim, está relacionado com o número de elétrons disponível para o processo de oxirredução da célula ou de cada substância envolvida no processo.

O valor absoluto desse grau de redução não é importante, pois o número de elétrons transferidos está ligado à variação do grau de redução, e não ao valor absoluto deste. Assim, por conveniência, pode-se estabelecer igual a zero o grau de redução da água (γ_{H_2O}), do gás carbônico (γ_{CO_2}) e da amônia (γ_{NH_3}). A água e o gás carbônico são produtos do crescimento que não podem ser mais oxidados, assim, é natural o estabelecimento do grau de redução igual a zero para esses produtos do metabolismo. A amônia, no entanto, pode ser oxidada a compostos como nitrito e nitrato. A conveniência de se estabelecer o grau de redução zero para amônia ou íons amônio é justificada principalmente quando se usa esse composto como a fonte de nitrogênio.

A partir das referências estabelecidas para o grau de redução e definindo-se que o átomo de hidrogênio possui um elétron disponível para o processo de oxirredução e, portanto, grau de redução (+1), conclui-se que o oxigênio terá grau de redução (−2), o carbono (+4) e o nitrogênio (−3). De posse desses valores, pode-se calcular o grau de redução de todos os compostos envolvidos na equação estequiométrica do crescimento.

O grau de redução pode ser calculado para substrato (γ_S), biomassa (γ_X) e produto (γ_P), conhecendo-se suas composições elementares, e representa o número de "moles" de elétrons (mol-e$^-$) disponíveis para o processo de oxirredução para cada mol de carbono (mol-C) dessas substâncias. As Equações (11.13), (11.14) e (11.15) mostram o cálculo do grau de redução de substrato, biomassa e produto, respectivamente,

Estequiometria e cinética de bioprocessos 329

considerando as composições elementares destes conforme foram definidas na Equação (11.1) e as referências estabelecidas para os elementos hidrogênio (+1), oxigênio (-2), carbono (+4) e nitrogênio (-3).

$$\gamma_S = 4 + x - 2.y \tag{11.13}$$

$$\gamma_X = 4 + \alpha - 2.\beta - 3.\delta \tag{11.14}$$

$$\gamma_P = 4 + k - 2.l \tag{11.15}$$

11.2.5 BALANÇO DE ELÉTRONS

Em um processo fermentativo (sem aceptores externos de elétrons), o número de elétrons disponíveis nos substratos deve ser igual ao número de elétrons disponíveis nos produtos. Esse balanço de elétrons pode ser realizado com a ajuda do grau de redução de cada componente e dos respectivos coeficientes estequiométricos (Equação 11.1), resultando na Equação (11.16).

$$1.\gamma_S + a.\gamma_{NH_3} = c.\gamma_X + d.\gamma_P + e.\gamma_{CO_2} + f.\gamma_{H_2O} \tag{11.16}$$

Como os graus de redução da amônia, do gás carbônico e da água foram convenientemente definidos como iguais a zero, a Equação (11.16) pode ser reescrita na forma da Equação (11.17) ou da Equação (11.18), uma vez que os coeficientes estequiométricos c e d da Equação (11.1) são, em bases molares, respectivamente, o fator de conversão de substrato em biomassa ($Y_{X/S}^*$) e o fator de conversão de substrato em produto ($Y_{P/S}^*$).

$$1 = c.\frac{\gamma_X}{\gamma_S} + d.\frac{\gamma_P}{\gamma_S} \tag{11.17}$$

$$1 = Y_{X/S}^* . \frac{\gamma_X}{\gamma_S} + Y_{P/S}^* . \frac{\gamma_P}{\gamma_S} = \varepsilon_X + \varepsilon_P \tag{11.18}$$

A Equação (11.18) mostra que existe uma relação entre a fração dos elétrons (disponíveis no substrato consumido) incorporada na biomassa ($\varepsilon_X = Y_{X/S}^* . \gamma_X/\gamma_S$), primeiro termo do somatório, e aquela incorporada no produto formado ($\varepsilon_P = Y_{P/S}^* . \gamma_P/\gamma_S$), segundo termo. Admitindo-se que se conhecem as composições de biomassa, substrato e produto e, portanto, seus graus de redução, Equações (11.13), (11.14) e (11.15), tem-se uma relação entre o fator de conversão de substrato em células ($Y_{X/S}^*$) e o fator de conversão do substrato em produto ($Y_{P/S}^*$). Basta, assim, determinar um parâmetro de conversão experimentalmente; obtém-se o outro pelo balanço.

330   *Fundamentos*

Caso os dois parâmetros de conversão sejam determinados experimentalmente, pode-se utilizar a Equação (11.18) para conferir a confiabilidade dos dados experimentais ou para realizar uma análise do processo fermentativo. Caso a soma apresentada na Equação (11.18) seja muito maior que 1, pode-se ter outra fonte de carbono no meio de cultivo não computada. Caso a relação seja muito menor que 1, algum produto formado possivelmente não está sendo considerado.

11.2.5.1 Exemplo 1: Teste da confiabilidade dos dados experimentais

Um ensaio batelada de cultivo de *Zymommonas mobilis* ($CH_{1,8}N_{0,2}O_{0,5}$) em glicose para a produção de etanol foi realizado usando amônia como fonte de nitrogênio. A partir dos dados experimentais, determinaram-se o fator de conversão de substrato em células ($Y_{X/S}$ = 0,01 g g^{-1}) e o fator de conversão de substrato em produto ($Y_{P/S}$ = 0,30 g g^{-1}). Os dados levantados são coerentes?

a) Devem-se obter os fatores de conversão em relações molares utilizando a massa molar da biomassa (MM_X = 24,6 g (mol-C)$^{-1}$), da glicose (MM_S = 30 g (mol-C)$^{-1}$) e do etanol (MM_P = 23 g (mol-C)$^{-1}$). Assim, obtém-se Y^*_{SX} = $Y_{X/S}.MM_S/MM_X$ = 0,012 mol-C (mol-C)$^{-1}$ e Y^*_{SP} = $Y_{P/S}.MM_S/MM_P$ = 0,39 mol-C (mol-C)$^{-1}$.

b) Os graus de redução de substrato e produtos podem ser obtidos pelas Equações (11.13), (11.14) e (11.15). Assim, γ_X = 4,2 mol-e$^-$ (mol-C)$^{-1}$; γ_S = 4 mol-e$^-$ (mol-C)$^{-1}$; e γ_P = 6 mol-e$^-$ (mol-C)$^{-1}$.

c) Substituindo-se os valores dos fatores de conversão e dos graus de redução na equação de balanço, Equação (11.18), obtém-se que "1 = 0,6". Há, assim, uma inconsistência nos dados levantados, pois somente 60% dos elétrons disponíveis para oxirredução no substrato consumido estão presentes nos produtos gerados. Então, pode-se sugerir as causas da inconsistência: outros produtos são formados ou há perdas de produto por evaporação, por exemplo.

Pode-se também notar pelos resultados que a fração de elétrons do substrato direcionada ao crescimento celular é muito menor que a direcionada para a produção de etanol.

A Equação (11.18) é de fácil aplicação e muito útil na resolução de problemas de estequiometria, especialmente quando associada ao balanço de carbono, Equação (11.5), e de nitrogênio, Equação (11.6). Porém, note-se que a Equação (11.17) não acrescenta informações novas às equações de balanço dos elementos carbono, nitrogênio, oxigênio e nitrogênio, Equações (11.5) a (11.8). Apesar de ter-se obtido a Equação (11.18) por balanço de elétrons disponíveis, ela pode ser facilmente obtida por meio de uma combinação linear dessas equações.

Para o processo de respiração aeróbia, Equação (11.2), pode-se também realizar o balanço de elétrons, resultando na Equação (11.19) ou na Equação (11.20). O coeficiente estequiométrico $Y^*_{O/S}$ (mol (mol-C)$^{-1}$) representa a relação entre o consumo de

Estequiometria e cinética de bioprocessos

oxigênio e o consumo de substrato, sendo quatro elétrons transferidos para cada molécula de oxigênio utilizada.

$$\gamma_S - 4.b = c.\gamma_X \tag{11.19}$$

$$1 = Y^*_{X/S} \cdot \frac{\gamma_X}{\gamma_S} + Y^*_{O/S} \cdot \frac{4}{\gamma_S} = \varepsilon_X + \varepsilon_O \tag{11.20}$$

A Equação (11.20) mostra que uma fração dos elétrons provenientes do substrato está presente na biomassa ($\varepsilon_X = Y^*_{X/S} \cdot \gamma_X/\gamma_S$) e outra foi transferida para a molécula de oxigênio ($\varepsilon_0 = Y^*_{O/S} \cdot 4/\gamma_S$). A mesma análise realizada para o processo fermentativo pode ser aplicada nesse processo, com respeito a número de parâmetros, confiabilidade de dados experimentais e combinação linear das equações de balanço dos elementos.

11.2.5.2 Exemplo 2: Obtenção de parâmetro estequiométrico

O cultivo aeróbio da bactéria *Methylococcus capsulatus* ($CH_{1,8}O_{0,5}N_{0,2}$) é realizado utilizando metano (CH_4) como única fonte de carbono e energia e amônia (NH_3) como fonte de nitrogênio. Observou-se experimentalmente que 1,4 mol de oxigênio são consumidos por mol de metano metabolizado. Determine qual é o fator de conversão, em ($g\ g^{-1}$), de metano em biomassa.

a) O dado experimental obtido experimentalmente corresponde à relação estequiométrica entre o oxigênio e o substrato consumidos. Assim, conhece-se que $Y^*_{O/S} = 1,4$ mol mol^{-1}, que corresponde ao coeficiente estequiométrico b da equação de crescimento aeróbio, Equação (11.2).

b) Os graus de redução do metano e da biomassa podem ser obtidos pelas Equações (11.13) e (11.14). Assim, $\gamma_X = 4,2$ mol-e$^-$ (mol-C)$^{-1}$ e $\gamma_S = 8$ mol-e$^-$ mol^{-1}.

c) Substituindo-se os valores do fator $Y^*_{O/S}$ e dos graus de redução γ_X e γ_S na equação de balanço, Equação (11.20), obtém-se que $Y^*_{X/S} = 0,57$ mol-C mol^{-1}.

d) Utilizando-se a massa molar da biomassa ($MM_X = 24,6$ g (mol-C)$^{-1}$) e do metano ($MM_S = 16$ g mol^{-1}), obtém-se o fator de conversão em relação mássica: $Y_{X/S} = Y^*_{X/S} \cdot (MM_X/MM_S) = 0,57 \cdot (24,6/16) = 0,88$ g g^{-1}.

A utilização de unidades associadas ao mol-C torna o balanço de carbono bastante interessante, pois é possível estabelecer limites para o fator de conversão: $0 \leq Y^*_{X/S} \leq 1$. Assim, se a geração de células for desprezível, $Y^*_{X/S} \cong 0$, o consumo de oxigênio calculado pelo balanço, Equação (11.20), será $Y^*_{O/S} = 2$ mol/mol. Caso $Y^*_{X/S} = 1$ (não há geração de CO_2), o consumo de oxigênio será $Y^*_{O/S} = 0,95$ mol/mol. Assim, mesmo não se tendo o dado experimental, pode-se afirmar que o consumo de oxigênio estará na faixa de 0,95 a 2 moles de oxigênio por mol de metano.

A mudança da fonte de nitrogênio inorgânico no meio de cultura afetará o fator de conversão de substrato em células. Se for utilizada uma fonte de nitrogênio mais oxidada que amônia, o fator de conversão será menor, pois haverá a necessidade de parte dos elétrons advindos da oxidação do substrato ser utilizada na redução da fonte de nitrogênio para amônia. Uma das formas de se calcular o novo valor do fator de conversão é apresentada no Exemplo 3.

11.2.5.3 Exemplo 3: Influência da fonte de nitrogênio no fator de conversão

Considere o cultivo aeróbio da bactéria *Methylococcus capsulatus* do Exemplo 2; se for usado nitrato (NO_3^-) como fonte de nitrogênio em vez de amônia (NH_3), qual seria o novo fator de conversão de metano em biomassa, considerando o mesmo consumo de oxigênio por mol de metano?

a) Quando se usou amônia como fonte de nitrogênio, o fator de conversão calculado foi $Y_{X/S} = 0,88$ g g^{-1} ou, em base molar, $Y_{X/S}^* = 0,57$ mol-C mol^{-1}.

b) Como mudamos a fonte de nitrogênio para nitrato, é conveniente agora definir o grau de redução do nitrato (NO_3^-) igual a zero. Para que isso ocorra, o grau de redução do nitrogênio será (+5), uma vez que o oxigênio é (-2). Essa mudança alterará apenas o grau de redução da biomassa, Equação (11.14), passando de 4,2 (quando utilizada amônia como referência) para $\gamma_X = 5,8$ mol-e$^-$ (mol-C)$^{-1}$.

c) Substituindo-se os valores do fator $Y_{O/S}^*$, de γ_S e do novo grau de redução da biomassa (γ_X) na equação de balanço, Equação (11.20), que não sofre alteração, obtém-se que $Y_{X/S}^* = 0,41$ mol-C mol^{-1}, correspondendo a $Y_{X/S} = 0,64$ g g^{-1}.

Dessa forma, a simples mudança da fonte de nitrogênio de amônia para nitrato diminuirá o fator de conversão de $Y_{X/S} = 0,88$ g g^{-1} para $Y_{X/S} = 0,64$ g g^{-1}.

11.3 CINÉTICA DE BIOPROCESSOS

O desenvolvimento do processo em si inicia por meio do seu estudo cinético em pequena escala, em laboratório, em modo batelada. Essa etapa do estudo permitirá a obtenção de parâmetros essenciais para as etapas futuras do processo em escala industrial, envolvendo a análise de biorreatores para a ampliação de escala de um bioprocesso.

De forma geral, a cinética química ou cinética de reação é a parte da química que estuda a velocidade das reações químicas de um processo e os fatores que as influenciam. A cinética química inclui investigações de como diferentes condições experimentais podem influir na velocidade de uma reação química e a obtenção de informações do rendimento sobre o mecanismo da reação e estados de transição, bem como a construção de modelos matemáticos que possam descrever as características de uma determinada reação química (FOGLER, 1992).

No caso de um bioprocesso, a reação química é "catalisada" por um microrganismo cujo estudo cinético consiste na evolução da concentração de um ou mais componentes do sistema de cultivo em função do tempo de fermentação. Entende-se por componentes:

- Microrganismos (biomassa): representados pela letra X.
- Nutrientes (substrato) que compõem o meio de cultivo: representados pela letra S.
- Produtos do metabolismo (metabólitos): representados pela letra P.

Tais valores experimentais de concentração (X, S e P), quando representados em função do tempo, permitirão os traçados das curvas de ajuste, conforme ilustrados na Figura 11.1 e indicados por $X = X(t)$, $P = P(t)$ e $S = S(t)$.

Entre os produtos formados, define-se, para o estudo cinético, o de interesse econômico. Quanto aos substratos, adota-se o denominado substrato limitante (aquele que está presente em concentrações que limitam o crescimento celular, em geral a fonte de carbono).

Quando as conclusões sobre um cultivo forem baseadas unicamente em dois valores de X, S e P (como é comum, por exemplo, sobre valores finais e iniciais), não se pode afirmar que um estudo cinético do processo tenha sido realizado; é necessário o conhecimento dos valores intermediários, que permitam definir os perfis das curvas ou a forma matemática destas, para uma análise adequada do fenômeno sob o ponto de vista cinético. Dessa forma, tais perfis representam o ponto de partida para a descrição quantitativa de um bioprocesso, como a identificação da duração do processo, geralmente baseada no instante em que X e P apresentam valores máximos.

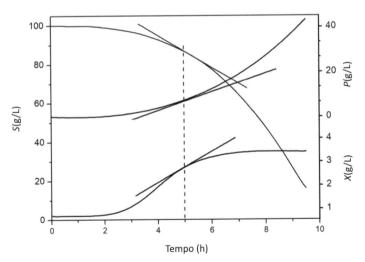

Figura 11.1 Cinética de crescimento (X), consumo (S) e produção (P) de uma fermentação alcoólica. S: concentração de açúcar; P: concentração de etanol; X: concentração de levedura (expressa em gramas de matéria seca por litro).

Fonte: Borzani (1975).

Uma vez que esses valores representam parte de um conjunto de dados necessários ao dimensionamento de uma instalação produtiva, fica evidente que sem o conhecimento da cinética torna-se inviável a transposição de um experimento de laboratório para a escala industrial.

Além desse aspecto, o estudo cinético possibilita também uma comparação quantitativa entre as diferentes condições de cultivo (pH, temperatura etc.), por meio de variáveis como: as velocidades de transformação e os fatores de conversão.

Do ponto de vista prático, afirmar que um determinado valor de pH é melhor que outro equivale a dizer que o fator de conversão (substrato em produto, por exemplo) é maior no primeiro que no segundo caso. O mesmo pode ser afirmado quando se comparam os desempenhos de cultivos sob diferentes temperaturas, diferentes variedades de uma dada espécie de microrganismo, diferentes composições de meio etc. Tais comparações quantitativas só podem ser determinadas após o estudo cinético do processo, que permitirá verificar a influência de diferentes variáveis na performance do processo biológico.

Convém lembrar, no entanto, que os critérios de comparação entre diferentes condições são relativos, isto é, dependem do que se espera obter de um determinado bioprocesso. Assim, quando o tempo de duração do processo for de primordial importância por razões econômicas, as produtividades (que serão descritas posteriormente) devem ser empregadas como referências numéricas, em vez de algum fator de conversão.

Outro aspecto que merece atenção neste ponto é que os métodos comumente utilizados para a medida da concentração celular X, a saber: turbidimetria ou espectrofotometria, biomassa seca, número total de células, número de células viáveis ou unidades formadoras de colônias, volume do sedimento obtido por centrifugação, teor de um componente celular etc., representam uma informação muito simples do que ocorre em um fenômeno biológico real.

O microrganismo promove a transformação do meio em produtos graças às atividades de milhares de enzimas que, por sua vez, são sintetizadas pelo próprio microrganismo. Sendo essas sínteses controladas pelo meio externo (fenômenos de indução e repressão), torna-se muito difícil, se não impossível, identificar qual medida ou medidas são realmente representativas da transformação em estudo. Essa dificuldade ocorre mesmo nos sistemas mais homogêneos, quando o meio de fermentação for límpido, com as células isoladas umas das outras e só uma dada espécie de microrganismo estiver suspensa no meio aquoso (GELL-MANN, 1995).

A questão se complica ainda mais quando o sistema for constituído por uma cultura mista e, além disso, contiver sólidos em suspensão (além do microrganismo), como nos processos biológicos de tratamento de efluentes. Nesse caso, medidas de sólidos suspensos voláteis durante tal processo são adotadas como uma avaliação indireta da biomassa presente. Os substratos decompostos, nesse caso, são simplesmente avaliados pelas determinações conhecidas como demandas química e biológica de oxigênio (DQO e DBO, respectivamente). Outros sistemas de fermentação em que as

Estequiometria e cinética de bioprocessos   **335**

medidas de biomassa são problemáticas compreendem: células suspensas em meio aquoso, porém sob forma de flocos ou células filamentosas; células imobilizadas na superfície de materiais inertes ou biodegradáveis contidas no biorreator; e células na presença de meio sólido. Nesse caso, a presença do microrganismo, traduzida pela concentração de algum componente seu (proteína total, por exemplo), não pode ser interpretada como se a célula estivesse suspensa no meio aquoso. Finalmente, cumpre salientar que esse aspecto até agora não foi resolvido satisfatoriamente, a despeito de alguns métodos propostos.

Anteriormente à definição dos parâmetros cinéticos e à avaliação do comportamento cinético em função de importantes variáveis de processo, as fases do ciclo de crescimento de uma cultura microbiana, o "catalisador" do bioprocesso, serão apresentadas e caracterizadas, como forma de embasamento ao entendimento do estudo cinético apresentado na sequência.

11.3.1 FASES DO CICLO DE CRESCIMENTO DE UMA CULTURA

Quando uma pequena quantidade de células vivas é colocada numa solução contendo nutrientes essenciais, em condições favoráveis de pH e temperatura, as células se reproduzirão. Associados ao crescimento existem dois processos: consumo de material do meio e liberação de metabólitos. Os modelos que representam o crescimento celular podem variar de simples aos mais complexos possíveis, dependendo de uso e aplicação e da complexidade da situação física.

Está claro que a representação matemática de todos os fenômenos envolvidos no processo não é prática. Por esse motivo, fazem-se aproximações de forma a simplificar a representação de modelos de crescimento. As simplificações mais correntes são:

- Um único substrato limitante e os demais em excesso, de forma que se considere a concentração somente deste substrato.

- Ocasionalmente, a presença de um inibidor.

- Frequentemente, controlam-se ou mantêm-se outras variáveis no meio (pH, temperatura, O_2 etc.) em valores que afetarão minimamente a cinética de crescimento.

- Em alguns casos, pode ser necessário incluir variáveis múltiplas no modelo de crescimento.

Tipicamente, o número de células vivas numa cultura varia com o tempo, de acordo com a Figura 11.2.

Após a inoculação de um meio de cultura favorável ao desenvolvimento do microrganismo em estudo, sob temperatura controlada e agitação adequada, observa-se um comportamento típico nos valores de concentração celular. As fases do crescimento observadas na Figura 11.2 são descritas como:

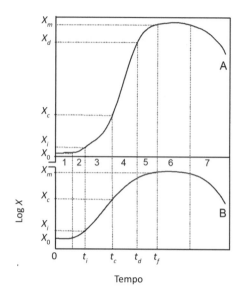

Figura 11.2 Curva de crescimento do microrganismo em cultivo descontínuo, representada em ordenadas lineares (A) e semilogarítmica (B). As sete fases estão descritas no texto.

- *Fase 1*: conhecida como fase *lag* ou de latência, que se segue imediatamente à inoculação do meio com o microrganismo definido. Este período é caracterizado pela adaptação ao meio, durante a qual a célula sintetiza as enzimas necessárias ao metabolismo dos componentes presentes no meio. Durante essa primeira fase, não há reprodução celular e, dessa forma, $X = X_0$ = constante. A duração desta fase varia em função da concentração de inóculo, da idade do microrganismo (tempo de pré-cultura) e de seu estado fisiológico. Se as células forem pré-cultivadas em um meio de composição diferente, o tempo referente ao fenômeno de indução pode ser apreciável; caso contrário, é possível que esta fase nem exista.

Como apontado anteriormente, a extensão da fase *lag*, invariavelmente indesejável, depende da mudança (se houver) na composição do meio em que é efetuado o inóculo, da idade e do volume deste. A forma de eliminar ou minimizar essa fase consiste no preparo de sucessivos inóculos em volumes crescentes até que o volume de trabalho seja atingido, utilizando meios de cultura idênticos. A mudança de meio implica a adaptação do microrganismo aos novos nutrientes e concentrações, o que requer a síntese de outros tipos de enzimas necessárias para as novas condições. Múltiplas fases *lag* são às vezes observadas, em virtude da existência de múltiplas fontes de carbono. Este fenômeno (Figura 11.3) é conhecido como diauxia e é causado pela mudança nas vias metabólicas para se adaptar ao novo substrato, após o primeiro e preferencial ter sido consumido.

Com base nisso, algumas recomendações podem ser dadas para minimizar a fase *lag*:
- A cultura inóculo deve ser tão ativa quanto possível e a inoculação deve ser feita ainda na fase exponencial.

- O meio de cultura do inóculo deve ter a mesma composição ou a mais próxima possível da composição do meio usado na etapa final do processo.
- Usar uma quantidade de inóculo razoavelmente grande (5% a 10% do volume de meio a ser fermentado).

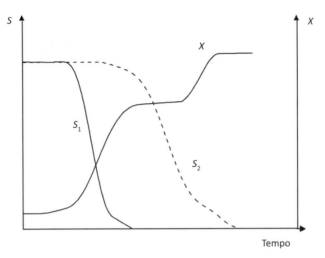

Figura 11.3 Gráfico representativo do fenômeno da diauxia.

- *Fase 2*: essa é a fase de transição, na qual se observa o início da reprodução microbiana propriamente dita. Há um aumento gradual tanto na velocidade de reprodução como na velocidade específica de crescimento (μ, a ser definida e descrita posteriormente), já que nem todos os microrganismos completam a fase anterior simultaneamente. No final desta fase, a população inteira começa a se dividir em um intervalo regular médio de tempo.
- *Fase 3*: é denominada fase logarítmica ou exponencial, em que a velocidade específica de crescimento é constante e máxima ($\mu = \mu_m$). O equacionamento completo da fase exponencial de crescimento é apresentado posteriormente neste capítulo. Cumpre salientar que, durante a fase exponencial de crescimento microbiano, a velocidade de crescimento é diretamente proporcional à concentração X, isto é:

$$\frac{dX}{dt} = \mu_m X \qquad (11.21)$$

A integração da equação anterior, entre o início desta fase (de coordenadas t_i, X_i) e um instante arbitrário t, compreendido entre t_i e t_c (Figura 11.2), resulta em:

$$\ln X_t = \ln X_i + \mu_m (t - t_i) \qquad (11.22)$$

Ou:

$$X = X_i e^{\mu_m (t-t_i)}$$

(11.23)

Desse modo, pela Equação (11.23), uma representação semilogarítmica da concentração celular com o tempo de cultivo deverá resultar em uma reta (Figura 11.2), válida até t_c, também denominado tempo crítico. Ao lado da velocidade específica μ_m, a fase exponencial é também caracterizada pelo tempo de geração t_g, que é o intervalo de tempo necessário para dobrar o valor da concentração celular. Aplicando essa definição na Equação (11.22), tem-se:

$$\ln \frac{2X_i}{X_i} = \mu_m t_g$$

(11.24)

ou:

$$\mu_m = \frac{\ln 2}{t_g} = \frac{0,693}{t_g}$$

(11.25)

Da equação anterior conclui-se que o tempo de geração é constante, pelo fato de μ_m ser constante nessa fase.

Para certas bactérias, o tempo de geração é relativamente curto, como no caso da *Escherichia coli*, que pode apresentar um valor da ordem de 20 minutos na temperatura de cultivo de 37 °C. Outras bactérias, do tipo termófilas, cultivadas a 55 °C, chegam a apresentar um tempo de geração de 15 minutos. Para as leveduras, o valor mínimo está compreendido entre 1,5 e 2 horas. Uma interpretação para a existência da fase logarítmica ou exponencial de crescimento será apresentada posteriormente.

• *Fase 4*: conhecida como fase linear de crescimento, por apresentar a velocidade instantânea de reprodução microbiana (r_x) constante ($r_x = r_k$). Essa fase pode ocorrer sem a prévia existência da fase logarítmica, como é o caso de microrganismos filamentosos, em que há limitação no transporte de nutrientes do meio para o interior da célula. Integrando a Equação (11.21) a partir do início dessa fase (de coordenadas t_c, X_c) (Figura 11.2) e um instante arbitrário t, compreendido entre t_c e t_d, tem-se:

$$\int_{X_c}^{X} dX = r_k . \int_{t_c}^{t} dt$$

(11.26)

ou:

$$X = X_c + r_k .(t - t_c) = r_k .t + X_c - r_k .t_c$$

(11.27)

Estequiometria e cinética de bioprocessos   **339**

Da Equação (11.27), deduz-se que a concentração celular X é uma função linear do tempo de cultivo t (Figura 11.2), justificando-se assim a denominação de crescimento linear para esta fase.

Contrariamente à fase exponencial antes descrita, a velocidade específica de crescimento não é constante na fase linear, ou seja:

$$\frac{1}{X}\frac{dX}{dt} = \frac{r_k}{X} = \frac{r_k}{r_k.t + X_c - r_k.t_c} \tag{11.28}$$

De acordo com essa equação, a velocidade específica decresce com o aumento da concentração celular e, portanto, com o tempo t de cultivo. A existência do crescimento linear indica, conforme mencionado, a presença de certas limitações no transporte de nutrientes à interface microrganismo/meio, por exemplo, com respeito ao oxigênio dissolvido no meio. Outro caso de limitação do transporte de nutrientes ao microrganismo ocorre quando este se desenvolve na forma de um biofilme, imobilizado na superfície da parede do reator, ou sobre partículas sólidas em suspensão, empregadas como suporte.

Modelos que interpretam o crescimento celular nesses sistemas são encontrados na literatura (FONSECA; TEIXEIRA, 2007; BAILEY; OLLIS, 1986).

• *Fase 5*: denominada fase de desaceleração, ocorre em virtude do esgotamento de um ou mais componentes do meio de cultura necessários ao crescimento e também do acúmulo de metabólitos inibidores; ambas as velocidades (de crescimento e específica) diminuem até se anularem no tempo t_f (Figura 11.2). Durante essa fase, o tempo de geração aumenta no decurso do cultivo, pois nem todos os microrganismos se reproduzem em intervalos regulares de tempo.

• *Fase 6*: nessa fase conhecida como estacionária, X atinge o valor máximo e constante X_m (Figura 11.2), em que há um balanço entre a velocidade de crescimento e a velocidade de morte do microrganismo, ocorrendo também modificações na estrutura bioquímica da célula.

• *Fase 7*: denominada fase de declínio ou morte, na qual o valor da concentração celular diminui a uma velocidade que excede a velocidade de produção de células novas. Pode-se observar, às vezes, entre a fase anterior e a de declínio, um período de transição apresentando uma diminuição logarítmica na referida concentração. Ocorre, durante o declínio, "lise" celular, autólise ou rompimento dos microrganismos, provocado pela ação de enzimas intracelulares.

Todas as fases descritas anteriormente são de primordial importância em processos biotecnológicos. Por exemplo, os objetivos gerais de um bom processo preveem a minimização da fase *lag*, a maximização da velocidade, a extensão da fase exponencial e o retardamento do início da fase estacionária de crescimento. Atingir a máxima concentração celular no final do processo é geralmente muito importante. Para atingir esse objetivo é necessário entender como cada variável influencia o crescimento microbiano.

11.3.2 DEFINIÇÃO DOS PARÂMETROS CINÉTICOS

De posse dos dados obtidos experimentalmente (X, S e P em função do tempo) pode-se, a partir de agora, definir os parâmetros cinéticos que permitirão iniciar o desafio do desenvolvimento do processo biológico em escala industrial.

11.3.2.1 Velocidades instantâneas de crescimento ou transformação

Para definir as diferentes velocidades de reação que ocorrem em processos fermentativos em geral, considere um cultivo em batelada, uma forma simples de cultivo amplamente utilizada no laboratório e na indústria. Refere-se a um cultivo de células num biorreator com uma carga inicial de meio de cultura que é inoculada com uma certa quantidade de microrganismos.

Num processo em batelada é possível, a partir de amostras retiradas ao longo do cultivo, visualizar as cinéticas de crescimento celular, de consumo de substrato e de formação de produto a partir de perfis de concentração de células (X), substrato (S) e de produto (P), como ilustra o gráfico da Figura 11.1.

Balanços de massa para as células (X), substrato (S) e produto (P) nesse cultivo definem as velocidades instantâneas de crescimento celular (r_x), de consumo de substrato (r_s) e de formação de produto (r_p) como:

$$r_x = \frac{dX}{dt} \tag{11.29}$$

$$r_s = -\frac{dS}{dt} \tag{11.30}$$

$$r_p = \frac{dP}{dt} \tag{11.31}$$

Ou seja, em cultivos em batelada é possível determinar tais velocidades instantâneas de reação a partir das tangentes (inclinações) das curvas num dado tempo de cultivo. É possível definir velocidades de reação (r_x, r_s e r_p) em diferentes formas de cultivo (descontínuo, contínuo e descontínuo com alimentação repetida) a partir de balanços de massa específicos para cada um deles. O Apêndice A.1, ao final deste capítulo, apresentará de forma detalhada o cálculo das velocidades de duas formas distintas.

11.3.2.2 Velocidades específicas de crescimento ou transformação

Pelo fato de a concentração celular variar durante um processo descontínuo, e as células constituírem o "catalisador" das reações microbianas, um aumento da concentração celular acarreta também o aumento da concentração do complexo enzimático responsável pela transformação do substrato no produto, sendo mais lógico analisar os valores das velocidades instantâneas em relação à concentração celular (X). Logo, torna-se necessária a definição das velocidades específicas de crescimento celular (μ), consumo de substrato (μ_s) e formação de produto (μ_p), nas formas que seguem:

$$\mu = \frac{1}{X}\frac{dX}{dt} \tag{11.32}$$

$$\mu_s = \frac{1}{X}\left(-\frac{dS}{dt}\right) \tag{11.33}$$

$$\mu_p = \frac{1}{X}\frac{dP}{dt} \tag{11.34}$$

11.3.2.3 Fatores de conversão

Os fatores de conversão são definidos com base no consumo de um material para a formação de outro em um intervalo de tempo para processos descontínuos ou em relação ao espaço (entrada e saída do reator) para processos contínuos, tratando-se de valores relacionados com a estequiometria. Como exemplos de fatores de conversão, tem-se:

Fator de conversão de substrato em células:

$$Y_{X/S} = \frac{X - X_0}{S_0 - S} \tag{11.35}$$

$Y_{X/S}$ definido na Equação (11.35) é o fator de conversão global de substrato em células, também conhecido como coeficiente de rendimento aparente ou observado. O valor dessa grandeza varia ao longo de um cultivo, alcançando o valor máximo durante a etapa de crescimento exponencial em cultivos descontínuos (batelada). X e X_0 correspondem à concentração de biomassa em qualquer tempo da fermentação (t^*) e no início dela, e S_0 e S, à concentração de substrato inicial e em qualquer tempo da fermentação (t^*), respectivamente.

Fator de conversão de substrato em produto:

$$Y_{P/S} = \frac{P - P_0}{S_0 - S} \tag{11.36}$$

Assim como para $Y_{X/S}$, trata-se de um fator de conversão global, variável durante o cultivo. Os fatores de conversão levam em consideração o consumo total de um material para a formação de outro. Na Equação (11.36), P e P_0 indicam, respectivamente, a concentração de produto em determinado instante do processo (t^*) e no início dele. A mesma designação é válida para S e S_0. Por exemplo, $Y_{X/S}$ indica a razão entre a quantidade de células formada e a quantidade total de substrato consumida num cultivo, podendo esse substrato também ser utilizado para outros fins, como a formação de produto e energia de manutenção celular.

Para um determinado tempo t^* o cálculo dos fatores de conversão instantâneos é realizado de acordo com as seguintes relações:

$$Y_{X/S} = \frac{dX}{-dS} \tag{11.37}$$

$$Y_{P/S} = \frac{dP}{-dS} \tag{11.38}$$

Conforme as definições de velocidades, Equações (11.29), (11.30) e (11.31), e velocidades específicas, Equações (11.32), (11.33) e (11.34), resultam as seguintes relações:

$$Y_{X/S} = \frac{r_X}{r_S} = \frac{\mu}{\mu_S} \tag{11.39}$$

$$Y_{P/S} = \frac{r_P}{r_S} = \frac{\mu_P}{\mu_S} \tag{11.40}$$

Em bioprocessos industriais, dificilmente são observados valores constantes desses fatores de conversão. Embora dependam da espécie do microrganismo, com relação a um determinado substrato, não dependem somente da natureza deste; os demais componentes do meio também exercem influência sobre tais conversões, bem como o tempo de mistura e a transferência de oxigênio do sistema de agitação do biorreator.

Além dessas influências, há de se considerar o fenômeno em que as células utilizam a energia de oxidação do substrato não somente para o crescimento, mas também para finalidades de manutenção. Em outras palavras, um determinado consumo de substrato ($S_0 - S$), não produzirá sempre um aumento proporcional na biomassa ($X - X_0$), sendo que uma parcela da energia proveniente daquele consumo é destinada à manutenção das funções vitais do microrganismo.

Estequiometria e cinética de bioprocessos 343

Essas funções vitais compreendem: o trabalho osmótico para manter os gradientes de concentração de substâncias entre o interior da célula e o seu meio ambiente; as modificações de componentes celulares que requeiram energia; e a mobilidade celular.

Esse conceito foi introduzido por Pirt (1975), por meio da definição da velocidade específica de consumo de substrato para a manutenção celular (m), ou seja:

$$m = \frac{\left(r_s\right)_m}{X}$$ (11.41)

sendo $\left(r_s\right)_m$ a velocidade de consumo de substrato devido à manutenção, permitindo combiná-la com o balanço material:

$$r_s = \left(r_s\right)_m + \left(r_s\right)_c$$ (11.42)

No que resulta:

$$r_s = \left(r_s\right)_c + m.X$$ (11.43)

em que $\left(r_s\right)_c$ se refere ao consumo de substrato destinado somente ao crescimento ou reprodução microbiana; e r_s é o consumo global observado, como definido na Equação (11.30).

Com a definição de um novo fator de conversão:

$$Y'_{XS} = \frac{r_x}{\left(r_s\right)_c}$$ (11.44)

e sua introdução na Equação (11.43), resulta:

$$r_s = \frac{r_x}{\left(Y'_{x/s}\right)} + m.X$$ (11.45)

ou:

$$\mu_s = \frac{\mu_x}{\left(Y'_{x/s}\right)} + m$$ (11.46)

Note que, se $m = 0$, $Y'_{x/s}$ coincide com a definição de $Y_{x/s}$ da Equação (11.35). Esse fator, definido pela Equação (11.44), é algumas vezes denominado fator de conversão "verdadeiro".

Se $Y'_{x/s}$ e m forem constantes, a relação entre μ_s e μ_x deverá ser linear. Essa nova definição de fator de conversão, aliada ao consumo de substrato para a manutenção celular, é mais geral que a Equação (11.35), possibilitando assim que um maior número de processos fermentativos apresente valores constantes de $Y'_{x/s}$ e m.

Uma generalização mais ampla ainda pode ser introduzida no balanço da Equação (11.35), ao ser considerada mais uma parcela de consumo de substrato, ou seja, na formação de produto, $(r_s)_{mp}$:

$$r_s = (r_s)_{cp} + (r_s)_p + (r_s)_{mp}$$ (11.47)

em que $(r_s)_{cp}$ e $(r_s)_{mp}$ são as velocidades de consumo de substrato para crescimento e manutenção, respectivamente, levando em conta a formação de produto $(r_s)_p$.

Introduzindo:

$$Y'_{p/s} = \frac{r_p}{(r_s)_p}$$ (11.48)

e um novo coeficiente específico de manutenção:

$$m_p = \frac{(r_s)_{mp}}{X}$$ (11.49)

bem como um novo fator de conversão para o crescimento:

$$Y''_{x/s} = \frac{r_x}{(r_s)_{cp}}$$ (11.50)

resulta, combinando com a Equação (11.42):

$$r_s = \frac{r_x}{(Y''_{x/s})} + \frac{r_p}{(Y'_{p/s})} + m_p.X$$ (11.51)

ou:

$$\mu_s = \frac{\mu}{(Y''_{x/s})} + \frac{\mu_p}{(Y'_{x/s})} + m_p$$ (11.52)

Uma regressão linear múltipla com três variáveis (μ, μ_s e μ_p) poderá ser verificada se os fatores e o novo coeficiente m_p forem constantes ou se esse último for desprezível.

Pode-se, enfim, estender o balanço com a inclusão de termos adicionais, referentes a outros produtos do metabolismo (incluindo aqueles presentes nos gases de saída do biorreator), cujos valores experimentais sejam conhecidos, resultando com isso novos valores dos fatores de conversão e do coeficiente de manutenção.

Estequiometria e cinética de bioprocessos

Do exposto, verifica-se que as conclusões a respeito de um determinado cultivo dependem muito da quantidade de dados experimentais disponíveis sobre o sistema.

A Tabela 11.1 apresenta, a título ilustrativo, os fatores de conversão de substrato em células para alguns microrganismos.

Tabela 11.1 Fatores de conversão de substrato em células de alguns microrganismos

Espécie	Coeficiente de manutenção (kg de substrato. kg de células^{-1}.h^{-1})	Condições de cultura	Fonte de energia
Lactobacillus casei	0,135	Cultura anaeróbia	Glicose
Aerobacter aerogenes	0,054 0,076 0,058	Cultura aeróbia	Glicose Glicerol Citrato
Azotobacter vinelandii	0,15	Cultura descontínua com fixação de azoto, meio em equilíbrio com uma pressão parcial de O$_2$ de 0,2 atm	Glicose
Saccharomyces cereviseae	0,036 0,360	Cultura descontínua anaeróbia Cultura descontínua anaeróbia, 1,0 M NaCl	Glicose
Penicillium chrysogenum	0,022	Cultura aeróbia	Glicose

Fonte: Pirt (1975) e Clark e Blanch (1996).

11.3.2.4 Produtividade

Outra grandeza muito importante do ponto de vista de processo é a produtividade em biomassa e em produto. A primeira refere-se à produção média de células em relação ao tempo total ou final de fermentação. A segunda baseia-se no mesmo princípio, referindo-se à produção média de produto. As equações a seguir apresentam a forma de obtenção dessas grandezas.

$$P_x = \frac{dX}{t_f} \tag{11.53}$$

$$P_x = \frac{\left(X_m - X_0\right)}{t_f} \tag{11.54}$$

$$P_p = \frac{dP}{t_f} \tag{11.55}$$

$$P_p = \frac{\left(P_m - P_0\right)}{t_f} \tag{11.56}$$

em que:

P_x: produtividade em células (g/L.h);

P_p: produtividade em produto (g/L.h);

X_m: concentração de células no tempo final de fermentação (g/L);

X_0: concentração de células no tempo inicial de fermentação (g/L);

P_m: concentração de produto no tempo final de fermentação (g/L);

P_0: concentração de produto no tempo inicial de fermentação (g/L);

t_f: tempo final de fermentação (h).

11.3.2.5 Cálculo das velocidades

Pelas definições apresentadas nas seções anteriores, conclui-se que os cálculos das velocidades instantâneas e das velocidades específicas de transformação necessitam, em primeiro lugar, dos traçados das curvas de X, S e P em função do tempo, a partir dos pontos experimentais (Figura 11.1). Para exemplificar o cálculo das velocidades instantâneas, Equações (11.29), (11.30) e (11.31), e específicas, Equações (11.32), (11.33) e (11.34), tomemos o exemplo da Figura 11.1.

Para $t = t^*$, por exemplo, as velocidades de crescimento celular (r_x), de consumo de substrato (r_s) e de formação de produto (r_p) são calculadas pela inclinação da reta tangente às curvas $X = X(t^*)$, $S = S(t^*)$ e $P = P(t^*)$, respectivamente:

$$r_x\big|_{t=t^*} = \frac{dX}{dt}\Big|\, t = t^* \tag{11.57}$$

$$r_s\big|_{t=t^*} = -\frac{dS}{dt}\,\Big|\, t = t^* \tag{11.58}$$

$$r_p\big|_{t=t^*} = \frac{dP}{dt}\Big|\, t = t^* \tag{11.59}$$

Estequiometria e cinética de bioprocessos **347**

De maneira análoga, as velocidades específicas de crescimento celular (μ), de consumo de substrato (μ_s) e de formação de produto (μ_p) são calculadas pelas relações a seguir:

$$\mu_s = \frac{\mu}{\left(Y''_{x/s}\right)} + \frac{\mu_p}{\left(Y'_{x/s}\right)} + m_p \tag{11.60}$$

$$\mu_s\big|_{t=t^*} = \frac{1}{X^*} \cdot \frac{-dS}{dt}\bigg| \, t = t^* \tag{11.61}$$

$$\mu_p\big|_{t=t^*} = \frac{1}{X^*} \cdot \frac{dP}{dt}\bigg| \, t = t^* \tag{11.62}$$

Para $t = 5$ horas, por exemplo, a velocidade de consumo de açúcar é calculada pela inclinação da reta tangente à curva $S = S(t)$, fornecendo um valor de 7,9 g/L.h. De modo semelhante, para as velocidades de produção de etanol e crescimento da levedura no instante $t = 5$ horas, tem-se, respectivamente, $r_p = 4,0$ g/L.h e $r_x = 0,45$ g/L.h.

Em $t = 5$ horas, $X = 3,5$ g/L. Dessa forma, os valores das velocidades específicas de consumo de açúcar (μ_s), de produção de etanol (μ_p) e de crescimento da levedura (μ) podem ser calculados, respectivamente, como 2,26 gS/gX.h; 1,14 gP/gX.h e 0,13 h^{-1}.

Esses cálculos, aplicados em cada instante da fermentação, permitem determinar as formas das funções $\mu_s = \mu_s(t)$, $\mu_p = \mu_p(t)$ e $\mu = \mu(t)$. Essas informações serão de grande utilidade posteriormente. Essa última operação, tão subjetiva quanto os ajustes manuais, pode ser efetuada por outros métodos, que devem atenuar as discrepâncias entre os resultados de cálculo de um mesmo conjunto de dados experimentais, provenientes de operadores diferentes.

O leitor interessado poderá consultar a bibliografia específica a respeito de métodos gráficos para o traçado das tangentes, método geométrico e ajustes baseados em equações, cujas derivadas possibilitam também os cálculos das velocidades de transformação e específicas. Os critérios estatísticos para a escolha dessas equações, bem como os erros que afetam as medidas dessas velocidades, são encontrados na literatura (BORZANI, 1980, 1985, 1996). Um exemplo clássico da literatura será apresentado na forma de dois apêndices ao final deste capítulo, evidenciando duas diferentes metodologias para o cálculo dos parâmetros cinéticos.

11.3.3 MODELOS CINÉTICOS PARA O CRESCIMENTO MICROBIANO

Os modelos mais simples e mais utilizados para descrever o crescimento microbiano são os "não estruturados", que consideram a população celular homogênea, tanto do ponto de vista metabólico como estrutural. Por isso, esses modelos quantificam o crescimento de uma população celular apenas em termos do número ou da massa das células. Essa descrição simples, que é útil mesmo em caso de cinéticas complexas, aplica-se a culturas de microrganismos unicelulares em condições de crescimento equilibrado. Entende-se por "equilibrado" um período de uma cultura durante o qual as propriedades das células se mantêm constantes. Isso só acontece durante a fase exponencial em cultura descontínua e a fase estacionária em cultura contínua. Alguns autores designam por "não segregados" os modelos que consideram as células razoavelmente idênticas entre si, de modo a poderem ser indistintamente agrupadas numa "biofase". Em contrapartida, os modelos "segregados" consideram vários subgrupos na população (por exemplo, células portadoras e não portadoras de um determinado plasmídeo).

Os modelos não estruturados não servem, porém, para descrever situações dinâmicas, nomeadamente a transição de uma fase de crescimento a velocidade elevada para uma fase de crescimento lento, como acontece em culturas com alimentação escalonada, ou a fase transiente entre duas situações de "estado estacionário" em cultura contínua.

Nos "modelos estruturados" metabólicos, os componentes celulares são subdivididos em compartimentos. Componentes celulares com uma função semelhante, a que corresponde uma variável, são colocados no mesmo compartimento. Assim, a atividade microbiana torna-se dependente não apenas de variáveis abióticas, mas também da composição das células. Daqui decorre que, nesses modelos, a previsão da atividade celular leva em conta a "história" das células, as diferentes condições ambientais a que possam estar sujeitas de fato.

Nos modelos estruturados mais simples, considera-se a célula dividida em dois compartimentos, enquanto nos mais detalhados a compartimentalização pode ser superior a vinte. No modelo de Willians (1967 apud RAO, 2010), de dois compartimentos, um é sintético e pode ser encarado como contendo o RNA e o outro, que envolve componentes estruturais e genéticos, contém as proteínas e o DNA.

A validação dos modelos metabólicos requer a medição da concentração ou de atividades de componentes intracelulares. Neste capítulo só serão abordados os modelos não estruturados. Para uma introdução aos modelos estruturados, sugere-se Villadsen, Nielsen e Lidén (2011) e Bailey e Ollis (1986).

A seguir, alguns modelos não estruturados de crescimento de microrganismos serão apresentados.

11.3.3.1 Equação de Monod: interpretação da fase exponencial de crescimento

Se somente um substrato é limitante e os outros estão em excesso, de forma que somente a mudança da concentração do substrato limitante é relevante, a cinética de crescimento varia tipicamente numa forma hiperbólica, como mostrado na Figura 11.4, em que S é o substrato limitante (normalmente fonte de carbono) e μ, a velocidade específica de crescimento.

Estequiometria e cinética de bioprocessos

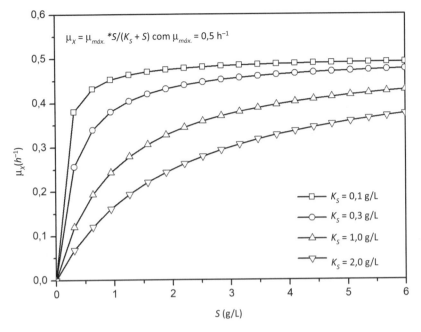

Figura 11.4 Cinética de crescimento de Monod.

Monod (1949) expressou esse tipo de curva numa forma idêntica à de Michaelis-Menten para enzimas, ou seja:

$$\mu = \mu_{máx.} \frac{S}{K_s + S} \quad \text{com} \quad \mu = \frac{1}{X}\frac{dX}{dt} \tag{11.63}$$

As mesmas considerações feitas para a equação de Michaelis-Menten são válidas aqui:

$$S \gg K_s \Rightarrow \mu = \mu_{máx.} \quad (S > 10\,K_s) \tag{11.64}$$

$$S \ll K_s \Rightarrow \mu = k*S \quad (S < 0{,}10\,K_s) \tag{11.65}$$

$$S = K_s \Rightarrow \mu = \mu_{máx.}/2 \tag{11.66}$$

em que K_s (constante de saturação) pode ser tomado como o valor da concentração de substrato abaixo da qual μ é linearmente dependente de S e acima da qual μ torna-se independente de S.

Os valores de K_s e $\mu_{máx.}$ são determinados de forma mais precisa pela linearização da equação de Monod. A equação de Lineweaver-Burk é um exemplo (consulte o Capítulo 10 para outros tipos de linearizações), como segue:

$$\frac{1}{\mu} = \frac{1}{\mu_{máx.}} + \frac{K_s}{\mu_{máx.}} \cdot \frac{1}{S} \qquad (11.67)$$

Assim, da Figura 11.5 podem-se determinar as constantes K_s e $\mu_{máx.}$ pelos coeficientes da reta.

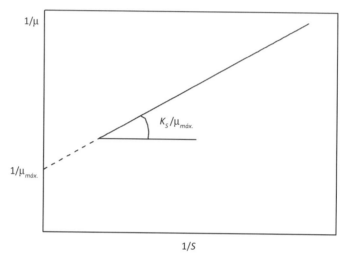

Figura 11.5 Linearização de Lineweaver-Burk para a equação de Monod.

A Tabela 11.2 apresenta, a título ilustrativo, alguns valores obtidos para a constante de saturação da equação de Monod.

Tabela 11.2 Valores obtidos para a constante de saturação da equação de Monod para diferentes microrganismos e substratos

Microrganismo (gênero)	Substrato	K_s (mg/L)
Escherichia coli	Glicose	2-4
	Lactose	20
	Manitol	2
	Glicerol	2
	Triptofano	0,001
	Fosfato	1,6
Klebsiella	Dióxido de carbono	0,4
	Magnésio	0,6
	Potássio	0,4
Lactobacillus	Glicose	5

(continua)

Estequiometria e cinética de bioprocessos

Tabela 11.2 Valores obtidos para a constante de saturação da equação de Monod para diferentes microrganismos e substratos *(continuação)*

Microrganismo (gênero)	Substrato	K_s (mg/L)
Pseudomonas	Metanol	0,4
	Metano	0,7
Candida	Glicose	25-75
	Glicerol	4,5
Hansenula	Metanol	120
Saccharomyces	Glicose	25
Aspergillus	Arginina	0,5
	Glicose	5

Fonte: Fonseca e Teixeira (2007).

11.3.3.2 Metabolismo endógeno

Em alguns casos, notadamente quando se tem baixas velocidades específicas de crescimento (ou em processos contínuos com baixas vazões específicas de alimentação), verifica-se um desvio da equação de Monod, que pode ser apresentada como segue:

$$\mu = \mu_{máx.} \frac{S}{K_s + S} - k_e \tag{11.68}$$

sendo k_e a velocidade específica do metabolismo endógeno, o que significa que ocorrem reações nas células de consumo de material intracelular.

Por outro lado, k_e pode ser também associado à velocidade específica de morte celular, de forma que se tem:

$$\mu_{obs} = \mu - k_d \tag{11.69}$$

em que:

μ_{obs}: velocidade específica de crescimento observada;

μ: velocidade específica de crescimento segundo Monod;

k_d: velocidade específica de morte celular.

Assim:

$$\mu_{obs} = \mu_{máx.} \frac{S}{K_s + S} - k_d \tag{11.70}$$

ou ainda:

$$\frac{dX}{dt} = \mu_{máx.} \frac{S \cdot X}{K_s + S} - k_d \cdot X \tag{11.71}$$

11.3.3.3 Outros modelos de crescimento

Ao lado dos modelos de Monod e de metabolismo endógeno, outros modelos não estruturados de crescimento celular são apresentados na literatura e compilados a seguir.

Modelo de Tessier:

$$\mu = \mu_{máx.} \left(1 - e^{-S/Ks} \right) \tag{11.72}$$

Modelo de Moser:

$$\mu = \frac{\mu_{máx.} S^n}{K_s + S^n} \tag{11.73}$$

Modelo de Contois:

$$\mu = \mu_{máx.} \frac{S}{\beta X + S} \tag{11.74}$$

(X é a concentração celular)

Modelo de Andrews para inibição pelo substrato:

$$\mu = \mu_{máx.} \frac{S}{K_s + S + \dfrac{S^2}{K_i}} \tag{11.75}$$

(K_i é a constante de inibição pelo substrato)

A título ilustrativo, a Figura 11.6 apresenta o comportamento típico de um bioprocesso em que se observa inibição por excesso de substrato.

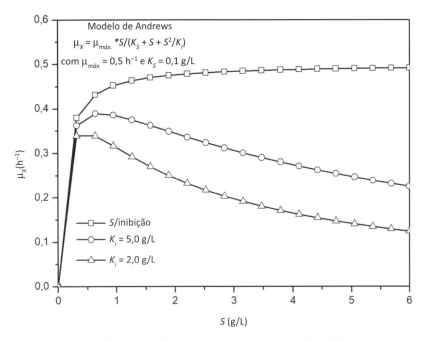

Figura 11.6 Modelo de Andrews para distintos valores da constante de inibição K_i.

Modelo de inibição pelo produto:

$$\mu = \mu_{máx.} \frac{S}{K_s + S} \frac{K_p}{K_p + P} \tag{11.76}$$

(K_p é a constante de inibição pelo produto) ou:

$$\mu = \mu_{máx.} \frac{S}{K_s + S}\left(1 - \frac{P}{P_{máx.}}\right)^n \rightarrow (\text{Levenspiel}) \tag{11.77}$$

Modelo para dois ou mais substratos limitantes:

$$\mu = \mu_{máx.} \frac{S_1}{k_{S1} + S_1} \frac{S_2}{k_{S2} + S_2} \cdots \tag{11.78}$$

Como apresentado anteriormente, um grande número de modelos pode ser encontrado na literatura. Modelos de crescimento podem ser muito restritos, representando um dado processo com um dado microrganismo, ou mesmo uma determinada fase de um processo fermentativo. As tabelas a seguir trazem um resumo de alguns modelos de crescimento de microrganismos.

A Tabela 11.3 apresenta uma compilação de alguns modelos cinéticos sem inibição e com apenas um substrato limitante. A preocupação aqui não é detalhar esses modelos, mas apenas apresentar diferentes propostas de modelos em que ocorra inibição por um único substrato limitante. As Tabelas 11.4 e 11.5 se enquadram na mesma proposta, apresentando diferentes modelos para casos de inibição por excesso de substrato e de produto, respectivamente.

Tabela 11.3 Modelos cinéticos sem inibição e com um substrato limitante

Modelo	Equação cinética
Monod	$\mu = \mu_{máx.} \dfrac{s}{K_S + s}$
Powell	$\mu = \mu_{máx.} \dfrac{s}{\left(K_S + K_D\right) + s}$
Blackman	$\dfrac{\mu}{\mu_{máx.}} = \dfrac{1}{2} \cdot \dfrac{s}{K} \quad$ para $s < 2K$ e $\quad \dfrac{\mu}{\mu_{máx.}} = 1 \quad$ para $s > 2K$
Dabes et al.	$s = \mu \cdot K + \dfrac{\mu - K_S}{\mu_{máx.} - \mu}$
Kono e Asai	$r_x = \mu \phi X$

Estequiometria e cinética de bioprocessos 355

Tabela 11.4 Modelos cinéticos com inibição pelo substrato

Modelo	Equação cinética
Andrews Noack	$\mu = \mu_{máx.} \dfrac{1}{1 + K_S/s + s/K_{1\cdot S}} \approx \mu_{máx.} \dfrac{s}{K_S + s} \cdot \dfrac{1}{1 + s/K_{1\cdot S}}$
Webb	$\mu = \mu_{máx.} \dfrac{s\left(1 + \beta \cdot s/K_S'\right)}{s + K_S + s^2/K_S'}$
Yano et al.	$\mu = \mu_{máx.} \dfrac{1}{1 + K_S/s + \displaystyle\sum_j \left(s/K_{1\cdot S}\right)^j}$
Aiba et al.	$\mu = \mu_{máx.} \dfrac{s}{K_S + s} \cdot e^{-s/K_{1\cdot S}}$
Teissier	$\mu = \mu_{máx.}\left[\exp\left(-s/K_{1\cdot S}\right) - \exp\left(-s/K_S\right)\right]$
Webb	$\mu = \mu_{máx.} \dfrac{s}{s + K_S\left(1 + \sigma/K_{1\cdot S}\right)} \cdot e^{1,17 \cdot \sigma}$ com σ = força iônica
Tseng e Waymann	$\mu = \mu_{máx.} \dfrac{s}{K_S + s} - K_{1\cdot S}\left(s - s_C\right)$
Siimer	$r = \dfrac{k_{cat} \cdot e_0 \left(1 - \zeta_S\right)\left[1 + \delta\left(1 - \zeta_S\right)/K_S' + \varepsilon\zeta_S/K_{P2}\right]}{a + b\zeta_S + c\zeta_S^2}$

Tabela 11.5 Modelos cinéticos com inibição pelo produto

Modelo	Equação cinética
Dagley e Hinshelwood	$\mu = \mu_{máx.} \dfrac{s}{K_S + s}\left(1 - k \cdot p\right)$
Holzberg et al.	$\mu = \mu_{máx.} - k_1\left(p - k_2\right)$
Ghose e Tyagi	$\mu = \mu_{máx.}\left(1 - \dfrac{p}{P_{máx.}}\right)$
Aiba e Shoda	$\mu = \mu_{máx.} \dfrac{s}{K_S + s} \cdot e^{-kp}$

(continua)

Tabela 11.5 Modelos cinéticos com inibição pelo produto *(continuação)*

Modelo	Equação cinética
Jerusalimsky e Neronova	$$\mu = \mu_{m\acute{a}x.} \frac{s}{K_S + s} \cdot \frac{K_{1 \cdot P}}{K_{1 \cdot P} + p}$$
Bazua e Wilke	$$\mu_{m\acute{a}x.} = \mu_0 - k_1 \cdot \overline{p}(k_2 - p)$$ $$\mu_{m\acute{a}x.} = \mu_0 \left(1 + \overline{p}/p_{m\acute{a}x.}\right)^{1/2}$$
Levenspiel	$$r_x = k_{obs} \cdot \frac{s}{K_S + s} \cdot x$$ $$\text{com } k_{obs} = k\left(1 - p/p_{crit}\right)^n$$
Hoppe e Hansford	$$\mu = \mu_{m\acute{a}x.} \frac{s}{K_S + s} \cdot \frac{K_{1P}}{K_{1P} + \left[Y_{P/S}/(s_0 - s)\right]}$$

11.3.4 MODELOS CINÉTICOS PARA A FORMAÇÃO DE PRODUTOS

A produção de um dado metabólito está associada ao crescimento celular, de forma que só haverá formação de produto quando ocorrer crescimento. As associações entre velocidades de formação de produtos e crescimento podem ocorrer em diferentes formas, sendo que modelos de crescimento como os vistos anteriormente podem ser usados (estruturados ou não estruturados).

A cinética de formação de produtos pode ser descrita de forma simples, segundo a descrição de Gaden (1970) e Luedecking e Piret (1959), por meio de modelos não estruturados. Gaden (1970) classificou a inter-relação entre produção e crescimento da forma representada na Figura 11.7.

Luedecking e Piret (1959) propuseram o seguinte modelo para a formação de produto:

$$\frac{dP}{dt} = \underbrace{\alpha \frac{dX}{dt}}_{\substack{\text{Produção associada} \\ \text{ao crescimento}}} + \underbrace{\beta.X}_{\substack{\text{Produção associada à massa ou} \\ \text{não associada ao crescimento}}} \tag{11.79}$$

Dividindo-se as parcelas da Equação (11.79) pela concentração celular (X), fica-se com:

$$\mu_P = \alpha\mu + \beta \tag{11.80}$$

Estequiometria e cinética de bioprocessos

Na Figura 11.7 encontram-se esquemas ilustrativos da variação de μ_p e μ em função do tempo para os casos de produção associada, parcialmente associada e não associada ao crescimento celular.

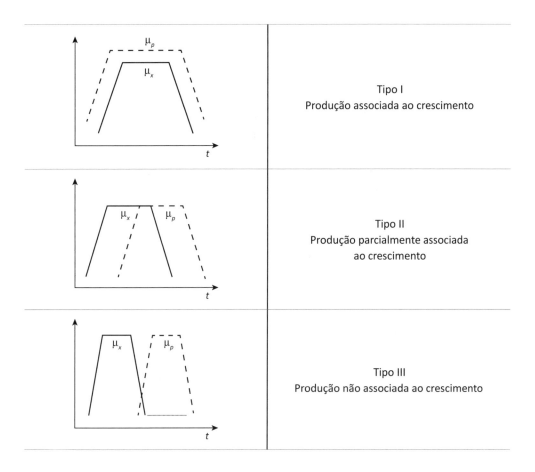

Figura 11.7 Cinética de formação de produtos e crescimento celular.

Na classificação de Gaden (1970) essa equação seria:

Tipo I: $\mu_P = \alpha\mu = Y_{P/X}\mu$
Tipo II: $\mu_P = \alpha\mu + \beta$
Tipo III: $\mu_P = \beta$

Além do modelo de Luedecking e Piret (1959), que associa a produção do metabólito ao crescimento celular, há vários outros modelos disponíveis na literatura, como ilustrado na Tabela 11.6.

Tabela 11.6 Modelos para velocidades de formação de produto

Modelo	Equação cinética
Gaden	$r_P = Y_{P/X} \cdot r_x$ ou $q_P = Y_{P/X} \cdot \mu$ com $Y_{P/X} = \dfrac{Y_{P/S}}{Y_{X/S}}$ $r_P = Y_{P/S} \cdot r_S \qquad r_P = q_{P\cdot m\acute{a}x.} \dfrac{s}{K_S + s} \cdot x$
Giona et al.	$q_P = k_1 \cdot o_L + k_2$
Gaden	$q_P = Y_{P/X} \cdot \mu + k_p$
Rowley e Pirt	$q_P = q_{P\cdot m\acute{a}x.} - Y_{P/X} \cdot \mu$
Terui	$q_P = q_{P\cdot m\acute{a}x.} \cdot \exp\left\{-k_2\left(t - t_{m\acute{a}x.}\right)\right\} + K_1 \left[\begin{array}{c} \exp\left\{-k_1\left(t - t_{m\acute{a}x.}\right)\right\} \\ -\exp\left\{-k_2\left(t - t_{m\acute{a}x.}\right)\right\} \end{array}\right]$
Constantinides et al.	$r_P = Y_{P/X} \cdot \mu \cdot x + k_p \cdot x - k_{p,d} \cdot P$
Shu	$r_P = \displaystyle\sum_i k_{1\cdot i} \cdot e^{-k_{2,i}\Lambda}$ $P = \displaystyle\int_0^t x(\Lambda) \int_0^\Lambda \sum_i k_{1,i} \cdot e^{-k_{2,i}\cdot\Lambda} \cdot d\Lambda \cdot d\Lambda$
Aiba e Hara	$r_P = q_P\left(\overline{\Lambda}\right) \cdot x \qquad \overline{\Lambda}\left(t_i\right) = \dfrac{x_0 \cdot \Lambda_0 + \displaystyle\int_{t_0}^{t_i} x \cdot d\tau}{x\left(t_i\right)}$
Brown e Vass	$\left(r_P\right)_t = Y_{P/X} \cdot \left(r_X\right)_{t-t_M} \qquad P_t = Y_{P/X} \cdot x_{t-t_M}$
Ryu e Humphrey	$q_P = q_{P\cdot m\acute{a}x.} \dfrac{\varepsilon \cdot \mu_{rel}}{1 + \left(\varepsilon - 1\right)\mu_{rel}}$
Bajpai e Reuss	$q_P = q_{P\cdot m\acute{a}x.} \dfrac{s}{K_P + s\left(1 + s/K_{repr}\right)}$
Modelo com manutenção	$r_P = \left(\dfrac{1}{a_P \cdot Y_{X/S}} - \dfrac{Y_{S/X}^*}{a_P}\right) r_x + \dfrac{m_S}{a_P} x$
Kono e Asai	$r_P = k_{P1} \cdot \phi \cdot x + k_{P2}\left(1 - \phi\right)x$ com k_{p1} e $k_{P2} \gtreqless 0$ e $0 \langle \phi \langle 1$

11.3.5 INFLUÊNCIA DO AMBIENTE NO CRESCIMENTO MICROBIANO

11.3.5.1 pH

O pH, ou concentração de H^+, ou ainda a atividade de hidrogênio, a_h, podem afetar grandemente a atividade biológica. De forma geral, sempre existe um pH ótimo para uma dada propriedade específica do microrganismo, como crescimento e formação de produto, embora esses valores ótimos de pH muitas vezes não sejam coincidentes de espécie para espécie, linhagem para linhagem e mesmo propriedade para propriedade (o pH ótimo de produção pode ser diferente do pH ótimo de crescimento). Num desenvolvimento de processo, essas características têm de ser levadas em conta no momento da otimização, ressaltando, novamente, a relevância do conhecimento da cinética do processo em distintas condições de operação.

11.3.5.2 Temperatura

As reações que ocorrem dentro das células são influenciadas pela temperatura, sendo que as velocidades de reação são dadas pela equação de Arrhenius (FOGLER, 1992):

$$K = A \exp\left(\frac{-E}{RT}\right) \qquad (11.81)$$

em que:

K: constante de velocidade;

A: fator de frequência (medida da probabilidade de uma colisão eficaz);

E: energia de ativação (KJ/mol);

R: constante universal dos gases (8,314 J/K.mol);

T: temperatura absoluta (K).

A classificação de microrganismos em termos da dependência da velocidade de reação em função da temperatura é representada na Tabela 11.7.

Tabela 11.7 Classificação dos microrganismos segundo a temperatura de crescimento

Classificação	T (°C)		
	Mínima	Ótima	Máxima
Termófilos	40-45	55-75	60-80
Mesófilos	10-15	30-45	35-47
Psicrófilos obrigatórios	−5-5	15-18	19-22
Psicrófilos facultativos	−5-5	25-30	30-35

Em um modelo não estruturado, se ocorre mudança de temperatura durante o processo, esta deve ser incorporada no modelo. De forma geral, as constantes cinéticas são dependentes da temperatura segundo as equações:

$$\mu_m(T) = \mu_m^* \exp\left(\frac{-E_a}{RT}\right) - K_d^* \exp\left(\frac{-E_d}{RT}\right) \tag{11.82}$$

em que:

$\mu_m(T)$: μ_m em determinada temperatura T;

μ_m^*: μ_m^* na temperatura de referência;

K_d^*: constante de desativação térmica na temperatura de referência;

E_d: energia de desativação térmica.

E o modelo com inibição seria:

$$\mu = \frac{\mu_m(T)}{K_S + S + \dfrac{S^2}{K_i(T)}} \tag{11.83}$$

sendo K_i a constante de inibição pela temperatura.

11.4 CONSIDERAÇÕES FINAIS

O sucesso do processo fermentativo é sabidamente dependente da escolha do microrganismo, do meio, da forma de condução do processo em escala industrial e da estratégia para separação e/ou purificação do produto de interesse. O desenvolvimento do processo fermentativo inicia com o estudo cinético em pequena escala, em modo batelada. A obtenção dos parâmetros cinéticos, a partir dos dados experimentais de X, S e P, permitirá compreender o processo e propor, a partir daí, o desenho do processo em escala piloto, no que diz respeito ao dimensionamento do reator, ao entendimento do processo biológico e à forma de condução do biorreator. Nesse sentido, fica evidenciada a relevância do estudo e do entendimento da cinética do processo como etapa fundamental ao seu *scale up*.

11.5 AGRADECIMENTOS

Os autores agradecem ao prof. Willibaldo Schmidell pelo convite e pelos ensinamentos ao longo do convívio nos últimos anos, ensinamentos técnicos e, principalmente, como exemplo de vida. Agradecimento especial aos nossos alunos de todos esses anos, que nos possibilitam o aprendizado diário e o crescente amor pela engenharia de bioprocessos. Agradecimento especial ao engenheiro e mestre em Engenharia Química Diego Alex Mayer pela coelaboração do apêndice deste capítulo.

11.6 APÊNDICES

A presente seção tem como objetivo mostrar algumas formas possíveis de tratar dados cinéticos obtidos experimentalmente, de forma a permitir o cálculo de velocidades instantâneas e específicas de crescimento, consumo do substrato e produção do produto-alvo (Apêndice A.1), além da definição de modelo cinético que se ajuste aos dados obtidos (Apêndice A.2).

Para tanto, pretende-se utilizar os dados de um cultivo descontínuo de *Saccharomyces cerevisiae*, visando à produção de etanol (BORZANI, 1996), conforme a Tabela 11.8.

Tabela 11.8 Dados de um cultivo descontínuo de *Saccharomyces cerevisiae* visando à produção de etanol (X = concentração celular; S = concentração de substrato; P = concentração de etanol)

Tempo (h)	X (g/L)	S (g/L)	P (g/L)
0	0,91	106,9	0,0
4	0,91	106,9	0,0
8	1,61	96,8	6,2
12	2,42	83,6	15,0
16	3,59	59,9	23,5
20	4,71	31,6	34,3
24	5,51	10,6	42,2
28	5,56	7,0	42,8

Fonte: Borzani (1996).

APÊNDICE A.1 – CÁLCULO DAS VELOCIDADES INSTANTÂNEAS E ESPECÍFICAS DE CRESCIMENTO (μ), CONSUMO DO SUBSTRATO (μ_s) E PRODUÇÃO DO PRODUTO (μ_p)

Willibaldo Schmidell

Na Figura 11.8 encontram-se os dados experimentais da concentração celular de *S. cerevisiae*, além do ajuste de um polinômio de 4º grau a esses dados experimentais, ajuste este realizado em uma planilha do Excel. Conforme pode ser observado, o ajuste é bem adequado, o que permite calcular as velocidades de crescimento (dX/dt), por meio da derivada do polinômio ajustado, bem como as velocidades específicas (μ_x) por meio da divisão das velocidades pela concentração celular. Deve-se mencionar que na planilha do Excel é possível efetuar o ajuste de polinômios de até 6º grau, mas deve-se utilizar um ajuste que seja coerente com os pontos experimentais, como é o caso do ajuste efetuado no presente exemplo.

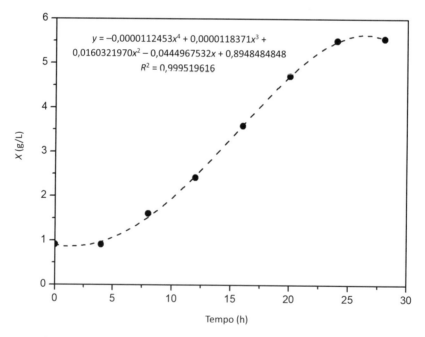

Figura 11.8 Valores da concentração celular (X) em função do tempo e ajuste de polinômio de 4º grau.

No caso de se ter dados cinéticos mais dispersos, deve-se contar com uma maior frequência de amostragens. No presente caso as amostragens foram efetuadas a cada 4 horas.

Estequiometria e cinética de bioprocessos
363

Da mesma forma, devem-se efetuar os ajustes polinomiais para as concentrações de substrato e produto, o que foi realizado para os dados constantes na Tabela 11.8, ajustando-se também polinômios de 4° grau. Cumpre lembrar que para a concentração de substrato tem-se valores negativos para a velocidade de consumo, mas deve-se considerar valores positivos, pois a velocidade específica de consumo é entendida enquanto valores positivos.

Da mesma forma, com frequência observam-se valores negativos para as velocidades de crescimento, consumo do substrato e produção do produto no início e final do cultivo. Por essa razão costuma-se considerar esses valores como nulos ou simplesmente descartá-los. No presente texto esses valores foram considerados nulos, conforme se pode observar nas tabelas seguintes.

Uma vez efetuados os ajustes polinomiais, pode-se realizar o cálculo das velocidades instantâneas específicas para quaisquer intervalos de tempo, assumindo os valores previstos pelo polinômio ajustado. Dessa forma, para o presente exemplo, assumiu-se efetuar os cálculos para cada hora do cultivo, conforme pode ser visto nas Tabelas 11.9, 11.10 e 11.11, para X, S e P, respectivamente. Observe-se que os dados previstos pelos ajustes polinomiais são muito próximos aos valores experimentais indicados na Tabela 11.8.

Tabela 11.9 Cálculo das velocidades específicas de crescimento (μ)

Tempo (h)	X (g/L)	dX/dt (g/L.h)	μ (h⁻¹)	Tempo (h)	X (g/L)	dX/dt (g/L.h)	μ (h⁻¹)
0	0,8948	0	0	11	2,1964	0,2526	0,1150
1	0,8664	0	0	12	2,4568	0,2677	0,1089
2	0,8699	0,0194	0,0223	13	2,7307	0,2795	0,1024
3	0,9050	0,0508	0,0561	14	3,0147	0,2879	0,0955
4	0,9712	0,0814	0,0839	15	3,3053	0,2926	0,0885
5	1,0676	0,1110	0,1040	16	3,5986	0,2934	0,0815
6	1,1930	0,1394	0,1169	17	3,8906	0,2899	0,0745
7	1,3460	0,1662	0,1235	18	4,1769	0,2818	0,0675
8	1,5249	0,1912	0,1254	19	4,4527	0,2690	0,0604
9	1,7278	0,2141	0,1239	20	4,7132	0,2511	0,0533
10	1,9525	0,2347	0,1202	21	4,9532	0,2279	0,0460

(continua)

364

Fundamentos

Tabela 11.9 Cálculo das velocidades específicas de crescimento (μ) *(continuação)*

Tempo (h)	X (g/L)	dX/dt (g/L.h)	μ (h^{-1})	Tempo (h)	X (g/L)	dX/dt (g/L.h)	μ (h^{-1})
22	5,1673	0,1991	0,0385	26	5,6449	0,0226	0,0040
23	5,3496	0,1645	0,0307	27	5,6377	0	0
24	5,4942	0,1237	0,0225	28	5,5660	0	0
25	5,5948	0,0765	0,0137	–	–	–	–

Tabela 11.10 Cálculo das velocidades específicas de consumo do substrato (μ_s)

Tempo (h)	S (g/L)	dS/dt (g/L.h)	μ_s (gS/gX.h)	Tempo (h)	S (g/L)	dS/dt (g/L.h)	μ_s (gS/gX.h)
0	107,21	0,2515	0,3715	15	65,71	6,3425	1,9189
1	106,98	0,2224	0,2567	16	59,22	6,6206	1,8397
2	106,72	0,3231	0,3715	17	52,51	6,7942	1,74629
3	106,30	0,5382	0,5947	18	45,68	6,8475	1,6393
4	105,61	0,8519	0,8771	19	38,86	6,7649	1,5193
5	104,57	1,2486	1,1696	20	32,20	6,5309	1,3856
6	103,09	1,7128	1,4357	21	25,85	6,1297	1,23752
7	101,12	2,2286	1,6557	22	20,00	5,5458	1,0732
8	98,62	2,7806	1,8234	23	14,83	4,7635	0,8904
9	95,56	3,3531	1,9406	24	10,54	3,7672	0,6857
10	91,91	3,9304	2,0130	25	7,37	2,5412	0,4542
11	87,70	4,4969	2,0474	26	5,54	1,0698	0,1895
12	82,93	5,0370	2,0502	27	5,31	0	0
13	77,64	5,5351	2,0270	28	6,96	0	0
14	71,88	5,9755	1,9821	–	–	–	–

Estequiometria e cinética de bioprocessos

Tabela 11.11 Cálculo das velocidades específicas de produção de etanol (μ_p)

Tempo (h)	P (g/L)	dP/dt (g/L.h)	μ_p (gP/gX.h)	Tempo (h)	P (g/L)	dP/dt (g/L.h)	μ_p (gP/gX.h)
0	0	0,3472	0	15	21,8085	2,6168	0,7917
1	0	0,0575	0	16	24,4318	2,6239	0,7291
2	0	0,2283	0,2624	17	27,0444	2,5951	0,6670
3	0,0387	0,5080	0,5613	18	29,6093	2,5283	0,6053
4	0,6833	0,7796	0,8027	19	32,0876	2,4213	0,5438
5	1,5945	1,0408	0,9749	20	34,4379	2,2720	0,4820
6	2,7608	1,2896	1,0810	21	36,6169	2,0783	0,4196
7	4,1689	1,5238	1,1321	22	38,5791	1,8381	0,3557
8	5,8030	1,7413	1,1419	23	40,2769	1,5492	0,2896
9	7,6453	1,9400	1,1228	24	41,6606	1,2095	0,2201
10	9,6760	2,1177	1,0846	25	42,6783	0,8169	0,1460
11	11,8730	2,2722	1,0345	26	43,2760	0,3692	0,0654
12	14,2121	2,4016	0,9775	27	43,3976	0,1357	0
13	16,6670	2,5035	0,9168	28	42,9848	0,7000	0
14	19,2093	2,5760	0,8544	–	–	–	–

Na Figura 11.9 podem-se observar os valores das velocidades específicas apresentadas nas Tabelas 11.9, 11.10 e 11.11.

Conforme pode-se observar na Figura 11.9, as curvas estão situadas no mesmo intervalo de tempo, em particular as velocidades específicas de crescimento e produção do produto etanol. Isso nos leva à conclusão de que, para este caso, trata-se da produção associada ao crescimento celular, conforme mencionado na Figura 11.7.

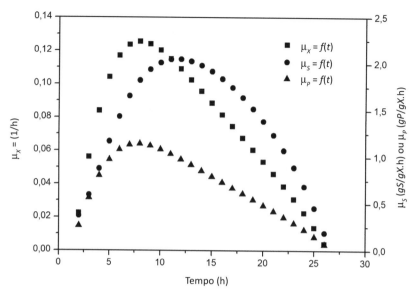

Figura 11.9 Dados das velocidades específicas de crescimento (μ_x), consumo do substrato (μ_s) e produção do produto etanol (μ_p) em função do tempo.

Neste caso, é possível imaginar a existência de uma relação linear entre μ_p e μ, conforme pode ser observado na Figura 11.10.

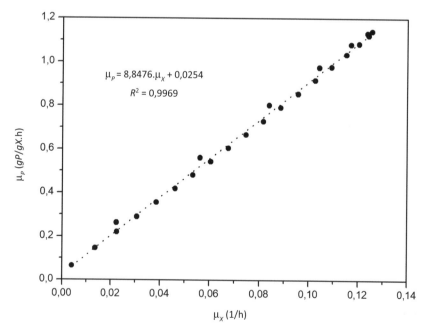

Figura 11.10 Valores de μ_p em função de μ_x.

Estequiometria e cinética de bioprocessos

Conforme se observa existe relação linear, sendo que a interseção com a ordenada apresenta um valor muito baixo, confirmando a condição de produção associada ao crescimento.

APÊNDICE A.2 – AJUSTE DE MODELOS CINÉTICOS AOS DADOS EXPERIMENTAIS

Diego Alex Mayer

Este apêndice tem como objetivo apresentar uma ferramenta numérica escrita em linguagem MATLAB bastante simples e eficaz para prever os parâmetros cinéticos a partir de dados experimentais de crescimento celular, consumo de substrato e formação de produto.

A ideia geral é encontrar os parâmetros cinéticos ótimos por meio da minimização de uma função objetivo (F_{obj}), que relaciona os dados experimentais (C_m^{exp}) com os dados numéricos (C_m^{num}) obtidos a partir da resolução numérica das equações diferenciais ordinárias (EDO) oriundas do balanço de massa realizado num reator descontínuo para célula, substrato e produto.

$$F_{obj} = \sum\nolimits_{m=1}^{n} \left(C_m^{exp} - C_m^{num} \right)^2 \tag{11.84}$$

Para resolver as EDO e minimizar os parâmetros cinéticos é necessário o emprego de duas sub-rotinas próprias do MATLAB. Uma para a resolução das EDO (*ode45*) e outra para minimização da F_{obj} (*fmincon*). A *fmincon* é uma sub-rotina que minimiza uma função a partir de uma aproximação inicial (chute inicial) usando um método de programação quadrática sequencial.

Para demonstração dessa ferramenta numérica utilizaram-se os dados experimentais apresentados na Tabela 11.8. Para encontrar os parâmetros cinéticos desses dados experimentais foram escritos dois *M-files* em linguagem MATLAB, que são apresentados mais adiante. O primeiro *M-file* é um *script file* no qual foram escritos dados experimentais, dados iniciais, chutes iniciais dos parâmetros cinéticos, fatores de conversão (calculados pelas expressões apresentadas neste capítulo), comandos de chamada da sub-rotina *fmincon* e comandos para a realização dos gráficos. O segundo *M-file* é um *function file* em que foram escritos os comandos para a resolução das EDO pela *ode45* e o cálculo da F_{obj}. Esses dois *M-files* se conectam logicamente por meio da *fmincon* que realiza a minimização da F_{obj}.

Uma observação é importante: para o uso desses *M-files* o *function file* deve ser salvo com o nome "*ajuste_function*" para que o MATLAB possa executá-los corretamente.

```matlab
function [Fo,ypred] = ajuste_function(x)

global yobs t y0 Yxs Yps i
tspan = t;

[t,y] = ode45(@ff,tspan,y0);
 function dy = ff(t,y);

X = y(1);
S = y(2);
P = y(3);

if i == 1
umax = x(1); Ks = x(2);
u = umax*S/(Ks + S);
elseif i == 2
umax = x(1); Ks = x(2); Ki = x(3);
u = umax*S/(Ks + S + S^2/Ki);
elseif i == 3
umax = x(1); Ks = x(2); Kp = x(3);
u = umax*(S/(Ks + S))*(Kp/(Kp + P));
end

dy(1) = u*X;
dy(2) = -u*X/Yxs;
dy(3) = u*X*Yps/Yxs;
dy = dy';
 end
ypred = [y(:,1); y(:,2); y(:,3)];
Fo = sum((ypred - yobs).^2);
End
```

Estequiometria e cinética de bioprocessos

```
close all, clear all, clc, format short

disp('Informe o modelo desejado: Monod = 1, Andrews = 2 e Inibição
pelo Produto = 3')
i = input('i : ');

global yobs t y0 Yxs Yxp Yps i

% Dados Experimentais
% Tempo (horas)
t = [4 8 12 16 20 24]';
% Biomassa (S. cerevisiae (g/L)
X = [0.91 1.61 2.42 3.59 4.71 5.51]';
% Substrato (Glicose) (g/L)
S = [106.90 96.80 83.60 59.90 31.60 10.60]';
% Produto (Etanol) (g/L)
P = [0.00 6.20 15.00 23.50 34.30 42.20]';

y0 = [0.91 106.90 0.00];
yobs = [X; S; P];
Yxs = 0.0465;
Yxp = 0.1086;
Yps = 0.4284;

% Chute Inicial
umax = 0.1;
Ks = 10;
Ki = 10;
Kp = 10;

if i == 1 % Monod
 x0 = [umax Ks];
elseif i == 2 % Inibição pelo Substrato (Andrews)
 x0 = [umax Ks Ki];
elseif i == 3 % Inibição pelo Produto
 x0 = [umax Ks Kp];
end
```

```matlab
% Parâmetros da fmincon
fun = @ajuste_function;
A = [];
b = [];
Aeq = [];
beq = [];
lb = zeros(3,1);
ub = lb + 1000;
nonlcon = [];
options = optimset('Algorithm','interior-point');


[param] = fmincon(fun,x0,A,b,Aeq,beq,lb,ub,nonlcon,options)


[Fo,ypred] = ajuste_function(param);


n = length(t);
Xpred = ypred(1:n);
Spred = ypred(n+1:2*n);
Ppred = ypred(2*n+1:3*n);


if i == 1 % Monod
  u = param(1)*Spred./(param(2) + Spred);
elseif i == 2 % Inibição pelo Substrato (Andrews)
  u = param(1)*Spred./(param(2) + Spred + Spred.^2/param(3));
elseif i == 3 % Inibição pelo Produto
   u = param(1)*(Spred./(param(2)  +  Spred))*(param(3)./(param(3)  +
Ppred));
  end


figure(1)
plot(t,Xpred,'ko-','markerfacecolor','k')
hold on
plot(t,X,'bo','markerfacecolor','b')
xlabel('t (h)')
ylabel('X (g/L)')
legend('Dados Numéricos',...
  'Dados Experimentais','Location','northwest')
```

Estequiometria e cinética de bioprocessos

```
figure(2)
plot(t,Ppred,'ko-','markerfacecolor','k')
hold on
plot(t,P,'bo','markerfacecolor','b')
xlabel('t (h)')
ylabel('P (g/L)')
legend('Dados Numéricos',...
  'Dados Experimentais','Location','northwest')

figure(3)
plot(t,Spred,'ko-','markerfacecolor','k')
hold on
plot(t,S,'bo','markerfacecolor','b')
xlabel('t (h)')
ylabel('S (g/L)')
legend('Dados Numéricos','Dados Experimentais')

figure(4)
plot(Spred,u,'ko','markerfacecolor','k')
xlabel('S (g/L)')
ylabel('ux (1/h)')
```

Como em qualquer processo fermentativo, neste caso a fermentação alcoólica, podem ocorrer dois tipos de inibição, uma pelo produto e outra pelo substrato. Por essa razão os *M-files* foram construídos considerando os seguintes modelos cinéticos: Monod, Andrews (inibição pelo substrato) e inibição pelo produto. Para executar os *M-files* é necessário inicialmente escolher o modelo cinético de interesse, sendo que será solicitado no *Command Window* o modelo desejado, e para Monod é necessário informar "1", Andrews "2" e inibição pelo produto "3".

Caso exista a necessidade/interesse em testar algum modelo cinético diferente dos três testados neste apêndice, basta utilizar o modelo desejado no lugar de algum dos modelos propostos e alterar devidamente as constantes a serem minimizadas.

Testando-se os três modelos propostos nos *M-files,* verifica-se que, para a série de dados experimentais propostos na Tabela 11.8, não temos inibição pelo substrato ou produto, assim, o modelo de Monod pode ser utilizado a fim de predição. Os parâmetros cinéticos, $\mu_{máx.}$ e K_S, estimados para Monod foram, respectivamente, 0,1435 (1/h) e 32,6620 (g/L).

Na Figura 11.11 encontram-se dados experimentais e perfis numéricos para o crescimento celular de *Saccharomyces cerevisiae*, formação de etanol e consumo de glicose em um reator descontínuo considerando o modelo de Monod. Pode-se observar boa concordância entre os dados experimentais e numéricos, indicando que é possível utilizar essa ferramenta numérica na minimização dos parâmetros cinéticos a partir dos dados experimentais. Uma observação é importante: no ajuste realizado pelos *M-files* foram desconsideradas as fases de adaptação e estacionária, sendo que o ajuste foi somente realizado na região exponencial onde o valor de μ é constante e igual ao $\mu_{máx}$.

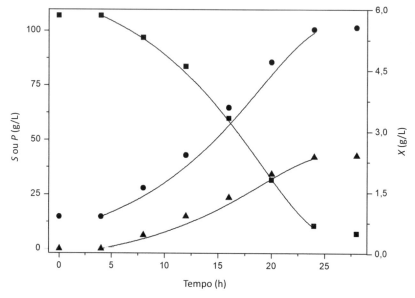

Figura 11.11 Dados experimentais e numéricos de crescimento celular de *Saccharomyces cerevisiae* (●), consumo de glicose (■) e formação de etanol (▲) em um reator descontínuo.

REFERÊNCIAS

BAILEY, J. E.; OLLIS, D. F. *Biochemical Engineering Fundamentals*. 2. ed. New York: McGraw-Hill, 1986.

BORZANI, W. *Engenharia bioquímica*. São Paulo: Blucher, 1975.

BORZANI, W. Evaluation of the error that affects the value of maximum specific growth rate. *Journal of Fermentation Technology*, New York, v. 58, n. 3, p. 299-300, 1980.

BORZANI, W. Avaliação do erro que afeta o valor da velocidade calculada a partir da curva de variação da concentração com o tempo. *Arquivos de Biologia e Tecnologia*, São Paulo, v. 28, n. 4, p. 553-555, 1985.

BORZANI, W. A general equation for the evaluation of the error that affects the value of maximum specific growth rate. *World Journal of Microbiology Biotechnology*, New York, v. 10, p. 475-476, 1994.

BORZANI, W. Kinetics of sugar uptake by yeast cells in batch, fed-batch and continuous ethanol fermentation. *Brazilian Journal of Chemical Engineering*, v. 13, n. 2, p. 99-105, 1996.

CLARK, D. S.; BLANCH, H. W. *Biochemical engineering*. 2. ed. New York: Marcel Dekker, 1996.

FOGLER, H. S. *Elements of Chemical Reaction Engineering*. New Jersey: Prentice-Hall, 1992.

FONSECA, M. M.; TEIXEIRA, J. A. *Reactores biológicos*: fundamentos e aplicações. Lisboa: Lidel Edições Técnicas, 2007.

GADEN, E. L. Jr. Fermentation kinetics and productivity. *Chemistry and Industry*, New York, v. 12, p. 154-159, 1970.

GELL-MANN, M. What is complexity? *Complexity*, New York, v. 1, n. 1, p. 16-19, 1995.

LUEDECKING, R.; PIRET, E. L. A kinetic study of the lactic acid fermentation. Batch process at controlled pH. *Journal of Biochemical and Microbiological Technology and Engineering*, New York, v. 1, n. 4, p. 393-411, 1959.

MONOD, J. The growth of bacterial cultures. *Annual Review of Microbiology*, New York, v. 3, p. 371-394, 1949.

PIRT, S. J. *Principles of microbe and cell cultivation*. New York: John Wiley & Sons, 1975.

RAO, D. G. *Introduction to biochemical engineering*. 2. ed. New Delhi: McGraw Hill, 2010.

ROELS, J. A. *Energetics and kinetics in biotechnology*. Amsterdam: Elsevier Biomedical Press, 1983.

VILLADSEN, J.; NIELSEN, J.; LIDÉN, G. *Biorreaction engineering principles*. 3. ed. New York: Springer, 2011.

CAPÍTULO 12
Introdução à nanotecnologia e aplicações na biotecnologia

Henrique E. Toma

12.1 INTRODUÇÃO

O formidável avanço da tecnologia nas últimas décadas abriu as portas de um mundo invisível, ao transpor a fronteira micrométrica (10^{-6} m ou 1 μm) para a nanométrica (10^{-9} m ou 1 nm), ou seja, ainda mil vezes menor. Essa dimensão, apesar de não ser diretamente acessível aos nossos olhos, é a mais importante para a ciência, pois nela se encontram as unidades fundamentais da vida, desde átomos e moléculas até biomoléculas, como as proteínas, o DNA e as enzimas, chegando a entidades moleculares mais organizadas, como os vírus. Apesar de já serem bem conhecidas, a manipulação direta dessas unidades ou entidades só se tornou possível com o surgimento de novas ferramentas, como as microscopias eletrônicas de varredura e de transmissão, as microscopias de força atômica e de tunelamento, as hipermicroscopias Raman e de campo escuro e os instrumentos de espalhamento dinâmico de luz. Essas ferramentas vêm impulsionando o desenvolvimento da nanotecnologia, que tem como marco a inusitada palestra de Richard Feynman proferida na universidade Caltech, na Califórnia, em 1959.

Feynman vislumbrava uma nova era, que de fato já estamos vivenciando, em que volumes imensos de informações poderiam ser compactados e processados em espaços ínfimos, menores que a cabeça de um alfinete. Erick Drexler, no início dos anos 1980, expandiu ainda mais essa visão ao imaginar um mundo movido por máquinas de criação, capazes de montar tudo que existe a partir de átomos e moléculas. Isso já foi julgado impossível por renomados cientistas da atualidade; contudo, às vezes esquecemos que algo parecido com as máquinas de criação está presente em todos os organismos vivos, e funciona com perfeição, ao fazer a biossíntese molecular e a replicação do DNA.

A nanotecnologia pode ser descrita como uma área do conhecimento restrita a dimensões de 1 nm a 100 nm. Na realidade, essa forma limitada de pensar é pouco relevante, pois as propriedades nanométricas evoluem de forma contínua e não há qualquer justificativa física para uma classificação tão rígida. Existe, entretanto, um limiar de percepção relacionado com o poder de resolução da óptica física, que se situa em torno da metade do comprimento de onda da luz, ou $\lambda/2$. Esse limite, descrito pela Lei de Abbe, impede a visualização óptica de objetos menores que $\lambda/2$. Assim, como a luz visível cobre apenas a faixa eletromagnética de 400 nm a 760 nm, mesmo o melhor dos microscópios ópticos disponíveis tem seu limite de resolução bem acima de 200 nm. Esse, de fato, é o referencial físico que separa o mundo visível do invisível, estabelecendo a diferença entre a realidade microscópica e a nanométrica.

A evolução da eletrônica e da capacidade de processamento tem possibilitado trabalhar o mundo nanométrico com a mesma facilidade com que os microscópios ópticos alavancaram a ciência, principalmente a biologia. Contudo, em vez da simples visão das células, tornou-se possível contemplar as imagens das organelas e dos nanocomponentes celulares com alta resolução, e ainda associar a esse visual informações de natureza espectroscópica, contidas em cada pixel da imagem digitalizada. O imageamento acoplado à espectroscopia tornou-se um recurso muito importante, conhecido como hipermicroscopia espectral.

Assim, a nanotecnologia tem sido passaporte para uma nova dimensão na biotecnologia, em que já é possível explorar diretamente as características moleculares das espécies envolvidas nos processos, bem como nanoestruturas naturais ou artificiais empregadas com base em seus efeitos físico-químicos, plasmônicos, magnéticos ou de organização. Dessa forma, novos procedimentos para uso médico ou industrial estão sendo gerados, visando a um melhor desempenho e um maior alcance dos resultados. A nova dimensão nanobiotecnológica é extraordinariamente ampla. Nela estão abrigadas a nanomedicina, a nanofarmacologia e a nanobiocatálise, fazendo interface com nanofotônica, nanomateriais, nanoengenharia e outras fronteiras que estão se abrindo nos últimos anos (TOMA, 2016).

Atualmente está difícil definir os limites da nanobiotecnologia, por causa das suas múltiplas vertentes de atuação. Talvez a forma mais simples seja considerá-la como biotecnologia acoplada à nanotecnologia, ou vice-versa. Por isso, o conhecimento recíproco dessas duas áreas é um requisito imperativo para compreender as características e as finalidades dos trabalhos em nanobiotecnologia. Esse foi o ponto principal que norteou o planejamento deste capítulo, começando com considerações básicas sobre a natureza de nanopartículas e nanomateriais, antes de abordar as aplicações biotecnológicas ou médicas. Também é importante destacar que a nanobiotecnologia já é uma área do conhecimento devidamente reconhecida, que continua se desenvolvendo em ritmo acelerado, contando com revistas de alto impacto e ampla literatura especializada (DE LA FUENTE; GRAZU, 2012).

12.2 NANOMATERIAIS

Nanopartículas, já bem conhecidas da química coloidal, ganharam uma nova perspectiva com a nanotecnologia, por meio dos avanços na capacidade de monitoração que permitiram chegar ao nível individual, até mesmo de um átomo ou uma molécula, bem como pela possibilidade de trabalhar suas propriedades, conjugando-as com os sistemas químicos ligados à sua superfície.

Na dimensão nanométrica os conceitos da física clássica e da física quântica se mesclam, e os átomos expostos na superfície das nanopartículas passam a ter um destaque muito especial na interação com o ambiente químico ao seu redor. Por isso, a área superficial é um aspecto muito importante quando se lida com as nanopartículas. Em um cubo de 1 nm com sete átomos em cada aresta, existem 343 átomos, sendo que 210 (60%) estão localizados na superfície. Por outro lado, enquanto um cubo de 1 cm de aresta tem uma área superficial de 6 cm^2, se ele fosse subdividido em unidades de 1 nm, a área total aumentaria para 6 km^2!

Além do grande aumento de área superficial, os átomos na superfície se comportam de modo diferente daqueles localizados no interior. O fato de apresentarem uma metade exposta ou voltada para o exterior torna os átomos da superfície suscetíveis à interação com átomos ou moléculas, seja por adsorção física, seja pela formação de ligações químicas de natureza eletrostática ou covalente. São esses átomos que precisam ser trabalhados quimicamente para gerar novas propriedades e compatibilidades com o meio exterior, visando a aplicações tecnológicas.

Outro aspecto dimensional importante nas nanopartículas é que a redução de tamanho favorece a mobilidade, refletindo no movimento browniano característico. Entretanto, será preciso trabalhar as forças na superfície para evitar que as partículas aglomerem e precipitem. Isso pode ser feito por meio da introdução de novos grupos funcionais ou de espécies eletricamente carregadas, cadeias orgânicas longas ou polímeros. A engenharia das nanopartículas é um assunto muito complexo, cujo escopo pode ser bastante amplo, buscando não apenas uma maior estabilidade, mas também novas funcionalidades.

A dimensão nanométrica oferece uma nova perspectiva em relação à interação com a luz. Em primeiro lugar, quando a luz atinge as nanopartículas, o fenômeno típico observado é o espalhamento difuso, que dá origem ao efeito Tyndall. Esse efeito é muito útil, pois permite visualizar a propagação dos raios de luz em uma suspensão ou solução coloidal (Figura 12.1). Entretanto, em alguns tipos de nanopartículas, o espalhamento da luz ocorre de forma anômala, em virtude das interações de natureza eletromagnética que atuam ao nível da superfície. Esse é o caso das nanopartículas de ouro (Au), prata (Ag) e cobre (Cu).

Esses elementos metálicos apresentam configuração eletrônica com camadas internas completas, e sua camada externa contém apenas um elétron fracamente ligado ao núcleo. A energia da luz visível é suficiente para promover a excitação desse elétron para níveis eletrônicos mais externos, conferindo coloração e brilho típicos a esses metais. Porém, quando as partículas metálicas são bem menores que o comprimento de onda da luz incidente, seus elétrons podem se acoplar em ressonância com o campo eletromagnético oscilante, gerando uma espécie de onda, denominada plásmon. Esse acoplamento é responsável pelo aparecimento de novas cores nas nanopartículas, bastante distintas das cores dos metais na forma convencional. Por exemplo, as nanopartículas de ouro em solução adquirem uma tonalidade avermelhada típica, sem o brilho dourado característico do ouro metálico. Elas mudam de cor, tendendo para o azul, quando se agregam (Figura 12.1). Essas manifestações plasmônicas são muito importantes, pois sua exploração permite aplicações e feitos inusitados na nanotecnologia, como será abordado ao longo deste capítulo.

Figura 12.1 Nanopartículas de ouro livres (direita) ou agregadas (esquerda) em suspensão, em meio aquoso, mostrando as tonalidades vermelha e azul, respectivamente, bem como o efeito Tyndall característico na passagem do feixe de luz.

Ao lado das interações de natureza elétrica, muitas nanopartículas também reagem à presença de campos magnéticos por meio do movimento giratório de seus elétrons, ou *spin*. Essa rotação pode ocorrer em ambos os sentidos, horário e anti-horário, sendo representada por setas arbitrárias ↑ ou ↓, respectivamente. Apesar de a luz também apresentar um campo magnético oscilante, em condições normais a interação deste com os *spins* eletrônicos não é forte o bastante para afetar sua magnetização. Por isso, a maioria dos efeitos magnéticos é exercida pela aplicação de ímãs permanentes ou eletroímãs no lugar da luz.

Os átomos que apresentam elétrons desemparelhados tendem a orientar seus *spins* no sentido do campo eletromagnético aplicado, sendo atraídos por ele. Esse fenômeno é conhecido como paramagnetismo. Nesses casos, o efeito do campo magnético deve ser suficientemente forte para vencer os efeitos caóticos da agitação térmica, que tendem a desalinhar os *spins*. Algumas nanopartículas, como as de magnetita, Fe_3O_4, têm seus *spins* fortemente alinhados com o campo magnético, mesmo à temperatura ambiente, gerando uma resposta conhecida como ferromagnetismo. Tal alinhamento só persiste durante a aplicação do campo magnético, e a intensidade resultante equivale à somatória da contribuição de todos os sítios paramagnéticos existentes. Assim, o grau de magnetização pode tornar-se muito intenso, e isso é conhecido como superparamagnetismo. Por causa desse efeito, as nanopartículas superparamagnéticas tornam-se vetores úteis de condução de espécies químicas sob ação de campo magnético. Isso permite o transporte e a manipulação em nanoescala, proporcionando uma diversidade de aplicações nano e biotecnológicas.

As nanopartículas, por serem suficientemente pequenas, conseguem se difundir com facilidade pelos tecidos biológicos. Assim, elas podem ser injetadas por via intravenosa e aproveitadas para transportar medicamentos pelo organismo. As nanopartículas também podem ser injetadas na região intratumoral. Em ambos os casos, deve ser feita a devida funcionalização ou conjugação com grupos de reconhecimento molecular, para que sejam captadas e permaneçam sobre os alvos.

Quando uma nanopartícula entra em contato com a célula, a membrana externa pode responder gerando uma cavidade que evolui até englobá-la completamente, transportando-a para o interior. Esse processo é conhecido como endocitose, e geralmente ocorre com partículas menores que 1.000 nm. No interior da célula a membrana envolvente pode fundir gradualmente com a dos lisossomos, transferindo as nanopartículas para o seu interior, para sofrer fagocitose. Também é possível a ocorrência da exocitose, com a expulsão das nanopartículas do interior da célula.

Nas aplicações biotecnológicas as nanopartículas devem ser protegidas com revestimentos adequados, compatíveis com o meio biológico, e ainda funcionalizadas com grupos conjugados específicos (Figura 12.2). Normalmente se aplica uma camada de sílica ou de polímeros orgânicos, que ao mesmo tempo possibilita a ligação de agentes como marcadores, anticorpos, fármacos, peptídeos, enzimas, quelantes, luminóforos e plasmídeos, entre outros. Também é comum a introdução de espécies conhecidas como antiopsoninas. As opsoninas são moléculas que facilitam o reconhecimento, induzindo o processo de fagocitose por neutrófilos e macrófagos. Os agentes antiopsoninas são introduzidos para dificultar o processo de fagocitose, permitindo que as nanopartículas cheguem aos alvos antes de serem eliminadas pelas células de defesa.

Além das nanopartículas, nanoestruturas constituídas por sistemas micelares, nanocápsulas, nanoesferas, dendrímeros e nanocompósitos também vêm sendo bastante exploradas na nanobiotecnologia para fins de contenção e liberação controlada de ativos em aplicações cosméticas e medicinais. As nanocápsulas são delimitadas por uma membrana polimérica, em cujo interior os fármacos são dispersos. As nanoesferas são formadas por matrizes poliméricas onde as moléculas de fármacos ficam retidas. Os polímeros empregados podem ser não biodegradáveis, como o poliestireno e o polimetilmetacrilato, ou biodegradáveis, como o ácido polilático, a policaprolactona e a quitosana (TOMA, 2016).

O confinamento e a liberação controlada de fármacos têm várias vantagens, sendo aplicados com sucesso com agentes anticancerígenos como paclitaxel, tamoxifen, vincristina, ou ainda com peptídeos como a insulina. O taxol, que é bastante insolúvel, tem sua disponibilidade aumentada em dez vezes por meio do nanoencapsulamento. Esse recurso também pode permitir a aplicação controlada de fármacos bastante ativos, porém extremamente tóxicos.

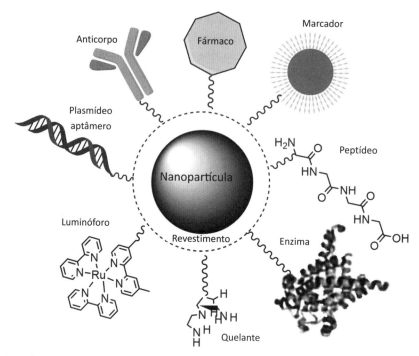

Figura 12.2 Ilustração da variedade de opções utilizada na engenharia das nanopartículas, partindo de um núcleo central recoberto por uma camada protetora, a qual suportará as conexões com os agentes externos específicos.

12.3 NANOPARTÍCULAS PLASMÔNICAS

As nanopartículas plasmônicas são diferenciadas pelas propriedades ópticas relacionadas com seus elétrons de superfície. Os tipos mais empregados atualmente na nanobiotecnologia são as nanopartículas de ouro e de prata. Embora o cobre também tenha características plasmônicas acessíveis na região espectral do visível, sua maior reatividade química torna a utilização bastante problemática. Mesmo as nanopartículas de prata, apesar de serem muito usadas, sofrem dessa limitação. Dessa forma, a maior parte das aplicações tem sido concentrada nas nanopartículas de ouro, visto que oferecem maior estabilidade e permitem trabalhar em condições ambientes, tanto em meio aquoso como em ambiente hidrofóbico.

12.3.1 SÍNTESE DE NANOPARTÍCULAS DE OURO

A síntese das nanopartículas de ouro foi descrita pela primeira vez por Michael Faraday em 1847, e reinventada por Brust et al. (1994). No método de Brust o complexo $H[AuCl_4]$ é dissolvido em água e transferido para uma fase orgânica, como tolueno, com o auxílio de um agente adequado, como o brometo de tetraoctilamônio. Depois se adiciona uma solução aquosa de boro-hidreto de sódio, $Na[BH_4]$, seguido da introdução de um organotiol, como o dodecanotiol. A agitação do sistema bifásico leva à formação de nanopartículas de ouro revestidas pelo organotiol, que facilita a passagem para a fase orgânica. No método de Brust, o tamanho da partícula é controlado pela quantidade do agente organotiol que se liga à superfície das nanopartículas de ouro, interrompendo o crescimento e proporcionando estabilidade em solução. As nanopartículas obtidas podem ser isoladas em estado sólido, sendo mais adequadas para trabalhos em meio orgânico.

Para uso em meio aquoso, um método bastante empregado foi desenvolvido por Turkevich et al. (1951). Esse método baseia-se na redução de sais de ouro, ou do ácido tetracloroáurico, $H[AuCl_4]$, com ácido cítrico, em meio aquoso, formando nanopartículas estabilizadas com citrato (cit-AuNP). O procedimento convencional conduz a nanopartículas na faixa de 15 nm a 50 nm, ao passo que no método de Brust são obtidas partículas menores (< 10 nm) e com estreita faixa de variação de tamanho. Para muitas aplicações as partículas maiores podem ser mais interessantes. Esse é o caso da exploração dos efeitos plasmônicos e da espectroscopia Raman.

Nanopartículas de ouro com características anisotrópicas (não esféricas) têm sido especialmente preparadas com o emprego de sistemas micelares. Verifica-se que o caráter anisotrópico do meio influencia no crescimento das nanopartículas, podendo gerar novas formas, como bastões, triângulos, discos, cubos e estrelas. Geralmente se empregam pequenas quantidades de nanopartículas esféricas como sementes, além de um surfactante adequado, como o CTAB (brometo de cetiltrimetilamônio). A redução dos íons de ouro, Au(III), é feita com redutores fracos, como o ácido ascórbico, para proporcionar uma cinética adequada ao crescimento das nanopartículas.

Além dos métodos químicos já citados, existem outras alternativas baseadas em processos eletroquímicos, sonoquímicos, térmicos ou fotoquímicos que são acoplados ao processo de redução dos sais de ouro, utilizando os mais diferentes meios.

A manutenção das nanopartículas suspensas, formando uma solução coloidal estável, não é um processo trivial, pois depende das forças que atuam na superfície. A estabilidade pode ser trabalhada quimicamente introduzindo agentes adequados, como adsorventes catiônicos ou aniônicos e surfactantes. Quando a proteção não for eficiente, as nanopartículas se agregarão até formar precipitados.

A estabilidade dos sistemas coloidais pode ser descrita pela teoria conhecida pela sigla DLVO (VERWEY; OVERBEEK, 1948), que leva em conta as forças atrativas de Van der Waals e as forças coulômbicas repulsivas entre as nanopartículas. Espécies derivadas de ácidos carboxílicos, como os íons citratos, conseguem interagir com os átomos de ouro na superfície, formando complexos com alta densidade local de carga negativa. No global, as partículas recobertas com íons citrato atuam como espécies negativamente carregadas, repelindo-se mutuamente e, dessa forma, prevenindo a formação de agregados (Figura 12.3).

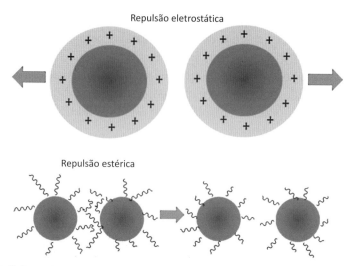

Figura 12.3 Influência das repulsões eletrostática e estérica na estabilização de nanopartículas em solução.

No caso das nanopartículas recobertas por surfactantes e polímeros, as cadeias expostas ao solvente exercem uma espécie de bloqueio estérico ao redor dos núcleos metálicos, preenchendo o espaço necessário para a aproximação e a interação entre eles. Dessa forma, por meio de efeitos estéricos, as cadeias exercem forças repulsivas que impedem uma interação mais forte entre as nanopartículas, evitando a formação de agregados.

A estabilidade das partículas coloidais é de fundamental importância quando se tem em mente sua utilização em formulações farmacêuticas. Nesse caso, as soluções precisam permanecer estáveis durante o tempo de prateleira, que pode chegar a vários anos. Quando se faz o controle da estabilidade das suspensões coloidais, um parâmetro importante a ser determinado é o potencial zeta. Para entender seu significado é importante notar que toda partícula eletricamente carregada apresenta um potencial de superfície. Em solução, a carga superficial é imediatamente contrabalançada pela adsorção de íons de carga oposta, formando uma camada iônica fortemente ligada à partícula, conhecida como camada de Stern. Esta se move juntamente com a partícula, porém o movimento é acompanhado pelo deslizamento de outra camada iônica fracamente ligada, com a qual está em contato, gerando um plano de cisalhamento. A carga nessa camada determina o potencial zeta, que pode ser medido pelo espalhamento de luz aplicando-se um efeito eletroforético que provocará sua migração para o eletrodo com carga oposta. Em princípio, quanto maior for o potencial zeta, maior será a repulsão eletrostática entre as partículas e, portanto, mais estável será a emulsão.

Para controlar a estabilidade das soluções coloidais é comum explorar os efeitos do pH, a coordenação de íons metálicos ou o uso de detergentes catiônicos ou aniônicos, que, além de atuarem por efeitos estéricos, também ajudam a manter a carga elétrica repulsiva das partículas, evitando a aglomeração.

12.3.2 RESSONÂNCIA PLASMÔNICA

A propriedade mais marcante das nanopartículas de ouro é a sua cor, e sua origem está relacionada com os plásmons ou elétrons de superfície. Quando a luz incide sobre as nanopartículas, o campo elétrico (E_o) da radiação provocará o deslocamento dos plásmons, gerando um dipolo que passa a oscilar com a mesma frequência do campo elétrico da radiação, sendo acompanhado pela mudança na constante dielétrica ε da partícula metálica. Essa constante tem sinal negativo para a partícula metálica e é composta por uma parte real, ε_1, relacionada com a reflexão (espalhamento), e outra imaginária, i.e., ε_2, associada com a absorção da luz pelos plásmons.

A excitação dos plásmons pela luz pode ser seguida da dissipação da energia por decaimento radioativo (espalhamento) ou não radioativo (absorção) e medida pela absorbância da solução, usando um espectrofotômetro convencional. A absortividade ou coeficiente de extinção expressa a eficiência com que as nanopartículas espalham ou absorvem a luz incidente. Isso está relacionado com a resposta dos elétrons ou plásmons ao campo elétrico da radiação, por meio de sua constante dielétrica oscilante na presença de um meio externo, de constante dielétrica ε_m. Mie demonstrou pela primeira vez, em 1908, que, quando o dielétrico oscilante da partícula, ε, é igual a duas vezes a constante dielétrica do meio, isto é, $\varepsilon = -2\varepsilon_m$, o sistema entra em ressonância com a radiação eletromagnética. Nessa condição, tanto a absorbância como o espalhamento óptico atingem um valor máximo, gerando um pico no registro espectral, como está ilustrado na Figura 12.4 para partículas esféricas de diversos tamanhos.

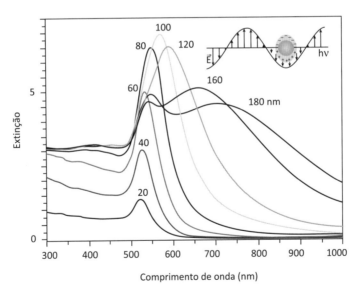

Figura 12.4 Espectro de extinção típico de nanopartículas esféricas de ouro estabilizadas por citrato, cit-AuNPs, mostrando um comportamento bipolar com ressonância na faixa de 500-550 nm para partículas menores que 100 nm, e um comportamento quadrupolar para partículas maiores, com o surgimento de novos picos em maiores comprimentos de onda.

A resposta dos plásmons de superfície à radiação excitante depende tanto da forma como do tamanho das nanopartículas. Sabe-se que partículas esféricas com até 100 nm normalmente apresentam ressonâncias dipolares levando a uma única banda, na região de 500-600 nm, em função do aumento do tamanho. Em consequência, sua coloração varia do vermelho-laranja até o vermelho-violeta. No caso de partículas maiores, a presença de quadrupolos pode dar origem a uma outra banda de extinção, em comprimentos de onda mais altos (Figura 12.4). Partículas anisotrópicas, como bastonetes e prismas, geralmente apresentam duas bandas, sendo a de maior energia (menor comprimento de onda, por exemplo, 520 nm) associada à ressonância dos plásmons na direção transversal, e a de menor energia (maior comprimento de onda, por exemplo 700 nm), na direção longitudinal.

12.3.3 FUNCIONALIZAÇÃO E AGREGAÇÃO DE NANOPARTÍCULAS – BIOSSENSORES PLASMÔNICOS

A aproximação de duas nanopartículas a uma distância suficientemente curta, por exemplo, 1/5 de seus respectivos raios, pode provocar o acoplamento dos plásmons de superfície mediante excitação óptica, gerando um campo elétrico intensificado por várias ordens de grandeza na região de confluência. Esse acoplamento no sentido longitudinal é acompanhado pelo surgimento de uma nova banda em comprimentos de onda geralmente acima de 700 nm, também conhecida como banda de acoplamento plasmônico. A banda original presente nas nanopartículas isoladas também sofre algumas perturbações, decorrentes da mudança das constantes dielétricas provocada pelo acoplamento plasmônico. Geralmente sua intensidade diminui, e sua posição é deslocada levemente para maiores comprimentos de onda, como ilustrado na Figura 12.5.

O surgimento da banda de acoplamento plasmônico leva a uma mudança de cor, do vermelho para o azul, sinalizando assim o fenômeno de aglomeração das nanopartículas (Figura 12.1). Esse efeito pode ser induzido quimicamente quebrando a estabilidade das nanopartículas, por meio de neutralização das cargas superficiais, aumento da força iônica, ou uso de solventes. Quando a nanopartícula de ouro é estabilizada por íons citrato, como no método de Turkevich, a adição de uma espécie organotiol (R-SH) acaba deslocando o ânion estabilizante, formando ligações Au-S bastante fortes. Dessa forma, a camada estabilizante é removida, e as nanopartículas se aglomeram rapidamente em solução, com uma drástica mudança de cor.

Um exemplo típico pode ser observado na Figura 12.5 para a reação das cit-AuNPs com a 4-mercaptoetilpirazina (pzSH). Essa reação é acompanhada da mudança de cor vermelha para azul rapidamente, indicando a troca dos íons citrato por 4-pzSH, e é comandada pela forte afinidade dos grupos SH pelos átomos de ouro (TOMA et al., 2007).

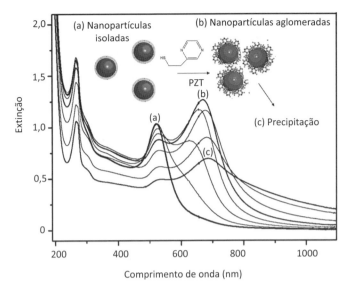

Figura 12.5 Mudanças nos espectros de extinção, com o tempo, de nanopartículas esféricas de ouro, partindo da forma cit-AuNP livre (a), seguido da substituição de citrato por 4-pzSH, levando a aglomeração (b) e precipitação (c).

A agregação das nanopartículas de ouro tem inspirado uma série de testes na biotecnologia e na medicina moderna, como a detecção de DNA e a introdução de biomarcadores para câncer (JAIN et al., 2008; ZHENG et al., 2012). Ensaios do tipo ELISA (*enzyme-linked immunosorbent assay*) com nanopartículas de ouro permitiram a detecção visual de biomarcadores, como PSA (*prostate specific antigen*) e antígeno p24 do HIV-1, em quantidades tão pequenas quanto 1×10^{-18} g mL^{-1}, muito abaixo do limite de resposta dos ensaios convencionais (DE LA RICA; STEVENS, 2012). Esses ensaios são baseados no esquema ilustrado na Figura 12.6.

Nesse procedimento os anticorpos de captura das moléculas-alvo foram ancorados no substrato, e os anticorpos primários foram ligados à enzima catalase. Na presença das moléculas-alvo os dois sistemas se conectam, como mostrado na Figura 12.6. No método tradicional a catalase é utilizada para sinalizar o reconhecimento das moléculas-alvo, por meio da decomposição do H_2O_2 presente, o qual é monitorado com um corante. No método plasmônico, a presença de H_2O_2 é usada para gerar nanopartículas, por meio da redução do cloreto áurico, $Au(Cl_3)$. Essa reação conduz a nanopartículas esféricas, que conferem tonalidade avermelhada à solução. Na presença da catalase, o teor de H_2O_2 diminui, e a redução dos íons $Au(Cl_3)$ ocorre mais lentamente, gerando agregados de nanopartículas com tonalidade azul (vide Figura 12.1). Essa reação mostrou ser mais sensível em relação ao ensaio feito com corantes.

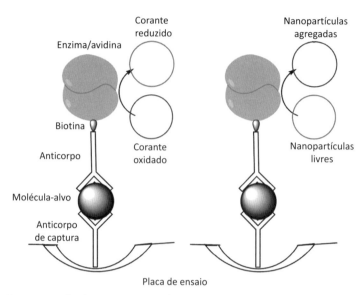

Figura 12.6 Representação do teste ELISA tradicional, à esquerda, e da forma plasmônica, à direita. Em ambas, a molécula-alvo é ancorada no substrato pelos anticorpos de captura e reconhecida pelos anticorpos ligados a enzimas que promovem reações colorimétricas sinalizadoras. Na presença de nanopartículas de ouro, as reações enzimáticas podem ser sinalizadas pela agregação, dando origem a uma banda de acoplamento plasmônico, com mudança de cor de vermelho para azul.

12.3.4 ESPECTROSCOPIA RAMAN E EFEITO SERS – AUMENTANDO A SENSIBILIDADE DOS BIOSSENSORES

Quando os fótons incidem sobre uma molécula ou partícula, eles geralmente sofrem colisão elástica, sendo espalhados em todas as direções com a mesma energia. Esse evento é conhecido como espalhamento Rayleigh. Porém, uma parcela extremamente pequena de fótons acaba sofrendo espalhamento inelástico, incorporando ou subtraindo energias vibracionais durante o processo de colisão. Nesses casos, a colisão do fóton leva a um estado energético virtual, que decai rapidamente para níveis vibracionais superiores ao nível vibracional fundamental, como ilustrado na Figura 12.7. O fóton espalhado tem sua energia subtraída de um valor igual à energia vibracional envolvida, e sua análise permite obter o espectro vibracional da molécula, conhecido como espectro Raman, em homenagem ao seu descobridor. Esse tipo de espalhamento inelástico é denominado Stokes. Pode acontecer que o fóton encontre a molécula já no estado vibracional excitado, e assim o espalhamento pode incorporar essa energia, conduzindo ao espalhamento anti-Stokes.

A probabilidade de ocorrer espalhamento Raman é muito pequena e, por isso, os sinais decorrentes são muito fracos. No passado, o registro espectral exigia vários dias de coleta de fótons em filme fotográfico. Com a introdução dos *lasers* na espectroscopia Raman pelo físico brasileiro Sergio Porto, essa modalidade tornou-se bastante prática, superando as limitações da baixa intensidade de sinal. A informação obtida na espectroscopia Raman é semelhante à fornecida pela espectroscopia de infravermelho, por serem ambas vibracionais. Porém, as regras de seleção que descrevem as vibrações permitidas ou proibidas são diferentes, tornando os espectros bastante distintos. Uma grande vantagem da espectroscopia Raman é a possibilidade de monitorar as amostras em água, o que é impraticável na espectroscopia de infravermelho.

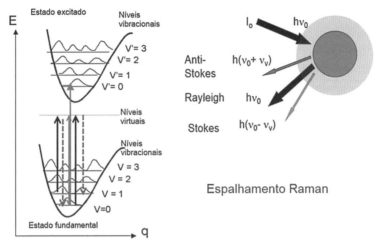

Figura 12.7 A molécula com seus níveis eletrônicos e vibracionais está sendo excitada pela colisão com o fóton (seta vertical para cima), decaindo rapidamente para o estado fundamental, porém em níveis vibracionais (v) diferentes do inicial. Essa diferença de energia vibracional do fóton espalhado pode ser registrada sob a forma de espectro Raman. Os fótons espalhados sem variação de energia (colisão elástica) constituem o espalhamento Rayleigh. Os que apresentam perda ou ganho de energia (colisão inelástica) configuram os espalhamentos Stokes e anti-Stokes, respectivamente.

Quando a energia da luz excitante coincide com os níveis eletrônicos da molécula, a seção de choque é maior, levando a uma intensificação de até cinco ordens de grandeza nos sinais Raman. Esse efeito é conhecido como Raman ressonante (RR). A grande vantagem desse efeito é a possibilidade de monitorar seletivamente as características individuais dos cromóforos existentes, fato importante no estudo dos sistemas biológicos. Por exemplo, nas proteínas que apresentam o grupo heme (ferro-porfirínico), os espectros RR colocam em destaque as vibrações do anel porfirínico, por ser esse o principal grupo cromóforo existente na estrutura. Já o correspondente espectro vibracional no infravermelho é bastante diferente do espectro Raman, pois ele não explicita apenas o cromóforo porfirínico, sendo por isso bastante complexo e com um número elevado de picos, refletindo as vibrações de todos os grupos atômicos que formam a cadeia proteica.

Por outro lado, as moléculas associadas às nanopartículas plasmônicas apresentam ainda outro efeito especial, conhecido como SERS (*surface enhanced Raman scattering*). A polarização dos plásmons pela excitação óptica pode gerar um campo elétrico superficial bastante intenso. Uma molécula adsorvida na superfície terá sua polarizabilidade afetada pelo campo da radiação excitante, comportando-se como um dipolo oscilante, cuja frequência distinta em relação à radiação excitante leva ao espalhamento inelástico que caracteriza o efeito Raman. A intensidade do espalhamento cresce com o campo elétrico gerado, e o mecanismo atuante é conhecido como eletromagnético (EM).

No caso de nanopartículas não esféricas, ou anisotrópicas, o campo elétrico associado aos plásmons concentra-se principalmente nas suas pontas ou extremidades. Da mesma forma, efeitos de borda em superfícies corrugadas, nanoestruturas e nanocavidades também levam a campos elétricos intensificados. Nanopartículas aglomeradas apresentam regiões *hot spot* localizadas nas suas confluências, dando origem a um espalhamento Raman bastante intenso. Assim, todos os fatores que influenciam a intensidade do campo elétrico plasmônico e o espectro de extinção das nanopartículas passam a ser importantes para entender o comportamento SERS das moléculas adsorvidas.

A intensificação pelo efeito EM atinge o valor máximo quando a frequência da radiação coincide com o pico observado no espectro de extinção da nanopartícula. Esse fator pode ser o único atuante, quando os demais não forem relevantes. Além do efeito EM, a influência da radiação excitante também pode se manifestar por meio dos níveis eletrônicos das moléculas adsorvidas, bem como daqueles originados da interação química com a interface metálica. Quando o efeito RR acontece com as moléculas expostas ao campo eletromagnético plasmônico, o sinergismo entre os efeitos RR e EM leva a um aumento muito grande de intensidade, e o mecanismo passa a ser denominado SERRS, ou SERS ressonante. Esse efeito é máximo quando a frequência da radiação excitante coincide com a banda de absorção da molécula. Na prática, é muito semelhante ao efeito RR puro, observado na ausência de nanopartículas, porém o espalhamento se torna mais intenso pois ocorre sob a influência do campo eletromagnético de superfície (LOMBARDI; BIRKE, 2012).

Outro efeito importante acontece quando as moléculas interagem quimicamente com as nanopartículas, com transferência recíproca de densidade eletrônica dos orbitais ocupados (HOMO) para o nível de Fermi, ou então desse nível para os orbitais moleculares vazios ou receptores (LUMO) da molécula. Tal processo é denominado transferência de carga (TC). Como no mecanismo RR, a excitação de transferência de carga também pode entrar em ressonância com o campo plasmônico oscilante, levando a uma grande intensificação do efeito SERS. Os três efeitos descritos são simultaneamente intensificados pelo campo elétrico, como mostrado na Figura 12.8.

A intensificação proporcionada pelo efeito SERS pode chegar a catorze ordens de grandeza quando todos os mecanismos atuam simultaneamente. Nesse caso, pode ser possível detectar uma única molécula, isoladamente, ancorada na superfície. A evidência de que isso está acontecendo é que a molécula isolada tem um comportamento dinâmico e sua interação com a superfície metálica muda constantemente, provocando flutuações nos espectros Raman registrados.

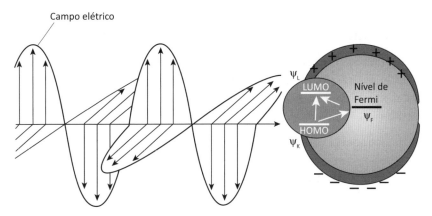

Figura 12.8 A radiação eletromagnética pode interagir com os plásmons de superfície, intensificando o espalhamento Raman pelo efeito eletromagnético; a excitação dos orbitais cheios (HOMO) e vazios (LUMO) sob efeito do campo plasmônico leva a uma intensificação Raman ressonante; a ressonância plasmônica pode ainda se acoplar à excitação de transferência de carga entre a molécula adsorvida e o nível de Fermi da partícula (efeito de transferência de carga), provocando nova intensificação no sinal.

Em virtude do efeito de intensificação Raman, as nanopartículas de ouro podem ser usadas como sondas ultrassensíveis para as espécies químicas ancoradas sobre a superfície. Esse efeito pode ser ampliado para registrar as mudanças nos espectros Raman dessas espécies, induzidas por substratos ou analitos presentes. As sondas SERS geralmente utilizam moléculas aromáticas pequenas, com grupos tióis, como os derivados de benzenotiofenol, $R-C_6H_4-SH$, mercaptopiridina, NC_5H_5SH, e trimercaptotriazina, TMT ou $C_3N_3(SH)_3$. Essas moléculas apresentam sinais SERS bastante intensos e definidos e têm sido usadas como marcadores biológicos. A ligação da molécula de TMT com a superfície de ouro é particularmente interessante, pois deixa ainda grupos nitrogenados e tióis livres para interagirem com íons metálicos. Isso tem sido usado para a monitoração SERS de alta sensibilidade para íons de metais tóxicos, como Hg^{2+} e Cd^{2+} (ZAMARION et al., 2008).

O efeito SERS também tem sido bastante usado na biologia para monitorar o espectro Raman de biomoléculas adsorvidas ou ligadas à superfície das nanopartículas plasmônicas, como de prata ou ouro, por meio de grupos específicos ou anticorpos. Apesar de as nanopartículas de prata proporcionarem uma intensificação SERS até mil vezes maior que as de ouro, estas são mais estáveis quimicamente, e sua aplicação é simplificada, utilizando radiações de maiores comprimentos de onda (por exemplo, 785 nm), as quais oferecem menos risco de degradação para as espécies biológicas.

Muitas vezes é possível fazer a monitoração direta das espécies em contato com a superfície das nanopartículas, como é o caso de DNA, proteínas e vírus. Também é comum o uso da monitoração indireta, por meio de moléculas sondas simples como o mercaptobenzeno, C_6H_5SH, e a mercaptopiridina, C_5H_4NSH, as quais são capazes de produzir sinais SERS bastante intensos quando ancoradas sobre as nanopartículas. A vantagem nesse caso é que os sinais das sondas são mais simples que os produzidos pelas espécies ancoradas, facilitando a monitoração. Esse método tem sido aplicado com sucesso na detecção do antígeno específico da próstata (PSA).

Um caso interessante foi o uso de AuNPs recobertos por sondas SERS ligados ao DNA, seguido do tratamento com nanopartículas de prata. Nesse procedimento foram geradas nanoestruturas com alta atividade SERS, capazes de detectar 20 femto mol/L (femto = 10^{-15}) de DNA.

O uso de nanopartículas com atividade SERS no imageamento de organismos vivos pode oferecer vantagens sobre os procedimentos baseados em moléculas fluorescentes (JUN et al., 2011). Um caso típico foi baseado em AuNPs de 120 nm, recobertas por uma camada de moléculas com atividade SERS e, finalmente, por uma camada de sílica. A vantagem nesse caso é que as nanopartículas permitem o imageamento de regiões mais profundas dos corpos, visto que no comprimento de onda utilizado para a excitação a luz não é absorvida pelos tecidos biológicos.

Uma sondagem ao vivo de tumor foi realizada com AuNPs de 60 nm, encapadas com moléculas com atividade SERS e com polietilenoglicol (PEG), incluindo grupos tióis (-SH) para permitir a ligação de anticorpos. Esse tipo de abordagem é de grande interesse, e está levando ao desenvolvimento de nanopartículas bioconjugadas, incorporando uma diversidade de espécies capazes de promover o reconhecimento molecular e induzir respostas imunológicas utilizando anticorpos monoclonais.

No exemplo da Figura 12.9, as nanopartículas conjugadas foram injetadas pelas veias do rabo do rato cobaia e monitoradas com luz na região do infravermelho próximo. As nanopartículas que incorporam anticorpos acabaram se fixando na região tumoral, onde foram detectadas com uma sonda externa de *laser* em 785 nm, gerando um espectro SERS característico. Observou-se que, na ausência dos anticorpos, as nanopartículas não são reconhecidas e acabam sendo detectadas no fígado, onde são processadas e eliminadas (QIAN et al., 2008).

Nanopartículas com diferentes geometrias vêm sendo desenvolvidas para aplicações em SERS, incluindo bastonetes, triângulos, bipirâmides, discos, cubos, icosaedros e estrelas, além de esferas ocas. A influência da geometria pode levar à anisotropia das nanopartículas, gerando dipolos e quadrupolos elétricos nos sentidos transversal e longitudinal, com o aparecimento de mais de uma banda plasmônica de espalhamento. Além disso, os campos elétricos plasmônicos concentram-se principalmente nas pontas, criando *hot spots* que intensificam bastante os sinais SERS. Já existe uma ampla variedade de sondas SERS no mercado, geralmente acopladas a uma instrumentação de pequeno porte, dedicada a esse tipo de análise, com baixo custo.

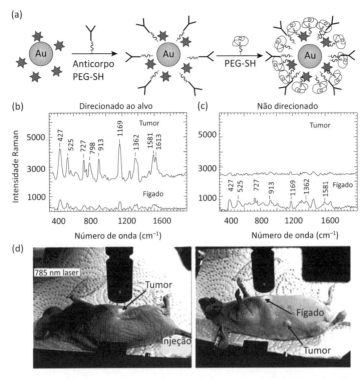

Figura 12.9 Nanopartículas de ouro conjugadas com PEG e sonda SERS (a), contendo anticorpos direcionadores (esquerda) ou não (direita), injetadas na cobaia pela veia da cauda e monitoradas na área do tumor e do fígado pelos espectros Raman (b, c) após 5 horas da injeção. As imagens (d) mostram as áreas monitoradas.

Fonte: reproduzida com permissão de Qian et al. (2008).

12.4 GRAFENOS, FULLERENOS E NANOTUBOS DE CARBONO

Algumas formas de carbono têm tido grande impacto na nanotecnologia, em virtude de suas propriedades mecânicas e elétricas associadas à regularidade estrutural que apresentam. O grafeno equivale à estrutura de um plano do grafite, apresentando ligações σ do tipo sp^2-sp^2 e ligações π deslocalizadas entre os anéis conjugados de carbono. Os vários anéis podem se juntar, como indicado na Figura 12.10, para gerar bolas (fullerenos), ou nanotubos de carbono.

No fullereno existem 12 anéis pentagonais e um número variável de anéis hexagonais acoplados, formando uma esfera, sendo a forma mais comum o C_{60}. Neste caso, existem 20 anéis hexagonais. Contudo, o número de átomos pode crescer bastante, segundo a geometria de Euler, como é o caso do C_{540}, com 260 anéis hexagonais. Os nanotubos de carbono são as formas mais intensamente investigadas, por proporcionarem elevadas resistência mecânica e condutividade, sendo essa última variável, desde o comportamento semicondutor até o metálico, dependendo do arranjo específico dos anéis aromáticos. Observa-se que tanto os fullerenos como os nanotubos de carbono podem apresentar apenas uma camada de átomos, formando paredes simples, ou várias camadas superpostas, com paredes múltiplas.

A obtenção desses nanomateriais requer o uso de descargas elétricas ou de feixes de *laser*, que são aplicados a substratos de carbono contendo elementos metálicos como Fe, Co, Ni e Y, os quais atuam como catalisadores. Os processos mais modernos vêm utilizando a decomposição térmica de vapores químicos formados por hidrocarbonetos sobre catalisadores compostos por ligas metálicas, geralmente feitas de Al, Fe e Mo. Normalmente, os nanomateriais de carbono obtidos por esses métodos são contaminados pelos elementos metálicos presentes nos catalisadores. Por isso, o emprego das nanoformas de carbono na biologia deve ser feito com cautela, visto que muitos dos problemas de toxicidade relatados na literatura são na realidade originados da contaminação com os elementos metálicos.

Existe ainda a forma mais simples de carbono, representada pelo grafeno (Figura 12.10) com sua folha típica, formada por arranjos atômicos hexagonais. Essa forma é a que tem despertado maior interesse recentemente, tanto pela novidade como pela possibilidade de aplicação na eletrônica e na biotecnologia, como suportes condutores para o desenvolvimento de plataformas sensoriais ou celulares. Outra forma de carbono utilizada em nanotecnologia é derivada do diamante, conhecida por sua grande dureza, com ligações C-C (sp^3-sp^3) de 0,154 nm. Na forma nanométrica, o diamante pode ser produzido em larga escala utilizando processos sintéticos de baixo custo e encontra aplicações na nanobiotecnologia, como sondas fluorescentes dopadas com nitrogênio e como carreadores de drogas. Recentemente estão sendo relatados *quantum dots* de carbono como novas espécies luminescentes, capazes de suportar sistemas enzimáticos e outras biomoléculas.

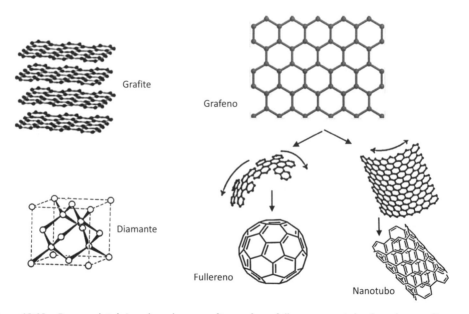

Figura 12.10 Formas alotrópicas de carbono: grafite, grafeno, fullereno, nanotubo de carbono e diamante.

É importante ressaltar que todas as nanoformas de carbono oferecem dificuldades, como a baixa solubilidade em água e na maioria dos solventes orgânicos. Por isso, elas têm sido trabalhadas quimicamente, por meio do ancoramento de grupos funcionais, como $-NH_2$, $-OH$ e $-COOH$. Os conjugados gerados a partir das espécies funcionalizadas, acopladas a biomoléculas e anticorpos, vêm sendo testados como marcadores celulares, transportadores de drogas como a dexametazona, carreadores de fatores de crescimento e siRNA em terapia genética. Os nanotubos também vêm sendo usados como agentes de contraste óptico e de ressonância magnética. Nanoestruturas fibrosas que incorporam nanotubos de carbono têm sido usadas no crescimento de células, incluindo formas revestidas com hidroxiapatita para uso na bioengenharia reconstrutiva dos tecidos ósseos, ou então revestidas com polímeros na bioengenharia de tecidos neurais.

Muitas aplicações têm sido descritas para os nanotubos de carbono em nanodispositivos, proporcionando plataformas ou redes para o desenvolvimento de biossensores ultrassensíveis, multiplexados, ou sensores resistivos sensíveis à resposta envolvendo imuno-afinidade, bem como sensores amperométricos para glicose e biossensores de DNA.

12.5 NANOPARTÍCULAS MAGNÉTICAS EM BIOTECNOLOGIA

Um dos materiais magnéticos mais abundantes na natureza é a magnetita, um óxido de ferro com valência mista de composição Fe_3O_4, ou $Fe^{II}O.Fe^{III}_2O_3$. Sua estrutura é conhecida como espinélio, onde os íon de Fe(II) estão localizados em sítios octaédricos (O_h) e os íons de Fe(III) se encontram tanto em sítios tetraédricos (T_d) como em sítios octaédricos conjugados (Figura 12.11A). Os íons de Fe(III) apresentam cinco elétrons desemparelhados, porém os *spins* em sítios conjugados acabam se acoplando, não contribuindo para o comportamento magnético. Os íons de Fe(II) permanecem magneticamente isolados e respondem rapidamente à aplicação do campo H, apresentando uma forte magnetização M, expressa por $M = \chi H d$, em que χ é a suscetibilidade magnética e d é a densidade.

As partículas podem ser descritas como nanocristais de Fe_3O_4 (Figura 12.11B), cuja magnetização é dada pela soma de todos os momentos magnéticos individuais e segue uma dependência inversa com a temperatura, expressa pela lei de Curie ou Curie-Weiss. Por seu tamanho reduzido, os momentos magnéticos se acoplam gerando um único momento magnético para a nanopartícula, correspondendo ao domínio magnético de Weiss. Sob a ação do campo magnético aplicado, os momentos magnéticos das nanopartículas se orientam rapidamente, levando a uma magnetização global que cresce até gerar um ponto de saturação (Figura 12.11C). No caso da magnetita pura, a magnetização de saturação é igual a 92 Am^2 kg^{-1}, ou 92 emu g^{-1} em unidades CGS (centímetro, grama, segundo). Na ausência do campo magnético a orientação dos momentos magnéticos desaparece instantaneamente, e essa é uma característica do comportamento superparamagnético. Isso permite que as partículas sejam dispersas e trabalhadas normalmente na ausência de campo, sem ficar aderidas às superfícies metálicas, como acontece com partículas magnéticas convencionais.

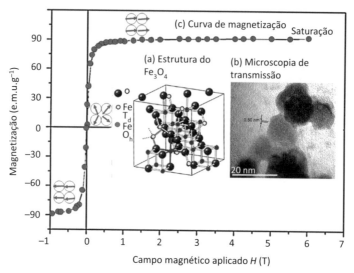

Figura 12.11 (a) Representação estrutural da magnetita, Fe_3O_4, com sítios octaédricos (O_h) de Fe(II) e sítios octaédricos/tetraédricos (T_d) de Fe(III); (b) microscopia de transmissão das nanopartículas mostrando a existência de planos cristalinos separados por 0,5 nm; (c) curvas de magnetização superpostas, obtidas a 280 K, com varredura de campo H (Tesla) nos dois sentidos, revelando histerese nula.

12.5.1 SÍNTESE DE NANOPARTÍCULAS SUPERPARAMAGNÉTICAS

Um dos métodos mais utilizados na síntese de nanopartículas superparamagnéticas é o baseado na coprecipitação de hidróxidos de Fe(II) e de Fe(III) (YAMAURA et al., 2004), segundo a reação

$$Fe^{2+} + 2Fe^{3+} + 8OH^- \rightarrow Fe_3O_4 + 4H_2O$$

Os reagentes devem ser misturados em proporções estequiométricas, em meio fortemente alcalino, sob atmosfera inerte, com aquecimento e agitação controlados. Esse método é bastante simples e eficiente, embora leve a uma maior distribuição de tamanhos, dependendo das condições empregadas. O uso de sais de tetraalquilamônio ajuda a estabilizar as nanopartículas e controlar o seu tamanho. O produto formado pode ser confinado magneticamente como um sólido preto e lavado com água, para ser processado ou modificado com outros agentes de interesse, sem necessidade de filtração ou centrifugação. Existem ímãs pequenos, de campo extremamente elevado, no comércio, como os baseados na liga de $Nd_2Fe_{14}B$, cujo campo magnético é de 11 kOe.

Em condições mais ácidas, e na presença de ar, os íons de Fe(II) da magnetita são gradualmente oxidados a Fe(III), provocando alguma reorganização estrutural, com geração de vacâncias internas e mudança de cor de preto para marrom. O produto formado é conhecido como maghemita, ou γ-Fe_2O_3, cujas propriedades são fortemente magnéticas (72 emu g^{-1}), embora sejam um pouco menores que a magnetita. Para muitas aplicações, esse produto é mais interessante, por ser mais transparente à luz visível e mais resistente à oxidação pelo ar.

Outro método importante é baseado na decomposição térmica de compostos metal-orgânicos, como os derivados de acetilacetonato, nitrosofenil-hidroxilamina, ácidos graxos e metal-carbonilos, em solvente orgânico de alto ponto de ebulição, como octadeceno, n-eicosano e tetracosano. O procedimento é feito na presença de surfactantes, como os ácidos graxos, sob atmosfera inerte e forte agitação. É necessário um controle rigoroso das condições, mas geralmente se obtém um produto com distribuição estreita de tamanhos, estabilizado por uma capa orgânica do surfactante usado. Existem ainda métodos baseados em síntese hidrotérmica, sob altas pressão e temperatura, bem como métodos que utilizam meios micelares, principalmente para produção de nanopartículas anisotrópicas.

12.5.2 PROTEÇÃO QUÍMICA E FUNCIONALIZAÇÃO DAS NANOPARTÍCULAS SUPERPARAMAGNÉTICAS

Em solução, as nanopartículas superparamagnéticas estão expostas às interações com o solvente e as moléculas presentes, incluindo reações de natureza redox. Além disso, é importante manter as partículas estabilizadas em solução, evitando sua aglomeração e sua precipitação. Por isso, é necessário fazer a proteção química e a funcionalização das nanopartículas, para obter melhores resultados nas aplicações.

A modificação direta das nanopartículas pode ser conseguida pela reação com fenóis, polímeros e outras espécies químicas, porém, para uso de longo prazo, isso pode ser insuficiente. Assim, pode ser interessante aplicar uma cobertura de reforço com sílica, reagindo a nanopartícula com tetraetoxisilano, $(C_2H_5O)_4Si$, para obter o produto MagNP@SiO$_2$. Nesse material, a presença de grupos Si-OH na superfície permite realizar novas reações de silanização, utilizando organosilanos funcionalizados, do tipo $(C_2H_5O)_3Si(C_3H_6R)$, em que R = NH$_2$ na aminopropiltri(etoxi)silano (APTS), ou R = SH no mercaptopropiltri(etoxi)silano (MPTS). O grupo R (por exemplo, –NH$_2$ e –SH) permite promover a ligação de outras espécies, por meio de reações químicas com agentes de acoplamento (por exemplo, glutaraldeído) adequados. Dessa forma, é possível ancorar novas espécies nas nanopartículas magnéticas, incluindo catalisadores e biomoléculas. Por isso, a funcionalização tem um papel essencial no planejamento de sistemas bioconjugados para uso médico.

12.5.3 NANOPARTÍCULAS SUPERPARAMAGNÉTICAS PARA IMAGEAMENTO

O imageamento por ressonância nuclear magnética (MRI) vem sendo bastante utilizado na medicina como um recurso não invasivo que permite a monitoração de tecidos e a detecção de patologias e lesões (LIU et al., 2011). O MRI é um recurso bastante avançado, em que o sinal captado para imageamento provém da excitação dos *spins* nucleares dos prótons, orientados pelo campo magnético. A intensidade dos sinais está relacionada com o tempo de relaxação dos *spins* nucleares da água, que corresponde ao tempo necessário para que a energia absorvida seja dissipada. Existem duas contribuições importantes para o tempo de relaxação (T). Uma, conhecida como relaxação longitudinal, T_1, envolve o componente relacionado com a interação do *spin* nuclear do átomo de hidrogênio da água com o ambiente químico ao seu redor. A outra contribuição envolve a interação *spin-spin* entre os núcleos vizinhos, conhecida como relaxação transversal, T_2.

As nanopartículas superparamagnéticas acabam interagindo com as moléculas de água, mediante um forte acoplamento dipolar que diminui o tempo de relaxação transversal (T_2). Assim, a presença das nanopartículas altera os sinais de ressonância magnética nuclear, intensificando o contraste na imagem. Na realidade, elas atuam como agentes de contraste negativo, por gerar imagens escuras no ambiente em que estão presentes. Esse resultado difere do observado com os íons paramagnéticos de gadolínio, Gd^{3+}, que atuam como agentes de contraste positivo. Estes modificam o tempo de relaxação longitudinal (T_1), intensificando o brilho das imagens por MRI.

A medida da eficiência do agente de contraste pode ser expressa pela velocidade de relaxação, que corresponde ao inverso do tempo de decaimento do sinal, T_2, segundo a equação

$$\frac{1}{T_2} = \frac{1}{T_2^0} + R_2 \left[Fe_3O_4 \right]$$

sendo R_2 a relaxatividade intrínseca associada às nanopartículas. Quando R_2 é elevado, o tempo de relaxação diminui, aumentando o contraste na imagem. Vários agentes de contraste superparamagnéticos podem ser encontrados no comércio, como o Endorem, que apresenta nanopartículas em torno de 58 nm e R_2 = 107 (mM^{-1} s^{-1}); Feridex, com nanopartículas de 18 nm a 24 nm e R_2 = 35 (mM^{-1} s^{-1}) e (0,47 T); e o Sinerem, constituído por nanopartículas de 17 nm a 20 nm e R_2 = 53 (mM^{-1} s^{-1}) (valores medidos para um campo aplicado de 0,47 T). Um novo agente patenteado pela Universidade de São Paulo foi desenvolvido com nanopartículas de magnetita funcionalizadas com fosfoetanolamina (UCHIYAMA et al., 2015). Além da excelente biocompatibilidade, esse agente apresentou uma das maiores relaxatividades conhecidas (R_2 = 178 (mM^{-1} s^{-1})) com nanopartículas de raio médio de 11,3 nm, além de atuar como eficiente agente de confinamento magnético de drogas em tecidos.

O uso de nanopartículas superparamagnéticas como agentes de contraste em MRI também tem estimulado seu aproveitamento como carreadores de fármacos, guiados por campos magnéticos, como será discutido mais adiante.

12.6 NANOPARTÍCULAS MAGNÉTICAS EM BIOCATÁLISE

A biocatálise é um dos pontos fortes da biotecnologia, em virtude do impacto econômico associado. Ela tem sido empregada em diversos setores, como fabricação de fármacos, processamento de alimentos, fertilizantes e combustíveis. Os procedimentos da biocatálise utilizam enzimas, geralmente produzidas comercialmente, ou células e microrganismos extraídos ou cultivados. As enzimas são importantes biocatalisadores, e sua natureza proteica as torna espécies frágeis, sujeitas a deformação e desnaturação que limitam o uso de forte agitação ou temperaturas elevadas. Todas apresentam um ou mais sítios ativos onde se processa a catálise, sendo comum a presença de grupos prostéticos como porfirinas atuando no centro catalítico. Também é bastante frequente a participação de outras espécies, conhecidas como cofatores, que auxiliam a catálise, fornecendo elétrons, prótons ou promovendo a ativação de grupos próximos do centro ativo. Os aspectos conformacionais são bastante importantes para a ação enzimática, proporcionando canais para entrada e saída de substratos e produtos.

Atualmente a biocatálise tem sido bastante impulsionada com os avanços da biologia molecular, permitindo a obtenção de compostos quirais ou de formas enantioméricas puras. Os fármacos quirais estão sendo cada vez mais valorizados, pois o desempenho é muito superior em relação aos que não apresentam quiralidade. O mercado de fármacos quirais compreende produtos de uso cardiovascular, antibióticos, hormônios, vacinas, produtos oftálmicos, dermatológicos e para tratamento de câncer, doenças do sistema nervoso central, respiratórias, gastrointestinais e antivirais.

Na biocatálise se usam reatores específicos, equipados para um bom desempenho, com controle de temperatura, agitação e monitoração online do processo. Porém, um aspecto crítico é que, após a catálise, a enzima continua no meio reacional e raramente pode ser reaproveitada, encarecendo bastante a produção. Esse problema tem sido parcialmente superado com a imobilização das enzimas sobre substratos sólidos como polímeros e materiais cerâmicos, projetados com os mais diferentes formatos, permitindo sua reciclagem após o processo. Verifica-se que, como as enzimas já não estão livres no meio reacional, a eficiência passa a ser limitada pela área superficial do suporte catalítico onde ocorre todo o processo. Isso exige um design mais elaborado do reator para obter bons resultados.

É nesse ponto que a nanotecnologia pode contribuir para o melhoramento da biocatálise. As nanopartículas magnéticas, quando usadas como suporte enzimático, preservam a mobilidade do catalisador no meio reacional, como ocorre na catálise homogênea. Ao mesmo tempo, ao sustentar o arcabouço proteico, conferem maior estabilidade às enzimas com respeito aos efeitos mecânicos e térmicos durante o processo catalítico. Além disso, oferecem a possibilidade de recuperação e reuso das enzimas pela simples aplicação de um campo magnético externo ao meio reacional (NETTO; TOMA; ANDRADE, 2013). Como em todo processo de imobilização, também é possível que a nanopartícula obstrua o acesso aos sítios ativos; contudo, relatos nesse sentido têm sido raros na literatura. Da mesma forma, a nanopartícula, além de proporcionar mais rigidez aos grupos proteicos ancorados, também pode provocar mudanças conformacionais nos centros ativos, com reflexos positivos ou negativos, como acontece em qualquer catálise suportada.

A forma de imobilização é um aspecto crítico na catálise enzimática suportada. É possível fazer uma simples adsorção física da enzima quando a catálise é feita em meio apolar, como éter ou solvente orgânico compatível. A baixa solubilidade da enzima nesse meio evita seu desligamento da nanopartícula, porém, quando se trabalha em meio aquoso, a lixiviação se torna inevitável. A adsorção das enzimas sobre nanopartículas ou superfícies recobertas com polímeros como quitosana, ágar, agarose etc. tem sido feita com frequência, alcançando bons resultados, embora ainda seja passível de lixiviação.

Uma forma mais confiável de imobilização é por meio da ligação química. Ela proporciona um baixo risco de lixiviação da enzima, mas depende da escolha do agente de acoplamento, pois ele também pode ter influência no processo. Por exemplo, no caso de nanopartículas magnéticas funcionalizadas com aminoorganosilanos, é possível explorar a presença dos grupos aminas, tanto no suporte como na enzima, e fazer o acoplamento utilizando glutaraldeído. O acoplamento do grupo amina com o ácido carboxílico pode ser feito por meio de um agente conhecido como EDC, ou EDC/NHS, gerando uma ponte amida bastante estável. No caso de ensaios biológicos mais específicos, é possível fazer uso da ligação por afinidade, utilizando agentes de reconhecimento como a biotina e a avidina. A biotina é uma molécula pequena que se aloja perfeitamente na cavidade receptora da streptavidina. Quando a streptavidina é ligada a enzimas, elas se tornam capazes de reconhecer e se ligar à nanopartícula previamente modificada com biotina.

Conforme discutido por Netto, Toma e Andrade (2013), um grande número de enzimas vem sendo imobilizado em nanopartículas superparamagnéticas, mostrando uma melhoria de desempenho, associada a um aumento de estabilidade e possibilidade de reciclagem. Uma aplicação interessante da catálise enzimática suportada é exemplificada pela resolução enantiométrica de álcoois secundários, como o (RS)-1-(fenil)etanol e derivados, empregando a enzima *Burkholderia cepacia lipase (BCL) imobilizada em nanopartículas magnéticas,* como representado no esquema da Figura 12.12.

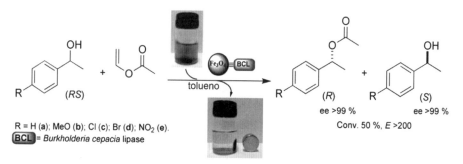

Figura 12.12 Representação do processo de resolução de álcoois secundários com a lipase BCL imobilizada em nanopartículas superparamagnéticas, com um excesso enantiomérico (ee) superior a 99%.

Fonte: cortesia de Caterina G. C. M. Netto.

Nesse exemplo, o estereoisômero R do álcool secundário sofre transesterificação seletiva com o acetato de vinila, mediada pela lipase suportada em nanopartículas magnéticas. O processo procede de forma quantitativa, com uma resolução enantiomérica maior que 99%, deixando o isômero S inalterado e enantiomericamente puro.

Os dois produtos, já resolvidos enantiomericamente, podem ser facilmente separados por cromatografia. No trabalho em questão foram empregadas diversas formas de imobilização, usando adsorção direta em nanopartículas magnéticas funcionalizadas com APTS (BCL-APTS-MagNP), acoplamento químico com glutaraldeído (BCL--Glu-APTS-MagNP) e acoplamento com dicarboxibenzeno, via EDC (BCL-carboxi--APTS-MagNP). Todas essas três formas apresentaram desempenho superior em relação à enzima livre. Os testes de reciclagem revelaram a manutenção de um excelente desempenho até nove ciclos sucessivos, sendo que a melhor resposta foi obtida com a enzima acoplada via glutaraldeído.

A biocatálise suportada em nanopartículas magnéticas também tem sido aplicada a enzimas desidrogenases, como formato-desidrogenase (FDH), formaldeído-desidrogenase (FalDH) e álcool-desidrogenase (ADH), inseridas no ciclo de redução do CO_2 até CH_3OH e representada no esquema:

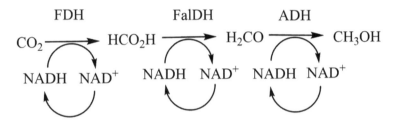

Essas desidrogenases apresentam um íon de Zn^{2+} coordenado a resíduos de aminoácidos como histidina, cisteína e aspartato, com um sítio de coordenação livre para a ligação dos substratos. Todas são dependentes de $NADH/NAD^+$, apresentando um sítio específico para acomodação dessas espécies nas proximidades do sítio catalítico, de modo a facilitar a transferência de elétrons para o substrato. Os estudos têm revelado que a atividade da desidrogenase é aumentada com o uso das nanopartículas magnéticas, as quais ainda conferem maior estabilidade térmica e boa reciclabilidade às enzimas.

Outro exemplo interessante refere-se à obtenção do biodiesel a partir de óleo de soja e metanol, por meio da catálise com lipase (*Pseudomonas cepacia*) suportada em nanopartículas magnéticas (ANDRADE et al., 2016). Nesse processo, as nanopartículas de magnetita foram previamente tratadas com dopamina, gerando de forma espontânea um revestimento de filme de polidopamina. A enzima é imobilizada diretamente sobre o filme, pela adição de Michael envolvendo os grupos catecóis, sem a necessidade de usar agentes de acoplamento (Figura 12.13). A catálise de transesterificação pode ser feita diretamente no óleo de soja, pela adição controlada de metanol, produzindo biodiesel com um rendimento de 90% a 37 °C, e reciclagem acima de 70% após três ciclos de uso. Foi constatado que o metanol em excesso tem um efeito inibidor sobre a ação enzimática, provocando uma diminuição gradual da eficiência da reciclagem após o terceiro ciclo.

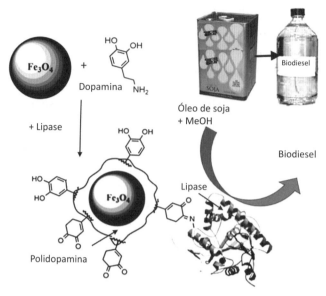

Figura 12.13 Modificação das nanopartículas com dopamina e imobilização direta da lipase sobre elas, para uso na síntese do biodiesel partindo de óleo de soja e metanol, a 37 °C.

Fonte: cortesia de Marcos F. C. Andrade.

12.7 NANOMEDICINA REGENERATIVA

Uma das limitações dos medicamentos atualmente disponíveis no mercado é a ausência de especificidade em relação ao sítio patológico. Menos de 1% da dose administrada consegue chegar até o alvo; o restante acaba se dispersando no organismo, podendo provocar efeitos colaterais e consequências associadas aos picos de concentração após a aplicação. Além disso, problemas de solubilidade e estabilidade podem diminuir a disponibilidade da droga, exigindo um aumento considerável da dose a ser aplicada para se atingir o nível terapêutico desejado. Assim, o carreamento eficiente de fármacos até o alvo e sua liberação controlada são metas que vêm sendo intensamente perseguidas para maximizar a eficiência terapêutica.

Uma atenção especial vem sendo dada para o desenvolvimento de nanossistemas aplicados à medicina regenerativa (VERMA; DOMB; KUMAR, 2011), incluindo a liberação controlada de droga e a construção de matrizes estruturalmente semelhantes ou adequadas para o crescimento de células. O uso de nanopartículas para transporte e liberação de drogas já foi em parte discutido neste capítulo. Outra forma bastante utilizada baseia-se no encapsulamento de drogas, utilizando hospedeiros inorgânicos, orgânicos ou lipossomas. A construção de matrizes para a regeneração de tecidos, vasos e estruturas tem feito uso de polímeros e materiais previamente modificados para torná-los compatíveis com os sistemas biológicos, por exemplo, incorporando padrões estruturais e funcionalidades que influenciam a resposta celular e seu crescimento.

12.7.1 NANOCARREAMENTO E LIBERAÇÃO CONTROLADA DE FÁRMACOS

Depois da liberação do primeiro nanofármaco (Doxil) em 1995, contendo o agente anticancerígeno doxorubicina encapsulado em lipossoma, o nanocarreamento e a liberação controlada de fármacos passaram a ser intensamente pesquisados em todo o mundo. Atualmente, os trabalhos nessa linha buscam:

1) melhorar a disponibilidade do fármaco, sem os riscos associados aos picos de concentração após a injeção ou ingestão, mantendo um nível constante de ação sem a necessidade de aplicações frequentes;

2) controlar a toxicidade de algumas drogas;

3) permitir uma melhor interação com as membranas celulares;

4) conjugar altas variedade e concentracão de agentes terapêuticos;

5) desenvolver recursos multifuncionais em uma mesma nanopartícula, com revestimentos capazes de prolongar o tempo de circulação no sangue, ou de facilitar o cruzamento das diferentes membranas biológicas no organismo;

6) ajustar propriedades físicas, dimensões e cinética de liberação de droga.

Deve ser lembrado, porém, que os nanocarreadores, por serem maiores que as drogas que eles transportam, correm o risco de serem reconhecidos pelo sistema imune, e ainda terão de vencer as várias barreiras que existem no organismo. Por isso, o carreador ideal deverá ser capaz de conduzir a droga ao alvo desejado e ser estável no meio biológico para maximizar a sua ação, sem ser tóxico aos componentes celulares do sangue. O design desse carreador deve levar em conta uma série de fatores, como composição, tamanho, propriedades físico-químicas da superfície, forma, estabilidade, circulação prolongada no sistema sanguíneo, especificidade em relação ao alvo, cinética de liberação adequada e facilidade de ser capturado pela célula.

No organismo, o caminho seguido pelos carreadores de drogas começa com a administração. Depois acontece a distribuição (até chegar ao alvo) e o metabolismo (degradação enzimática). Finalmente, termina com a eliminação, geralmente por via renal. Quando os carreadores são planejados para serem administrados por via oral, eles devem ser capazes de resistir às condições drásticas do trato gastrointestinal, superando o efeito da alta acidez e a ação das enzimas metabólicas. Também deverão resistir à primeira passagem pelo fígado. Se os nanocarreadores que resistiram a essas etapas conseguirem aderir à mucosa, eles poderão ganhar um maior tempo de residência e terão maiores possibilidades de passar para o sistema epitelial.

A maioria dos nanomedicamentos, contudo, é planejada para administração parenteral (intravenosa, subcutânea, intramuscular, intradermal e intraperitoneal). A injeção intravenosa coloca os nanocarreadores diretamente na corrente sanguínea, porém o contato imediato com um meio de maior força iônica pode levar à sua agregação, gerando complicações como o entupimento de capilares e a formação de coágulos. Por isso, no design de nanocarreadores, sua estabilidade no meio biológico é um ponto crítico a ser considerado.

Dentro do organismo, os nanocarreadores poderão sofrer mudanças de tamanho e cargas, principalmente ao assimilar o chamado efeito "corona" por meio da associação com as biomoléculas e as proteínas presentes. Assim, sua biodistribuição dependerá das propriedades físico-químicas, da interação com as proteínas do plasma, da capacidade de extravasar pelos vasos sanguíneos, e também dos processos que levam à sua remoção da circulação. O tempo de permanência poderá depender da eficiência da filtragem por rins, fígado e baço. Por isso, as partículas pequenas são mais prováveis de serem eliminadas na urina, enquanto as partículas grandes poderão ficar retidas por mais tempo no organismo. Enquanto não conseguem ser eliminadas pelo fígado, elas ficam sujeitas a processos metabólicos e excreção biliar ou então serão distribuídas pelos tecidos. Atualmente, a inexistência de protocolos definidos para avaliar a distribuição dos nanomedicamentos pelo organismo tem tornado difícil a comparação dos resultados e sua regulamentação.

Para serem efetivos, os carreadores de fármacos precisam atingir o alvo antes de serem eliminados. Note-se que seu reconhecimento pelo retículo endoplasmático, composto por células de defesa (monócitos e macrófagos) contra organismos estranhos, pode levar à sua rápida remoção da circulação sanguínea, limitando seu potencial terapêutico. Macrófagos também estão presentes em: fígado, baço, pulmão, medula espinal e nódulos linfáticos, e podem remover os nanocarreadores por fagocitose em minutos. A ligação de opsoninas como fibrinogênio e imunoglobulinas pode aumentar a retirada e induzir a fagocitose dos nanocarreadores pelas células de defesa. Assim, no design dos nanocarreadores, os grupos na superfície devem ser planejados cuidadosamente, evitando a ligação dessas opsoninas. Por exemplo, carreadores inorgânicos têm sido recobertos com polietileno glicol (PEG), copolímeros de bloco de polioxopropileno e polioxoetileno denominados poloxâmeros, além de dextran ou quitosana, para prolongar seu tempo de circulação no organismo.

Lipossomas contendo fosfolipídeos e colesterol não estão imunes à ligação com opsoninas, e, por isso, é comum a adição de PEG, um polímero hidrofóbico cujo efeito estérico de suas cadeias é capaz de evitar a ligação das nanopartículas com proteínas, como as opsoninas. Entretanto, o PEG não é biodegradável. Normalmente ele é eliminado na urina ou nas fezes, porém, quando seu peso molecular é elevado, ele pode se depositar nos lisossomos e nos vacúolos dos rins. Além disso, seu uso frequente pode estimular uma resposta imune, gerando anticorpos contra ele.

O transporte passivo de nanocarreadores depende da permeabilidade e da retenção destes no sistema vascular dos tumores, sendo que as próprias áreas inflamadas podem servir de guia para direcionamento e acumulação dos nanofármacos. Nos tumores, os vasos sanguíneos são mais frágeis e porosos, dando maior acesso à entrada de nanopartículas. Essa constatação é reconhecida pela sigla EPR (*enhanced permeability and retention*). A retenção dependerá do tamanho dos nanomedicamentos, bem como de cada tipo de tumor e sua localização. Em geral, no tecido cancerígeno, a drenagem pelo sistema linfático é menos eficiente quando comparada com a dos tecidos sadios, aumentando o tempo de residência das nanopartículas.

Nanopartículas de ouro (20 nm) conjugadas com anticorpos (immunoglobulina G), albumina, proteína A, polietilenoglicol e citrato foram testadas *in vitro* em células humanas do sistema vascular (UCHIYAMA et al., 2014). Elas foram internalizadas e detectadas no citoplasma (Figura 12.4). Contudo, não foram observados danos aos eritrócitos, nem apoptose ou necrose dos leucócitos e das células endoteliais. A injeção intravenosa dessas nanopartículas em cobaias não provocou hemorragia, hemólise ou formação de trombos. Entretanto, houve supressão da adesão de leucócitos nas paredes pós-capilares dos vasos, que é um estágio primário do processo inflamatório. Outros testes confirmaram a ação anti-inflamatória *in vitro*, mostrando o potencial de uso terapêutico e em diagnose dessas nanopartículas conjugadas.

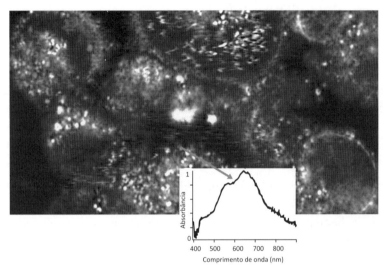

Figura 12.14 Imagem hiperespectral de células endoteliais de veia umbilical humana (HUVEC) tratadas com nanopartículas conjugadas com imunoglobulina G, albumina, proteína A, etilenoglicol e citrato, e espectro de extinção da nanopartícula amostrada.

Fonte: cortesia de Mayara K. Uchiyama.

Da mesma forma que os fármacos convencionais, os nanofármacos que agem como agentes transportadores e liberadores de ativos ainda sofrem da baixa eficiência com que chegam aos alvos, embora tenham desempenho superior ao dos fármacos livres.

O direcionamento das drogas até os alvos, ou *drug targeting*, foi postulado pela primeira vez por Paul Ehrlich em 1906 e implica escolher um alvo apropriado para uma dada doença e, depois, encontrar uma droga eficiente, além de um meio de fazer seu transporte até ele.

O reconhecimento pode ser feito por grupos ou ligantes específicos colocados na superfície dos carreadores e que tenham maior afinidade pelo sítio-alvo. Sabe-se que, no estado patológico, muitas células expressam de forma exacerbada a produção de algumas moléculas em relação às células sadias. Essas moléculas podem servir de alvo para os carreadores funcionalizados com ligantes apropriados. O reconhecimento do alvo envolve interações específicas ligante-receptor, e, por isso, podem ser usados agentes como anticorpos ou seus fragmentos, lecitina, lipoproteínas, hormônios, polissacarídeos e folato, entre outros.

O câncer normalmente expressa a produção acentuada de muitas moléculas-alvo em relação às células normais e pode ser suscetível ao tratamento com liberação dirigida de drogas. Um exemplo típico é a transferrina. Essa glicoproteína transporta ferro para o interior da célula e proporciona um ligante-alvo que pode ser utilizado na terapia do câncer, pois seu receptor é superexpresso nas células doentes. Isso tem sido observado em carcinoma, câncer de mama, gliomas, adenocarcinoma pulmonar, leucemia linfócita crônica, linfoma de Hodgkin e outros. Outros ligantes-alvo são os fatores de crescimento, visto que desempenham um papel fundamental na regulação e na replicação celular. De fato, a expressão do receptor de fator de crescimento epidermal é bastante intensificada em vários tumores humanos.

Ao atingir o alvo, as drogas devem ser liberadas dos nanocarreadores para tornarem-se biodisponíveis. A liberação pode ocorrer de forma passiva, facilitada pela degradação da nanopartícula ou polímero, mas também pode ser provocada por estímulos, como mudanças de temperatura (hipertermia), pH e potencial redox, irradiação com luz, exposição a campo magnético, ultrassom, ou pela ação de certas enzimas.

Um grande desafio na medicina atual é o transporte de drogas terapêuticas até o cérebro. Nele existe uma proteção natural conhecida pela sigla BBB (*blood-brain barrier* ou barreira hematoencefálica) que evita a entrada de agentes nocivos e também bloqueia a passagem de drogas. Células endoteliais microvasculares do cérebro constituem a base anatômica da BBB, como ilustrado na Figura 12.15. Elas formam junções muito fechadas que impedem a difusão de moléculas através delas, discriminando moléculas de lipídeos solúveis em relação às proteínas maiores, por um fator de oito vezes. O limite superior de poro da BBB para realizar o transporte passivo de moléculas é muito menor que 1 nm, o que exclui de imediato as nanopartículas. Além disso, existem células contráteis denominadas pericitos (*pericytes*) que atuam nas membranas que sustentam as células endoteliais, regulando o fluxo sanguíneo capilar. Outras células conhecidas como astrócitos também dão suporte às células endoteliais da BBB, transportando nutrientes e atuando no transporte e no balanceamento iônico extracelular.

Entretanto, o sistema de proteção exercido pela BBB não é estático ou passivo. Existem diversos carreadores e sistemas de transporte, além de enzimas e receptores que controlam a passagem de moléculas no endotélio da BBB. Sabe-se que o cérebro necessita de um suprimento de ferro para manter sua atividade, e, por isso, a transferrina, que é a biomolécula transportadora desse elemento, consegue atravessar a BBB mediada pelos receptores existentes. O mesmo acontece com a insulina e a imunoglobina G. Nanopartículas conjugadas podem ser projetadas para explorar a existência desses receptores e, dessa forma, promover a passagem de agentes terapêuticos através da BBB (JAIN, 2012). Uma das drogas que vêm sendo transportadas com sucesso por nanopartículas poliméricas é a doxorubicina, um poderoso agente anticancerígeno. Essas partículas, quando aplicadas em ratos com glioblastoma intracranial, aumentaram o tempo de vida, levando à remissão completa do tumor em 20-40% dos casos. Outro agente anticancerígeno, tamoxifen, está sendo incorporado em dendrímeros de PAMAM de quarta geração, os quais se mostraram capazes de atravessar a BBB e transportar a droga até as células do glioma.

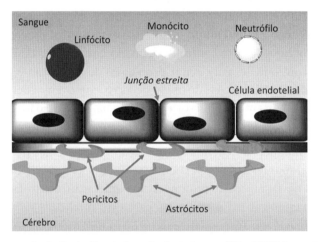

Figura 12.15 Representação ilustrativa da barreira hematoencefálica (BBB) formada pelas células endoteliais, com junções muito estreitas que dificultam a passagem de espécies, contando ainda com uma proteção adicional exercida por pericitos e astrócitos nas proximidades.

O transporte de fármacos através da BBB com o auxílio de nanopartículas carreadoras também está sendo testado no tratamento de doenças como Alzheimer e Parkinson, com resultados bastante promissores (HERNANDO et al., 2016). Entre as drogas mais utilizadas estão antioxidantes como o reverastrol, catequinas e drogas quelantes de metais, além da curcumina. A rivastigmina é um medicamento importante, porém limitado pela baixa disponibilidade quando aplicado, em decorrência de sua natureza hidrofílica. Com a utilização de nanopartículas poliméricas a disponibilidade da droga aumentou quase quatro vezes em relação à forma pura. O uso de nanopartículas de quitosana com rivastigmina tem demonstrado redução de toxicidade e aumento da atividade de memória em comparação com a droga original. Nanopartículas de lipídeos sólidos também vêm sendo utilizadas como transportadores, com bons resultados. O uso da dopamina tem sido limitado pela sua baixa capacidade de atravessar a BBB, em virtude de sua característica hidrofílica, além de provocar náuseas e hipotensão. Sua associação com nanopartículas de quitosana tem permitido um grande avanço nos tratamentos.

Estudos mais amplos sobre o transporte e a liberação controlada de drogas têm demonstrado que, apesar da melhoria de desempenho proporcionada pelo uso de agentes de reconhecimento, a concentração dos nanofármacos sobre os alvos ainda está muito abaixo do desejável em relação ao total administrado no organismo. Isso reflete a complexidade do problema, envolvendo o longo percurso dos medicamentos no organismo e a ocorrência de múltiplos eventos até chegar ao alvo.

Nesse sentido, a administração direta do nanomedicamento na região-alvo pode ser uma boa alternativa se a doença não estiver espalhada no organismo. Para isso, uma possibilidade interessante é a utilização de um carreador baseado em nanopartículas superparamagnéticas, que podem ser guiadas e depois concentradas no local desejado pela aplicação de um campo magnético externo. Tal procedimento permite aplicação local, porém exige um controle adequado das nanopartículas carreadoras e de sua interação com o meio, para evitar problemas de agregação e precipitação. Em particular, o uso de nanopartículas de óxido de ferro, como a magnetita e a maghemita, tem se mostrado bastante promissor e revelado baixa toxicidade, com alto tempo de permanência no local de aplicação, sob ação de um pequeno ímã externo.

A vetorização magnética depende da aplicação de gradientes de campos adequados para dirigir ou manter as nanopartículas terapêuticas no alvo, de modo que possam transportar os fármacos e promover sua liberação controlada no local. As nanopartículas magnéticas mais utilizadas para essa finalidade têm sido as de magnetita, pela alta capacidade de magnetização (92 e.m.u/g) e pela baixa toxicidade, além do baixo custo e da excelente biocompatibilidade.

Os primeiros relatos de sucesso no uso de nanopartículas magnéticas administradas por via intratumoral foram feitos com o carreamento do fármaco mitoxantrona em coelhos. A aplicação do campo magnético levou ao acúmulo das partículas sobre todo o tumor, e após um período de três meses de observação constatou-se a completa extinção do tumor. Quando se aplicou o procedimento convencional nesse caso, os resultados não foram satisfatórios.

A biodistribuição de nanopartículas magnéticas transportadoras de doxorubicina injetadas por via intravenosa revelou um grande aumento de concentração sobre o alvo na presença de um campo magnético de 210 mT e gradiente de campo de 200 mT cm^{-1}, com significativa redução no nível de eliminação por via hepática. Da mesma forma, o acompanhamento das nanopartículas magnéticas em tecidos do cérebro tem demonstrado a capacidade dessas partículas de permear a barreira hematoencefálica.

Nanopartículas de magnetita revestidas com policaprolactona foram carregadas com gemcitabina, aplicadas a cobaias e direcionadas magneticamente, revelando um aumento de quinze vezes na concentração intratumoral em relação ao fármaco aplicado na forma livre.

12.7.2 NANOCARREADORES TÍPICOS NAS INDÚSTRIAS FARMACÊUTICA E COSMÉTICA

A ciclodextrina é um dos sistemas mais empregados na indústria farmacêutica, por sua biocompatibilidade e sua versatilidade, permitindo melhorar a solubilidade e reduzir odores e sabores desagradáveis. Ela é formada por anéis de glicose unidos nas posições α(1,4), gerando estruturas de tronco de cone, como ilustrado na Figura 12.16. As hidroxilas que ficam expostas na parte externa do cone conferem um comportamento hidrofílico, aumentando a solubilidade em meio aquoso. Entretanto, o ambiente interno, na cavidade, apresenta características hidrofóbicas devidas aos grupos C-H e C-O-C. Isso facilita a entrada de moléculas orgânicas, permitindo a inclusão de fármacos em seu interior. A forma comercial é obtida a partir do amido sob ação da enzima ciclodextrina-glucanotransferase, e é mais conhecida pelas formas β e γ com 5, 6 e 7 unidades de glicose, gerando cavidades de 0,57 nm, 078 nm e 0,95 nm, respectivamente.

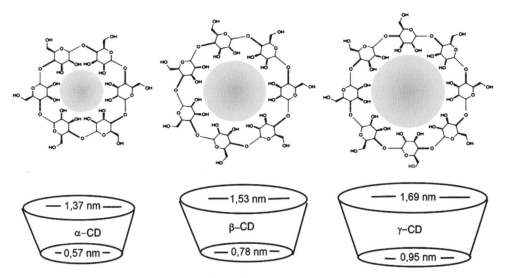

Figura 12.16 Estruturas α, β e γ da ciclodextrina e suas respectivas cavidades.

Existem formulações voltadas para o encapsulamento de fármacos e agentes químicos baseadas em lipossomas (Figura 12.17). Elas podem ser geradas com as mais diferentes composições das membranas envoltórias, que devem ser biocompatíveis e degradáveis. Para isso, é comum o uso de proteínas (gelatinas), lipídeos, quitosana e polímeros. Esse recurso é muito empregado na cosmética para encapsular agentes, como manteiga de Karité, vitaminas, óleo de girassol, óleo de jojoba, ômega-3 etc. Os lipossomas apresentam geralmente diâmetros bem maiores que as nanopartículas e, dependendo das aplicações, muitos são utilizados com dimensões micrométricas.

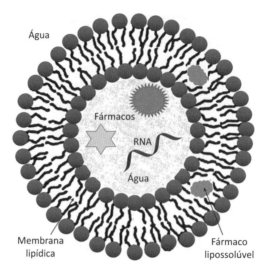

Figura 12.17 Representação estrutural de um lipossoma carreador de fármacos e biomoléculas.

Nanoesferas orgânicas, conhecidas como dendrímeros (Figura 12.18), também vêm sendo usadas como agentes carreadores de drogas, por causa das cavidades existentes entre os "galhos" internos, dispostos de modo semelhante à copa de uma árvore. Essas espécies moleculares permitem um controle mais fino das dimensões e apresentam diversas composições, sendo comum o uso de aminas secundárias para promover a ramificação dendrimérica, como é o caso da poliamidoamina conhecida como PAMAM. Uma das vantagens dos dendrímeros é o controle preciso de sua estrutura e sua funcionalidade, permitindo o carreamento de mais de um tipo de droga, além da alta capacidade de carga e da baixa toxicidade.

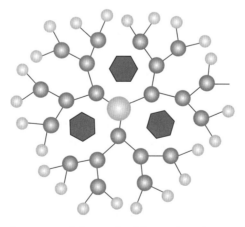

Figura 12.18 Representação estrutural de um dendrímero de poliaminoamina (PAMAM) com suas cavidades para transporte de fármacos.

Nanopartículas magnéticas de óxido de ferro têm sido encapadas com polietileno-glicol-quitosana, incorporando o agente clorotoxina (extraído do veneno de escorpião). Este tem como alvo específico os tumores, além de ser um fluoróforo. Essas nanopartículas parecem não provocar danos à BBB e permanecem retidas nos tumores, com baixa toxicidade. Suas propriedades fluorescentes melhoram o contraste entre os tecidos tumorais e os tecidos normais, tanto por ressonância nuclear magnética como por imageamento óptico, possibilitando realizar a cirurgia com maior precisão. Assim, a incorporação de drogas anticangerígenas nesta etapa ainda permite transformar as nanopartículas conjugadas em agentes "teranósticos", isto é, capazes de realizar terapia e diagnóstico ao mesmo tempo.

Nanopartículas lipídicas sólidas vêm sendo bastante pesquisadas nos últimos anos como carreadores de fármacos aprisionados em seu interior. Apesar de apresentarem menor capacidade de carga, elas podem exibir uma grande estabilidade eletrostática e conduzir vários tipos de agentes de pequeno tamanho. Um exemplo interessante são as nanopartículas lipídicas carregadas com o agente antioxidante idebenona, que se mostraram capazes de atravessar a BBB.

Outra aplicação do nanoencapsulamento está na terapia fotodinâmica. Nesse procedimento, o agente fotoquímico é injetado no organismo e depois sensibilizado pela luz, visando à geração de oxigênio no estado singleto ($^1O_2$) e, eventualmente, de outras espécies reativas de oxigênio. Essas espécies provocam danos celulares, incluindo ataque ao DNA, levando à morte celular. Tem sido constatado que agentes fotossensibilizadores, como a trifenil(N-metilpiridínio)porfirina, administrados a células HeLa acabam se concentrando na membrana citoplasmática, provocando fotodegradação e necrose celular (DEDA et al., 2013). Quando o agente foi incorporado em nanocápsulas poliméricas de goma de xantana com atelocolágeno marinho, ele passou para o interior da célula, via endocitose, acumulando-se na mitocôndria e nos lisossomos. Os danos fotoquímicos provocados à célula foram menores neste caso, levando à morte celular por apoptose, em vez de necrose.

Existem ainda estruturas hospedeiras tipicamente inorgânicas, como os hidróxidos duplos lamelares (Figura 12.19), a argila e as sílicas mesoporosas. Os hidróxidos duplos lamelares, também conhecidos como HDL, apresentam uma constituição básica do tipo $M^{2+}_{(1-x)}M^{3+}_{(x)}(OH)_2$(ânion).$nH_2O$. Um tipo bastante usado é formado por magnésio (Mg^{2+}) e alumínio (Al^{3+}). Sua estrutura apresenta duas fitas ou camadas de óxido separadas por um espaço que é geralmente ocupado por ânions, como CO_3^{2-}, mas que podem ser trocados por outras espécies aniônicas de interesse. Dessa forma, o HDL pode incorporar agentes ativos, como o ânion diclorofenaco (Voltaren), e promover sua liberação lenta, de forma espontânea ou sob ação do suco gástrico estomacal, onde podem exercer uma ação antiácida.

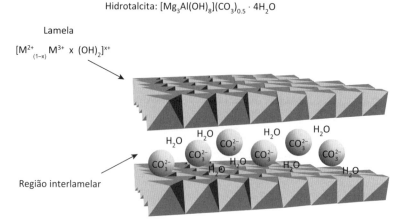

Figura 12.19 Representação estrutural de hidróxidos duplos lamelares, com espaços ocupados por ânions como carbonato, que podem ser trocados por outras espécies, incluindo fármacos.

12.7.3 NANOMEDICINA REGENERATIVA

A regeneração de tecidos e vasos, bem como a restauração de fraturas ósseas, vêm sendo bastante pesquisadas com recursos da nanotecnologia. Nessa área, os polímeros estão sendo empregados com vantagens para a reconstrução ou substituição de tecidos e vasos, por causa da boa resistência mecânica que eles proporcionam. Entretanto, é importante observar a questão da compatibilidade biológica. Avanços importantes estão sendo alcançados com materiais poliméricos gerados por meio da técnica de eletrofiação, mostrada na Figura 12.20. Essa tecnologia permite a obtenção de nanofibras. Ela parte de um polímero em suspensão em um solvente adequado, o qual é injetado através de agulhas que estão submetidas a uma diferença de potencial bastante elevada, da ordem de 30 kV. As microgotas eletrizadas são expelidas sob ação do campo elétrico, gerando fios poliméricos extremamente finos, da ordem de 100 nm a 500 nm. Estes saem em movimentos espiralados e são coletados por uma base ou cilindro rotativo, gerando uma trama de fios depositados aleatoriamente, até formar um tecido. Nesse procedimento, é comum incluir fármacos e nanopartículas, que ficam incluídos ou aderidos às nanofibras, tornando-se parte do tecido. Uma vez aplicados em curativos, esses agentes vão sendo liberados lentamente, melhorando a ação farmacológica.

Quando os tecidos são atingidos por traumas, compressão, queimaduras e doenças vasculares, a lesão dá início a um processo de inflamação, induzindo a migração de células de defesa, como os neutrófilos, até o local afetado. Esse processo é seguido pela ação dos macrófacos e, depois, pelos linfócitos. A primeira barreira de proteção é formada pela ação da trombina, gerando fibrinas que agregam as plaquetas sanguíneas e estancam a perda de sangue. Nesse processo de recuperação, o uso de fármacos conjugados a nanopartículas pode ser bastante interessante, como é o caso das nanopartículas de óxido de ferro conjugadas com trombina e antibióticos. A ação antimicrobiana é importante para evitar a proliferação de micróbios patogênicos, e o uso de nanopartículas de prata tem sido crescente, por sua alta eficiência e sua baixa toxicidade sistêmica. Ao contrário dos antibióticos convencionais, a prata tem mostrado menores chances de desenvolver resistência. Isso tem sido explicado pela ação das nanopartículas de prata na cadeia enzimática envolvida no processo espiratório e na interação com o DNA e a parede celular microbiana.

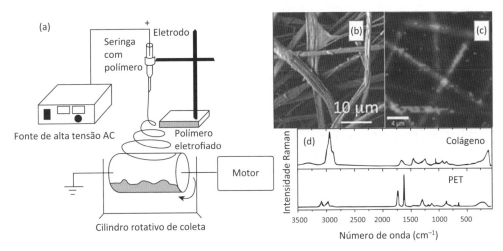

Figura 12.20 (a) Esquema ilustrativo do processo de eletrofiação, em que o polímero é injetado sob alta tensão produzindo jatos de nanofibras, que são coletadas pela base giratória. (b) Microscopia eletrônica de varredura de fibras híbridas de PET e colágeno, obtidas por eletrofiação no laboratório de Luiz Henrique Catalani (Instituto de Química da Universidade de São Paulo). (c) Imagem de microscopia Raman confocal, com os espectros (d) mostrando a presença de colágeno sobre os nanofios de PET.

Fonte: adaptada com permissão de Burrows et al. (2012).

Na fase de proliferação, fatores de crescimento podem ser incorporados nas nanopartículas, para intensificar a migração celular na área afetada. Na fase de reconstrução, os componentes da matriz extracelular são modificados pela proteólise e pela secreção da nova matriz. Nessa fase, o ferimento se torna cada vez menos vascularizado, e a nanotecnologia associada à terapia genética tem sido aplicada com bons resultados.

Na reconstituição vascular já vêm sendo empregados polímeros, com os requisitos importantes de que sejam não trombogênicos, resistentes à infeção, quimicamente inertes e de fácil inserção. O polietileno-tereftalato (PET) é um bom exemplo, contudo não é adequado para pequenos vasos por causa da baixa adesão das células endoteliais. Nesse sentido, um avanço importante foi conseguido por meio da associação do PET com colágeno (BURROWS et al., 2012), como ilustrado na imagem de microscopia Raman confocal da Figura 12.20, em que se percebe a presença do colágeno depositado sobre a superfície das nanofibras de PET, melhorando sua compatibilidade com o organismo.

A nanotecnologia também está sendo introduzida no aprimoramento de *stents* utilizados em procedimentos de intervenção cardíaca para aumentar a circulação sanguínea

(Figura 12.21). Os *stents* convencionais são feitos com ligas metálicas articuladas, revestidas ou não com polímeros, e apresentam frequentes problemas de inflamação e tromboses após sua aplicação. O uso de revestimentos nanoestruturados, com capacidade de liberação controlada de fármacos e maior hemocompatibilidade, tem sido um avanço importante nessa área. Atualmente a plataforma mais utilizada no *stent* ainda é o aço inoxidável, e seu aperfeiçoamento vem sendo conduzido pelo revestimento com nanomateriais porosos, como a hidroxiapatita combinada com ácido poliglicólico (PLGA), quitosana ou policaprolactona, incorporando fármacos como sirulimus (imunosupressor descoberto por brasileiros em 1965, com o nome de rapamicina), β-estradiol, ácido acetilsalicílico e paclitaxel. O revestimento com nanofibras, por exemplo de PLGA, geradas por eletrofiação (Figura 12.20) tem mostrado excelentes resultados em termos de compatibilidade e liberação de fármacos. Outro revestimento bastante interessante é a polidopamina (PDA), em virtude de facilidade de aplicação, baixa toxicidade e capacidade de minimizar a resposta inflamatória. De fato, tem sido constatado que o PDA melhora a adesão e o crescimento de células endoteliais, ao passo que o alto teor de grupos quinona exerce um efeito inibitório sobre a agregação das plaquetas.

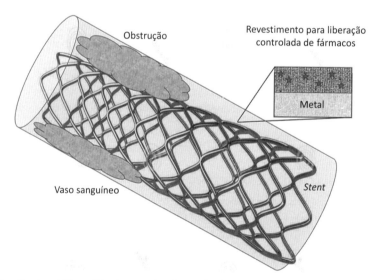

Figura 12.21 *Stent* metálico utilizado para desobstrução de vasos, revestido com polímero para liberação controlada de fármacos.

12.8 TERMOTERAPIA

A termoterapia é um processo não invasivo utilizado na medicina para provocar a destruição de tumores por aquecimento, gerando poucos efeitos colaterais. Entretanto, na forma convencional ela é aplicada a uma determinada área, sem especificidade no modo de ação, atingindo tanto os tecidos tumorais como os tecidos normais.

12.8.1 TERMOTERAPIA COM NANOPARTÍCULAS PLASMÔNICAS

Como já foi mencionado, as nanopartículas plasmônicas apresentam uma forte absorção no visível e podem ser utilizadas como sondas SERS para fazer diagnóstico clínico, com alta sensibilidade. A exploração das nanopartículas como absorvedores de energia proporciona um recurso bastante vantajoso, por permitir o aquecimento localizado do tecido tumoral por meio da irradiação com luz. Esse procedimento confere maior especificidade ao tratamento (VAUTHIER; TSAPIS; COUVREUR, 2011) e evita as lesões em tecidos normais, normalmente afetados na termoterapia. Os mecanismos envolvidos dependem da natureza das nanopartículas, da potência e do comprimentos de onda da radiação. Geralmente a faixa de comprimentos de onda se estende de 500 nm a 1.300 nm e, quando a luz é aplicada externamente, seu poder normal de penetração nos tecidos é da ordem de 1 cm. Por isso, ela pode atuar de forma não invasiva para chegar aos tumores localizados próximo da superfície da pele. Para tumores mais internos, a radiação pode ser conduzida até o local por meio de fibras ópticas.

Têm sido obtidos bons resultados por injeção direta das nanopartículas no tumor, contudo estas podem ficar no local por um longo tempo antes de serem eliminadas do organismo. Porém, muitas vezes, esse fato tem sido aproveitado para efetuar a repetição do tratamento, dispensando novas aplicações.

Existem pelo menos quatro tipos de procedimentos termoterápicos que utilizam nanopartículas plasmônicas. O primeiro é conhecido como *hipertermia* e leva ao aquecimento dos tecidos, atingindo temperaturas de 41 °C a 46 °C. Nessa faixa de temperatura os processos celulares ainda atuam, porém com velocidades maiores, provocando a desorganização e o vazamento de membranas, como nos lisossomos. A síntese proteica acaba estimulando a expressão de proteínas indutoras da apoptose, levando à morte celular.

No segundo procedimento, os tecidos são aquecidos na faixa de 46 °C a 70 °C. Nessa faixa de temperatura ocorre a *termoablação*, em que os danos, por serem muito intensos, acabam levando à necrose celular. Na termoablação, as biomoléculas são alteradas e as proteínas, desnaturadas. A fusão dos lipídeos provoca a ruptura e a destruição das membranas intracelulares, incluindo as dos lisossomos.

Nos processos de hipertermia e termoablação, faz se uma aplicação das nanopartículas de forma homogênea sobre o tecido tumoral, podendo permanecer inclusive fora das células. Os *lasers* utilizados geralmente apresentam emissão ao redor de 800 nm, com potência típica de 10-30 W cm^{-2}, sendo a aplicação mantida por 3 a 7 minutos.

O terceiro tipo de procedimento é conhecido como *nanofototermólise*. Podem ser empregadas nanopartículas esféricas de ouro, ao redor de 30 nm, irradiadas com *lasers* pulsados de Nd/YAG com emissão em 520 nm, coincidindo com a banda plasmônica. A duração típica do pulso de luz é de 100 fs, e a energia é da ordem de 38 mJ cm^{-2}. As nanopartículas, que podem estar no interior da célula ou alojadas nas membranas, explodem quando absorvem o pulso de luz, gerando ondas de choque e lançando fragmentos que provocam danos irreversíveis à célula, causando sua necrose.

O quarto procedimento é conhecido como *nanotermólise ativada por laser* ou pela sigla LANTCET (*laser-activated nanothermolysis as cell elimination tecnology*). São empregados *lasers* pulsados, emitindo geralmente 532 nm, para excitar nanopartículas de ouro, por exemplo, de 30 nm. A duração do pulso é da ordem de 10 ns e a densidade de energia, de 10^{-40} mJ cm^{-2}. Nesse caso, as nanopartículas devem estar preferencialmente na região intracelular e na forma agregada. Com a absorção da luz de alta potência, as nanopartículas se aquecem, gerando bolhas de vapor que se desprendem, rompendo a estrutura celular. A principal diferença dessa técnica para a nanotermólise é o tempo mais longo empregado nos pulsos de luz.

12.8.2 TERMOTERAPIA COM NANOPARTÍCULAS MAGNÉTICAS

Quando as nanopartículas magnéticas, como as de magnetita (Fe_3O_4) e maghemita (γFe_2O_3), são expostas a um campo magnético oscilante, ocorre um fenômeno de excitação, com absorção de energia, que muda a orientação dos *spins*. Já no estado excitado, os momentos magnéticos alterados relaxam até voltar para a orientação de equilíbrio original, liberando a energia absorvida sob a forma de calor. A relaxação browniana resultante da fricção rotacional das partículas com o meio também contribui para o aquecimento. Assim, quando as nanopartículas magnéticas estão alojadas em um tecido tumoral, a aplicação de um campo magnético alternante pode elevar a temperatura até atingir os níveis de hipertermia e termoablação, comentados anteriormente.

As nanopartículas magnéticas já têm sido usadas de longa data em imageamento por ressonância magnética e são consideradas seguras para uso em termoterapia. O cálculo da dose correta de nanopartículas e do tempo de exposição ao campo para se chegar a uma dada temperatura não é simples, pois depende de tamanho, forma e composição química delas. Entretanto, é interessante notar que um aquecimento exagerado pode levar a uma temperatura em que as nanopartículas perdem o seu caráter magnético, deixando de responder ao campo. Com isso se diminui o risco de superaquecimento dos tecidos.

Na termoterapia magnética são utilizadas radiofrequências típicas na faixa de 50 kHz a 10 MHz, e campos de 3,8 kA m^{-1} a 13,5 kA m^{-1}. Uma grande vantagem, além da baixa toxicidade, é que se trata de um procedimento que tem um alto poder de penetração, pois atua com campos magnéticos posicionados no local. Isso permite atingir todos os órgãos do corpo humano. O tratamento termoterápico magnético do tumor cerebral conhecido como glioblastoma multiforme já está liberado na Europa desde 2010, enquanto o tratamento dos cânceres de próstata, mama, pâncreas, fígado, esôfago e de tumores recorrentes encontra-se em fase de testes I ou II.

12.9 NANOTOXICOLOGIA

A nanotecnologia, por estar presente em todas as frentes tecnológicas da atualidade, começa a despertar indagações em termos de segurança, toxicidade e meio ambiente, além dos impactos sociais que podem advir das políticas industriais e de sustentabilidade adotadas pelos diferentes países. Essas preocupações se somam ao número imenso de assuntos que vêm sendo tratados pela Organização para Cooperação e Desenvolvimento Econômico (OCDE). Essa organização reune 34 países engajados em democracia representativa e economia de livre mercado, para solucionar problemas e coordenar políticas domésticas e internacionais. Ao lado dessas grandes organizações, existem articulações em âmbito internacional, como a NANoREG, centrada na Europa, que busca realizar testes cooperativos e estabelecer marcos regulatórios para os nanomateriais, cada vez mais numerosos no mercado.

Na realidade, o panorama é bastante complexo. De fato, os efeitos toxicológicos dos nanomateriais nos seres vivos vêm sendo investigados por pesquisadores em todo o mundo, porém resultados ainda são pouco conclusivos. A padronização dos testes e a forma de análise estão evoluindo com os esforços das organizações existentes na Europa e nos Estados Unidos, buscando uma regulamentação universalmente aceita (KONG et al., 2011). Nessa tarefa são múltiplas as variáveis envolvidas, começando com a própria natureza química dos nanomateriais, sua dimensão espacial e sua geometria, seu processo de preparação e sua história. Além disso, existe o chamado efeito corona, associado ao revestimento químico que as nanopartículas adquirem quando passam para um meio biológico. Esse revestimento é geralmente proteico, sendo comum a interação das nanopartículas com a albumina presente nos fluidos biológicos. O produto gerado pode ser considerado uma nova espécie de nanopartícula, que ainda necessita ter seu comportamento e sua resposta imunológica investigados. Por outro lado, nos testes realizados, as condições de incubação também podem ser muito distintas, variando desde algumas horas a semanas. Testes realizados em animais parecem indicar que os efeitos tóxicos das nanopartículas dependem dos sítios em que foram avaliados e das formas de administração. Por exemplo, em alguns casos, os nanotubos de carbono revelaram-se não tóxicos nos testes de injeção intravenosa, porém, quando estes foram detectados no epitélio pulmonar, o efeito observado foi semelhante ao dos asbestos.

Nos ensaios de toxicidade é comum a utilização de testes com o brometo de 3-(4,5-dimetiltiazol-2-yl)-2,5-difeniltretrazólio (MTT), porém a presença de nanopartículas pode interferir na atividade mitocondrial, modificando os resultados. Outro teste de toxicidade monitora a atividade da enzima lactato desidrogenase. Existe a possibilidade de as nanopartículas interagirem com a enzima, mudando sua atividade, como já discutido anteriormente.

Os nanomateriais podem interagir com as células em diferentes níveis, dependendo de estarem localizados no espaço intercelular, nas membranas ou no interior, onde podem ingressar por meio da endocitose. Por isso, a comparação dos ensaios *in vivo* e *in vitro* é no mínimo polêmica, visto que é quase impossível reproduzir o conteúdo biológico nos testes. Além disso, as considerações feitas a partir da detecção das nanopartículas *in vitro* raramente leva em conta o efeito corona, que existe, porém geralmente permanece desconhecido. Assim, enquanto a administração de uma dada nanopartícula pode levar ao acúmulo em um tecido ou provocar reações indicativas de toxicidade, é pouco provável que a mesma partícula recoberta por outro envoltório químico tenha comportamento semelhante.

A maioria dos estudos toxicológicos tem descrito casos particulares, com resultados que não podem ser generalizados. A situação se apresenta semelhante ao que encontramos quando lidamos com os elementos químicos no organismo. Por exemplo, a toxicidade dos íons metálicos depende essencialmente de sua natureza e da composição da esfera de coordenação e, por isso, não pode ser generalizada, como normalmente é feito. A especiação química é um fator importante a ser destacado, mas isso raramente é feito antes de se rotular que um dado elemento é tóxico ou não.

Outro aspecto importante está relacionado com a possibilidade de as nanopartículas serem incorporadas pelas células por meio da endocitose. Nesse caso, as partículas internalizadas podem ficar em compartimentos denominados endossomas e, assim, acabar influenciando o ciclo normal que converte as endossomas em lisossomos, onde deveriam ser fagocitadas. Ainda se conhece pouco sobre os efeitos de longo prazo das partículas internalizadas nos endossomas. Na forma *in vivo*, as nanopartículas presentes são geralmente eliminadas por via renal ou hepática, mas quando se encontram em células de cultura seu destino é incerto. Existe a possibilidade de as nanopartículas sofrerem exocitose ou serem completamente degradadas. Podem ainda permanecer indefinidamente no sistema *in vitro*.

De modo geral, as nanopartículas internalizadas podem sofrer agregação, e seu efeito passa a depender de tamanho, constituição e morfologia dos agregados. Normalmente, a agregação tende a diminuir a toxicidade das nanopartículas.

As nanopartículas de prata, por suas propriedades antibacterianas, têm sido bastante estudadas sob o ponto de vista toxicológico. Porém, na maioria dos estudos, raramente se faz distinção entre as diferentes formas em que se encontram as nanopartículas. É importante notar que as nanopartículas de prata, na ausência de estabilizantes, são muito sensíveis a reações com as espécies presentes no meio, incluindo oxigênio dissolvido, agentes complexantes e íons como o cloreto, que forma precipitados insolúveis de $AgCl$, ou hidróxido, que tende a formar $AgOH$ e os óxidos decorrentes dele. Além disso, é importante destacar o efeito corona, já comentado anteriormente. Muitos dos testes toxicológicos não focalizam os produtos existentes com prata coloidal e empregam soluções especialmente preparadas para monitoramento. Dessa forma, acabam negligenciando a cinética de liberação das nanopartículas e dos íons de prata, bem como sua especiação química em solução e o tempo de vida dos produtos formados.

Na maioria dos casos, principalmente nas aplicações de uso hospitalar, as nanopartículas de prata são incorporadas, sempre em baixo teor, em polímeros, formando nanocompósitos, onde ficam confinadas no interior do plástico. Sua ação principal ocorre na superfície, por isso, podem ser usadas sob a forma de revestimentos antibacterianos em fibras e utensílios. Acredita-se que a atividade antibacteriana esteja relacionada com formação de íons de prata na superfície, em concentrações muito baixas, porém persistentes ao longo do tempo de uso dos materiais. A eficiência da prata como agente bactericida tem sido superior a 99% para uma grande variedade de bactérias. O uso da prata para essa finalidade já é conhecido de longa data, principalmente após sua introdução em revestimentos de potes cerâmicos para esterilização da água. Esse processo foi desenvolvido por Robert Hottinger, sanitarista e professor da

Introdução à nanotecnologia e aplicações na biotecnologia

Escola Politécnica no início do século XX, e teve um impacto marcante na saúde da população brasileira.

Atualmente as nanopartículas de ouro vêm sendo utilizadas em testes e procedimentos clínicos, embora exista uma longa história de uso mesclado com crenças populares, desde os tempos da alquimia. Da mesma forma que a prata, a toxicidade das nanopartículas de ouro também tem sido pesquisada. Normalmente se espera uma menor toxicidade em função da baixa reatividade química desse metal nobre, e isso realmente tem sido verificado. Existem, entretanto, alguns relatos de toxicidade na literatura, que mais tarde revelaram estar relacionados com a presença de brometo de cetiltrimetilamônio, ou de lipídeos catiônicos, usados como surfactante na estabilização das nanopartículas de ouro.

No caso das nanopartículas de magnetita, os aspectos toxicológicos também vêm sendo bastante estudados em virtude de suas aplicações no imageamento clínico em diversas terapias. Como nas demais nanopartículas, é necessário efetuar sua estabilização química em solução, mediante o uso de agentes complexantes ou surfactantes, para evitar agregação e precipitação. De fato, o revestimento químico torna-se um dos pontos mais importantes a serem considerados, pois é ele que proporciona funcionalidade às nanopartículas, permitindo seu uso como transportadores de fármacos, marcadores biológicos ou agentes de reconhecimento, incluindo os anticorpos.

Por outro lado, a entidade formada entre a nanopartícula e seu revestimento químico pode apresentar novas propriedades que precisam ser pesquisadas. Por exemplo, tem-se verificado que nanopartículas de magnetita estabilizadas com ácido dimercaptosuccínico podem apresentar toxicidade em concentrações relativamente baixas, nas quais nenhum dos componentes individuais manifestaria qualquer efeito tóxico. Esse efeito é de difícil previsão e pode variar com o tipo de célula envolvido, como é o caso das células mesoteliais humanas, que se mostraram sensíveis a nanopartículas de magnetita sem revestimento, ao contrário dos fibroblastos. Isso foi atribuído à maior atividade metabólica do mesotélio, aumentando a demanda pelo suprimento de ferro proporcionado pelas nanopartículas. Células endoteliais aórticas humanas não mostraram qualquer resposta inflamatória quando tratadas com nanopartículas de magnetita em teores típicos de 50 μg Fe/mL.

Os agentes de contraste formados pelas nanopartículas magnéticas recobertas com dextran (Endorem, Feridex) estão sendo empregados para imageamento clínico. Existem suspeitas de que o dextran possa ser dessorvido da superfície da partícula, em virtude de sua fraca ligação com o núcleo magnético, liberando a nanopartícula de óxido de ferro sem proteção, que acaba sendo degradada rapidamente no ambiente agressivo do lisossomo. Isso pode levar à indução de espécies reativas de oxigênio, via reação de Fenton ou Haber-Weiss. As nanopartículas recobertas por citrato são mais dependentes do pH que as partículas recobertas por dextran ou lipídeos e, dessa forma, são capazes de promover a formação de espécies reativas de oxigênio.

As nanopartículas de magnetita não protegidas podem sofrer oxidação formando γ-Fe_2O_3 (maghemita). Essa forma é cinquenta vezes mais ativa na produção de espécies reativas de oxigênio, como os radicais OH•, em relação aos íons de Fe^{3+} dissolvidos.

Por esse motivo, recobrimentos com polímeros não biodegradáveis ou com sílica são aconselháveis quando se tem em mente o uso das nanopartículas superparamagnéticas na medicina.

12.10 TENDÊNCIAS E PERSPECTIVAS DA NANOBIOTECNOLOGIA

Os diversos aspectos abordados neste capítulo cobriram um largo espectro de atuação da nanobiotecnologia, envolvendo aplicação de nanomateriais, novos procedimentos clínicos e de diagnóstico na medicina e avanços no processamento com enzimas.

O desenvolvimento de nanopartículas para aplicações nanobiotecnológicas vem sendo perseguido por meio do planejamento de novos sistemas bioconjugados, incorporando vários agentes e grupos funcionais na esfera externa. Esses sistemas comportam-se como nanopartículas multimodais, projetadas para serem usadas em imageamento biomédico, transporte e liberação de genes ou drogas e outras aplicações.

Outra modalidade refere-se às nanopartículas multifuncionais, incluindo, além do efeito plasmônico/SERS, agentes fluorescentes e nanopartículas magnéticas. Essa modalidade representa um verdadeiro projeto de engenharia de nanopartículas e está avançando rapidamente, com um elevado grau de sofisticação.

Nanopartículas dos mais variados tipos também estão sendo trabalhadas para o carreamento de agentes imunologicamente ativos aos alvos, podendo levar a novas vacinas e drogas imunorregulatórias para uso clínico (SMITH; SIMON; BAKER, 2013).

Trabalhos vêm sendo realizados visando à transfecção magnética em células, tecidos e tumores utilizando nanopartículas superparamagnéticas como carreadores de genes terapêuticos, na presença de campos magnéticos. Todo esse desenvolvimento deverá ter um impacto significativo nos avanços da termoterapia e da fototerapia dinâmica, cada vez mais atraentes pelo caráter não invasivo e pela redução dos efeitos colaterais do tratamento.

Na área da catálise enzimática, as perspectivas são muito amplas, principalmente com o uso de nanopartículas superparamagnéticas, tendo em vista a melhoria do desempenho e a possibilidade de reciclagem das enzimas, com alta eficiência e baixo custo. A imobilização das enzimas permite o seu confinamento em regiões específicas com o auxílio de ímãs, de forma dinâmica, melhorando o processamento e permitindo novas aplicações biotecnológicas.

Finalmente, um grande avanço está acontecendo na área de instrumentação voltada para a nanobiotecnologia, como exemplificado por: novos microscópios a *laser* multifotônicos com maior profundidade de foco, pinças ópticas para manipulação direta das nanopartículas, microscopia Raman acoplada a sondas SERS e equipamentos de citometria de fluxo incorporando os mais diferentes sistemas de detecção de nanomateriais.

REFERÊNCIAS

ANDRADE, M. F. C. et al. Lipase immobilized on polydopamine-coated magnetite nanoparticles for biodiesel production from soybean oil. *Biofuel Research Journal*, v. 10, p. 372-378, 2016.

BRUST, M. et al. Synthesis of thiol-derivatized gold nanoparticles in a 2-phase liquid-liquid system. *Journal of Chemical Society, Chemical Communications*, p. 801-802, 1994.

BURROWS, M. C. et al. Hybrid scaffolds built from PET and collagen as a model for vascular graft architecture. *Macromolecular Bioscience*, v. 12, p. 1660-1670, 2012.

CORTIVO, R. et al. Nanoscale particle therapies for wounds and ulcers. *Nanomedicine*, v. 5, p. 641-656, 2010.

DEDA, D. K. et al. Control of cytolocalization and mechanism of cel death by encapsulation of a photosensitizer. *Journal of Biomedical Nanotechnology*, v. 9, p. 1307-1317, 2013.

DE LA FUENTE, J. M.; GRAZU, V. (Ed.). *Nanobiotechnology*: inorganic nanoparticles vs organic nanoparticles. Amsterdam: Elsevier, 2012. v. 4.

DE LA RICA, R.; STEVENS, M. M. Plasmonic ELISA for the ultrasensitive detection of disease biomarkers with the naked eye. *Nature Nanotechnology*, v. 7, p. 821-824, 2012.

HERNANDO, S. et al. Advances in nanomedicine for the treatment of Alzheimer's and Parkinson's diseases. *Nanomedicine*, v. 11, p. 1267-1285, 2016.

JAIN, K. K. Nanobiotechnology-based strategies for crossing the blood-brain barrier. *Nanomedicine*, v. 7, p. 1225-1233, 2012.

JAIN, P. K. et al. Noble metals on the nanoscale: optical and photothermal properties and some applications in imaging, sensing, biology and medicine. *Accounts of Chemical Research*, v. 41, p. 1578-1586, 2008.

JUN B.-H. et al. Surface-enhanced Raman scattering-active nanostructures and strategies for bioassays. *Nanomedicine*, v. 6, p. 1463-1480, 2011.

KONG, B. et al. Experimental considerations on the cytotoxicity of nanoparticles, *Nanomedicine*, v. 6, p. 929-991, 2011.

LIU, F. et al. Superparamagnetic nanosystems based on iron oxide nanoparticles for biomedical imaging. *Nanomedicine*, v. 6, p. 519-528, 2011.

LOMBARDI, J. R.; BIRKE, R. L. The theory of surface-enhanced Raman scattering. *Journal of Chemical Physics*, v. 136, p. 144704(1-12), 2012.

NETTO, C. G. C. M.; TOMA, H. E.; ANDRADE, L. H. Superparamagnetic nanoparticles as versatile carriers and supporting materials for enzymes. *Journal of Molecular Catalysis B: Enzymatic*, v. 86, p. 71-92, 2013.

QIAN, X. M et al. In vivo tumor targeting and spectroscpic detection with surface-enhanced Raman nanoparticle tags. *Nature Biotechnology*, v. 26, p. 83-90, 2008.

SMITH, D. M.; SIMON, J. K.; BAKER JR, J. R. Applications of nanotechnology for immunology. *Nature Reviews Immunology*, v. 13, p. 591-604, 2013.

TOMA, H. E. *Nanotecnologia molecular*: materiais e dispositivos. São Paulo: Blucher, 2016.

TOMA, S. H. et al. Controlled stabilization and flocculation of gold nanoparticles by means of 2-pyrazin-2-yilethanethanil and pentacyanidoferrate(II) complexes. *European Journal of Inorganic Chemistry*, v. 21, p. 3356-3364, 2007.

TURKEVICH, J.; STEVENSON, P. C.; HILLIER, J. A study of the nucleation and growth processes in the synthesis of colloidal gold. *Discussions of the Faraday Society*, v. 11, p. 55-75, 1951.

UCHIYAMA, M. K. et al. In vivo and in vitro toxicity and anti-inflammatory properties of gold nanoparticles bioconjugates to the vascular system. *Toxicological Sciences*, v. 142, p. 497-507, 2014.

UCHIYAMA, M. K. et al. Ultrasmall cationic superparamagnetic iron oxide nanoparticles as nontoxic and efficient MRI contrast agent and magnetic-targeting tool. *International Journal of Nanomedicine*, v. 10, p. 4731-4746, 2015.

VAUTHIER, C.; TSAPIS, N.; COUVREUR, P. Nanoparticles: heating tumors to death? *Nanomedicine*, v. 6, p. 99-109, 2011.

VERMA, S.; DOMB, A. J.; KUMAR, N. Nanomaterials for regenerative medicine. *Nanomedicine*, v. 6, p. 157-181, 2011.

VERWEY, E. J. W.; OVERBEEK, J. T. *Theory of the stability of liophobic colloids*. Amsterdam: Elsevier, 1948.

YAMAURA, M. et al. Preparation and characterization of (3-aminopropyl)triethoxysilane-coated magnetite nanoparticles. *Journal of Magnetism and Magnetic Materials*, v. 279, p. 210-217, 2004.

ZAMARION, V. M. et al. Ultrasensitive SERS nanoprobes for hazardous metal ions based on trimercaptotriazine-modified gold nanoparticles. *Inorganic Chemistry*, v. 47, p. 2934-2936, 2008.

ZHENG, Y. B. et al. Molecular Plasmonics for biology and nanomedicine. *Nanomedicine*, v. 7, p. 751-770, 2012.

CAPÍTULO 13
Uma análise da lei brasileira de patentes

Luiz Antonio Barreto de Castro

13.1 CONTEXTO HISTÓRICO

O patenteamento de produtos e processos é básico para atrair investimentos do setor privado para a biotecnologia. Isso não significa que todo produto patenteado vai atrair investimento, e sim que produtos sem proteção intelectual dificilmente atraem investimentos privados. Na década de 1960 a biologia não tinha chegado ao mercado. O intercâmbio de recursos genéticos era intenso e gratuito. A engenharia genética (Capítulo 4), inicialmente denominada tecnologia do DNA recombinante, teve início na década de 1970 e, com ela, produtos e processos da biologia deram rapidamente origem a uma indústria nascente que passou a se chamar biotecnologia, com aplicação rápida na indústria farmacêutica e, posteriormente, na agricultura. O Brasil tinha uma lei de patentes de 1973 que proibia o patenteamento de produtos químicos, e dos biológicos nem se cogitava. Com a experiência de Herbert Boyer em 1973, que expressou o gene de insulina em *Escherichia coli*, a lei ficou obsoleta no ano em que foi sancionada. Na década de 1980, mais especificamente em dezembro, os Estados Unidos sancionaram o Bayh-Dole Act (MOWERY; SAMPAT, 2005), ou University and Small Business Patent Procedures Act, que tratava de patentes resultantes da atividade de instituições federais de pesquisa. A partir dessa lei, o intercâmbio de material genético relacionado à biologia ficou mais difícil e passou a ser necessário assinar memorandos de entendimento (*Memorandum of Understanding* – MOU) para transferência de material biológico limitada ao uso científico.

O Agreement on Trade Related Aspects of Intellectual Property Rights (Trips) foi negociado na rodada do Uruguai (1986-1994) e introduziu pela primeira vez regras de propriedade intelectual em um ambiente de comércio multilateral. O acordo estabelece que a proteção por patentes deve funcionar por 20 anos para produtos e processos na maioria dos campos da tecnologia. Entretanto, os governos podem se recusar a patentear uma invenção se sua exploração comercial é proibida por razões de ordem pública ou morais. Os governos podem, por exemplo, excluir de patenteamento: métodos de diagnóstico, processos terapêuticos e cirúrgicos, plantas e animais, bem como processos para a obtenção de plantas e animais, exceto microrganismos. Plantas, entretanto, devem ser protegidas por um sistema especial. O Brasil optou pela convenção estabelecida pela International Union for the Protection of New Varieties of Plants (Upov). O sistema não patenteia plantas, mas protege cultivares. Garante, dessa forma, direitos de proteção para os "melhoristas" de plantas. As cultivares não precisam se constituir em inovações, como estabelecem as patentes, mas devem ter seus descritores diferenciados de outras cultivares.

13.2 LICENÇA COMPULSÓRIA

Os detentores de patentes desfrutam de direitos que não podem ser abusados. Nesses casos, quando considerados abusivos, os países podem estabelecer uma licença compulsória, o que é aceito pelo Trips, mas extremamente contestado por vários países, principalmente pelos Estados Unidos, que, por essa razão, evita patentear produtos em países que exerçam licença compulsória, como o Brasil e a Índia. A licença compulsória permite que um produto patenteado seja compulsoriamente licenciado para que outro que não seja o detentor da patente, portanto um competidor, o produza. Quando o país entende que o detentor da patente abusou do seu direito, por exemplo, excluindo do mercado produtos patenteados necessários ao país, ou oferecendo o produto por preços entendidos como abusivos, ele pode utilizar a licença compulsória para neutralizar o abuso. Esse tema se aplica principalmente para garantir acesso a produtos farmacêuticos pelas populações mais pobres. A licença compulsória é de difícil negociação e deve preservar os direitos do detentor da patente, sem desestimular o investimento na obtenção de novos produtos farmacêuticos. Particularmente, o detentor de um processo patenteado que se estenda a um produto deve exigir que o licenciado demonstre que a sua produção ocorre por outro processo, diferente daquele patenteado. A declaração de Doha (Doha Ministerial Conference), em novembro de 2001, avalizou o Trips no sentido de determinar que o acordo não deve impedir que seus signatários tomem medidas para proteger a saúde pública e garantam direitos nesse sentido.

13.3 A LEI BRASILEIRA DE PATENTES

Os países adotaram o Trips para tratar essencialmente do patenteamento na área da biologia e resolver discussões sobre o patenteamento da vida e de genes. Essas discussões, entretanto, apesar do acordo de Trips, se estendem até hoje e estão cada dia mais acirradas. Não surpreende que alguns genes já patenteados estejam tendo esses direitos revistos nos Estados Unidos pela Suprema Corte, o que pode abalar todo o contexto, inclusive o que acordamos no Trips. O Brasil assinou esse acordo no governo Collor. Essa decisão nos levou a rever inúmeras leis e criar outras que não tínhamos. A primeira, como é obvio, foi a Lei de Propriedade Industrial (Lei n. 9.279/1996), sancionada um ano antes da Lei de Proteção de Cultivares (Lei n. 9.456/1997). A Lei de Propriedade Industrial estabelece, na área da biologia:

Art. 18. Não são patenteáveis:

I – o que for contrário à moral, aos bons costumes e à segurança, à ordem e à saúde pública;

II – as substâncias, matérias, misturas, elementos ou produtos de qualquer espécie, bem como a modificação de suas propriedades físico-químicas e os respectivos processos de obtenção ou modificação, quando resultantes de transformação do núcleo atômico; e

III – o todo ou parte dos seres vivos, exceto os micro-organismos transgênicos que atendam aos três requisitos para patentear – novidade, atividade inventiva e aplicação industrial – previstos no art. 8º e que não sejam mera descoberta.

Parágrafo único. Para os fins desta Lei, *micro-organismos transgênicos são organismos, exceto o todo ou parte de plantas ou de animais, que expressem, mediante intervenção humana direta em sua composição genética, uma característica normalmente não alcançável pela espécie em condições naturais.* (grifos nossos)

Diz a lei no seu artigo 10:

Art. 10. Não se considera invenção nem modelo de utilidade:

I – descobertas, teorias científicas e métodos matemáticos;

II – concepções puramente abstratas;

III – esquemas, planos, princípios ou métodos comerciais, contábeis, financeiros, educativos, publicitários, de sorteio e de fiscalização;

IV – as obras literárias, arquitetônicas, artísticas e científicas ou qualquer criação estética;

V – programas de computador em si;

VI – apresentação de informações;

VII – regras de jogo;

VIII – técnicas e métodos operatórios ou cirúrgicos, bem como métodos terapêuticos ou de diagnóstico, para aplicação no corpo humano ou animal; e

IX – o todo ou parte de seres vivos naturais e materiais biológicos *encontrados na natureza*, ou ainda que dela isolados, inclusive o genoma ou germoplasma de qualquer ser vivo natural e os processos biológicos naturais. (grifos nossos).

Portanto, a lei permite o patenteamento de microrganismos transgênicos e não permite o de plantas (cultivares), que não constituem atividade inventiva. Entretanto, a lei abre um espaço, na nossa interpretação, desde que satisfeitos os requisitos de invenção para o patenteamento *do todo ou parte de seres vivos **modificados por uma ação inventiva** com respeito ao que existe na natureza*. Para plantas adotamos, como já citado, o modelo *sui generis* reconhecido pela Upov e pelo Trips. Na verdade, comparada a outras leis, a brasileira é uma lei tímida. Não porque não aceite a patente de descoberta, mas porque considera descoberta a identificação, a caracterização, o estudo de funcionalidade e a aplicação industrial de uma molécula obtida da natureza. A biodiversidade brasileira é vazia de patentes de produtos, embora seja possível a patente de processos que envolvam produtos da biodiversidade.

Patentes de produtos e processos da biodiversidade exigem anuência do Conselho de Gestão do Patrimônio Genético (CGen), órgão que legalmente domina há mais de dez anos o acesso da ciência à biodiversidade brasileira, que vem gradualmente diminuindo. O CGen exige que o depósito de patente ateste que quem pretende patentear um produto ou processo oriundo da biodiversidade teve autorização para coletar o material biológico de origem, para muitos denominado recursos genéticos.

A lei que regula o acesso à biodiversidade impediu avanços possíveis pela Lei de Propriedade Industrial na área biológica, e uma nova versão dessa lei ainda não está disponível.[1] Na área biológica ou em áreas derivadas como a farmacêutica, a Lei de Propriedade Industrial sofre com dois instrumentos que afetam seu desempenho. Em 2000 a lei foi modificada para exigir que a concessão de patentes na área farmacêutica dependesse de anuência prévia da Agência Nacional de Vigilância Sanitária (Anvisa). *Workshop* realizado na Anvisa em 2010 evidenciou que os que militam na área pública da saúde são contrários ao Trips e à concessão de patentes na área farmacêutica. Reconhecemos que a possibilidade de patenteamento de organismos vivos trouxe um complicador para o instrumento de patentes que jamais teria sido antecipado quando celebramos a Convenção de Paris no século XIX.

Assisti a uma mesa redonda na BIO em Chicago em meados de 2010 oferecida pelos maiores especialistas na área de patentes em todo o mundo. Eles reconhecem que há uma crise, com ações judiciais intermináveis na área de patentes de organismos vivos. Por outro lado, sem patentes ninguém se arrisca a fazer investimentos de longo prazo na área farmacêutica, por exemplo, para desenvolver produtos que nem sempre chegam às farmácias. Concluí um artigo sobre essa problemática (CASTRO, 2011b) explicando que a indústria farmacêutica brasileira só será consolidada se conseguir em algum momento unir as empresas de capital nacional com as de capital internacional. As empresas que são menores e têm raízes no Brasil só têm um instrumento para fazer parcerias com grandes empresas: patentes, que refletem sua inteli-

---

[1] Quando este capítulo estava sendo redigido, o Senado analisava a adoção de uma nova lei de acesso ao patrimônio genético que, infelizmente, aumenta, em vez de reduzir, os direitos do CGen. Como presidente da Sociedade Brasileira de Biotecnologia (SBBiotec), a minha proposta, que já foi sancionada, à presidente Dilma Rousseff foi a extinção do CGen na nova lei e a repartição de benefícios para conhecimentos tradicionais.

gência e sua competência inovadora. Visitei essas empresas. Elas têm essas patentes e concordam com essa estratégia. Por que as parcerias são importantes? Para que as empresas de capital nacional cheguem ao mercado global da indústria farmacêutica, um mercado de mais de 1 trilhão de dólares, elas têm de estar capitalizadas para realizar os testes clínicos, principalmente em suas fases II e III, que custam centenas de milhões de dólares. Parcerias entre empresas brasileiras e grandes multinacionais aproveitam a inteligência das empresas brasileiras e impedem que elas, sem capacidade de competir, sejam compradas por multinacionais, como vimos no traumático caso da Biobrás e muitos outros. Empresas brasileiras têm mercado e marca, além de inteligência. Outro complicador da Lei de Propriedade Industrial no Brasil é que alguns produtos que não patenteamos pela lei brasileira são fundamentais para a área farmacêutica: extratos de plantas e biofarmacêuticos.

O Escritório Europeu de Patentes (EPO) permite patentear extratos de plantas e biofarmacêuticos. Pela lei brasileira, de acordo com o artigo 10, inciso IX, não são patenteáveis o todo ou parte dos seres vivos naturais e materiais biológicos *encontrados na natureza* ou ainda que dela isolados, inclusive o genoma ou germoplasma de qualquer ser vivo natural e os processos biológicos naturais. O Acheflan, importante anti-inflamatório que é um extrato de plantas extraído da *Cordia verbenácea* e um fitoterápico biofarmacêutico, não pode ser patenteado.

Ainda assim, o advento da Lei de Propriedade Industrial de 1996 teve consequências extremamente positivas para o patenteamento no Brasil, como refletem os indicadores do Ministério de Ciência, Tecnologia e Inovação (MCTI, atual Ministério da Ciência, Tecnologia, Inovações e Comunicações – MCTIC), alguns dos quais destacamos a seguir. O depósito e a concessão de patentes antes da lei que estamos analisando eram pífios, não mais que algumas dezenas de patentes. É verdade que o patenteamento de residentes e não residentes brasileiros no Escritório Americano de Marcas e Patentes (USPTO) ainda é muito pequeno se comparado com países como a Coreia do Sul e o Japão, mas vem crescendo gradualmente (Tabela 13.1).

Tabela 13.1 Pedidos e concessões de brasileiros no USPTO (ano calendário 1/1 a 31/12)

Ano	Pedidos	Concessões
1999	186	91
2000	220	98
2001	219	110
2002	243	96
2003	259	130
2004	287	106

(continua)

Tabela 13.1 Pedidos e concessões de brasileiros no USPTO (ano calendário 1/1 a 31/12) *(continuação)*

Ano	Pedidos	Concessões
2005	295	77
2006	341	121
2007	375	90
2008	442	101
2009	464	103
2010	568	175
2011	586	215
2012	679	196
2013	769	254

Da mesma forma, tem crescido o número de pedidos de patenteamento de brasileiros residentes e não residentes no Instituto Nacional da Propriedade Industrial (INPI) (Tabela 13.2). Cabe considerar que o número de pedidos de patentes no Sistema Internacional de Patentes por não residentes é muito maior e, na verdade, dobrou nos últimos anos, se comparado com os pedidos por residentes, que utilizam muito pouco esse sistema. O Tratado de Cooperação de Patentes (PCT) auxilia os candidatos na busca de potencial proteção internacional de patentes para seus inventos, ajuda os escritórios de patentes com decisões na concessão de patentes e facilita o acesso do público a uma grande quantidade de informações técnicas relativas a essas invenções. Mediante a apresentação de um pedido de patente internacional sob o PCT, os candidatos podem procurar simultaneamente a proteção de uma invenção em 148 países em todo o mundo.

Tabela 13.2 Pedidos e concessões de patentes de residentes e não residentes no INPI

Ano	Origem do depositante			
	Residente		Não residente	
	Não PCT	PCT	Não PCT	PCT
2000	6.448	33	3.739	10.529
2001	6.968	31	3.418	11.139
2002	7.053	17	2.532	10.743

(continua)

Tabela 13.2 Pedidos e concessões de patentes de residentes e não residentes no INPI *(continuação)*

Ano	Origem do depositante			
	Residente		Não residente	
	Não PCT	PCT	Não PCT	PCT
2003	7.563	17	2.245	10.370
2004	7.701	19	2.432	10.300
2005	7.355	25	2.506	12.002
2006	7.195	23	2.317	13.648
2007	7.327	36	2.302	15.240
2008	7.736	30	2.145	16.823
2009	7.766	69	2.069	16.121
2010	7.286	62	2.185	18.670
2011	7.695	71	2.805	21.196
2012	7.728	82	3.106	22.479

Fonte: Instituto Nacional da Propriedade Industrial (INPI), Diretoria de Patentes (Dirpa).

13.4 FORTALECIMENTO DO SISTEMA DE PATENTES NOS ESTADOS UNIDOS DEPOIS DO BAYH-DOLE ACT

O Bayh-Dole Act nos Estados Unidos teve como objetivo fortalecer o sistema de patentes em organizações públicas. Antes dessa lei as universidades, particularmente, não recebiam *royalties* por suas inovações. Uma análise dos efeitos do Bayh-Dole Act foi publicada por Mowery et al. (2001). Os autores analisaram o comportamento de três importantes universidades americanas: Columbia, Califórnia e Stanford. Concluíram que a lei teve um efeito maior em universidades como a de Columbia, como mostra a Figura 13.1, que não tinha uma história de patenteamento como Califórnia e Stanford. Concluíram também que o crescimento do patenteamento em universidades foi consequência do surgimento e do desenvolvimento da biotecnologia, particularmente a aplicada na área farmacêutica. A mais importante modificação introduzida pelo Bayh-Dole Act no contexto do patenteamento público foi possibilitar que universidades, pequenas empresas e organizações sem fins lucrativos perseguissem o patenteamento de uma invenção, antes restrito ao governo. Qualquer das instituições citadas se obriga a:

1) apresentar relatório à agência que deu origem ao financiamento da pesquisa;

2) apresentar-se formalmente, por escrito, como responsável pela invenção patenteada, evidenciando responsabilidades assumidas cronologicamente;

3) patentear a invenção sob sua responsabilidade;

4) garantir ao governo federal licenciamento não exclusivo, intransferível e irrevogável, para praticar os direitos da comercialização da patente mundialmente (aplica-se quando as partes não assumem essa responsabilidade);

5) promover efetivo esforço de comercialização da invenção;

6) não transferir os direitos à tecnologia a outros, com raras exceções;

7) dividir os *royalties* com o inventor;

8) utilizar os recursos remanescentes para educação e pesquisa;

9) dar preferência a empresas americanas e ao pequeno negócio.

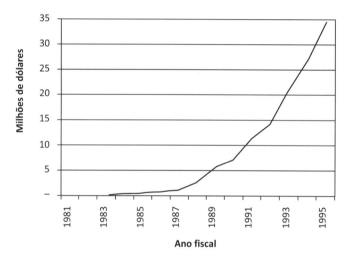

Figura 13.1   *Royalties* recebidos pela Universidade de Columbia de 1980 a 1995.

Antes da promulgação do Bayh-Dole Act, o governo dos Estados Unidos tinha acumulado 30 mil patentes, e somente 5% destas tinham sido comercializadas. Entretanto, afirmamos que o Bayh-Dole Act não era necessário. Mesmo antes dele, em 1973, instituições, em particular a Wisconsin Alumni Association, conseguiram celebrar um Institutional Patent Agreement que possibilitou que universidades e empresas sem fins lucrativos retivessem títulos de patenteamento que foram objeto de sua iniciativa. A National Science Foundation assinou esse acordo muito anos antes do Bayh-Dole Act. A lei citada tem um instrumento denominado "Petitions for March in Rights" que possibilita à agência que financiou uma pesquisa por sua própria iniciativa ou por demanda de terceiros ignorar direito exclusivo de um beneficiário e transferir licença adicional para outro de competência razoável. A agência não toma essa iniciativa sem antes verificar pelo menos dois parâmetros: 1) que o beneficiário não realizou esforços efetivos para comercializar a invenção; 2) que este falhou em satisfazer as necessidades de saúde e segurança dos consumidores. Embora exista, o instrumento nunca foi exercido, mas empresas interessadas em licenciamentos sempre verificam se algum processo dessa natureza está em marcha. O instrumento em tudo se assemelha à licença compulsória tão criticada pelas empresas americanas quando o Brasil lança mão desse instrumento que faz parte de sua lei com base em princípios semelhantes.

O Bayh-Dole Act passou por uma crise: Stanford x Roche (SUPREME COURT OF THE UNITED STATES, 2011). Os advogados de Stanford defendiam que o Bayh-Dole Act determina que patentes obtidas em instituições públicas financiadas por agências publicas pertencem à instituição pública, mesmo que os direitos não tenham sido formalmente transferidos para a Instituição de ciência e tecnologia (ICT). Os advogados da Roche diziam que o Bayh-Dole Act infringe um princípio basilar do direito de patentes: a patente pertence ao inventor. O assunto foi para a Corte Suprema, que deu ganho de causa à Roche em junho de 2011 por razões constitucionais. É preciso conhecer esse caso, que ficou famoso nos Estados Unidos.

O caso começou com uma disputa cobrindo três patentes de testes diagnósticos para HIV: 5968730, 6503705 e 7129041, que pertenciam à Universidade de Stanford. A Roche comercializou o produto e foi processada por Stanford com base nessas patentes e no Bayh-Dole Act. Tudo porque Mark Holodny havia trabalhado na Cetus e assinado um acordo pelo qual todas as patentes obtidas como fruto do seu trabalho pertenceriam à empresa. Mark mudou para a Universidade de Stanford e essas patentes foram conseguidas nessa instituição com recursos do NIH. A Roche disse que havia comprado a Cetus e tinha direito compartilhado às patentes por força do acordo que Holodny assinou quando trabalhava na Cetus. A decisão da Corte Suprema, em junho de 2011, foi que o direito do inventor era um direito constitucional garantido pela cláusula de *copyright*, que o Bayh-Dole Act não alterava, e deu ganho de causa à Roche. Uma perda para o Bayh-Dole Act que demonstra que o direito a patentes pertence a quem inventa, diferentemente da lei brasileira, que garante o direito à instituição onde o empregado trabalha. Cito esse exemplo para que não cometamos erros semelhantes na interpretação das nossa leis nem criemos um Bayh-Dole Act no Brasil.

13.5 REDE NIT NORDESTE E CAPACITE NORDESTE

Existe uma iniciativa em andamento que se denomina Rede NIT Nordeste (Rede NIT-NE), que, com base na lei de patentes brasileira, com recursos de editais da Financiadora de Estudos e Projetos (Finep) e do Conselho Nacional de Pesquisa (CNPq), vem sendo construída desde 2004, apoiando a implantação dos núcleos de inovação tecnológica (NIT) nas instituições, como exige a lei de patentes brasileira. A iniciativa constitui uma nova fase de tratamento da propriedade intelectual e transferência de tecnologia na região Nordeste, envolvendo universidades, centros de pesquisa e o setor empresarial.

A Rede NIT-NE consiste numa rede de propriedade intelectual e transferência de tecnologia (PI&TT) centrada em ciência, tecnologia e inovação (CT&I). Quando foi iniciada, em 2004, incluía somente quatro instituições. Em 2007, a rede foi ampliada para onze instituições. Atualmente compreende todos os nove estados do Nordeste, com 21 NIT de ICT (onze novos, cinco em implantação e cinco implantados há menos de três anos), tendo também o sistema S e cinco incubadoras. Atua em toda a cadeia produtiva de PI&TT. A adesão à Rede NIT-NE ocorre por meio de solicitação do gestor de cada instituição e implica em partilha do ferramental e das ações em PI&TT. A sua plataforma pode ser vista no Portal da Inovação da Rede NIT-NE (www.portaldainovacao.org).

A coordenadora da rede é a profa. Cristina Maria Quintella, cuja formação é em química, física e astronomia. Ela agrupou cerca de 26 institutos de pesquisa da região Nordeste, e esse número vem aumentando ao longo do tempo. No período de 2004 a 2012, ela incentivou e estimulou a formação de diversas pessoas na área de propriedade intelectual, fazendo com que sejam formadores de novos conceitos e oportunidades nas suas instituições de origem.

Em 2010, foi aprovado o projeto Capacitação de Inovação Tecnológica para Empresários do Nordeste (Capacite/NE), sob a coordenação do professor Gabriel Francisco da Silva, do Departamento de Engenharia Química da Universidade Federal de Sergipe (UFS). Foi o único projeto do Nordeste aprovado no Edital 027 do CNPq. Esse projeto foi elaborado dentro do âmbito da Rede NIT-NE e articulado por meio do NIT da UFS. Tem como objetivo estimular os empresários a novos investimentos no Nordeste. Para tal, oferece um curso, o Capacite.

A UFS faz parte da Rede NIT-NE desde o seu início. O projeto Capacite/NE, vinculado à Coordenação de Inovação e Transferência de Tecnologia (CINTTEC), objetiva, portanto, capacitar empresários para o empreendedorismo inovador, contribuindo para os esforços de inovação na região Nordeste do Brasil, focando em propriedade intelectual e transferência de tecnologia. Hoje o seu NIT faz parte da estrutura da CINTTEC, que tem como uma de suas finalidades dar suporte aos pesquisadores da UFS no processo de patenteamento de inventos, produtos e processos gerados nas atividades de pesquisa e que possam ser transformados em benefício à sociedade. Ela atua com o intuito de promover a integração de pesquisadores com o setor produtivo para a absorção do conhecimento técnico e científico, bem como a formação de recursos humanos para inovação, cujo desafio maior é o apoio ao desenvolvimento das empresas, viabilizando ações de empresas inovadoras capazes de autogestão.

A universidade do Nordeste que mais tem se destacado no número de depósitos de patentes é a Universidade Federal da Bahia (UFBA). A coordenadora já citada tem oito patentes, sendo duas licenciadas para a Petrobras. Verifica-se, portanto, que há um esforço no Nordeste para o desenvolvimento de patentes e a transferência de tecnologia. Esse esforço integrado à Rede NIT-NE é extremamente bem-sucedido e pode ser conhecido em detalhes no Portal NIT Nordeste. Aproximadamente 600 patentes já resultaram dessa iniciativa, que, entretanto, não tem o mesmo sucesso na negociação das patentes depositadas e obtidas que algumas iniciativas internacionais, embora tenha portfólios voltados para a prospecção tecnológica. O portal não explicita quantas das patentes foram negociadas com terceiros.

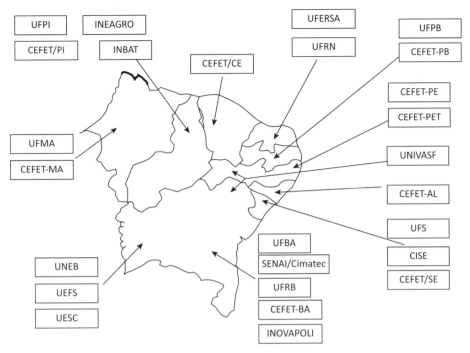

Figura 13.2 A organização inicial da Rede NIT-NE.

13.6 PATENTEAMENTO E NEGOCIAÇÃO DE PATENTES

Fiz uma proposta à Rede Nordeste de Biotecnologia (Renorbio) para criar uma associação sem fins lucrativos nos moldes das que existem nos Estados Unidos para assumir com celeridade o esforço de patenteamento de suas invenções e a negociação/licenciamento dessas invenções com terceiros. Nos Estados Unidos funcionam com esse objetivo as chamadas Alumni Associations. A mais antiga e bem-sucedida é a Wisconsin Alumni Association (WAA), criada há 150 anos, com 300 mil ex-alunos que contribuem para todas as suas atividades, que vão muito além do patenteamento de invenções da Universidade de Wisconsin. Foi criada em 1861, mas ganhou fôlego quando, em 1927, conseguiu que sua patente com a proposta de enriquecimento de cereais tivesse a metodologia negociada com a Quaker Oats para enriquecimento de aveia com vitamina D. Desde então, a WAA negocia todas as suas patentes, inclusive com grandes empresas farmacêuticas de capital internacional.

Nenhuma universidade brasileira tem exemplos dessa natureza, infelizmente. Procurei entrar em contato, ainda sem sucesso, com associações de ex-alunos de universidades brasileiras. Bastaria que os ex-alunos contribuíssem com 1 real/mês de seu salário ou aposentadoria para que pudéssemos não só pagar as patentes depositadas, como negociá-las, porque uma patente não negociada/licenciada não tem retorno, somente custo. Como alternativa, fiz a proposta de estabelecer a Associação para Desenvolvimento Tecnológico da Renorbio (ADTR), que poderia ser criada para tratar do patenteamento das suas invenções, do seu licenciamento com terceiros e do financiamento de empresas, particularmente pequenas empresas que têm dificuldade de ampliar a escala de suas atividades. Após 2011, a Renorbio deixou de receber recursos.

A pergunta central é: *é possível e necessário criar uma associação voltada para o desenvolvimento tecnológico nos moldes do que existe nos Estados Unidos para tratar da negociação das invenções brasileiras sem ferir o que determinam as leis brasileiras?* Uma associação poderia, por exemplo, ser criada em parceria com a SBBiotec, que é uma organização da sociedade civil de interesse público (Oscip). Essa vinculação deve definir com muita clareza, por intermédio de um contrato registrado em cartório, quais os papéis dos atores que vão participar dessa parceria para que a nova associação se beneficie com essa parceria sem se submeter à SBBiotec. Por outro lado, a SBBiotec, que cede infraestrutura e recursos humanos, certamente terá a expectativa de um retorno por essa contribuição. Essa proposta nunca foi discutida. Os esforços do tipo da Rede NIT-NE não substituem a necessidade de criação de uma ADTR, porque a Rede NIT-NE não é uma associação formalmente estabelecida: não tem Cadastro Geral de Contribuintes (CGC). Na minha opinião, uma ADTR ou várias são necessárias. É fundamental, entretanto, a interpretação correta do arcabouço legal brasileiro para que uma ADTR possa ser criada e funcione com base na lei. Portanto, antes de adotar essa estratégia, é necessário interpretar o que estabelece a Lei de Propriedade Industrial (Lei n. 9.279/1996) e a Lei de Inovação Tecnológica (Lei n. 10.973/2004) com respeito ao que vamos propor. O próximo tópico trata da compatibilização do arcabouço legal que determina o funcionamento da propriedade intelectual no Brasil.

13.7 COMPATIBILIDADE DO ARCABOUÇO LEGAL QUE DETERMINA O FUNCIONAMENTO DA PROPRIEDADE INTELECTUAL NO BRASIL

Vamos analisar nesta seção, inicialmente, a compatibilidade entre a Lei da Propriedade Industrial e a Lei de Inovação Tecnológica (CASTRO, 2011a).

A Lei de Propriedade Industrial estabelece no seu artigo 6º:

Art. 6º. Ao autor de invenção ou modelo de utilidade será assegurado o direito de obter a patente que lhe garanta a propriedade, nas condições estabelecidas nesta lei.

§ 1º Salvo prova em contrário, presume-se o requerente legitimado a obter a patente.

§ 2º A patente poderá ser requerida em nome próprio, pelos herdeiros ou sucessores do autor, pelo cessionário ou *por aquele a quem a lei ou o contrato de trabalho ou de prestação de serviços determinar que pertença a titularidade.*

§ 3º Quando se tratar de invenção ou de modelo de utilidade realizado conjuntamente por duas ou mais pessoas, a patente poderá ser requerida por todas ou qualquer delas, mediante nomeação e qualificação das demais, para ressalva dos respectivos direitos.

§ 4º O inventor será nomeado e qualificado, podendo requerer a não divulgação de sua nomeação. (grifos nossos)

Uma análise da lei brasileira de patentes

Observe que no parágrafo 2º está claro: por aquele a quem a lei ou o *contrato de trabalho* ou de prestação de serviços determinar que pertença a titularidade.

Mais adiante na mesma lei, por outro lado, está explicito:

Art. 88. *A invenção e o modelo de utilidade* **pertencem exclusivamente ao empregador quando decorrerem de contrato de trabalho cuja execução ocorra no Brasil e que tenha por objeto a pesquisa ou a atividade inventiva, ou resulte esta da natureza dos serviços para os quais foi o empregado contratado.**

§ 1º Salvo expressa disposição contratual em contrário, a retribuição pelo trabalho a que se *refere este artigo limita-se ao salário ajustado.*

§ 2º Salvo prova em contrário, consideram-se desenvolvidos na vigência do contrato a invenção ou o modelo de utilidade, cuja patente seja requerida pelo empregado até 1 (um) ano após a extinção do vínculo empregatício.

Art. 89. O empregador, titular da patente, poderá conceder ao empregado, autor de invento ou aperfeiçoamento, participação nos ganhos econômicos resultantes da exploração da patente, mediante negociação com o interessado ou conforme disposto em norma da empresa.

Parágrafo único. *A participação referida neste artigo não se incorpora, a qualquer título, ao salário do empregado.* (grifos nossos)

A Lei de Propriedade Industrial não estabelece os ganhos econômicos, mas, começando a analisar a Lei de Inovação Tecnológica, vemos esse item abordado no seu artigo 13:

Art. 13. É assegurada ao criador participação mínima de 5% (cinco por cento) e máxima de 1/3 (um terço) nos ganhos econômicos, auferidos pela ICT, resultantes de contratos de transferência de tecnologia e de licenciamento para outorga de direito de uso ou de exploração de criação protegida da qual tenha sido o inventor, obtentor ou autor, aplicando-se, no que couber, o disposto no parágrafo único do art. 93 da Lei n. 9.279, de 1996.

Diz ainda o artigo 93 da Lei da Propriedade Industrial:

Art. 93. Aplica-se o disposto neste Capítulo, no que couber, às entidades da Administração Pública, direta, indireta e fundacional, federal, estadual ou municipal.

Parágrafo único. Na hipótese do art. 88, será assegurada ao inventor, na forma e condições previstas no estatuto ou regimento interno da entidade a que se refere este artigo, premiação de parcela no valor das vantagens auferidas com o pedido ou com a patente, a título de incentivo.

Esse artigo prevê expressamente que as disposições dos artigos 88 a 92 se aplicam também a entidades da administração pública direta e indireta em todas as suas esferas, tendo sido acrescida, em seu parágrafo único, a *obrigatoriedade de se prever no estatuto ou regimento uma premiação ao servidor ou empregado, baseada nas vantagens auferidas com o pedido ou com a patente.* O Decreto n. 2.553/1998 previu um teto para essa premiação (1/3 das vantagens auferidas – art. 3º, § 2º).

Portanto, o teto de premiação ao inventor é 1/3 das vantagens auferidas pela instituição onde o servidor presta o seu serviço. Muitas universidades nos Estados Unidos adotam uma política de devolver muito ao inventor quando o retorno é pequeno e diminuir esse retorno quando os *royalties* aumentam. Na Califórnia, o inventor recebe 50% do primeiro milhão de dólares de retorno. Esse valor é reduzido para 5% quando o *royalty* ultrapassa 5 milhões de dólares.

Cabe neste momento aprofundar a análise da Lei de Inovação Tecnológica. Nas definições, com grande surpresa verificamos que a lei tem grande flexibilidade e define:

Art. 2º. Para os efeitos desta Lei, considera-se:

I – Agência de fomento: *órgão ou instituição de natureza pública ou privada* que tenha entre os seus objetivos o financiamento de ações que visem a estimular e promover o desenvolvimento da ciência, da tecnologia e da inovação; [...]. (grifos nossos)

É fácil interpretar que uma empresa privada que tenha em sua agenda estimular e promover o desenvolvimento de ciência, tecnologia e inovação pode, de acordo com a lei, ser definida como uma *agência de fomento*. Essa definição é importante, como veremos a seguir, porquanto a lei estabelece no capítulo II:

Art. 3º. A União, os Estados, o Distrito Federal, os Municípios e as ***respectivas agências de fomento*** *poderão estimular e apoiar a constituição de alianças estratégicas e o desenvolvimento de projetos de cooperação envolvendo empresas nacionais, ICT e organizações de direito privado sem fins lucrativos voltadas para atividades de pesquisa e desenvolvimento, que objetivem a geração de produtos e processos inovadores.*

Parágrafo único. O apoio previsto neste artigo poderá contemplar as redes e os projetos internacionais de pesquisa tecnológica, bem como ações de empreendedorismo tecnológico e de criação de ambientes de inovação, inclusive incubadoras e parques tecnológicos. (grifos nossos)

Surge neste artigo a possibilidade de relacionamento entre empresas e ICT. Particularmente quando, no artigo 6º da lei, verifica-se:

Art. 6º. É facultado à ICT celebrar contratos de transferência de tecnologia e de licenciamento para outorga de direito de uso ou de exploração de criação por ela desenvolvida.

§ 1º *A contratação com cláusula de exclusividade, para os fins de que trata o caput deste artigo, deve ser precedida da publicação de edital.* (grifos nossos)

Muitos interpretaram erradamente o termo "edital" (que não aparece mais nessa lei nem na Lei de Propriedade Industrial). Edital deve ser interpretado como *consulta pública* não necessariamente concorrencial. Assim, se uma empresa quer estabelecer uma parceria por contrato com uma ICT, como estabelece o artigo 6º, um edital é tornado público com prazo para que a sociedade se manifeste caso entenda que existe

Uma análise da lei brasileira de patentes

qualquer fato que desabone o que estabelece o edital quando a empresa solicita exclusividade nos moldes do parágrafo 1º. Entretanto, o mesmo artigo estabelece regras sobre o direito de exclusividade:

§ 3º A empresa detentora do direito exclusivo de exploração de criação protegida perderá automaticamente esse direito caso não comercialize a criação dentro do prazo e condições *definidos no contrato*, podendo a ICT proceder a novo licenciamento. (grifos nossos)

A Lei de Inovação Tecnológica transfere poderes importantes para a ICT, o que de certa forma corrobora o que estabelece a Lei de Propriedade Intelectual. Cria também a figura do NIT:

Art. 16. A ICT deverá dispor de núcleo de inovação tecnológica, próprio ou em associação com outras ICT, com a finalidade de gerir sua política de inovação.

Parágrafo único. São competências mínimas do núcleo de inovação tecnológica:

I – zelar pela manutenção da política institucional de estímulo à proteção das criações, licenciamento, inovação e outras formas de transferência de tecnologia;

II – avaliar e classificar os resultados decorrentes de atividades e projetos de pesquisa para o atendimento das disposições desta Lei;

III – avaliar solicitação de inventor independente para adoção de invenção na forma do art. 22;

IV – opinar pela conveniência e promover a proteção das criações desenvolvidas na instituição;

V – opinar quanto à conveniência de divulgação das criações desenvolvidas na instituição, passíveis de proteção intelectual;

VI – acompanhar o processamento dos pedidos e a manutenção dos títulos de propriedade intelectual da instituição.

Art. 17. A ICT, por intermédio do Ministério ou órgão ao qual seja subordinada ou vinculada, manterá o Ministério da Ciência e Tecnologia informado quanto:

I – à política de propriedade intelectual da instituição;

II – às criações desenvolvidas no âmbito da instituição;

III – às proteções requeridas e concedidas; e

IV – aos contratos de licenciamento ou de transferência de tecnologia firmados.

Vemos, portanto, como citado no artigo 16, que a figura da Rede NIT-NE está inteiramente de acordo com o que estabelece a lei. O mais importante, entretanto, é o que consta no artigo 17, que obriga a ICT a ter uma política de propriedade intelectual. O estabelecimento dessa política é prerrogativa da ICT. Também é importante o que trata o artigo 11:

Art. 11. *A ICT poderá ceder seus direitos sobre a criação, mediante* **manifestação expressa e motivada, a título não oneroso,** *nos casos e condições definidos em regulamento, para que o* **respectivo criador os exerça em seu próprio nome e sob sua inteira responsabilidade, nos termos da legislação pertinente.**

Parágrafo único. A manifestação prevista no caput deste artigo deverá ser proferida pelo órgão ou autoridade máxima da instituição, ouvido o núcleo de inovação tecnológica, no prazo fixado em regulamento. (grifos nossos)

A lei confere à ICT a possibilidade de ceder seus direito para uma pessoa física: o inventor. Nesse sentido a lei difere do Bayh-Dole Act. Como a política é uma prerrogativa da ICT e como se constata a grande dificuldade financeira que os NIT enfrentam para cumprir o que determina o artigo 16º da Lei de Inovação Tecnológica, a proposta que apresento para análise pelas ICT que concordarem é estabelecer uma política comum que utilize o artigo 11 *para que o respectivo criador exerça seus direitos em seu próprio nome e sob sua inteira responsabilidade, nos termos da legislação pertinente.* Aparece agora nessa análise a importância da ADTR. O criador não será obrigado, mas se cada criador ou inventor aderir à ADTR e pagar uma taxa (que pode se definir na associação de ex-alunos como 1 real/salário ou aposentadoria mensal), passará a ADTR a ter a responsabilidade de gerenciar os direitos de patentes daquele inventor em consonância com os NIT, com a única condição de impedir o criador ou inventor de vender esse direito a terceiros, uma vez que o direito foi obtido com recursos públicos; a não ser que não seja esse o caso, como estabelece o artigo 90 da Lei de Propriedade Intelectual.

Art. 90. Pertencerá exclusivamente ao empregado a invenção ou o modelo de utilidade por ele desenvolvido, desde que desvinculado do contrato de trabalho e não decorrente da utilização de recursos, meios, dados, materiais, instalações ou equipamentos do empregador.

O papel da ADTR será o de negociar com a autoridade máxima da instituição, ouvido o núcleo de inovação tecnológica, no prazo fixado em regulamento, a cessão de direitos. O direito pode ser licenciado inclusive com cláusula de exclusividade de acordo com as leis analisadas. Passa a ser fundamental firmar acordos entre as ICT (ou pela ADTR em seu nome) de acordo com o que estabelece o artigo 10 da Lei de Inovação Tecnológica:

Art. 10. Os acordos e contratos firmados entre as ICT, as instituições de apoio, *agências de fomento* e as entidades nacionais de direito privado sem fins lucrativos voltadas para atividades de pesquisa, cujo objeto seja compatível com a finalidade desta Lei, poderão prever recursos para cobertura de despesas operacionais e administrativas incorridas na execução destes acordos e contratos, observados os critérios do regulamento. (grifos nossos)

Esse artigo 10 pode viabilizar o funcionamento dos NIT. Falta definir o estatuto de criação da ADTR para que seja possível fortalecer o desenvolvimento de patente pela

Uma análise da lei brasileira de patentes

Renorbio. Podemos estabelecê-lo com base na WAA se tratarmos de associações de ex-alunos. Muitos com quem conversei sobre a possibilidade de obter financiamento para tratar com celeridade a propriedade intelectual e a transferência de tecnologia disseram que as associações de ex-alunos estavam desmoralizadas e não havia cultura para inserir o modelo nessas associações, que só funcionariam nos Estados Unidos. Contesto dizendo que a cultura brasileira é a da corrupção, mas é preciso mudar.

O Brasil sancionou a Lei de Propriedade Industrial, cuja compatibilidade analisamos anteriormente em relação com a Lei de Inovação Tecnológica. O Brasil sancionou também a Lei de Proteção de Cultivares para firmar suas responsabilidades com o Trips. A Lei de Propriedade Industrial e a Lei de Proteção de Cultivares são compatíveis. Escrevi sobre esse tema em um artigo para a Associação Brasileira da Propriedade Intelectual (ABPI) (CASTRO, 2011a). Um gene que é central para um processo de engenharia genética patenteado não pode ser utilizado sem autorização para que um geneticista produza uma cultivar com a mesma característica. O detentor da patente não tem, entretanto, o direito de impedir o uso de todo o genoma de uma cultivar por um geneticista que vai utilizá-lo com base na Lei de Proteção de Cultivares para desenvolver uma cultivar que não tem a característica do gene patenteado. O geneticista não pode incluir nas características da sua nova cultivar as propriedades do gene patenteado, uma vez que o objeto do melhoramento genético não se relaciona com o gene em questão. Isso significa, portanto, que um geneticista que faz melhoramento genético pode utilizar uma cultivar que contenha um gene patenteado para desenvolver outra cultivar, desde que esta não tenha como predicado as propriedades do gene patenteado.

Da mesma forma, a Lei de Proteção de Cultivares incorporou o princípio de cultivares essencialmente derivadas. São cultivares protegidas intelectualmente, em tudo semelhantes exceto pela introdução de um gene patenteado. Para o uso de uma cultivar protegida, que "pertence", de acordo com a Lei de Proteção de Cultivares, a um geneticista, aquele que quer introduzir um gene patenteado tem de pedir autorização ao geneticista que desenvolveu e registrou a cultivar. Assim, a meu ver, há compatibilidade.

REFERÊNCIAS

CASTRO, L. A. B. Compatibilidade Possível entre a Lei de Patentes e a Lei de Cultivares. *ABPI*, v. 111, mar-abr. 2011a.

CASTRO, L. A. B. Partnering Brazilian biotech with the global pharmaceutical industry. *Nature Biotechnology*, v. 29, n. 3-4, Mar. 2011b.

MOWERY, D. C.; SAMPAT, B. N. The Bayh-Dole Act of 1980 and University – Industry Technology Transfer. A Model to other OECD Governments? *Journal of Technology Transfer*, v. 30, p. 115-127, 2005.

MOWERY, D. C. et al. The growth of patenting and licensing by US universities: an assessment of the effects of the Bayh–Dole act of 1980. *Research Policy*, v. 30, p. 99-119, 2001.

SUPREME COURT OF THE UNITED STATES. Legal Information Institute. Stanford University v. Roche Molecular Systems, Inc., 2011 (09-1159).

UPOV – International Union for the Protection of New Varieties of Plants. Disponível em: <http://www.upov.int/portal/index.html>. Acesso em: 26 dez. 2018.

CAPÍTULO 14

Biotecnologia, sustentabilidade e desenvolvimento sustentável: uma introdução

João Salvador Furtado

14.1 SUSTENTABILIDADE E DESENVOLVIMENTO SUSTENTÁVEL HUMANO ORGANIZACIONAL

Biotecnologias *transformam* organismos vivos ou partes desses em processos, sistemas, bens materiais, serviços ou conhecimentos de interesse humano; ou *usam* organismos vivos ou partes desses para transformar substratos biológicos e não biológicos em processos, sistemas, bens ou serviços para uso humano. Biotecnologias resultam de *descobertas* que acontecem naturalmente e de invenções humanas.

O setor industrial se sente confortável com a definição de que a biotecnologia constitui "a utilização de seres vivos como parte integrante e ativa do processo de produção industrial de bens e serviços"[1] ou de variações (DEFINITIONS OF BIOTECHNOLOGY, s.d.).

Sustentabilidade é manutenção de coisas ou sistemas por tempo indeterminado e perene. Desenvolvimento sustentável, abreviadamente, é "o desenvolvimento que atende às necessidades do presente sem comprometer o direito das gerações futuras de atenderem a suas próprias necessidades" (WCED, 1987).

Sustentabilidade e desenvolvimento sustentável (Sus&Ds) é *evoluir para melhor*, sem, necessariamente, aumento de peso ou volume; *florescer* (EHRENFELD; HOFFMAN,

---

[1] Frase do prof. Antonio Paes de Carvalho, citada no volume 1 da primeira edição desta coleção (BORZANI et al., 2001, p. V).

2013), no sentido de prosperar, vicejar ou viver em plenitude, com ética direcionada para as coisas vivas e, acima de tudo, as relações entre pessoas e organizações humanas.

Sus&Ds envolvem *multimeios sistêmicos*, de dimensões econômicas, ambientais e sociais. Às vezes, *cultura* é destacada como a quarta dimensão; *economia* é subdividida por tipo de capital; e *ecologia* é representada por serviços ecossistêmicos, separada da *sustentabilidade ambiental*, caracterizada por recursos materiais, água, energia e espaço físico (terra).

No mundo real, Sus&Ds são tratados com forte apelo ambiental e econômico – com o uso frequente de "verde" (*green*), "esverdeamento" (*greening*), "ambientalmente amigável" (*environment-friendly*) e "economia verde" (*green economy*).

Na sociedade humana, na qual o modelo econômico é orientado para ganhos monetários e a renovação das fontes de recursos naturais é considerada *custo zero* e negligenciada, é preciso estar atento para alguns sinais de alerta, sendo as biotecnologias fundamentais para mudar o modelo usual de fazer negócios – o *business as usual*.

- Não há Planeta B para a vida humana e suas organizações.

- Mudanças climáticas podem ser tema controverso para crentes no aumento da temperatura do planeta, causado pelos humanos, e para aqueles que o negam, os climatologistas oponentes e os pessimistas "do contra", mas que nada têm a dizer (*naysayers*) – porém é preciso atacar bravamente a descarbonização (IDDRI, 2014) na produção e no consumo.

- Ética biossociocêntrica é a receita para substituir o modelo de valores e de conduta atualmente praticado, declarado e, especialmente, publicado pelas organizações, a fim de se tornar: inclusivo para todas as formas de vida; centrado no princípio ecológico da capacidade de carga; distributivo de equidade e justiça nas relações humanas; comprometido com a democracia; e transformador do dinheiro em utilidade pública.

14.2 EVOLUÇÃO BIOTECNOLÓGICA

A biotecnologia deveria estar na agenda da sustentabilidade industrial, como é proposto pela Organização para a Cooperação e o Desenvolvimento Econômico (OCDE, 2001). Em estudos de caso de biotecnologias, ancorados em avaliação de ciclo de vida (AVC) (que analisa os efeitos ambientais no ciclo de vida de produto), a OCDE enfatiza as características *environment-friendly* e de *aprimoramento econômico* e que a biotecnologia é elemento importante para o *crescimento verde*, este entendido como a promoção do crescimento econômico, e, ao mesmo tempo, que os ativos naturais continuem provendo os recursos e os serviços ambientais dos quais o bem-estar humano depende (OECD, 2014).

Entre as biotecnologias mais antigas na história da humanidade, cultivo de alimentos, hibridização e processos fermentativos para produção de bebidas são práticas iniciadas há oito milênios. O primeiro uso do termo biotecnologia é atribuído ao ano de 1919.

Biotecnologias tradicionais ou clássicas surgiram de práticas empíricas; de fundamentos de biologia geral, genética, bioquímica, bacteriologia, química, engenharia e outras aplicações do conhecimento científico. Os eventos mais notáveis (TIMELINE OF BIOTECHNOLOGY, s.d.; EUROPABIO, s.d.) começaram com a descoberta da célula biológica, há 550 anos, com destaque para pasteurização, produção de vacinas, antibióticos e aprimoramentos em agricultura e criação de animais, até 1960.

Biotecnologias avançadas surgiram de progressos no sequenciamento de proteínas e da revelação da estrutura do DNA, em 1962. As *biotecnologias modernas ou contemporâneas* foram impulsionadas pela tecnologia de DNA recombinante, em 1973, combinada com novos conhecimentos e progressos em genética, microbiologia, bioquímica, química *verde*, nanotecnologia, bioengenharia, principalmente nos dez últimos anos.

O espectro de materiais biológicos se expandiu, abrangendo uso, manipulação ou manejo de organismos – individualmente, em grupos, populações ou sistemas biológicos; utilização de partes ou de materiais biológicos, como tecidos, fragmentos, células, componentes celulares e moléculas; utilização de materiais além de DNA, como RNA, proteínas, lipídeos e metabólitos, para citar alguns. Pesquisa e desenvolvimento de biotecnologias desafiam criatividade, imaginação e oportunidades para inovações continuadas. Provocam curiosidade, ousadia e disputa para aceitação incondicional dos métodos e dos produtos gerados.

14.3 OPORTUNIDADES COMERCIAIS E SUSTENTABILIDADE ECONÔMICA

Organismos transgênicos, células geneticamente modificadas, anticorpos protetivos, células-tronco e marcadores moleculares, combinados com nanotecnologia, por exemplo, já causaram mudanças no sistema de propriedade intelectual (Capítulo 13). O uso de metáforas da biologia e da ecologia se expandiu no mundo dos negócios: produtos verdes, bioprodução, biomimetismo industrial, metabolismo industrial, ecossistema industrial, ecologia organizacional, simbiose empresarial, só para citar alguns.

A biotecnologia ultrapassou os muros da fábrica tradicional para sistemas e cadeias de valor complexas em agricultura, hidroponia, pecuária, aquicultura marinha e fluvial, tratamento ambiental, cultivos em tanques e lagoas.

A indústria primária (GLOBAL BIOTECHNOLOGY INDUSTRY, s.d.) – que usa organismos vivos, técnicas moleculares e celulares para desenvolvimento de produtos na agroindústria e na medicina biotecnológica global – criou um universo de oportunidades importantes de sustentabilidade para grande número de empresas com menos de 50 empregados que orbitam gigantes farmacêuticas e químicas, das quais quatro dominam cerca de 30% de um mercado global de US$ 262 bilhões. E a evolução não parou.

As *biotecnologias revolucionárias ou disruptivas* (DISRUPTIVE INNOVATION, s.d.) – com quebra de paradigmas – são promessas de inovações com base em tecnologia de DNA recombinante, sequenciamento genômico e proteômico e células-tronco, associados à bioinformática (ORIGIN AND HISTORY OF BIOINFORMATICS, s.d.).

Ancoram-se em combinações com nanotecnologia, cibernética, inteligência artificial. Biotecnologias revolucionárias ou disruptivas são consideradas recursos para mudar o pensamento de escassez para o de abundância e de que o futuro será melhor que se pensa (DIAMANDIS; KOTLER, 2012). Biotecnologias mais espetaculares são prometidas pela *biologia sintética*, que usa bactérias como chassis para implante de DNA sintético, pré-programado artificialmente, e a criação de célula-fábrica com características de nanorrobô autorreplicável.

São promessas de biotecnologias para produção local de bioenergia e alimentos para todos, intimamente articuladas às recomendações para Sus&Ds. Combinam biotecnologias com tecnologia de informação e comunicação para monitoramento, diagnósticos, medicação e orientação médica a distância, graças aos chips-laboratório implantados em pessoas e animais, associados aos biossensores nas "nuvens" e tecnologias de GPS. Além das biotecnologias articuladas à internet das coisas (TAURION, s.d.) – para ligar o mundo virtual ao físico – combinada a impressoras 3D e 4D para produção de artefatos localmente. Estão previstas maiores segurança e qualidade de processos; saneamento local e reaproveitamento de materiais e energia; produção de novos biomateriais e de materiais não biológicos que existem ou não na natureza.

A criação artificial, pré-programada, de DNA, genes e células que não existem, prometida pela biologia e pela genética sintéticas, é vista como um mercado crescente, da ordem de US$ 20 bilhões anuais.

14.4 BIOTECNOLOGIAS E IMPACTOS SOCIOÉTICOS

Biotecnologias atraem sentimentos de insegurança por receio de mau uso das práticas e da função dos produtos resultantes, em razão de contradições, desconhecimento, desinformação, deficiências no papel e no cumprimento de responsabilidades dos agentes públicos e privados.

Os temores em relação às biotecnologias são potencializados pelo triunfalismo de praticantes de ciência e cultores de maravilhas biotecnológicas prometidas. Conflitos de opinião surgem por conta de efeitos ao ambiente, à saúde humana, às desigualdades sociais, principalmente na base da pirâmide.

As lições a respeito dos debates envolvendo organismos geneticamente modificados (OGM) ainda não foram satisfatoriamente aprendidas. As principais reclamações são a insuficiência de informação a respeito de biossegurança e a falta de testes independentes, às custas dos desenvolvedores.

A genética sintética promete ser mais polêmica, tão ou mais sensível e complexa que os demais avanços científicos e tecnológicos que resultaram em OGM, transgênicos, clonagem e uso de nanotecnologia. Afinal, estão surgindo propostas para *criar vida que não existe*, sob a justificativa de benefícios para os humanos (ETHICAL ISSUES IN SYNTHETIC BIOLOGY, s.d.).

Biotecnologia, sustentabilidade e desenvolvimento sustentável

Os defensores argumentam e justificam, a seu favor, com a ausência de efeitos temidos para a saúde humana e à biodiversidade. Consideram que os receios e a rejeição atuais são devidos ao desconhecimento e até à insensibilidade para aceitar as maravilhas reveladas, a diversidade de abordagens complexas, a sofisticação e as escalas de produção já alcançadas.

De modo geral, as discussões acontecem em nichos especializados ou de plateias qualificadas, exceto quando organizações com poder de influência econômica e política fazem uso de decisão autoritária.

14.5 EXTENSÃO DOS PADRÕES BIOTECNOLÓGICOS

Biotecnologias têm considerável potencial para prevenir danos e externalidades negativas e contribuir objetivamente para eliminar dúvidas e incompreensões, de ambos os lados, envolvendo defensores, contestadores e desconhecedores.

A extensão de padrões econômicos, ambientais e sociais das biotecnologias requer a definição adequada de objetivos, metas métricas e indicadores de desempenho que incorporem, além do lucro monetário – sob a justificativa da obrigação de, primariamente, remunerar o investidor –, (i) efeitos para justiça, equidade, dinâmica social e outros aspectos relativos a pessoas, comunidades e organizações humanas; e (ii) reposição e manutenção de estoques naturais e da qualidade dos serviços ecológicos (ecossistêmicos) dos quais tudo o mais depende.

Do ponto de vista social, as métricas precisam incluir *valores intangíveis preventivos* – como cooperação e compartilhamento, boa-fé (*good will*), confiança (*trust*), transparência, prestação de contas (*accountability*) e respondência, por exemplo. De outra forma, os questionamentos e as pressões sociais serão mais intensos e efetivos, porque já estão mais bem estruturados nas redes e mídias sociais.

Questões sociais, econômicas, ambientais e éticas decorrentes de biotecnologias não podem ficar restritas ao objetivo de lucro no mercado, ao discurso vago de *resolver os problemas do mundo* e a queixas de que segmentos da sociedade humana são despreparados, resilientes ou incapazes de entender a admiração e o encantamento científicos e tecnológicos.

As biotecnologias podem e devem gerar impactos positivos para três aspectos fundamentais para Sus&Ds das pessoas e das organizações humanas: (i) *tamanho da população humana a ser sustentada* por recursos naturais disponíveis em determinado espaço; (ii) *padrões de produção e hábitos de consumo* perdulários de bens e serviços; e (iii) *efeitos danosos das tecnologias*, causadoras de externalidades econômicas, ambientais e sociais.

14.6 TAMANHO DA POPULAÇÃO, CAPACIDADE DE CARGA E BIOTECNOLOGIA

As pessoas têm *necessidades básicas* ou *essenciais* (*needs*), *desejos* (*wishes*) e clamam por *satisfatores*, por mais difícil e contraditório que seja o entendimento das expressões. Os descritores variam e abrangem, por exemplo: subsistência, reprodução, segurança, afeição, entendimento, participação, lazer, espiritualidade, criatividade, identidade, liberdade, felicidade, entre outros. Mas referem-se à vida das pessoas, e a biotecnologia deve lidar com isso.

Há, todavia, uma questão fundamental que é evitada, intencionalmente ou não. Trata-se do *controle do tamanho da população*, porque envolve questões sensíveis dos pontos de vista político (tanto *policy* como *politics*), religioso, social, econômico, entre outros.

Do ponto de vista de Sus&DS, o tamanho da população precisa ser considerado quanto à *capacidade de carga da Terra*, para *suportar ou sustentar* determinado número de pessoas, comunidades ou organizações em determinado espaço físico.

Há duas questões essenciais para as quais as biotecnologias precisam estar direcionadas:

- Renovação de recursos naturais e manutenção da qualidade de serviços ecológicos, para manter as condições econômicas (capital financeiro), materiais (insumos e matérias-primas) e sociais (relacionamentos, justiça e equidade).

- Bioconversão de resíduos e despejos, tanto de origem natural quanto geradas pelos humanos, que são descartados no solo, na água e no ar.

A referência aparece em manifestações de organizações representativas de indústrias, como OCDE e World Business Council for Sustainable Development (WBCSD), que recomendam o *uso dos recursos naturais nos limites estimados da capacidade* (*de carga*). Aparece também em declarações e práticas de empresas, organizações governamentais e não governamentais que propõem desejos, modelos (incompletos) e propostas (na infância) para pagamento de serviços ecossistêmicos (DEFRA, 2014).

As biotecnologias podem contribuir para responder questões críticas e sensíveis nas relações entre população e capacidade de carga, como as seguintes: qual o tamanho da população humana que a Terra pode suportar por tempo indeterminado, nos atuais padrões de produção e consumo? Nove a dez bilhões? Qual o tamanho suportável para a pegada ecológica global (ECOLOGICAL FOOTPRINT, s.d.), medida em hectares de áreas bioprodutivas?

Como países deficitários resolvem suas pegadas ecológicas, descontada a eficiência tecnológica na produção e o melhor desempenho no consumo de bens e serviços? Certamente por importação de bens *in natura*; matérias-primas de baixo valor agregado; produtos desenvolvidos com custos ambientais locais não remunerados, como água e energia, originários de países superavitários de biocapacidade, como Brasil, Austrália, Canadá, Argentina, e de deficitários que comprometem suas próprias pegadas.

Biotecnologia, sustentabilidade e desenvolvimento sustentável   **445**

Qual o valor, por exemplo, da água incorporada, da energia utilizada ou da poluição do solo local por agrotóxicos, debitadas da população de um país, nas exportações de produtos agrícolas e da pecuária?

Tabela 14.1 Pegadas ecológicas de alguns países, medidas em hectares de áreas produtivas

Medidas	Brasil	China	Qatar	Bélgica	USA
Biocapacidade (B)	9,0	1,0	2,5	1,3	3,9
Superávit (S)	6,1	–	–	–	–
Déficit (D)	–	1,2	8,0	6,7	4,1
Pegada ecológica (Pe)	2,9	2,2	10,5	8,0	8,0

Fonte: Global Footprint Network (2008).

Adicione-se à pegada ecológica as demais pegadas – água, carbono e social – para se perceber como as biotecnologias podem resolver melhor questões econômicas, ambientais e sociais locais, relativas a (i) biorreposição de bens naturais extraídos e (ii) manutenção da qualidade e precificação dos serviços ecossistêmicos.

São assuntos novos para o mercado e a sociedade pelas dificuldades em identificar as unidades do serviço ecossistêmico específico, dos métodos de medição e precificação do fluxo do serviço final entregue (BOYD; BANZHAF, 2007).

Mais cedo do que se pensa, o tema deverá ser tratado, com as biotecnologias no centro das discussões. O cálculo atualizado do valor dos serviços ecossistêmicos (COSTANZA et al., 2014), como ativos para atividades humanas, serve de exemplo. Em 1997 (base em US$ de 1995), o *valor anual dos bens naturais*, para 16 biomas e 17 serviços ecossistêmicos, somava US$ 33 trilhões, ou US$ 45 trilhões (base em US$ de 2007). Os números passaram para US$ 125 trilhões em 2011 (base em US$ de 2007), em decorrência do aumento do valor das atividades humanas.

Em 2011 (ano-base para atualização do valor anual dos serviços ecossistêmicos), o Produto Nacional Bruto Global (PNB), ou Produto Mundial Bruto (PMB), era de US$ 82,25 trilhões, à base do Poder de Paridade de Compra (PPC). Segundo dados de 2013, 80% do PMB é formado por consumo domiciliar e governamental, ambos dependentes de extração e processamento de recursos da natureza. Significa, portanto, que as biotecnologias – por lidarem com materiais e sistemas biológicos – podem evitar perdas e, de outro lado, recompor danos a recursos e serviços ecossistêmicos, ambos relevantes para a prevenção de riscos e impacto para as atividades econômicas.

Os números mostram por que presidentes e demais dirigentes de empresas precisam adotar biotecnologias que eliminem externalidades negativas (custos e impactos danosos) e promovam externalidades positivas (criação de valor e impactos positivos)

para os serviços ecossistêmicos; por que consumidores – todos nós, humanos – devem se preocupar com o aumento de preços de alimentos resultante de externalidades negativas e estarem dispostos a pagar pela regeneração dos recursos ambientais; e por que agentes públicos devem criar, implementar e regular políticas públicas adequadas para orientar práticas justas no sistema de produção e consumo no mercado.

Alguns exemplos são pedagógicos. Zonas de marés e manguezais, por exemplo, valem US$ 194.000/ha/ano, apenas para proteção contra tempestades, controle de erosão e sistema de tratamento de despejos. Corais valem US$ 352.000/ha/ano para controle de tempestades, erosão e recreação. O extermínio de abelhas polinizadoras é crítico para a economia de 50% das 115 *commodities* agrícolas. O valor do serviço ecológico global de "polinização" é cerca de US$ 212 bilhões por ano, ou 9,5% do valor total da produção agrícola (VAN ENGELSDORP; MEIXNER, 2010).

Produtos naturais e serviços ecossistêmicos – recursos-chave para biotecnologias – precisam entrar como valor contábil nas transações e nos modelos de economia humana. Água e produção de água, por exemplo, são centrais para a capacidade de suporte para pessoas e organizações humanas. São bens públicos, não privados, que precisam ter tratamento apropriado com biotecnologias e ser apreciados por novos arranjos institucionais, diferentes do mercado tradicional. Segundo o mencionado estudo de Costanza et al. (2014), de 1997 a 2011 foram perdidos de US$ 4,3 trilhões a US$ 20,2 trilhões de serviços ecossistêmicos, essencialmente por mudança no uso da terra (espaço).

Biotecnologias podem inspirar e estimular um novo modelo de fazer negócios e um novo tipo de sociedade e organizações humanas. Podem contribuir para distinguir aumento/crescimento de desenvolvimento; diferenciar qualidade de vida de consumismo; contrastar preço monetário, que direciona a economia humana, com valor do capital natural/biogeofísico; e fornecer um base métrica para as discussões envolvendo a proposta de política de *cap-and-trade* que determina o respeito da sociedade humana e das organizações aos limites ecológicos.

14.7 PADRÕES DE PRODUÇÃO E CONSUMO

Padrões de produção e consumo referem-se a modos de extrair recursos da natureza; de produzir bens e serviços; e a hábitos e padrões de consumo e destinação de restos e materiais pós-consumo. O aumento da renda (afluência) das sociedades humanas resulta, em geral, no aumento de consumo *per capita*. Na ausência de conformidade e políticas públicas coerentes, os impactos danosos do consumo afetam negativamente a capacidade de carga, a disponibilidade e o acesso para a própria economia humana.

O modelo mental adotado no sistema produtivo atual baseia-se em uma conformidade legal que estabelece padrões e limites (*thresholds*) de emissões e comando-e--controle, do tipo fiscalização e punição aos faltosos. Resíduos, sobras e emissões são acumulados e enviados para alguma forma de tratamento e destinação final para descarte. É o chamado fim-de-tubo (*end of pipe*). Os custos e as perdas envolvidos não fazem parte do preço do produto pago pelo consumidor.

Biotecnologia, sustentabilidade e desenvolvimento sustentável

447

Biotecnologias podem contribuir para a formação do custo total e mudar a configuração das transações como são hoje consolidadas para o cálculo do Produto Nacional Bruto (PNB) de cada país e do PMB. Indicadores e métricas inseridos em biotecnologias permitem quantificar valores financeiros a serem reinvestidos nas áreas bioprodutivas que sofreram danos ou impactos negativos. Com isso, multas e ajuste de conduta para compensações serão mais objetivos que os atuais (por ações sociais ou plantio de árvores).

Biotecnologias transformam modelos de manufatura *fim-de-tubo* – de ciclo aberto – em ciclos produtivos fechados. Condutas do-berço-à-cova (*craddle-to-grave*), que captam ações da origem dos materiais extraídos da natureza até a destinação e o descarte, são mudados para processos do-berço-ao-berço (*craddle-to-craddle*), com reaproveitamento de restos e resíduos em vários ciclos produtivos.

A biotecnologia responde à regra de ouro para Sus&Ds: substituição de matérias-primas não renováveis por renováveis; desmaterialização e substituição de produtos por serviços (*leasing*). Portanto, biotecnologias são substitutas de tecnologias duras, geradoras de alto impacto para humanos e o ambiente.

Biotecnologias habitam um mercado importante. Sem considerar o potencial de mudança de modelo mental para ser adotado pelo sistema produtivo futuro, as perspectivas de mercado projetam crescimento importante. As taxas históricas, de expansão anual de 20% e de 10% no presente, precisam ser repensadas diante de algumas situações.

Vale a pena pensar que serão adicionadas as oportunidades criadas por inovações de ruptura e cocriação (*open innovation*), importantes para Sus&Ds. Assim, surgirão novas biotecnologias associadas a química verde e alcoolquímica de segunda geração, ancoradas no uso de substratos renováveis e na substituição de síntese química por catalisadores (CGEE, 2010). Já há avanços que transformam segmentos produtivos tradicionais em biorrefinarias,[2] graças ao uso de substratos renováveis para produção de polímeros derivados de materiais lignocelulósicos e outras matérias-primas biológicas.

Biotecnologias servem, portanto, para desmaterialização, reversão do consumismo, expansão de bens e serviços comuns, oferta de produtos úteis, mais sustentáveis e renováveis, produção local, redução de desigualdades, valoração da estética e naturalidade de consumo.

Do ponto de vista macroeconômico, as biotecnologias remuneram o investidor, criam valor para outras partes envolvidas e contribuem diretamente para a construção de modelos econômicos sustentáveis, ancorados em bens naturais, como bioindústria, bioeconomia, bionegócio, economia verde, economia azul, entre outros. A biotecnologia é, assim, um instrumento importante para que os países em desenvolvimento formulem políticas, estratégias e prioridades para Sus&Ds, no contexto das trocas internacionais (ICTSD, 2007).

---

[2]   Biorrefinaria é tema em evolução, com inúmeras referências no campo de tecnologias, negócios e políticas, com integração de operações biológicas, químicas e fisicoquímicas. O Projeto Star-COLIBRI é um bom resumo das oportunidades. Disponível em: <http://www.star-colibri.eu/files/files/Deliverables/D2.1-Report-19-04-2010.pdf>. Acesso em: 3 ago. 2014.

14.8 EFEITOS DAS TECNOLOGIAS

Esses efeitos são impactos positivos e negativos, econômicos, ambientais e sociais, verificados no ciclo completo de produtos e serviços, de acordo com o modelo de inovação, desenvolvimento e implementação de tecnologias.

Tecnologias são fundamentais para resolver crises econômicas, superpopulação e danos ambientais, descartados os exageros. Biotecnologias são melhores que as tecnologias *duras*, que lidam com materiais não renováveis. Induzem melhorias crescentes e criam processos mais limpos e mais eficientes do ponto de vista ambiental e social.

Os grandes centros urbanos geram forte impacto socioambiental. Os cenários – como percepção de futuro do mundo – apontam grandes avanços tecnológicos e modos de vida em cidades inteligentes, sustentáveis, desde que comprometidos objetivamente com a sustentabilidade dos recursos ambientais. Atualmente, há pessoas que dramatizam a degradação e sinalizam na direção de catástrofes, e outras acreditam na abundância (DIAMANDIS; KOTLER, 2012) de recursos e no desenvolvimento de sistemas de biotecnologias disruptivas.

Mas há reclamações, temores e falta de informação suficientemente boa para o público quanto à biossegurança e à insuficiência de investimentos, de parte dos agentes econômicos privados e de estudos independentes, patrocinados pela indústria biotecnológica, a respeito de impactos negativos e de responsabilidade por produtos introduzidos no ambiente público.

Para alguns, as biotecnologias afetam a liberdade e o direito ao protagonismo, causados por domínio e poderio político, econômico e de ciência e tecnologia por parte de países economicamente diferenciados, onde vivem os 20% mais ricos da população, acostumados ao consumo de 80% dos bens naturais comuns ou difusos. Bens comuns que, com sabedoria, deveriam ser usados para Sus&Ds da humanidade.

Não há como ignorar as contestações de que as biotecnologias tangenciam temas éticos sensíveis: comoditização da vida e gestão humana; concentração de poder econômico e político em grandes detentores econômicos e de biotecnologias; efeitos para desemprego – mesmo que temporários – por mecanização, robotização; deslocamento de indústrias movidas por diferentes forças, com rastro de danos sociais e econômicos.

Porém, biotecnologias podem regular e aproximar diferenças, promover equivalências, ampliar abrangências e reduzir espaços sociais; estimular valores tradicionais, locais e intracomunitários, para cocriação e compartilhamento; informar e educar as pessoas contra especulações infundadas. E eliminar falhas de biossegurança e domínio privado de informações genéticas coletadas de pessoas e de comunidades, principalmente indígenas (RIGAUD, 2008).

Os benefícios sociais são progressos em alimentação (combate à fome, segurança alimentar), saúde humana e pública (medicamentos, vacinas, diagnósticos e saneamento), energia (biocombustíveis). Porém, não há maiores evidências de resultados biotecnológicos de âmbito coletivo sistêmico, relativos a justiça e equidade social. Se por um lado há direito ao protagonismo nas escolhas de tecnologias, acesso a informações e ao conhecimento a respeito das tecnologias implementadas para as diferentes classes socioeconômicas, por outro ainda existem desigualdades na distribuição de poluição e na distribuição de renda e natureza do trabalho realizado.

14.9 BIOTECNOLOGIA E SUS&DS SÃO MEGATENDÊNCIAS

A biotecnologia aparece nas previsões futuras, junto com nanotecnologia, tecnologias de informação e comunicação e tecnologias para energia, como uma megatendência ou movimento que sinaliza ou aponta mudanças e cenários futuros.

Analistas indicam as ciências da vida como a onda de inovações básicas no ano 2030 (ROLAND BERGER STRATEGY CONSULTANT, 2011). Nesse contexto, as biotecnologias criarão vantagens para os países em desenvolvimento que privilegiam os setores agrícola e industrial. O atendimento à saúde deverá melhorar, mas sem expectativas de redução do fosso que separa os países em desenvolvimento dos ricos. Organismos vivos ou partes desses serão utilizados aos níveis de 35% na indústria de produtos químicos, 50% na agricultura e 80% para drogas farmacêuticas. No Brasil, em 2013, 87% da cultura agrícola, que ocupa cerca de 446 milhões de hectares, tinha base biotecnológica (BIOTECH FACTS & TRENDS 2014, 2013).

As biotecnologias são, portanto, elementos primários (*primers*) para construção da rota para Sus&Ds e estabelecimento de uma nova sociedade que não utilize mais energias fósseis e tecnologias duras, causadoras de alto impacto ambiental e social.

Não há como ignorar o importante crescimento do mercado para as biotecnologias, as oportunidades de participação para médias e pequenas empresas e a diversificação de usos em diferentes setores econômicos. Indaga-se, porém, quantos anos – ou décadas – serão necessários para que a indústria tenha condições para acompanhar os avanços científicos em genética, nanotecnologia e outras disciplinas associadas; para atender às demandas em agronegócios, produtos florestais, evolução em eletrônica, equipamentos e em tecnologia de informação e comunicação; ou para reconhecer a importância de melhor informar e comunicar as pessoas, desinformadas e descrentes a respeito dos níveis de segurança biológica e social das biotecnologias polêmicas.

A OCDE preconizou, há uma década (OECD, 2001), estreita ligação envolvendo biotecnologia, bioeconomia e sustentabilidade industrial, em que pese o fato de que o entendimento de bioeconomia para 2030 (OECD, 2009) seja limitado aos aspectos econômicos e ambientais e focado em três segmentos: (i) produção primária (biotecnologias baseadas no uso de organismos vivos, técnicas moleculares e celulares para desenvolvimento de produtos na agroindústria e na medicina biotecnológica global), (ii) saúde e (iii) indústria (OECD, s.d.).

O futuro deverá ampliar o modelo mental e este poderá vir a ser o da *economia biogeofísica* (economia da natureza) combinada com a *economia humana*. Então, as biotecnologias incorporarão componentes econômicos, ambientais e sociais, incluindo-se nos últimos as questões culturais, institucionais e de ética biossociocêntrica.

Nas empresas, a sustentabilidade predomina no campo de preocupações financeiras, saúde, segurança no trabalho e (meio) ambiente. A sustentabilidade não está incorporada na cultura, nas funções administrativas e produtivas; nem nos valores objetivos da empresa, apesar do frequente discurso de alinhamento estratégico do tema à missão e à visão organizacional, e da nova onda de *avaliação de riscos econômicos, ambientais, sociais e de governança* (ESG).

Empresas que usam biotecnologias não ficaram fora de um levantamento de 2014 com mais de 3 mil executivos de empresas engajadas em sustentabilidade (SUSTAINABILITY'S STRATEGIC WORTH, 2014). A sustentabilidade prevaleceu no terreno de reputação (36%), abaixo de eficiência de desempenho e redução de custos (26%). Ela está entre as três mais altas prioridades (36%), mas não como a mais importante (apenas 13%). A posição dos dirigentes não foi acompanhada pelos executores e restou a ideia de dois universos organizacionais: o da alta administração, que deseja e planeja sustentabilidade, e o do mundo operacional, que acha que as coisas não são bem assim.

Especificamente no caso das empresas, as biotecnologias do futuro para Sus&Ds deverão olhar para incorporação de sustentabilidade no eixo das atividades, com foco na estratégia; atenção para inovação global e capacidades locais; ecoeficiência aplicada a produtividade, agregação de valor, extensão do ciclo de bioprodutos e foco em impactos tangíveis; medição do desempenho de indicadores-chave; colaboração, parcerias e relacionamento com as partes locais; apoio às lideranças internas e orientação para o mundo externo ao da organização; socioeficiência – valorização do capital humano, garantia de igualdade de oportunidades e redução de disparidades.

Alguns direcionadores (*drivers*) devem servir para a análise de biotecnologias, como parte de megatendências (RENNEKAMP; BJACEK, 2014): dinâmica populacional e demográfica, mudanças sociais, abertura geográfica de mercado, eficiência comercial, afluência e capacidade de pagamento, gestão de recursos e novas fronteiras. Adicionem-se a essas questões como: envelhecimento da população, globalização, dinâmica da tecnologia e inovação, sociedade global do conhecimento, desafios das mudanças climáticas, escassez de água doce, responsabilidade global compartilhada.

A opinião de que as biotecnologias ultrapassaram os muros das fábricas nunca foi tão real e o caminho ainda é muito mais longo que os entusiastas imaginam, porque as pessoas, em seu conjunto, ainda não se deram conta do que sustentabilidade e desenvolvimento sustentável realmente significam.

REFERÊNCIAS

BIOTECH Facts & Trends 2014. 2013. Disponível em: <http://www.isaaa.org/resources/publications/biotech_country_facts_and_trends/download/Facts%20and%20Trends%20-%20Brazil.pdf>. Acesso em: 1 ago. 2014.

BIO2020. [s.d.] Disponível em: <http://owwz.de/fileadmin/Biotechnologie/Information_Biotech/BIO_Booklet_Block_A4_CS4.pdf>. Acesso em: 29 dez. 2018.

BORZANI, W. et al. *Fundamentos.* São Paulo: Blucher, 2001. (Coleção Biotecnologia Industrial, v. 1).

BOYD, J.; BANZHAF, S. What are ecosystem services? The environmental accounting units. *Ecological Economics*, v. 63, p. 616-626, 2007.

CGEE – Centro de Gestão de Estudos Estratégicos. *Química verde no Brasil*: 2010-2030. Brasília, 2010.

COSTANZA, R. et al. Changes in the global value of ecosystem services. *Global Environmental Changes*, p. 152-158, 2014.

DEFINITIONS of biotechnology. In: Science Learning Hub, [s.d.]. Disponível em: <http://www.biotechlearn.org.nz/themes/what_is_biotechnology/definitions_of_biotechnology>. Acesso em: 8 jul. 2014.

DEFRA – Department for Environment, Food and Rural Affairs. *An introductory guide to valuing ecosystem services.* 2007. Disponível em: <http://ec.europa.eu/environment/nature/biodiversity/economics/pdf/valuing_ecosystems.pdf>. Acesso em: 11 jul. 2014.

DIAMANDIS, P. H.; KOTLER, S. *Abundance.* New York: Free Press, 2012.

DISRUPTIVE innovation. In: *Wikipedia.* [s.d.] Disponível em: <http://en.wikipedia.org/wiki/Disruptive_innovation>. Acesso em: 28 jul. 2014.

ECOLOGICAL footprint. In: *Global Footprint Network.* [s.d.] Disponível em: <http://www.footprintnetwork.org/en/index.php/GFN/page/footprint_basics_overview/>. Acesso em: 29 dez. 2018.

EHRENFELD, J. R.; HOFFMAN, A. J. *Flourishing.* A frank conversation about sustainability. Sheffield: Greenleaf, 2013.

ETHICAL Issues in Synthetic Biology. In: *The Hastings Center.* [s.d.] Disponível em: <http://www.thehastingscenter.org/Research/Archive.aspx?id=1548>. Acesso em: 11 jul. 2014.

EUROPABIO. Biotechnology timeline celebrating innovation in biotechnology. [s.d.]. Disponível em: <http://www.finbio.net/download/biotech-week_2013/biotech-timeline.pdf>. Acesso em: 4 jul. 2014.

GLOBAL Biotechnology Industry. In: *IBISWorld.* [s.d.] Disponível em: <http://www.ibisworld.com/industry/global/global-biotechnology.html>. Acesso em: 29 jun. 2014.

GLOBAL FOOTPRINT NETWORK. *The ecological footprint Atlas 2008.* 2008. Disponível em: <http://www.footprintnetwork.org/en/index.php/GFN/page/ecological_footprint_atlas_2008/>. Acesso em: 2 ago. 2014.

ICTSD – International Centre for Trade and Sustainable Development. *Biotechnology: addressing key trade and sustainability issues.* 2007. Disponível em: <http://ictsd.org/downloads/2008/04/biotech_guide_pdf-version.pdf>. Acesso em: 14 abr. 2014.

IDDRI. *Pathways to deep decarbonization*. [S.l.]: Sustainable Development Solutions Network & Institute for Sustainable Development and International Relations, 2014. Disponível em: <http://unsdsn.org/wp-content/uploads/2014/07/DDPP_interim_2014_report.pdf>. Acesso em: 2 ago. 2014.

OECD. *The bioeconomy to 2030*. Designing a policy agenda. 2009.

OECD. *The application of biotechnology to industrial sustainability – a primer*. 2001. Disponível em: <http://www.oecd.org/science/biotech/1947629.pdf>. Acesso em: 25 mar. 2014.

OECD. *Green Growth Indicators 2014*. [S.l.]: OECD Pulishing, 2014. (OECD Green Growth Studies). Disponível em: <http://dx/doi.org/10.1787/9789264202030-en>. Acesso em: 4 jul. 2014.

ORIGIN and history of bioinformatics. In: *Bioinformaticsweb*. [s.d.] Disponível em: <http://bioinformaticsweb.net/his.html>. Acesso em: 4 jul. 2014.

RENNEKAMP, F.; BJACEK, P. Chemicals in transition: using technology to to conquer megatrend challenges. 2014. Disponível em: <http://www.accenture.com/us-en/blogs/cnr/archive/2014/01/08/chemicals-transition-technology-megatrend-challenges.aspx>. Acesso em: 1 ago. 2014.

RIGAUD, N. *Biotechnology*: ethical and social debates. OECD International Project on "The Bioeconomy to 2030: Designing a Policy Agenda". 2008. Disponível em: <http://www.oecd.org/futures/long-termtechnologicalsocietalchallenges/40926844.pdf>. Acesso em: 9 jul. 2014.

ROLAND BERGER STRATEGY CONSULTANT. *Trend compendium 2030*. Dynamic technology & innovation. 2011. Disponível em: <http://www.rolandberger.com/gallery/trend-compendium/tc2030_c-t5/>. Acesso em: 1 ago. 2014.

SUSTAINABILITY'S strategic worth: McKinsey Global Survey results. In: *McKinsey & Company*. 2014. Disponível em: <http://www.mckinsey.com/insights/sustainability/sustainabilitys_strategic_worth_mckinsey_global_survey_results>. Acesso em: 29 dez. 2018.

TAURION, C. *A internet das coisas*. [s.d.] Disponível em: <http://www.ibm.com/midmarket/br/pt/pm/internet_coisas.html>. Acesso em: 31 jul. 2014.

TIMELINE of biotechnology. In: *Wikipedia*. [s.d.] Disponível em: <http://en.wikipedia.org/wiki/Timeline_of_biotechnology>. Acesso em: 28 dez. 2018.

VAN ENGELSDORP, D.; MEIXNER, M. D. A historical review of managed honey bee populationsin Europe and the United States and the factors that may affect them. *Journal of Invertebrate Pathology*, v. 103, p. S80-S95, 2010.

WCED. *Report of the World Commission on Environment and Development*: Our Common Future. 1987. Disponível em: <http://www.un-documents.net/our-common-future.pdf>. Acesso em: 31 jul. 2014.

Sobre os autores

Agenor Furigo Junior

Professor titular da Universidade Federal de Santa Catarina (UFSC), lotado no Departamento de Engenharia Química e Engenharia de Alimentos. Possui graduação e mestrado em Engenharia Química pela Universidade Estadual de Campinas (Unicamp) e doutorado em Engenharia Química pelo Alberto Instituto Luiz Coimbra de Pós-Graduação e Pesquisa de Engenharia da Universidade Federal do Rio de Janeiro (COPPE/UFRJ), com estágio de doutoramento na Universidade Técnica da Dinamarca. Já atuou na coordenação dos cursos de graduação e pós-graduação em Engenharia Química da UFSC, bem como na chefia do Departamento. Participa do Programa de Pós-Graduação em Engenharia Química da UFSC e supervisiona o Laboratório de Engenharia Biológica. Atua no ensino, pesquisa e extensão na área de engenharia química e engenharia de alimentos, com ênfase em processos biológicos.

Ana Clara G. Schenberg

Possui graduação em Ciências Biológicas pela Universidade de São Paulo (USP), doutorado em Sciences Naturelles pela Université de Paris-Sud, na França e pós-doutorado pela University of Manchester Institute of Science and Technology, na Inglaterra, e pelo Australian National University, Canberra, Austrália. Foi diretora da Divisão de Assuntos Científicos, Técnicos e Tecnológicos da Convenção sobre a Biodiversidade (United Nations Environment Programme), de 1996 a 1999; coordenadora do Centro de Pesquisas em Biotecnologia (Biotecnologia/USP), de 1990 a 1996; coordenadora do Programa de Pós-Graduação em Microbiologia da USP, de 1990 a 1996; presidente do Programa de Pós-Graduação Interunidades em Biotecnologia composto pela USP, pelo Instituto de Pesquisas Tecnológicas (IPT) e pelo Instituto Butantan, de 1991 a 1996 e 2000 a 2012. Atualmente, é professora sênior do Departamento de Microbiologia do Instituto de Ciências Biomédicas da USP. Tem experiência na área de genética molecular e de microrganismos, atuando principalmente nos seguintes temas: biotecnologia e engenharia genética de bactérias e leveduras e expressão de genes heterólogos em microrganismos, visando biorremediação ambiental, reparo e mutagênese.

Andreas Karoly Gombert

Graduou-se em Engenharia Química pela Escola Politécnica da Universidade de São Paulo (EPUSP) em 1992. Trabalha em microbiologia, com interesse especial em aspectos básicos da fisiologia e metabolismo de microrganismos de interesse industrial, principalmente leveduras. Foi docente na EPUSP entre 1997 e 2013, atuando desde então na Faculdade de Engenharia de Alimentos da Universidade Estadual de Campinas (Unicamp). Durante sua carreira, realizou pesquisa na Technical University of Denmark, na Universidade do Minho, na Delft University of Technology e na Harvard University.

Bayardo B. Torres

Professor colaborador sênior do Departamento de Bioquímica da Universidade de São Paulo (USP). Possui doutorado em Ciências Biológicas (Bioquímica) pela USP e pós-doutorado pelo International Institute of Cellular and Molecular Pathology da Université Catholique de Louvain, na Bélgica. Tem experiência na área de bioquímica, com ênfase em metodologia de ensino, desenvolvimento de currículos e produção de novos materiais de ensino, convencionais e *softwares*. Coautor de *Bioquímica básica* (Editora Guanabara Koogan, 4. ed., 2015), de *Microbiologia básica* (Editora Atheneu, 2. ed., 2019) e de artigos publicados em periódicos especializados de circulação internacional e de *softwares* para ensino de Bioquímica. Orientador de 30 dissertações de mestrado e teses de doutorado. Fundador e editor sênior da *Revista de Ensino de Bioquímica* da Sociedade Brasileira de Bioquímica e Biologia Molecular.

Carla R. Taddei

Possui graduação (1999) em Farmácia Bioquímica pela Universidade de São Paulo (USP), doutorado (2004) em Ciências Biológicas (Microbiologia) pela USP e pós-doutorado em Bacteriologia pelo Instituto Butantan (2007). Professora doutora do Departamento de Análises Clínicas da Faculdade de Ciências Farmacêuticas e da Escola de Artes, Ciências e Humanidades (EACH) da USP. Tem experiência na área de microbiologia clínica, com ênfase em patogenicidade bacteriana e sua principal linha de pesquisa é o estudo da microbiota humana e sua interação com o hospedeiro na saúde e na doença. Membro da diretoria científica da Sociedade Brasileira de Microbiologia.

Sobre os autores

Débora de Oliveira

Possui graduação (1993) em Engenharia de Alimentos pela Universidade Federal de Santa Catarina (UFSC), mestrado (1995) em Engenharia Química pela UFSC e doutorado (1999) em Engenharia Química pela Universidade Federal do Rio de Janeiro (UFRJ). Foi professora da Universidade Regional Integrada do Alto Uruguai e das Missões de agosto de 1999 até julho de 2011. De agosto de 2011 a julho de 2013, atuou como professora visitante do Departamento de Engenharia Química e de Alimentos da Universidade Federal de Santa Catarina (UFSC). Desde agosto de 2013, é professora adjunta do Departamento de Engenharia Química e de Alimentos da UFSC. Atualmente, é professora permanente nos Programas de Pós-Graduação em Engenharia Química e em Engenharia de Alimentos, ambos da UFSC. É revisora de diversos periódicos científicos da área. Possui experiência na área de Engenharia Bioquímica, atuando principalmente nos seguintes temas: produção, purificação e imobilização de enzimas; desenvolvimento de processos enzimáticos de interesse para a área têxtil, de biodiesel e de modificação de óleos e gorduras; e utilização de resíduos para produção biotecnológica de compostos de interesse industrial, com foco na pesquisa, desenvolvimento e inovação dentro dessas áreas. Possui cerca de 300 artigos publicados em periódicos científicos de impacto e cerca de 450 trabalhos em anais de eventos científicos. Orientou cerca de cem dissertações de mestrado e teses de doutorado, tendo supervisionado aproximadamente dez pós-doutorados.

Fábio Seiti Yamada Yoshikawa

Possui graduação (2012) em Farmácia-Bioquímica pela Faculdade de Ciências Farmacêuticas da Universidade de São Paulo (FCF/USP). Obteve título de doutor em ciências (2012) na área de farmácia pelo Programa de Pós-Graduação em Análises Clínicas na mesma instituição com trabalho sobre a imunidade inata contra dermatófitos. Realizou estágio de pós-doutorado (2016-2019) na Faculdade de Medicina da USP, investigando a resposta imune a infecção por vírus Zika em modelo neonatal. Atualmente, é pós-doutorando no Centro de Micologia Médica da Universidade de Chiba (Japão), onde estuda o papel de receptores de lectina tipo C na imunidade contra aspergilose.

Flávio Alterthum

É farmacêutico bioquímico (1964) formado pela Universidade de São Paulo (USP), onde posteriormente obteve os títulos de doutor (1969) em Ciências dos Alimentos, livre-docente (1975) em Bioquímica dos Microrganismos, professor adjunto (1986) e professor titular (1990) de Microbiologia. Aposentou-se nessa instituição em 1993. Também foi professor titular de Microbiologia na Faculdade de Medicina de Jundiaí (FMJ), de 1995 a 2010, onde se aposentou compulsoriamente. Recebeu o título de professor emérito da FMJ em 2010. Atualmente, é assessor de planejamento dessa instituição. É autor de trinta capítulos de livros; publicou cerca de 120 trabalhos científicos em revistas nacionais e internacionais; e é editor científico do livro *Microbiologia*, em colaboração com Luiz Rachid Trabulsi (Editora Atheneu, 6. ed., 2015). É autor dos livros infantis *Pai, o que é micróbio?* (Editora Atheneu, 2010), em colaboração com Telma Alvez Monezi; e *Pai, o que é sustentabilidade?* (Editora Atheneu, 2016), em colaboração com Liége Mariel Petroni, Gabriel Zago Vieira Santos, Victhor Giacomett e Camila Carvalhal Alterthum. É inventor da Patente n. 5.000.000, junto com L. O. Ingram e T. Conway, expedida pelo United States Patent and Trademark Office em 1991. Nessa pesquisa, foi desenvolvida uma bactéria geneticamente modificada capaz de produzir etanol a partir de resíduos agrícolas e industriais como bagaço de cana-de-açúcar, palha de arroz, palha e sabugo de milho, casca de amendoim e soro de leite oriundo da produção de queijo.

Henrique E. Toma

Químico pela Universidade de São Paulo (USP), doutorou-se em 1974 e é professor titular do Instituto de Química da USP. Foi chefe do Departamento de Química e dirige atualmente o Núcleo de Apoio à Pesquisa em Nanotecnologia e Nanociências da USP e o Laboratório de Química Supramolecular e Nanotecnologia. É pesquisador 1A do CNPq, e produziu mais de 400 publicações nas áreas de química de coordenação, bioinorgânica, supramolecular e nanotecnologia, além de centenas de artigos de divulgação, história e educação, 30 vídeos, 15 livros, 35 patentes, tendo recebido cerca de 12 mil citações (H 50) e 20 prêmios nacionais e internacionais. Formou mais de 70 doutores em sua carreira. É membro da Academia de Ciências do Estado de São Paulo, da Academia Brasileira de Ciências, da Academia de Ciências para o Mundo em Desenvolvimento (TWAS), da Fundação Guggenheim, da International Union of Pure and Applied Chemistry (IUPAC) e detém a comenda Grã-Cruz da Ordem Nacional do Mérito Científico.

João Lúcio de Azevedo

Possui graduação (1959) em Engenharia Agronômica pela Universidade de São Paulo (USP), doutorado (1962) em Agronomia (Genética e Melhoramento de Plantas) pela USP. Obteve um segundo título de doutor (1971) em Genetics pela Sheffield University, pós-doutorado (1988) pela University of Manchester e pós-doutorado (1979) pela University of Nottingham. Atualmente, é professor titular aposentado da Escola Superior de Agricultura "Luiz de Queiroz" (ESALQ) da USP. Membro de corpo editorial e revisor de dezenas períodos científicos nacionais e internacionais. Orientou mais de 150 teses e dissertações, que resultaram em mais de 270 artigos e 36 livros publicados. Dentre os diversos prêmios recebidos durante sua carreira, destacam-se: Medalha "Luiz de Queiroz" (2015), Pesquisador Emérito CNPq (2010), Prêmio Bunge – Vida e Obra (2009), Membro Honorário da Cell Stress Society International, Cell Stress Society International – University of Connecticut (2001). Desde 2004 é membro da Academia Brasileira de Ciência. Tem experiência na área de genética, com ênfase em genética molecular e de microrganismos.

Sobre os autores

João Salvador Furtado

Graduado em História Natural pela Universidade de São Paulo (USP), especialista em Micologia pela North Carolina State University, doutor pela USP e livre docente pela Universidade Federal de São Paulo (Unifesp). Exerceu atividades na Fundação Instituto de Administração (FIA), na USP, na Coordenadoria da Pesquisa de Recursos Naturais (CPRN) da Secretaria da Agricultura, no Conselho Estadual de Tecnologia (CET), no Instituto de Botânica (IBT) e na Sociedade Brasileira de Microbiologia (SBM). Tem 85 trabalhos científicos publicados, 4 livros, 9 capítulos de livros, 90 participações em Congressos e inúmeros trabalhos de assessorias. Antes de falecer (2016), era colaborador do Instituto Jatobás.

John A. McCulloch

Possui graduação (1999) em Farmácia e Bioquímica pela Universidade de São Paulo (USP) e doutorado (2006) em Farmácia (Análises Clínicas) pela USP. Fez pós-doutorado no Institut National de la Recherche Agronomique, na França, e no Instituto de Ciências Biológicas da Universidade Federal de Minas Gerais (UFMG). Entre 2009 e 2015, ocupou o cargo de professor adjunto no Instituto de Ciências Biológicas da Universidade Federal do Pará (UFPA). Tem experiência na área de microbiologia, com ênfase em bacterologia, concentrando-se principalmente nos seguintes temas: bioprospecção, genômica bacteriana e resistência a antibióticos. Foi coordenador do Programa de Pós-graduação em Biotecnologia da UFPA. Foi bolsista da Fundação de Amparo à Pesquisa do Estado de São Paulo (FAPESP) de estágio pós-doutoral na Faculdade de Ciências Farmacêuticas da USP. Atualmente, é pesquisador do National Cancer Institute no National Institutes of Health, em Bethesda, nos Estados Unidos da América, onde desenvolve abordagens de bioinformática e biologia molecular para o estudo do *cross-talk* entre a microbiota e o hospedeiro no contexto do câncer.

Karen Spadari Ferreira

Graduada em Biomedicina desde 2002. Mestre e doutora em Análises Clínicas e Toxicológicas da Faculdade de Ciências Farmacêuticas na área de análises clínicas da Universidade de São Paulo (FCF/USP). Pós-doutoramento na USP na área de imunologia de fungos e biologia molecular. Professora associada da Universidade Federal de São Paulo (Unifesp) desde 2009. Chefe do setor de Microbiologia, Imunologia e Parasitologia da Unifesp, campus Diadema, de 2011-2013; coordenadora da Câmara de Pós-Graduação e Pesquisa da Unifesp, campus Diadema, de 2017-2018; e atualmente pró-reitora adjunta de pós-graduação e pesquisa da Unifesp, de 2018-2021. Possui experiência na área de micologia, imunologia e biologia molecular, atuando principalmente nos seguintes temas: células dendríticas na resposta imune contra fungos patogênicos, construção de proteínas (scFv) para ensaios de terapia gênica e estudo de vesículas extracelulares em leveduras de *Sporothrix* spp.

Luiz Antonio Barreto de Castro

Engenheiro agrônomo formado na Universidade Federal Rural do Rio de Janeiro (UFRRJ) em 1962, mestre em Agronomia/Tecnologia de Sementes pela Mississippi State University em 1970. Concluiu o PhD em Fisiologia de Plantas na University of California, Davis, em 1977 e o pós-doutorado na University of California, Los Angeles, em Biologia Molecular/Biologia do Desenvolvimento no Laboratório de Robert B Goldberg. Foi professor da UFRRJ de 1965 a 1980. Trabalhou como pesquisador da Empresa Brasileira de Pesquisa Agropecuária (Embrapa) de 1980 a 2002, sendo diretor da Secretaria de Propriedade Intelectual e, em seguida, na Embrapa Recursos Genéticos e Biotecnologia (Cenargen) estabeleceu a Engenharia Genética de Plantas, onde o primeiro gene de plantas foi clonado e expresso no Brasil, e a primeira patente em Engenharia Genética foi obtida. Atualmente, o Cenargen é a instituição mais competente em engenharia genética de plantas do Brasil. Foi secretário de Pesquisa e Desenvolvimento do Ministério de Ciência e Tecnologia por 14 anos, no qual também foi Secretário Executivo durante dez anos do maior programa de ciência e tecnologia da história: o Programa de Apoio ao Desenvolvimento Científico e Tecnológico (PADCT). Estabeleceu três redes importantes de pesquisa e desenvolvimento: o Renorbio, a Rede Amazônia e a Rede Centro Oeste. Estabeleceu a Biossegurança no Brasil na Comissão Técnica Nacional de Biossegurança (CNBio), que presidiu por seis anos. Foi consultor de vários organismos nacionais e internacionais. Atualmente, é CEO da ABCP Agropecuária Biotecnologia Consultoria e Projetos (ABCP), ativa desde 2011. Foi consultor da Biotec Amazônia em 2018-2019. Publicou mais de quarenta trabalhos científicos e tecnológicos em revistas nacionais e internacionais e patentes internacionais (ver Plataforma Lattes) e continua ativo na ABCP como CEO. Foi inúmeras vezes presidente da Sociedade Brasileira de Biotecnologia (SBBiotec), onde organizou vários congressos internacionais.

Luiz Carlos Basso

Engenheiro agrônomo (1969) pela Escola Superior de Agricultura "Luiz de Queiroz" (ESALQ) da Universidade de São Paulo (ESALQ/USP), mestre em Nutrição Mineral de Plantas e doutor (1974) em Ciências. Professor de Bioquímica desde 1970 e, atualmente, professor sênior na ESALQ em Piracicaba. Atuou na área de bioquímica e fisiologia de plantas até 1980, passando para Bioquímica e Fisiologia de Leveduras. Nessa última linha de pesquisa, desenvolveu investigações que resultaram em condutas utilizadas nos processos industriais de produção de etanol. Também selecionou, junto com a Fermentec, linhagens de *Saccharomyces cerevisiae*, atualmente empregadas na produção de etanol no Brasil e no exterior. Atualmente, desenvolve pesquisas na área de interações levedura-bactéria lática e para a produção de etanol e outros bioprodutos a partir de substrato lignocelulósico. Descobriu uma nova espécie de levedura (*Spathaspora piracicabensis*), com potencial de conversão de xilose em produtos de maior valor agregado.

Luiz Eduardo Gutierrez

Engenheiro agrônomo (1970) formado Escola Superior de Agricultura "Luiz de Queiroz" da Universidade de São Paulo (ESALQ-USP). Mestre em Nutrição Animal (1975) pela mesma instituição. Doutor (1977) em Bioquímica pelo Instituto de Química da USP. Livre-docente (1989) em Bioquímica Geral pela ESALQ/USP. Professor titular (1991) em Bioquímica da ESALQ/USP. Foi chefe do Departamento de Química, do Departamento de Tecnologia Rural e do Departamento de Agroindústria e Nutrição da ESALQ/USP. Lecionou disciplinas de graduação e pós-graduação na ESALQ/USP até 2001, quando se aposentou. Publicou 87 trabalhos científicos em revistas especializadas, além de diversos resumos de congressos científicos. Orientou 33 alunos de iniciação científica e 12 alunos de pós-graduação. Participou como coautor de capítulos de livros.

Luiziana Ferreira da Silva

Possui mestrado (1990) e doutorado (1998) em Microbiologia pela Universidade de São Paulo (USP). Em seu trabalho de mestrado, sob orientação do Dr. Flávio Alterthum, melhorou os métodos de preservação de leveduras de interesse industrial. De 1985 a 2004, foi pesquisadora do Agrupamento de Biotecnologia do Instituto de Pesquisas Tecnológicas (IPT) na área de microrganismos industriais, onde implantou a coleção de culturas de microrganismos Industriais daquele grupo e foi responsável pela Comissão Interna de Biossegurança (CIBio) da instituição. Visitou e realizou treinamento em coleções de cultura de microrganismos nos Estados Unidos (American Type Culture Collection, ATCC), nos Países Baixos (Centraalbureau voor Schimmelcultures, CBS) e no Reino Unido (National Collection of Yeast Cultures, NCYC). Atuou no isolamento de novas espécies bacterianas, capazes de produzir poliésteres biodegradáveis, a partir de derivados de cana-de-açúcar, em processo transferido ao setor industrial. Desde 2004, é docente na USP, onde estabeleceu seu grupo de pesquisa e sua coleção de microrganismos, dedicando-se a entender e melhorar as rotas metabólicas que levam à formação de bioprodutos (plásticos biodegradáveis, principalmente poli-hidroxialcanoatos, PHA) em bactérias, realizando análise de fluxos metabólicos envolvidos na produção de PHA e outros compostos de interesse biotecnológico. Participa da Rede Ibero-americana de Biopolímeros e outros bioprodutos, desde 2014 é membro do comitê internacional organizador dos International Symposium on Biopolymers (ISBP) e é integrante no Systems and Synthetic Biology Unit (S2B) dentro do INOVA USP.

Maria Carolina Quecine

Professora doutora em Genética Molecular na Escola Superior de Agricultura "Luiz de Queiroz", Universidade de São Paulo (ESALQ-USP). Possui graduação (2004) em Engenharia Agronômica e licenciatura em Ciências Agrárias pela USP e doutorado (2010) na mesma instituição junto ao Programa de Genética e Melhoramento de Plantas. Durante o período, realizou parte do doutorado na Oregon State University. Dentre os prêmios recebidos, destacam-se Prêmio Novos Talentos – Agricultura

Sustentável, Fórum do Futuro (2014), Prêmio Top Etanol (2012), Prêmio Dow-USP de Inovação e Sustentabilidade (2010), Prêmio "José Silvia Amador" pela American Phytopathological Society (2009). Embaixadora Jovem do Brasil na Sociedade Americana de Microbiologia (ASM). Como resultado de seus estudos, além dos mais de 40 trabalhos publicados, é editora de três livros e autora de doze capítulos de livros. Possui uma patente relaciona ao processo de promoção de crescimento por meio de uma bactéria proveniente de biodiversidade brasileira. Tem experiência na área de genética, com ênfase em genética molecular de microrganismos, atuando principalmente nos seguintes temas: interação molecular microrganismo-planta, clonagem e estudo da expressão de genes visando o controle biológico, caracterização de enzimas hidrolíticas e análise molecular da diversidade de microrganismo.

Otto Jesu Crocomo

Engenheiro Agrônomo formado pela Escola Superior de Agricultura "Luiz de Queiroz" da Universidade de São Paulo (ESALQ-USP) em 1956. Livre-docente de Química Orgânica e Biológica em 1959. Doutor em Agronomia em 1960. Professor associado em 1966. Professor titular de Bioquímica em 1975. Professor emérito da ESALQ-USP em 2017. Chefe e sub-chefe do Departamento de Química da ESALQ entre 1970 e 1989. Colaborou na criação e desenvolvimento do Centro de Energia na Agricultura (USP/CENA),1968-1988. Criador do Centro de Biotecnologia de Plantas do Centro de Biotecnologia Agrícola da Fundação de Estudos Agrários Luiz de Queiroz (CEBTEC/FEALQ). Cocriador do curso de pós-graduação em Fisiologia e Bioquímica de Plantas da ESALQ-USP. Professor da disciplina de pós-graduação Bioquímica de Plantas, de 1965 a 1989. Organizador de simpósios, congressos e seminários sobre bioquímica e biotecnologia de plantas no Brasil e no exterior. Em colaboração com o prof. William R. Sharp, introduziu no Brasil as técnicas de cultura de tecidos em agricultura, as quais deram início ao desenvolvimento da biotecnologia agrícola no Brasil. Orientou diversos alunos de pós-graduação e de iniciação cientifica. Publicou trabalhos científicos em revistas científicas no Brasil e no exterior. Autor e coeditor de livros científicos no Brasil, na Venezuela e nos Estados Unidos. Recebeu prêmios e homenagens no Brasil e nos Estados Unidos.

Telma Alves Monezi

Possui graduação (1987) em Ciências Biológicas pela Universidade Presbiteriana Mackenzie, mestrado (2000) em Ciências Biológicas (Microbiologia) pela Universidade de São Paulo (USP) e doutorado (2016) em Biologia Celular e Tecidual pela USP. Tem experiência na área de microbiologia, com ênfase em virologia, atuando principalmente nos seguintes temas: vírus entéricos humanos e de animais (parvovirus e adenovírus), herpesvirus e poliomavirus. Publicou cerca de dezoito trabalhos científicos e é coautora do capítulo de "Cultivo de vírus" do livro *Microbiologia* (Editora Atheneu, 6. ed., 2015). Fez ilustrações gráficas para livros científicos (capa e capítulos) e não científicos (*Pai, o que é micróbio?*, Editora Atheneu, 2010).

Sobre os autores

Thalita Peixoto Basso

Engenheira agrônoma graduada pela Universidade Estadual de Londrina (UEL). Durante a graduação, atuou na linha de pesquisa na área de bioquímica dos microrganismos, na produção de enzimas, asparaginase e glutaminase, por fermentação utilizando bactéria *Zymomonas mobilis*. Ainda na graduação, atuou na área de microbiologia industrial e de fermentação, avaliando características fermentativas de leveduras *Saccharomyces cerevisiae* selvagens isoladas de processos industriais de produção de etanol. Possui mestrado pelo Programa em Ciência e Tecnologia de Alimentos da Escola Superior de Agricultura "Luiz de Queiroz" da Universidade de São Paulo (ESALQ/USP). No decorrer do mestrado, dedicou-se ao isolamento e seleção de fungos filamentosos com atividade celulolítica (endoglucanase e exoglucanase) em fermentação semissólida na presença de bagaço de cana-de-açúcar. A tese de mestrado recebeu o Prêmio Brasil de Engenharia e o prêmio Dow Sustainability Innovation Student Challenge Award. Possui doutorado pelo Programa em Microbiologia Agrícola (ESALQ/USP). Ao longo do doutorado, atuou no melhoramento genético de *Saccharomyces cerevisiae* por hibridação para tolerância aos inibidores presentes no hidrolisado lignocelulósico para produção do etanol de segunda-geração. Durante doutorado-sanduíche, na University of California, Berkeley, e no Energy Biosciences Institute, realizou modificações genéticas em linhagens de levedura para metabolização de xilose. Lecionou as disciplinas Bioquímica I e Biotecnologia na Universidade Metodista de Piracicaba (Unimep). Atualmente, é pós-doutoranda no laboratório Max Feffer do Departamento de Genética da ESALQ/USP, trabalhando com metabolômica e proteômica de linhagens de *Saccharomyces cerevisiae* do processo industrial de produção do etanol. É membro do corpo editorial e revisora dos periódicos *Acta Scientific* e *Open Access Journal of Microbiology & Biotechnology*.

Thiago Olitta Basso

Como docente no Departamento de Engenharia Química da Escola Politécnica da Universidade de São Paulo (EPUSP), atua nas áreas de fisiologia, engenharia metabólica e engenharia evolutiva de leveduras e bactérias de interesse industrial. Possui graduação (2003) em Farmácia-Bioquímica, modalidade Industrial, pela USP, e mestrado (2005) em Biotecnologia pela Abertay University, no Reino Unido. Doutor (2011) em Ciências pela USP, realizou estágio doutoral na TU Delft, na Holanda em 2009-2010, sob supervisão do prof. Jack Pronk. No doutoramento, desenvolveu pesquisas sobre a metabolização da sacarose em leveduras, bem como sua modificação por engenharia metabólica e engenharia evolutiva. Entre 2011 e 2015, ocupou o cargo de cientista sênior na empresa dinamarquesa de biotecnologia Novozymes, na área de pesquisa e desenvolvimento, na qual coordenou projetos sobre biocombustíveis e energias renováveis.

Wagner Luiz Batista

Possui graduação (2000) em Farmácia pela Universidade Estadual de Maringá (UEM). Obteve título de doutor (2006) em Ciências, na área de micologia, pelo Programa de Pós-Graduação em Microbiologia e Imunologia da Universidade Federal de

São Paulo (Unifesp), com trabalho de caracterização e regulação de proteínas de choque térmico do fungo *Paracoccidioides brasiliensis*. Realizou estágio de pós-doutorado (2007-2009) no Departamento de Bioquímica da Unifesp, investigando a sinalização celular da GTPase Ras durante a resposta ao estresse nitrosativo. Atualmente, é professor associado do Instituto de Ciências Ambientais, Químicas e Farmacêuticas (ICAQF) da Unifesp, em Diadema, chefe (2017-2020) do Departamento de Ciências Farmacêuticas e membro da Comissão Interna de Biossegurança (CIBio) da Unifesp. Tem experiências em microbiologia com ênfase em biologia molecular e bioquímica de fungos patogênicos. Sua principal linha de pesquisa é o estudo de fatores de virulência e sinalização celular redox em fungos patogênicos.

Walderez Gambale

Graduado em 1971 em Ciências Biológicas, modalidade médica, na Universidade Estadual Paulista (Unesp) de Botucatu, atuou como docente no Departamento de Microbiologia no Instituto de Ciências Biomédicas da Universidade de São Paulo (USP) entre 1974 e 2004. Mestre em 1976 e doutor em 1980 em Microbiologia e Imunologia no Instituto de Ciências Biomédicas da USP. Chefe do Departamento de Microbiologia entre 1997 e 2001 e coordenador do Programa de Pós-Graduação em Microbiologia entre 1997 e 2002. Orientou vários alunos de mestrado e doutorado. Presidiu, em 1991, o XVI Congresso Brasileiro de Microbiologia e o IX Simpósio Nacional de Fermentações; foi vice-presidente, em 1995, do 7th International Symposium on Microbial Ecology, e presidente, em 2001, do III Congresso Brasileiro de Micologia. Participou da publicação de 49 capítulos de livros, publicou 103 artigos científicos e apresentou mais de duzentos artigos em congressos nacionais e internacionais. Entre 2011 e 2019, foi professor titular de Microbiologia no Departamento de Morfologia e Patologia Básica da Faculdade de Medicina de Jundiaí, e atualmente é professor emérito dessa faculdade.

Walter Borzani

Formado em Engenharia Química pela Escola Politécnica da Universidade de São Paulo (EPUSP) em 1947, militando em seguida no Departamento de Engenharia Química da USP na área de processos fermentativos. Participou também de outras instituições, como Instituto Tecnológico da Aeronáutica (ITA), Faculdade de Engenharia Industrial (FEI), Faculdade de Ciências Farmacêuticas (FCF/USP), Escola de Engenharia Mauá (EEM), Instituto de Pesquisas Tecnológicas (IPT), Companhia de Tecnologia de Saneamento Ambiental (CETESB), Centro de Desenvolvimento Biotecnológico de Joinville (CDB) e Fundação de Amparo à Pesquisa do Estado de São Paulo (FAPESP). Publicou cerca de 200 artigos científicos em revistas nacionais e internacionais, tendo também efetuado a orientação de muitos mestres e doutores na área de engenharia química.

GRÁFICA PAYM
Tel. [11] 4392-3344
paym@graficapaym.com.br